After Effects 2022
完全自学教程

宿瑞平 编著

人民邮电出版社
北京

图书在版编目（ＣＩＰ）数据

After Effects 2022完全自学教程 / 宿瑞平编著
. -- 北京 ：人民邮电出版社，2023.3
ISBN 978-7-115-59986-5

Ⅰ．①A… Ⅱ．①宿… Ⅲ．①图像处理软件—教材
Ⅳ．①TP391.413

中国国家版本馆CIP数据核字(2023)第028954号

内 容 提 要

这是一本全面介绍 After Effects 2022 基本功能及实际运用的书。本书主要针对零基础读者开发，是入门级读者快速而全面掌握 After Effects 2022 的实用参考书。

全书共 18 章，从影视特效及电视包装制作的角度出发，结合大量的可操作性实战案例，全面而深入地阐述了 After Effects 2022 的基本操作、图层与蒙版、绘画与形状、常用效果、文字与文字动画、三维空间、色彩修正、抠像、表达式及粒子特效等方面的技术。在实际运用方面，本书还结合影视特效与电视栏目包装综合案例进行讲解，便于读者学以致用。

本书技术覆盖全面，讲解细致。通过丰富的实战练习，读者可以轻松而高效地掌握 After Effects 软件操作技术。本书的教学模式非常符合初学者学习新知识的思维习惯，从理论阐述到技术解析，从技术实战到商业案例实操，循序渐进，脉络清晰。本书的配套学习资源包括实例文件、素材文件、教师专享在线教学视频和 PPT 教学课件，读者可以通过扫描"资源获取"二维码得到这些资源。

本书非常适合作为初级、中级读者的入门及提高参考书，尤其适合零基础读者。

◆ 编　　著　宿瑞平
　　责任编辑　张丹丹
　　责任印制　马振武
◆ 人民邮电出版社出版发行　　北京市丰台区成寿寺路 11 号
　　邮编　100164　　电子邮件　315@ptpress.com.cn
　　网址　http://www.ptpress.com.cn
　　北京九州迅驰传媒文化有限公司印刷
◆ 开本：880×1092　1/16
　　印张：20.75　　　　　　　　　2023 年 3 月第 1 版
　　字数：808 千字　　　　　　　2024 年 8 月北京第 6 次印刷

定价：119.90 元

读者服务热线：(010)81055410　　印装质量热线：(010)81055316
反盗版热线：(010)81055315
广告经营许可证：京东市监广登字 20170147 号

前 言

After Effects是一款专业的视频剪辑及设计软件，是用于制作视频特效的专业软件。After Effects自诞生以来就一直受到设计师的喜爱，并被广泛应用于电影、电视、广告及动画等诸多领域。

After Effects借鉴了许多优秀软件的成功之处。例如"图层"的引入，使After Effects可以对多层的合成图像进行控制，制作出自然的合成效果；"关键帧"和"路径"的引入，使用户对高级动画的控制游刃有余；高效的视频处理系统，确保了视频的高质量输出；丰富的特效系统，使After Effects能实现用户的更多创意；After Effects保留了与Adobe系列软件的兼容性，可以与其他Adobe软件协同使用。

本书从实用角度出发，全面、系统地讲解了After Effects 2022的功能，基本上涵盖了After Effects 2022的全部工具、面板、对话框和命令。本书在介绍软件功能的同时，还精心安排了99个有针对性的实战及综合实战，帮助读者轻松掌握软件使用技巧和具体应用，做到学用结合。书中全部实战都配有在线教学视频，详细演示了实例的制作过程。

本书相较之前的版本不仅补充了新技术，弥补了疏漏与不足，还大幅提升了实例的视觉效果和技术含量，同时采纳读者的建议，在实例编排上更加突出针对性和实用性，以期再续经典。

本书的结构与内容

本书共18章。首先讲解了视频制作的一些基础知识，以及影视广告和电视包装的一般流程；然后介绍了软件工作界面和核心工具；接着分别讲解软件的各项功能，包括图层与蒙版、绘画与形状、常用效果、文字及文字动画、三维空间、色彩修正、抠像技术、镜头稳定、跟踪运动、镜头反求、表达式、粒子特效、视觉光效、视频特效合成，以及综合影视特效与栏目包装等。

在讲解技术的过程中，本书特意安排了3个层次的案例，从实战到综合实战，再到综合性商业案例，帮助读者逐步实现从学习技术到掌握技术，再到商业应用的完美过渡。

本书的版面结构说明

为了达到让读者轻松自学及深入了解软件功能的目的，本书专门设计了"技巧与提示""疑难问答""技术专题""知识链接""实战""综合实战"等项目。

疑难问答：针对初学者容易感到疑惑的各种问题进行解答。

技巧与提示：针对软件的使用技巧及实例操作过程中的难点进行重点提示。

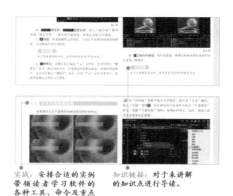

实战：安排合适的实例带领读者学习软件的各种工具、命令及重点技术。

知识链接：对于未讲解的知识点进行导读。

技术专题：包含大量的技术性知识点，让读者深入掌握软件的各项技术。

综合实战：针对软件的各项重要技术进行综合练习。

资源与支持

本书由"数艺设"出品，"数艺设"社区平台（www.shuyishe.com）为您提供后续服务。

配套资源

书中案例的实例文件和素材文件
在线教学视频
教师专享：18个PPT教学课件

资源获取请扫码

资源获取提示

①扫描左侧二维码，关注"数艺设"公众号
②回复本书51页左下角的五位数字
③根据公众号后台回复操作即可

"数艺设"社区平台，为艺术设计从业者提供专业的教育产品。

与我们联系

我们的联系邮箱是 szys@ptpress.com.cn。如果您对本书有任何疑问或建议，请您发邮件给我们，并请在邮件标题中注明本书书名及 ISBN，以便我们更高效地做出反馈。

如果您有兴趣出版图书、录制教学课程，或者参与技术审校等工作，可以发邮件给我们。如果学校、培训机构或企业想批量购买本书或"数艺设"出版的其他图书，也可以发邮件联系我们。

如果您在网上发现针对"数艺设"出品图书的各种形式的盗版行为，包括对图书全部或部分内容的非授权传播，请您将怀疑有侵权行为的链接通过邮件发给我们。您的这一举动是对作者权益的保护，也是我们持续为您提供有价值的内容的动力之源。

关于"数艺设"

人民邮电出版社有限公司旗下品牌"数艺设"，专注于专业艺术设计类图书出版，为艺术设计从业者提供专业的图书、视频电子书、课程等教育产品。出版领域涉及平面、三维、影视、摄影与后期等数字艺术门类，字体设计、品牌设计、色彩设计等设计理论与应用门类，UI 设计、电商设计、新媒体设计、游戏设计、交互设计、原型设计等互联网设计门类，环艺设计手绘、插画设计手绘、工业设计手绘等设计手绘门类。更多服务请访问"数艺设"社区平台 www.shuyishe.com。我们将提供及时、准确、专业的学习服务。

目 录

第1章 影视特效及电视包装制作基础 2

1.1 视频基础知识 2
1.1.1 数字化 2
1.1.2 分辨率 2
1.1.3 像素长宽比 3
1.1.4 帧速率 3
1.1.5 运动模糊 4
1.1.6 帧混合 4
1.1.7 质量和采样 4

1.2 文件格式 4
1.2.1 图形图像的文件格式 4
1.2.2 视频格式 5
1.2.3 音频格式 6

1.3 影视广告制作的一般流程 7
1.3.1 提交创意文案 7
1.3.2 制作方案与报价 7
1.3.3 签订合同 7
1.3.4 拍摄前期的准备工作 7
1.3.5 召开制作准备会议 7
1.3.6 第二次准备会议 7
1.3.7 最后的准备会议 7
1.3.8 拍摄前的最终检查 7
1.3.9 拍摄 8
1.3.10 初剪 8
1.3.11 为客户提供A拷贝 8
1.3.12 精剪 8
1.3.13 制作音乐、旁白和对白 8
1.3.14 交片 8

1.4 电视包装制作的一般流程 8
1.4.1 客户提出需求 8
1.4.2 提供制作方案和报价 8
1.4.3 确定合作意向 8
1.4.4 召开制作准备会议 8
1.4.5 设计主体Logo 9
1.4.6 搜集素材 9
1.4.7 制作三维模型 9
1.4.8 制作分镜头 9
1.4.9 客户审核分镜头 9
1.4.10 整理镜头 9
1.4.11 设置三维动画 9
1.4.12 制作粗模动画 9
1.4.13 渲染三维成品 9
1.4.14 制作成品动画 9
1.4.15 将样片交付客户审核 9
1.4.16 交片 9

第2章 进入After Effects 2022的世界 10

2.1 After Effects 2022简介 10
2.1.1 后期合成软件分类 10
2.1.2 After Effects的主要功能 11
2.1.3 After Effects的应用领域 11
2.1.4 After Effects 2022的特色工具 11

2.2 After Effects 2022对软硬件环境的要求 12
2.2.1 对Windows系统的要求 12
2.2.2 对macOS系统的要求 12

2.3 安装After Effects 2022及插件 12
2.3.1 安装After Effects 2022 12
2.3.2 安装After Effects 2022的插件 13

2.4 学好After Effects 2022的建议 15
2.4.1 修炼基本功 15
2.4.2 模仿好作品 15
2.4.3 提升技艺水平 15

第3章 After Effects 2022的工作界面 16

3.1 启动After Effects 2022 16
3.1.1 通过"开始"菜单启动 16
3.1.2 通过桌面图标启动 16

3.2 认识和自定义工作界面 17
3.2.1 认识标准工作界面 17
3.2.2 停靠、成组和浮动面板的操作 17
3.2.3 调整面板或面板组的尺寸 18
3.2.4 打开、关闭、显示面板或窗口 18
3.2.5 保存、重置和删除工作区 18

3.3 四大核心功能面板 18
3.3.1 "项目"面板 19
3.3.2 "合成"面板 20
3.3.3 "时间轴"面板 23
3.3.4 "工具"面板 27

3.4 九大菜单 28
3.4.1 文件 28
3.4.2 编辑 28
3.4.3 合成 28
3.4.4 图层 29
3.4.5 效果 29
3.4.6 动画 29
3.4.7 视图 30
3.4.8 窗口 30
3.4.9 帮助 30

3.5 首选项设置 30
    3.5.1 常规 30
    3.5.2 预览 31
    3.5.3 显示 31
    3.5.4 导入 31
    3.5.5 输出 31
    3.5.6 网格和参考线 31
    3.5.7 标签 32
    3.5.8 媒体和磁盘缓存 32
    3.5.9 视频预览 32
    3.5.10 外观 32
    3.5.11 新建项目、自动保存 33
    3.5.12 内存 33
    3.5.13 音频硬件 33
    3.5.14 音频输出映射 33

第4章 After Effects 2022的工作流程与基本操作 ... 34

4.1 After Effects 2022的项目工作流程 34
    4.1.1 素材的导入与管理 34
    4.1.2 创建项目合成 36
    4.1.3 添加效果 38
    4.1.4 设置动画关键帧 39
    4.1.5 画面预览 39
    4.1.6 视频输出 39
    实战：叠木Logo演绎 41
4.2 基本原理之图层 43
    4.2.1 关于图层 43
    4.2.2 图层的五大基本属性 44
    ★重点 实战：定版动画 45
    4.2.3 图层的排列顺序 46
    4.2.4 对齐和分布图层 46
    4.2.5 序列图层 46
    实战：倒计时动画 47
    4.2.6 设置图层时间 48
    4.2.7 拆分/打断图层 48
    4.2.8 提升/提取图层 48
    4.2.9 父级和链接 49
    ★重点 实战：造影文化 49
4.3 基本原理之动画关键帧 50
    4.3.1 关键帧概念 50
    4.3.2 激活关键帧 51
    4.3.3 关键帧导航器 51
    4.3.4 选择关键帧 52
    4.3.5 编辑关键帧 52
    4.3.6 插值方法 53
4.4 基本原理之图表编辑器 54
    4.4.1 图表编辑器 54
    4.4.2 变速剪辑 54
    ★重点 实战：流动的云彩 55
4.5 嵌套关系 55
    4.5.1 嵌套的概念 55
    4.5.2 嵌套的方法 56
    4.5.3 塌陷开关 56

4.6 综合实战：标版动画 56

第5章 图层叠加模式、蒙版与轨道遮罩 58

5.1 图层叠加模式 58
    5.1.1 打开图层叠加模式面板 58
    5.1.2 普通模式 59
    5.1.3 "变暗"模式 59
    5.1.4 "变亮"模式 61
    5.1.5 "叠加"模式 62
    5.1.6 "差值"模式 63
    5.1.7 "色相"模式 63
    5.1.8 "模板"模式 64
    5.1.9 "共享"模式 65
5.2 蒙版 65
    5.2.1 蒙版的概念 65
    5.2.2 蒙版的创建与修改 66
    实战：动态蒙版 67
    5.2.3 蒙版的属性 68
    5.2.4 蒙版的叠加模式 69
    5.2.5 蒙版的动画关键帧 69
    ★重点 实战：蒙版动画 69
5.3 轨道遮罩 71
    ★重点 实战：轨道遮罩的应用 72
5.4 综合实战：描边光效 73
    5.4.1 导入素材 73
    5.4.2 添加蒙版 73
    5.4.3 设置"描边"光效 74
    5.4.4 优化镜头 75
    5.4.5 项目输出 77

第6章 绘画与形状的应用 78

6.1 绘画的应用 78
    6.1.1 "绘画"面板与"画笔"面板 ... 78
    6.1.2 画笔工具 80
    实战：画笔变形 80
    6.1.3 仿制图章工具 82
    实战：复制船动画 83
    6.1.4 橡皮擦工具 84
    实战：标版动画 84
6.2 形状的应用 85
    6.2.1 形状概述 85
    6.2.2 形状工具 86
    6.2.3 钢笔工具 88
    6.2.4 创建文字轮廓形状图层 89
    6.2.5 形状组 90
    6.2.6 形状属性 90
    实战：阵列动画 92
6.3 综合实战：花纹生长 93
    6.3.1 创建花纹动画 93

6.3.2 花纹组动画.................................94

第7章 常用效果的应用 96

7.1 常规组.................................96
7.1.1 "梯度渐变"效果...............96
实战：过渡背景的制作..................96
7.1.2 "四色渐变"效果...............97
实战：视频背景的制作..................97
7.1.3 "发光"效果....................98
实战：光线辉光效果......................98

7.2 模糊组.................................99
7.2.1 "高斯模糊"效果...............99
★重点实战：镜头模糊开场...............99
7.2.2 "摄像机镜头模糊"效果.......100
★重点实战：镜头视觉中心...............101
7.2.3 "径向模糊"效果...............102
实战：镜头推拉效果......................102

7.3 透视组.................................103
7.3.1 "斜面Alpha"效果.............103
实战：元素立体感的制作..................104
7.3.2 "投影"/"径向阴影"效果.......104

7.4 过渡组.................................104
7.4.1 "块溶解"效果...............104
★重点实战：镜头过渡特效...............105
7.4.2 "卡片擦除"效果...............106
★重点实战：卡片翻转过渡特效...............106
7.4.3 "线性擦除"效果...............107
★重点实战：文字渐显特效...............108
7.4.4 "百叶窗"效果...............109
实战：翻页壁画......................109

7.5 综合实战：烟雾字特效.......110
7.5.1 制作烟雾......................110
7.5.2 创建定版......................112
7.5.3 烟雾置换......................113
7.5.4 画面优化......................114
7.5.5 项目输出......................115

第8章 文字及文字动画的应用 116

8.1 文字的作用.................................116
8.2 文字的创建.................................116
8.2.1 使用"文字工具"功能创建文字...116
实战：创建文字......................116
8.2.2 使用"文本"菜单创建文字...117
8.2.3 使用"过时"效果创建文字...117
★重点实战：基本文字的制作...............118
★重点实战：文字渐显动画...............120
★重点实战：路径文字动画...............121
8.2.4 使用"文本"效果创建文字...123
8.2.5 外部导入......................123

实战：导入文字......................123
8.3 文字的属性.................................124
8.3.1 修改文字内容...............124
实战：修改文字内容..................124
8.3.2 "字符"和"段落"属性面板...125
★重点实战：修改文字的属性...............125
8.4 文字动画.................................127
8.4.1 源文本动画...............127
★重点实战：逐字动画...............127
8.4.2 动画器文字动画...............128
★重点实战：文字不透明度动画...............129
★重点实战：范围选择器动画...............131
★重点实战：表达式选择器动画...............133
8.4.3 路径文字动画...............133
★重点实战：蒙版路径文字动画...............134
8.4.4 预设的文字动画...............135
★重点实战：预设的文字动画...............135
8.5 文字的拓展.................................136
8.5.1 从文字创建蒙版...............136
★重点实战：从文字创建蒙版...............137
8.5.2 从文字创建形状...............138
★重点实战：从文字创建形状...............138
8.6 综合实战：文字键入动画.......139
8.6.1 创建文字......................139
8.6.2 "输入光标"动画...............140
8.6.3 "修正光标"动画...............141
8.6.4 画面优化与视频输出...............141

第9章 三维空间功能的应用 142

9.1 三维空间概述.................................142
9.2 三维空间的属性.................................142
9.2.1 如何开启三维图层...............143
9.2.2 三维图层的坐标系统...............143
9.2.3 三维图层的基本操作...............144
实战：盒子动画......................145
9.2.4 三维图层的材质属性...............147
9.3 灯光系统.................................148
9.3.1 创建"灯光"...............148
9.3.2 属性与类型...............148
9.3.3 灯光的移动...............149
★重点实战：盒子阴影...............149
9.4 摄像机系统.................................151
9.4.1 创建"摄像机"...............151
9.4.2 "摄像机"的属性设置...............151
9.4.3 摄像机的控制方法...............152
9.4.4 镜头的运动方式...............153
★重点实战：3D空间...............154
9.5 综合实战：翻书动画.......157
9.5.1 创建"书"的构架...............157
9.5.2 制作翻书动画...............158
9.5.3 替换书的素材...............159

9.5.4 镜头优化与输出..............160

第10章 镜头的色彩修正..............162

10.1 色彩基础知识..............162
10.1.1 色彩模式..............162
10.1.2 位深度..............164

10.2 三大核心效果..............164
10.2.1 "曲线"效果..............164
★ 重点 实战：曲线通道调色..............165
10.2.2 "色阶"效果..............166
★ 重点 实战：画面色彩还原..............167
★ 重点 实战：元素色调匹配..............168
10.2.3 "色相/饱和度"效果..............169
★ 重点 实战：季节更换..............169

10.3 内置常用效果..............171
10.3.1 "颜色平衡"效果..............171
★ 重点 实战："颜色平衡"效果的应用..............171
10.3.2 "色光"效果..............172
★ 重点 实战：背景元素的制作..............172
10.3.3 "通道混合器"效果..............173
★ 重点 实战："通道混合器"效果的应用..............173
10.3.4 "色调"效果..............174
★ 重点 实战：镜头染色..............174
10.3.5 "照片滤镜"效果..............175
★ 重点 实战：滤镜..............175
10.3.6 "更改颜色"/"更改为颜色"效果..............176
★ 重点 实战：换色..............176

10.4 综合实战：三维立体文字..............177
10.4.1 文字厚度的处理..............177
10.4.2 文字质感的处理..............178
10.4.3 优化细节..............178

10.5 综合实战：电影风格的校色..............179
10.5.1 画面色调处理..............179
10.5.2 优化镜头细节..............181

10.6 综合实战：三维素材后期处理..............181

第11章 抠像技术..............184

11.1 抠像技术简介..............184

11.2 抠像效果组..............184
11.2.1 "颜色差值键"效果..............185
实战：使用"颜色差值键"效果抠像..............185
11.2.2 "线性颜色键"效果..............187
实战：使用"线性颜色键"效果抠像..............187
11.2.3 "颜色范围"效果..............188
实战：使用"颜色范围"效果抠像..............188
11.2.4 "差值遮罩"效果..............189
实战：使用"差值遮罩"效果抠像..............190
11.2.5 "提取"效果..............191
实战：使用"提取"效果抠像..............191

11.2.6 "内部/外部键"效果..............192
实战：使用"内部/外部键"效果抠像..............193
11.2.7 "Advanced Spill Suppressor"（抑色）效果..............194

11.3 遮罩效果组..............194
11.3.1 "遮罩阻塞工具"效果..............194
11.3.2 "调整实边遮罩"和"调整柔和遮罩"效果..............195
11.3.3 "简单阻塞工具"效果..............195

11.4 Keylight（1.2）效果..............195
11.4.1 基本抠像..............195
★ 重点 实战：使用Keylight（1.2）效果快速抠像..............196
11.4.2 高级抠像..............197
★ 重点 实战：使用Keylight（1.2）效果抠取颜色接近的镜头..............200

11.5 综合实战：虚拟演播室..............202
11.5.1 蓝屏抠像与边缘处理..............202
11.5.2 场景色调匹配..............203
11.5.3 镜头细化处理..............204

第12章 镜头稳定、跟踪运动与镜头反求..............206

12.1 概述..............206
12.1.1 基本概念..............206
12.1.2 "跟踪器"面板的参数..............207
12.1.3 "时间轴"面板的跟踪参数..............208

12.2 镜头稳定..............208
12.2.1 稳定运动..............208
★ 重点 实战：镜头稳定1..............209
12.2.2 变形稳定器..............210
★ 重点 实战：镜头稳定2..............211

12.3 跟踪运动..............212
12.3.1 镜头设置..............212
12.3.2 添加合适的跟踪点..............212
12.3.3 选择跟踪目标与设定跟踪特征区域..............212
12.3.4 设置"附着点"偏移..............213
12.3.5 调节特征区域和搜索区域..............213
12.3.6 分析..............213
12.3.7 优化..............213
12.3.8 应用跟踪数据..............213
★ 重点 实战：添加光晕..............213

12.4 跟踪摄像机..............215
★ 重点 实战：跟踪摄像机..............215

第13章 表达式的应用..............218

13.1 表达式的基础知识..............218
13.1.1 表达式的概念..............218
13.1.2 表达式的创建..............218
13.1.3 保存与调用表达式..............219

13.2 表达式的基本语法..............219
13.2.1 表达式的语言..............219
13.2.2 访问对象的属性和方法..............220
13.2.3 数组与维数..............220

13.2.4 向量与索引 221
13.2.5 表达式时间 221
实战：模拟镜头抖动 222
★重点实战：时针动画 222

13.3 表达式数据库 223
13.3.1 Global（全局） 223
13.3.2 Vector Math（向量数学） 224
13.3.3 Random Numbers（随机数） 224
13.3.4 Interpolation（插值） 224
13.3.5 Color Conversion（颜色转换） 225
13.3.6 Other Math（其他数学） 225
13.3.7 JavaScript Math（脚本方法） 225
13.3.8 Comp（合成） 225
13.3.9 Footage（素材） 226
13.3.10 Layer>Sub-object（图层子对象） 226
13.3.11 Layer>General（普通图层） 226
13.3.12 Layer>Properties（图层特征） 227
13.3.13 Layer>3D（3D图层） 227
13.3.14 Layer>Space Transforms（图层空间变换） 227
13.3.15 Camera（摄像机） 228
13.3.16 Light（灯光） 228
13.3.17 Effect（效果） 228
13.3.18 Property（特征） 228
13.3.19 Key（关键帧） 229
★重点实战：蝴蝶动画 229

13.4 综合实战：缤纷生活 232
13.4.1 创建条合成 232
13.4.2 编写表达式 232
13.4.3 细化动画 234
13.4.4 添加文字并输出视频 234

第14章 仿真粒子特效 236

14.1 仿真粒子特效概述 236

14.2 模拟效果 236
14.2.1 "碎片"效果 236
★重点实战：爆破特效 238
★重点实战：落叶特效 240
14.2.2 "粒子运动场"效果 241
★重点实战：数字粒子流 243
★重点实战：流光粒子动画 246

第15章 视觉光效系列 248

15.1 光效的作用 248

15.2 "Knoll Light Factory"（灯光工厂）效果 248
★重点实战：产品表现 250

15.3 "Optical Flares"（光学耀斑）效果 253
★重点实战：模拟日照 254

15.4 "Shine"（扫光）效果 255
★重点实战：云层光线 256

15.5 "Starglow"（星光闪耀）效果 257
★重点实战：炫彩星光 258

15.6 "3D Stroke"（3D描边）效果 259
★重点实战：飞舞光线 261

15.7 综合实战：光闪效果 262
15.7.1 渐显动画 262
15.7.2 制作闪光 263
15.7.3 制作背景 265
15.7.4 制作光线 265
15.7.5 优化输出 267

第16章 视频特效合成 268

16.1 概述 268

16.2 FSN镜头特效合成 268
16.2.1 背景元素 268
16.2.2 主体元素 272
16.2.3 辅助元素 272
16.2.4 细节优化 274

16.3 网络单车镜头特效合成 276
16.3.1 开场动画 276
16.3.2 制作背景 279
16.3.3 画面校色 280
16.3.4 细节优化 282

第17章 实拍与后期合成 284

17.1 实拍与后期的流程 284

17.2 运动的光线 284
17.2.1 素材的色彩校正与动作匹配 285
17.2.2 制作"运动光线"与"粒子" 286
17.2.3 优化镜头细节 289

17.3 电视人物信号 291
17.3.1 抠像 291
17.3.2 制作烟雾效果 292
17.3.3 制作电视干扰信号 294
17.3.4 人物闪入与画面优化 296
17.3.5 镜头过渡、优化与输出 297

第18章 综合影视特效与栏目包装 300

18.1 镜头光晕 300

18.2 飞散的粒子 302

18.3 定版粒子动画 304

18.4 风吹粒子动画 307

18.5 超炫粒子动画 310

18.6 融合文字动画 314

18.7 弹跳文字动画 316

18.8 炫彩文字动画 320

After Effects 2022

完全自学教程

第1章

影视特效及电视包装制作基础

Learning Objectives
学习要点↙

2页
视频基础知识

4页
图形图像的文件格式

5页
视频格式

6页
音频格式

7页
影视广告制作的一般流程

8页
电视包装制作的一般流程

1.1 视频基础知识

很多视频设计师刚进入这个领域的时候，容易忽略基础知识，甚至认为这部分知识没什么用，实则不然。

在影视制作中，由于需要将不同的硬件设备、平台和软件进行组合使用，并且不同视频的标准存在差别，因此可能引发如画面产生变形或抖动、视频分辨率和像素比不一致等一系列问题，这会极大地影响画面的最终效果。

本节将针对影视制作中所涉及的视频基础知识进行简要讲解。有些知识点可能略显枯燥，但都非常关键，对设计师来说尤其需要深刻理解和掌握。

1.1.1 数字化

这里不具体讲解数字化的工作原理。用摄像机拍摄的素材不能直接用于电视机播放，需要对其进行必要的剪辑与特效处理，而这些操作是无法直接通过摄像机完成的。

此时，就需要先将已拍摄的素材采集到计算机硬盘中，并通过非线性编辑软件对这些素材进行处理，然后将处理好的画面内容输出，最后在电视机或相应的设备上播放。可以将以上过程理解为数字化非线性编辑技术应用的过程。

数字化非线性编辑技术的应用，颠覆了传统工作流程中十分复杂的线性编辑技术和应用模式，极大提升了视频设计师的创作自由度和灵活度，同时也将视频制作水平提升到了一个更高的层次。

1.1.2 分辨率

分辨率也称解析度，是指单位长度内包含的像素点的数量，单位通常为像素/英寸（ppi）。

由于屏幕画面上的点、线、面均由像素组成，因此，显示器可显示的像素越多，画面就越精细，同样的屏幕区域内能显示的信息也就越多。以分辨率为720像素×576像素的屏幕为例，即每一条水平线上包含720个像素点，共有576条线，即扫描列数为720，行数为576。

分辨率不仅与显示尺寸有关，还受显示器点距、视频带宽等因素影响。其中，分辨率和刷新频率的关系比较密切。当然，在视频制作时，分辨率过大的图像会耗费很多制作时间和计算机资源，分辨率过小的图像则会造成播放时图像的清晰度不够。

在After Effects 2022中，可以在"合成设置"对话框中设置标准的HDTV分辨率，如图1-1所示。

图1-1

1.1.3 像素长宽比

像素长宽比是图像中一个像素的长度与宽度的比。使用计算机图像软件制作生成的图像大多使用方形像素，即图像的像素长宽比为1∶1。而电视设备显示的视频图像，其像素长宽比则不一定是1∶1。

在After Effects 2022中，可以在"合成设置"对话框中设置画面的像素长宽比，如图1-2所示。或者在"项目"面板中选择相应的素材，按快捷键Ctrl+Alt+G，打开素材属性设置面板，设置素材的像素长宽比，如图1-3所示。

图1-2

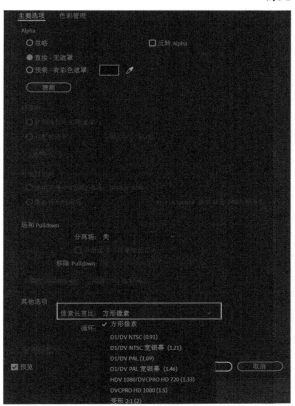

图1-3

1.1.4 帧速率

帧速率即帧/秒，指每秒可以刷新的图片数量，也可以理解为每秒可以播放的图片张数。

帧速率越高，每秒所显示的图片数量就越多，画面越流畅，视频的品质越高，当然也会占用更多的带宽资源。而过低的帧速率则会使画面播放不流畅，从而产生"跳跃"现象。

在After Effects 2022中，可以在"合成设置"对话框中设置画面的帧速率，如图1-4所示。当然，也可以在素材属性设置对话框中进行自定义设置，如图1-5所示。

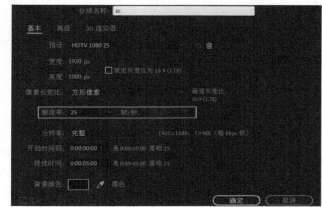

图1-4

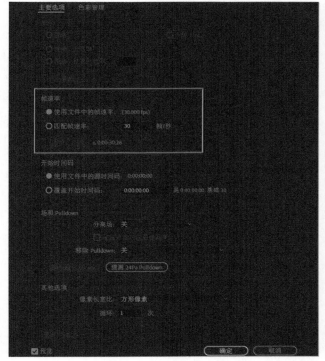

图1-5

1.1.5 运动模糊

运动模糊并不是要在两帧之间插入更多的信息，而是将当前帧与前一帧混合在一起所获得的一种效果。

开启"运动模糊"的目的是使画面更流畅，减少帧与帧之间由于画面差距大而引起的闪烁或抖动，从而增强画面的真实感和流畅度。当然，应用"运动模糊"也会在一定程度上降低图像的清晰度。

在After Effects 2022中，可以在"时间轴"面板中单击素材的"运动模糊"按钮和"运动模糊"总按钮，如图1-6所示。

图1-6

1.1.6 帧混合

帧混合是针对画面变速（快放或慢放）而言的。将一段视频进行慢放处理时，由于在一定时间内没有足够多的画面表现，因此会出现卡顿的现象。将这段素材进行帧混合处理，可以在一定程度上解决这个问题。

在After Effects 2022中，可以在"时间轴"面板中单击素材的"帧混合"按钮和"帧混合"总按钮，如图1-7所示。

图1-7

1.1.7 质量和采样

质量和采样是指对图像素材的显示效果的选择，最高质量意味着最清晰，但解码时间最长。平滑代表质量和耗时平衡，草稿意味着快速渲染。同时，质量和采样也是增强画质、使画面变平滑的一种方式。

在After Effects 2022中，可以在"时间轴"面板中单击素材的"质量和采样"按钮，如图1-8所示。

图1-8

1.2 文件格式

在视频制作中，所涉及的文件格式和压缩编码多种多样。为了能够更好地进行视频制作，下面将详细介绍常用的图形图像、视频、音频文件的格式。

1.2.1 图形图像的文件格式

 GIF格式

GIF（Graphics Interchange Format，图形交换格式）的特点是压缩率较高，占用磁盘空间较少，因此被广泛应用。

GIF格式只能保存最大8位色深的图像，所以它最多只能用256种颜色来表现画面，对于色彩复杂的画面的表现就显得力不从心了。

GIF格式最初是为便于网络传输而开发的，因此至今仍在网络上广泛应用。这与GIF格式的图像文件小、下载速度快、可用许多同样大小的图像文件组成动画等优势密不可分。

 SWF格式

利用Animate软件可以生成SWF格式的动画，这种格式的动画能够用比较小的文件表现丰富的效果。

在网络传输方面，SWF格式的动画不必等到文件全部下载完毕才能观看，可以边下载边观看，因此特别适合用于网络传输。尤其在传输速率不佳的情况下，SWF格式的动画也能取得较好的播放效果。

SWF格式被广泛应用于网页，进行多媒体演示与交互设计。此外，SWF动画是基于矢量技术制作的，因此无论将画面放大多少倍，画面的品质均不会产生任何损失。

 JPEG格式

JPEG格式是一种常见的图像格式，其扩展名为.jpg或.jpeg。JPEG格式的压缩技术十分先进，即用有损压缩方式去除冗余的像素和色彩数据，可以在获取极高压缩率的同时，展现十分丰富生动的图像。换句话说，就是可以用较少的磁盘空间存储较高质量的图像。

由于JPEG格式的压缩算法采用平衡像素之间的亮度色彩来进行压缩，因而更有利于表现带有渐变色彩且没有清晰轮廓的图像。

 PNG格式

PNG也是一种网络图像格式，它汲取了GIF格式和JPEG格式的优点。

PNG格式能把图像文件压缩到极限，以利于网络传输，同时又能保留所有与图像品质有关的信息。这是因为PNG格式采用无损压缩的方式来减小文件的大小，这一点与牺牲图像品质以换取高压缩率的JPEG格式不同。

PNG格式显示速度快，只需下载1/64的图像信息，即可显示低分辨率的预览图像。

PNG格式支持透明背景。在制作网页图像时，透明背景非常有用，可以用网页本身的颜色信息来代替已设为透明的色彩，从而使图像和网页背景自然地融合在一起。

PNG格式的缺点是不支持动画效果。

TGA格式

TGA格式文件的结构比较简单，是一种图形、图像数据的通用格式，在多媒体领域具有很大影响，是计算机生成图像向电视转换的首选格式。

TIFF格式

TIFF是跨平台的图像格式，其特点是存储的图像细节信息非常丰富。

TIFF格式有压缩和非压缩两种形式。其中，压缩形式可采用LZW无损压缩方案进行存储。

PSD格式

PSD格式是Adobe公司的图像处理软件Photoshop的专用格式。PSD格式的文件包含图层、通道、遮罩等多种设计的样稿，以便在下次打开文件时，可以修改上一次的设计。

1.2.2 视频格式

AVI格式

AVI格式，是音频视频交错格式。所谓音频视频交错，就是可以将音频和视频交织在一起进行同步播放。这种视频格式的优点是图像质量好，可以跨平台使用；缺点是文件过于庞大。

DV-AVI格式

数码摄像机就是使用DV格式记录视频数据的。DV格式可以通过计算机的IEEE 1394端口传输视频数据到计算机，也可以将计算机中编辑好的视频数据传输到数码摄像机中。由于这种视频格式的文件扩展名一般也是.avi，因此人们习惯称其为DV-AVI格式。

MPEG格式

MPEG是运动图像压缩算法的国际标准，它采用有损压缩方法，从而减少运动图像中的冗余信息。MPEG格式的压缩方法是保留相邻两幅画面中绝大多数相同的部分，去除后续图像和前面图像有冗余的部分，从而达到压缩的目的。目前，MPEG格式有3个压缩标准，分别是MPEG-1、MPEG-2和MPEG-4。

MPEG-1：MPEG-1是针对1.5Mbit/s以下数据传输速率的数字存储媒体运动图像，及其伴音编码而制定的国际标准，也就是常见的VCD格式，这种视频格式的文件扩展名包括.mpg、.mlv、.mpe、.mpeg，以及VCD光盘中的.dat等。

MPEG-2：MPEG-2的设计目标为高级工业标准的图像质量及更高的传输速率，这种格式主要应用于DVD/SVCD的制作（压缩）方面。同时，在一些HDTV（高清晰电视广播）和高要求视频编辑、处理方面也有一定应用。这种视频格式的文件扩展名包括.mpg、.mpe、.mpeg、.m2v及DVD光盘中的.vob等。

MPEG-4：MPEG-4是为了播放流式媒体的高质量视频而专门设计的文件格式，它可以利用很窄的带宽，通过帧重建技术压缩和传输数据，以求使用最少的数据获得最佳的图像质量。MPEG-4格式最有吸引力的地方在于，它能够保存接近于DVD画质的小视频文件。这种视频格式的文件扩展名包括.asf、.mov、.DivX、.avi等。

H.264格式

H.264格式是由ISO/IEC与ITU-T组成的联合视频组（JVT）制定的新一代视频压缩编码标准。在ISO/IEC中，该标准被命名为AVC，其作为MPEG-4格式标准的第10个选项，在ITU-T中被正式命名为H.264标准。

H.264格式和H.261格式、H.263格式一样，均采用DCT变换编码加DPCM的差分编码，即混合编码结构。同时，H.264格式在混合编码的框架下引入了新的编码方式，提高了编码效率，更贴近于实际应用。

H.264格式没有烦琐的选项，力求简洁，回归基本应用，具有比H.263++更好的压缩性能。同时，H.264格式也加强了对各种通信形式的适应能力。

H.264格式的应用范围广泛，可满足各种不同速率、不同场合的视频传输需要，具有较好的抗误码和抗丢包的处理能力。

H.264标准使运动图像压缩技术上升至一个更高的阶段，在较低带宽上提供高质量的图像传输是H.264格式的应用亮点。

H.265格式

H.265格式是继H.264格式之后制定的新的视频编码标准。H.265格式保留了H.264格式的某些技术，同时对一些相关的技术加以改进。

H.265格式采用先进的技术来改善码流、编码质量、延时和算法复杂度之间的关系，从而达到最优化设置。

具体的改进内容包括：提高压缩效率，提高稳定性和错误恢复能力，减少实时的时延，减少信道获取时间和随机接入时延，降低复杂度等。

由于算法优化，H.264格式可以在低于1Mbit/s的速率下实现标清（分辨率在1280×720以下）数字图像传输；H.265格式则可以实现利用1~2Mbit/s的传输速率传输720p（分辨率1280×720）的普通高清音视频。

DivX格式

DivX格式是由MPEG-4格式衍生的另一种视频编码（压缩）标准，也就是通常所说的DVDrip格式。DVDrip格式采用MPEG-4格式的压缩算法，同时综合了MPEG-4格式与MP3等方面的技术，即使用DivX压缩技术对DVD盘片的视频图像进行高质量压缩，同时使用MP3或AC3对音频进行压缩，然后合成视频与音频，并加上相应的外挂字幕文件，最后形成视频。其画质与DVD相当，而体积只有DVD的数分之一。

 MOV格式

MOV格式是苹果公司开发的一种视频格式，其默认的播放器是苹果的Quick Time Player。MOV格式具有较高的压缩率和较完美的视频清晰度。MOV格式最大的特点是跨平台性，既能支持macOS，又能支持Windows系统。

 ASF格式

ASF是微软公司为和Real Player竞争而推出的一种视频格式。用户可以直接使用Windows自带的Windows Media Player对其进行播放。由于ASF格式采用MPEG-4格式的压缩算法，因此其压缩率和图像的质量都很不错。

 RM格式

RM格式是Networks公司制定的音频视频压缩规范。用户可以使用Real Player或RealOne Player对符合RM格式技术规范的网络音频/视频资源进行实况转播。此外，RM格式还可以根据不同的网络传输速率制定不同的压缩率，从而实现在低速率的网络上进行影像数据实时传输和播放。

RM格式的另一个特点是，用户使用Real Player或RealOne Player播放器时可以不下载音频/视频内容，而是在线播放。

 RMVB格式

RMVB格式是一种由RM格式升级而来的新视频格式，其先进之处在于打破了RM格式的平均压缩采样方式。在保证平均压缩率的基础上，合理利用带宽资源，即静止和动作场面少的画面场景采用较低的编码速率，这样可以留出更多的带宽空间。而这些带宽空间会用于快速运动的画面场景。这样，可以在保证静止画面质量的前提下，大幅提高运动画面的质量，从而在图像质量和文件大小之间达成平衡。

1.2.3 音频格式

 CD格式

CD格式是当前音质最好的音频格式。在大多数播放软件的"文件类型"选项中，都可以看到*.cda格式，这就是CD音轨。标准CD格式的采样频率为44.1kHz。由于CD音轨近似无损，因此它的声音非常接近原声。

CD光盘可以在CD唱机中播放，也可以用计算机里的各种播放软件播放。因为.cda文件只包含索引信息，并不包含声音信息，所以不论CD音乐长短，在计算机上看到的.cda文件都是44B。

 WAV格式

WAV格式是微软公司开发的一种声音文件格式，它符合RIFF文件规范，可以用于保存Windows平台的音频信息资源，被Windows平台及其应用程序支持。WAV格式支持MSADPCM、CCITT A LAW等多种压缩算法，支持多种音频位数、采样频率和声道。标准格式的WAV文件和CD格式的文件一样，都是44.1kHz的采样频率。WAV格式和CD格式的声音文件质量相差无几，均是目前广泛流行于PC的声音文件格式，几乎所有的音频编辑软件都支持WAV格式。

WAV格式与苹果公司开发的AIFF格式、为UNIX系统开发的AU格式非常相像，大多数音频编辑软件都支持这几种常见的音频格式。

 MP3格式

MP3格式诞生于20世纪80年代的德国。MP3是MPEG标准中的音频部分，也就是MPEG音频层。根据压缩质量和编码处理的不同，音频层分为3层，分别对应.mp1、.mp2和.mp3这3种声音文件。

MPEG音频文件的压缩是一种有损压缩，MPEG3音频编码具有10:1~12:1的高压缩率，同时基本保持低频部分不失真，但是牺牲了声音文件中12kHz~16kHz高频部分的质量换取文件的大小。

相同长度的音乐文件，如果用MP3格式存储，文件大小一般只有WAV格式文件的1/10，而音质则要次于CD格式或WAV格式的文件。

 MIDI格式

MIDI格式允许数字合成器和其他设备交换数据。MIDI文件并不是一段录制好的声音，而只是记录声音的信息，然后告诉声卡如何再现音乐的一组指令。一个MIDI文件每存储1分钟的音乐，大约只用5~10KB。

MIDI文件主要用于原始乐器作品、流行歌曲的业余表演、游戏音轨及电子贺卡等。MIDI文件重放的效果完全依赖声卡的档次。MIDI格式的最大用途在计算机作曲领域。MIDI文件可以用作曲软件写出，也可以通过声卡的MIDI接口将外接音序器演奏的乐曲输入计算机，制作成MIDI文件。

 WMA格式

WMA格式的音质强于MP3格式，更远强于早期压缩率极高的RA格式。和由YAMAHA公司开发的VQF格式一样，以减少数据流量但保持音质的方法达到比MP3格式压缩率更高的目的，WMA格式的压缩率一般可以达到18:1。

WMA格式的另一个优点是内容提供商可以通过DRM方案（如Windows Media Rights Manager 7）加入防拷贝保护。这种内置的版权保护技术可以限制播放时间和播放次数，甚至播放的设备等，这对被盗版困扰的音乐公司来说是一个福音。另外，WMA格式还支持音频流（Stream）技术，适合在网络上在线播放。

WMA格式可以在录制时对音质进行调节。音质好的WMA格式音乐可与CD媲美，而压缩率较高的则可用于网络。

1.3 影视广告制作的一般流程

1.3.1 提交创意文案

当创意得到确认，并获准进入拍摄阶段时，公司创意部会将创意文案、画面说明及故事板呈递给制作部（或其他制作公司），并对广告的长度、规格、交片日期、目的、任务、情节、创意点、气氛和禁忌等做必要的书面说明，以帮助制作部理解该广告的创意背景、目标对象、创意点及表现风格等。同时，要求制作部在限定的时间内呈递估价和制作日程表以供选择。

目前，沟通创意文案主要和常见的方式之一就是使用故事板，故事板图文并茂，能够缩短相互之间在理解上的差距。

1.3.2 制作方案与报价

当制作部收到脚本说明之后，会将对创意的理解预估、合适的制作方案及相应的价格呈报给客户部，供客户部确认。

一般而言，一份合理的估价应包括拍摄准备、拍摄器材、拍摄场地、拍摄置景、拍摄道具、拍摄服装、摄制组（导演、制片、摄影师、灯光师、美术师、化妆师、服装师、造型师、演员等）、电力、转磁、音乐、剪辑、特效、二维及三维制作、配音及合成等制作费、制作公司利润、税金等所有费用，并附制作日程表，甚至可以包含具体的选择方案。

因为制片的规模大小、精细程度直接影响估价，所以广告主应该有一个大致的制作预算，这个预算一般为播出费用的10%左右。制片公司以该预算为基准所做的估价才是有意义的，以这个估价为基准的制作方案才是值得考虑的。

1.3.3 签订合同

客户部将制作部的估价呈报给客户，当客户确认后，由客户、客户部、制作部签订具体的制作合同。根据合同和最后确认的制作日程表，制作部会在规定的时间内准备接下来的第一次制作准备会。

制作部的估价是透明的，因为每一个项目都有公认的行价，上下浮动的空间比较有限，并且在制作部的估价单上能够看到制作部的利润和所缴纳的税款。当然，和其他行业一样，拍片量大的制作公司一般能够得到较好的价格。

1.3.4 拍摄前期的准备工作

拍摄前期，制作部将就制作脚本、导演阐述、灯光影调、音乐样本、堪景、布景、演员试镜、演员造型、道具、服装等有关广告拍摄的细节部分进行全面的准备工作，以寻求将广告创意呈现为广告影片的最佳方式。

这是制作部最忙碌的时期，所有的准备工作都要事无巨细、面面俱到，这个阶段的工作做得越精细，制作出的广告片质量越高。有时应客户的要求，会缩短制作周期，那么压缩的往往就是这一阶段的时间。建议客户最好为制作留出足够的时间，因为充分的准备时间不是增加开支，而是提升品质。

1.3.5 召开制作准备会议

在制作准备会议上，由制作部向客户呈报广告影片拍摄的各个细节，并说明理由。通常，制作部会拿出不止一套的拍摄脚本、导演阐述、灯光影调、音乐样本、堪景、布景、演员试镜、演员造型、道具、服装等有关广告拍摄的方案供客户选择，并最终一一确认，以此作为之后拍片的基础依据。如果某些部分在此次会议上无法确认，则（在时间允许的前提下）会安排另一次制作准备会议，直到最终确认。因此，制作准备会议召开的次数通常是不确定的，如果只召开一次，则PPM1和PPM2、Final PPM就没有什么差别。

1.3.6 第二次准备会议

在第二次的准备会议上，制作部将就第一次制作准备会议（PPM1）上未能确认的部分提报新的方案，供客户确认。如果全部确认，则不再召开最终制作准备会议（Final PPM），否则（在时间允许的前提下）会再次安排制作准备会议，直到最终确认。

1.3.7 最后的准备会议

召开最后的制作准备会议，是为了不影响整个拍片计划的进行，就未能确认的所有方面，客户、客户部和制作部必须进行共同协商，给出可以执行的方案，待三方确认后，作为之后拍片的基础依据。

1.3.8 拍摄前的最终检查

在正式拍摄之前，制片人员会对最终制作准备会议上确定的各个细节进行最后的确认和检视，确保广告的拍摄能够完全按照计划顺利执行。其中，尤其需要注意的是场地、置景、演员、特殊镜头等方面。另外，在正式拍摄之前，制作部会以书面形式的"拍摄通告"告知相关人员拍摄地点、时间、摄制组人员、联络方式等信息。

这是最后一次检查机会，之后大家就会抓紧时间休息，因为最终检查结束之后，正式拍摄也即将到来。

1.3.9 拍摄

按照最终制作准备会的决议，摄制组按照拍摄脚本进行拍摄工作。为了对客户和创意负责，除了摄制组，制片人员通常会联络客户和客户部的代表、创作人员等参与拍摄。 根据经验和作业习惯，为了提高工作效率，保证表演质量，拍摄工作有时并非按照拍摄脚本规定的镜头顺序进行，而是将机位、景深相同或相近的镜头一起拍摄。另外，儿童、动物等拍摄难度较高的镜头通常会最先拍摄，而静物、特写及产品镜头等通常会安排在最后拍摄。为确保拍摄的镜头足够用于剪辑，每个镜头都不止拍摄一遍，并且导演也可能会多拍一些脚本中没有的镜头备用。

外景的拍摄是看天吃饭，制片人员会在预订的拍摄日期前几天与气象台联络，取得天气预测的资料。内景的拍摄无关天气，但摄影棚就像一个时间黑洞，在摄影棚里，许多人会失去时间感。拍摄似乎是充满新奇感的，但其实是令人厌倦的。可以想象一下，在凌晨3点，在同一个镜头重复了二三十遍时，在连续工作了20小时以后，自己将会是怎样一种精神状态。

1.3.10 初剪

初剪也称粗剪。现在的剪辑工作一般都是在计算机中完成的，因此拍摄素材要先输入计算机中，然后导演和剪辑师才能开始进行初剪。在初剪阶段，导演会将拍摄素材按照脚本的顺序拼接起来，剪辑成一个没有视觉特效、没有旁白、没有音乐的版本。

初剪的成果是个令人兴奋的版本，在经过漫长的策略企划、创意构想和制作阶段后，终于可以看到广告片的雏形了，虽然还很不完整。

1.3.11 为客户提供A拷贝

所谓A拷贝，就是经过初剪后，没有视觉特效、没有旁白、没有音乐的版本。同时，A拷贝也是整个制作流程中客户第一次看到的制作成果。

给客户看A拷贝，有时候需要具有冒险精神。因为一个没有视觉特效和声音的广告片，在总体水准上比成片要逊色很多，因此很容易令客户感到紧张，以至于提出一些难以解决的修改意见。所以，制作公司有时候宁愿麻烦一点，也会在完成特效和音效后再给客户看片。

1.3.12 精剪

客户认可了A拷贝以后，就会进入正式剪辑阶段，这一阶段也被称为精剪。在精剪阶段，首先要根据客户看A拷贝后提出的

意见进行修改，然后将特效部分合成到广告片中。这样，广告片画面部分的工作就完成了。

优秀的剪辑师和剪辑工具将为广告片增添许多光彩。随着计算机科技的飞速发展，现在的影视后期制作已经能把所有的想象变成画面，而后期制作的这一阶段就是为了实现梦想。当然，越豪华的梦想，就需要越多的资金来支撑。

1.3.13 制作音乐、旁白和对白

广告片的音乐可以作曲或选曲。这两者的区别是，如果作曲，广告片将拥有独一无二的音乐，而且音乐能和画面完美结合，但成本较高；如果选曲，则在成本方面会比较经济，但其他广告片可能也会用到这个音乐。

广告片的旁白和对白也是在该阶段完成。在音乐、旁白及对白完成以后，音效剪辑师会为广告配上各种不同的声音效果。至此，一条广告片的声音部分准备完毕。最后一道工序就是将以上所有元素各自的音量调整至适合的大小，并合成在一起。至此，广告片就制作完成了。

1.3.14 交片

将经过客户认可的最终成片以合同约定的形式按时交付，完成最后的交片环节。

1.4 电视包装制作的一般流程

1.4.1 客户提出需求

客户通过与业务员联系，或以电话、电子邮件、在线订单等方式，提出制作方面的基本需求。

1.4.2 提供制作方案和报价

制作方对客户的需求予以回复，提供制作方案和报价，供客户参考和选择。

1.4.3 确定合作意向

双方以面谈、电话或电子邮件等方式，针对项目内容和具体需求进行协商，产生合同主体及细节。双方认可后，签署电视包装制作合同，合同附件中要包含包装文案。双方会在规定的时间内准备接下来的第一次制作准备会议。

1.4.4 召开制作准备会议

在制作准备会议中，按照客户提出的详细要求进行广泛讨论，确定制作的创意及思路，并制订相关的制作方案。

1.4.5 设计主体Logo

主体Logo是电视包装中动画的核心表现内容，也是频道或栏目定位的核心体现。当然，如果客户已经提供了Logo，则不用进行这一步。

1.4.6 搜集素材

搜集符合Logo表现的元素。元素是组成动画的基础，不同的元素组合方式可以形成不同的分镜头。

1.4.7 制作三维模型

根据镜头的表现创建相关的三维模型，设置材质及镜头的表现。

1.4.8 制作分镜头

根据电视包装的记叙过程，使用选择好的元素和颜色制作分镜头。需要注意的是，分镜头的画面构图一定要讲究，要力求精美，只有这样，在将分镜头交付客户审核时，才会使客户满意。

1.4.9 客户审核分镜头

客户审核是一个重要的环节。在一开始，客户可能会提出一些反馈意见，这时就需要及时修改分镜头来满足客户的需求，直至客户满意。通过这一步，客户将确定当前包装定位的整体形式。

1.4.10 整理镜头

最终确定镜头顺序。在After Effects 2022中，根据所制作的音乐节奏剪辑分镜头，确定三维元素的动画长度。

1.4.11 设置三维动画

根据分镜头长度，设置具体的动画元素和镜头的运动。

1.4.12 制作粗模动画

在After Effects 2022中，导入分镜头PSD文件。使用渲染好的粗模动画代替静止元素，配合镜头运动，制作各个静止元素的动画。

1.4.13 渲染三维成品

渲染是电视包装制作中最为耗时的步骤。反复测试动画长度，并检查动画中存在的问题，是减少耗时的有效方法。

1.4.14 制作成品动画

用三维精细动画代替粗模动画，制作后期效果。调整画面中的辅助元素，完成制作。

1.4.15 将样片交付客户审核

将制作好的样片交付客户，等待其审核并通知。如果有修改之处，再根据客户提出的修改意见进行修改，并完成最终制作。

1.4.16 交片

待客户确认最终成片后，将最终成片交付客户。图1-9所示是部分商业项目中的电视包装案例分镜图。

图1-9

该制作流程可以应用到各种类型的项目中，如栏目或频道的整体包装等。仔细把握各个环节、保持有效沟通非常重要。

第2章

进入After Effects 2022的世界

Learning Objectives
学习要点↙

10页
后期合成软件分类

11页
After Effects 2022的主要功能、应用和特点

12页
After Effects 2022对软硬件环境的要求

13页
安装After Effects 2022及插件的方法

15页
学好After Effects 2022的建议

2.1 After Effects 2022简介

2.1.1 后期合成软件分类

后期合成方向的软件分为两大类：图层编辑和节点操作。以图层编辑为代表的主流软件是After Effects及曾经的Discreet Combustion，其工作界面如图2-1和图2-2所示。

图2-1

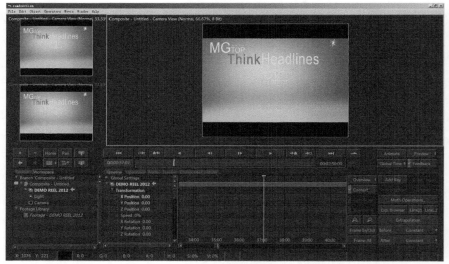

图2-2

以节点操作为代表的主流软件有The Foundry Nuke和Eyeon Digital Fusion，其工作界面如图2-3和图2-4所示。

图2-3

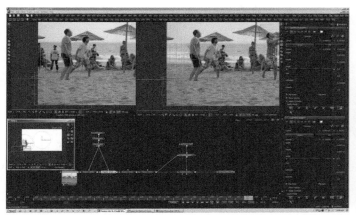

图2-4

作为一款功能强大且成本较低的后期合成软件，After Effects 与Adobe公司的其他软件（如Photoshop、Illustrator、Premiere和 Audition等）无缝结合，得到大量第三方插件的支持，凭借易上 手和良好的人机交互获得了众多设计师的青睐。

After Effects包含数百种预设和动画效果，能够助力设计师高 效且精确地创建丰富多样的动态图形和震撼人心的视觉效果，为 电影、视频、DVD和Flash等作品增添令人耳目一新的效果。

2.1.3 After Effects的应用领域

After Effects适用于从事设计和视觉特效的机构（包括影视 制作公司、动画制作公司、电视台、个人后期制作工作室及多 媒体工作室等）。目前，After Effects的主要应用领域为三维动 画的后期合成、建筑动画的后期合成、视频包装、影视广告的 后期合成和影视剧特效合成等，如图2-6和图2-7所示。

图2-6

2.1.2 After Effects的主要功能

After Effects由世界领先的数字媒体和在线营销解决方案供应 商Adobe公司研发推出，目前的最高版本为After Effects 2022，如 图2-5所示。

图2-5

图2-7

2.1.4 After Effects 2022的特色工具

 椎体化之后的形状描边----------------------------

创建形状图层描边时，可以使用"椎体化"和"波形"这两 个新参数创建波浪状、尖状或圆形描边。不仅可以更改形状描边 的厚度、修改锥体化的强度，还可以将描边的外观动画化，以生成独 特的图形元素，从而创造更具表现力的形状动画，如图2-8所示。

11

图2-8

同轴形状复制器

利用"位移路径"形状效果中的新参数，可制作向外或向内辐射路径的副本，创建具有复古氛围的独特背景，如图2-9所示。

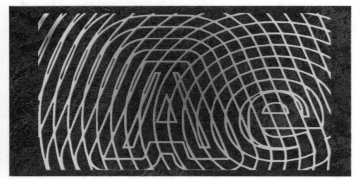

图2-9

ProRes RAW 导入支持

可以在After Effects 2022中导入和编辑ProRes RAW文件，如图2-10所示。

图2-10

2.2 After Effects 2022对软硬件环境的要求

After Effects 2022可以安装在Windows或macOS系统中，下面简单介绍After Effects 2022对软硬件环境的要求，以便读者配置自己的工作平台。

2.2.1 对Windows系统的要求

64位的多核Intel或AMD处理器。

Windows 10（64位）1803及更高版本。

至少16GB（建议32GB）内存。

5GB可用硬盘空间，安装过程中需要额外可用空间（无法安装在可移动闪存设备上）。

用于磁盘缓存的额外磁盘空间（建议10GB）。

2GB的GPU VRAM。Adobe公司强烈建议，用户在使用After Effects 2022时，先将NVIDIA驱动程序更新到430.86或更高版本。更早版本的驱动程序存在一个已知问题，可能导致崩溃。

1280像素×1080像素或更高的显示分辨率。

2.2.2 对macOS系统的要求

64位的多核Intel或AMD处理器。

macOS 10.13版及更高版本。注：macOS 10.12版不支持。

至少16GB（建议32GB）内存。

2GB的GPU VRAM。Adobe公司强烈建议，在使用After Effects 2022时，将NVIDIA驱动程序更新到430.86或更高版本。更早版本的驱动程序存在一个已知问题，可能导致崩溃。

6GB的可用磁盘空间用于安装。在安装过程中，需要额外的可用空间（无法安装在使用区分大小写的文件系统的卷上或可移动闪存设备上）。

用于磁盘缓存的额外磁盘空间（建议10GB）。

1440像素×900像素或更高的显示分辨率。

2.3 安装After Effects 2022及插件

Adobe Creative Cloud（Adobe创意套件）是Adobe公司出品的一款涉及图形图像设计、影像编辑与网络开发的软件产品套装。

Adobe Creative Cloud套装软件包括如下内容。

Photoshop：图像编辑和合成。

Lightroom：编辑、整理、存储和共享照片。

Illustrator：矢量图形和插图设计。

InDesign：面向印刷和数字出版的页面设计和布局。

Adobe XD：设计和分享用户体验并为其创建原型。

Adobe Premiere Pro：专业视频和电影编辑。

After Effects：电影视觉效果和动态图形设计。

Acrobat Pro：创建、编辑和签署PDF文档和表单。

Dreamweaver：设计和开发新式响应式网站。

Animate：多个平台的交互式动画（以前称Flash）。

Adobe Audition：录音、混音和复原。

Lightroom Classic：以桌面为中心的照片编辑。

Character Animator：将2D人物制成动画。

Bridge：集中管理计算机中的创意资源。

Media Encoder：向屏幕输出视频文件。

InCopy：与文案人员和编辑合作。

Prelude：源数据采集、记录和粗剪。

2.3.1 安装After Effects 2022

（1）下载Adobe Creative Cloud套件程序并安装，安装成功后打开，找到After Effects软件，单击"试用"按钮，如图2-11所示。

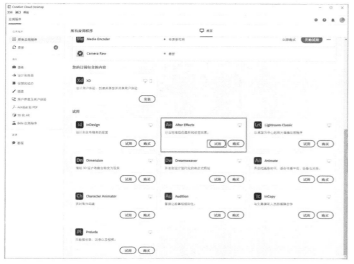

图2-11

（2）此时，可以看到After Effects开始自动安装，如图2-12和图2-13所示。

图2-12　　　　　　　　　　图2-13

（3）等待片刻后，在Adobe Creative Cloud套件程序中会显示After Effects已安装成功，试用天数剩余7天，如图2-14所示。

图2-14

（4）单击"打开"按钮，打开After Effects软件，如图2-15和图2-16所示。

（5）安装完成后，将显示After Effects 2022的新增功能信息，并配有动态演示供软件使用者学习。在试用结束后，后续可选择购买正版序列号并激活。

图2-15

图2-16

2.3.2 安装After Effects 2022的插件

插件（Plug-in，又称addin、add-in、addon、add-on或外挂）是一种由遵循一定规范的应用程序接口编写的程序，一般由主程序开发商以外的公司或个人开发，其定位是用于实现应用软件本身不具备的功能。插件只能运行在程序规定的系统平台下，不能脱离指定的平台单独运行。

在After Effects 2022中，外挂插件大致可分为光效、3D辅助、变形、抠像、调色、模糊、粒子、烟火、水墨和其他类等，种类数上千，数量非常庞大。这些插件分为免费和收费两大类，其安装方法分为安装法和拷贝法两种。

📀 安装法

这里以插件VFX Suite1.5.1（影视特效插件合集）为例，向读者演示一下插件安装方法。

（1）打开"VFX Suite_Win_Full_1.5.1"文件夹，双击VFX Suite 1.5.1 Installer.exe程序，如图2-17所示。

图2-17

（2）在进入欢迎安装界面，单击插件安装协议的"Agree"（同意）按钮后，出现插件的安装界面，如图2-18所示。单击右下角的"Continue"（继续）按钮，选择全部插件，接着单击"Install"（安装）按钮，即可开始安装插件，如图2-19所示。

图2-18

图2-19

（3）安装完成后，弹出"安装成功"界面，单击左下角的"Activate"（激活）按钮，如图2-20所示。

图2-20

（4）弹出激活页面后，取消登录ID。单击右上角的"Enter Serial Number"选项，弹出"Enter Serial Number"对话框，将序列号输入，单击"Submitt"（提交）按钮，如图2-21所示。

（5）弹出激活成功的界面后，列出已经拥有的VFX Suite 1.5.1（影视特效插件合集），如图2-22所示。

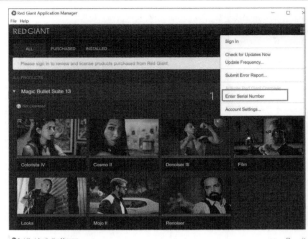

图2-21

图2-22

 技巧与提示

　　在步骤（2）中，笔者在安装插件合集时选中了所有插件。读者在进行操作时，可以根据自己的需求灵活处理。

拷贝法

　　这里以插件Deep Glow（辉光插件）为例，向读者演示一下插件拷贝方法。

　　（1）打开"Deep Glow v1.4.1 Win"（辉光插件）文件夹，选择对应的文件后，按快捷键Ctrl+C进行复制，如图2-23所示。

　　（2）回到计算机桌面，在After Effects 2022的快捷方式图标处单击鼠标右键，在弹出的菜单中执行"属性"命令，如图2-24所示。

（3）在"Adobe After Effects 2022属性"对话框中，单击"打开文件所在位置"按钮，找到Adobe After Effects 2022的安装位置，如图2-25所示。

图2-23

图2-24　　　　　　　　　　　图2-25

（4）因为插件要粘贴到安装文件的"Plug-ins"文件夹中，所以先双击"Plug-ins"文件夹将其打开，如图2-26所示。

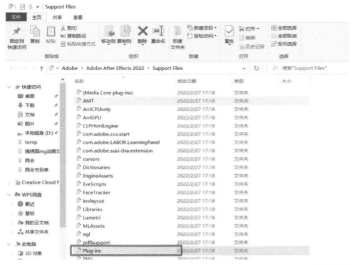

图2-26

（5）按快捷键Ctrl+V进行粘贴，即可完成插件的拷贝安装操作，如图2-27所示。

图2-27

技巧与提示

无论安装法还是拷贝法，最终都需要将插件放置在软件安装文件的"Plug-ins"文件夹中，请读者根据自己的软件安装路径进行查找。

如果插件为压缩包，必须解压后再复制到"Plug-ins"文件夹中。

另外，不要重复安装插件，否则可能导致After Effects 2022崩溃或是计算机系统死机。

2.4　学好After Effects 2022的建议

学习的过程是相对枯燥乏味的，但同时也是自我修正与自我完善的过程。学习After Effects 2022大致有以下3个阶段（或称3个过程），由于这3个阶段无法逾越，因此需要一步一个脚印踏实走过。

2.4.1　修炼基本功

在该阶段，需要对After Effects 2022软件的界面和菜单有一个相对系统的了解和认识。之后，以模块化方式进行专项学习（如图层叠加模式与蒙版、笔刷与形状、常规滤镜特效、文字动画、三维动画、镜头色彩修正、抠像、镜头稳定与反求、表达式应用、仿真粒子、视觉光效等模块）。模块化学习是一种行之有效的方法，可以在有效的时间内快速提升学习效果。

2.4.2　模仿好作品

在该阶段，在各个模块的学习完成之后，用户已经具备了一定的软件操作和应用能力。此时，可以尝试模仿一些优秀的作品、观看一些比较优秀的教学视频。在模仿的过程中，需要多想、多思考、多总结。在这个阶段，用户可以将模仿的一些视频效果适当运用到相关的商业项目中，这样既可以检验学习效果，又可以增强学习信心。

2.4.3　提升技艺水平

在该阶段，我们的目标是通过"软件+创意"制作优秀的作品。从事影视制作行业，需要的不仅仅是技术和经验的积累，更重要的是综合素质和艺术修养的不断提升。因此，我们平时应该多看平面设计、排版和色彩搭配相关的作品，提高自己的审美能力。

第3章

After Effects 2022的工作界面

Learning Objectives
学习要点 ↙

16页
启动After Effects 2022的方法

17页
After Effects 2022工作界面的构成

17页
自定义软件工作界面的方法

18页
After Effects 2022的四大核心功能面板

28页
After Effects 2022的9个主菜单

30页
After Effects 2022的首选项设置

3.1 启动After Effects 2022

启动After Effects 2022常用的方法有两种,一是通过操作系统的"开始"菜单启动,二是通过双击计算机桌面的"After Effects 2022"快捷方式图标启动。

3.1.1 通过"开始"菜单启动

单击计算机桌面左下角的"开始"按钮,在程序栏中找到"Adobe After Effects 2022"软件并单击,即可启动该软件,如图3-1所示。

图3-1

3.1.2 通过桌面图标启动

在计算机桌面上找到"Adobe After Effects 2022"快捷方式图标,双击该图标即可启动该软件,如图3-2所示。

图3-2

该软件的启动画面如图3-3所示。

图3-3

3.2 认识和自定义工作界面

3.2.1 认识标准工作界面

在初次启动After Effects 2022之后，进入该软件的工作界面，如图3-4所示。此时，软件显示的是标准工作界面，即软件默认的工作界面。

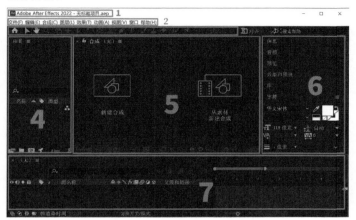

图3-4

从图3-4中可以看出，After Effects 2022的标准工作界面很简洁，布局非常清晰。总的来说，标准工作界面主要由七大部分组成，下面根据图3-4所示编号的顺序依次进行介绍。

1. 这是软件的标题栏，主要用于显示软件的版本图标、软件名称和项目名称等。几乎所有软件都有标题栏。

2. 这是软件的菜单栏，共有9个菜单，分别是"文件""编辑""合成""图层""效果""动画""视图""窗口""帮助"。

3. 这是软件的"工具"面板，该面板主要集成了"选择""缩放""旋转""文字""钢笔"等一些常用工具，其使用频率非常高，是After Effects 2022中非常重要的工具。

4. 这是软件的"项目"面板，主要用于管理素材和合成，是After Effects 2022的四大核心功能面板之一。

5. 这是软件的"合成"面板，主要用于查看和编辑素材。

6. 这部分看起来比较复杂，与Photoshop有点类似，主要包含了"信息""音频""预览""效果和预设"等面板。

7. 这是软件的"时间轴"面板，是控制图层效果或运动的平台，是After Effects 2022的核心面板之一。

上述的菜单和面板，将在下文分别进行详细说明。

3.2.2 停靠、成组和浮动面板的操作

停靠面板

停靠区域位于面板、面板组或窗口的边缘。如果将一个面板停靠在一个群组的边缘，那么周边的面板或面板组将自动进行自适应调整，如图3-5所示。

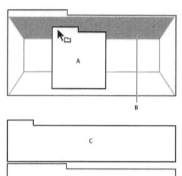

图3-5

在图3-5中，将A面板拖曳到另一个面板正上方的高亮显示B区域，最终A面板会停靠在C位置。同理，如果要将一个面板停靠在另外一个面板的左边、右边或下面，那么只需要将该面板拖曳到另一个面板的左边、右边或下面的高亮显示区域即可完成停靠操作。

成组面板

成组区域位于每个组、面板的中间或是在每个面板顶部的选项卡区域。如果要将面板进行成组操作，只需要将该面板拖曳到相应的区域即可，如图3-6所示。

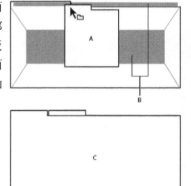

图3-6

在图3-6中，将A面板拖曳到另外的组或面板的B区域，则最终A面板就和另外的面板成组，一起放置在C区域。

在进行停靠或成组操作时，如果只需要移动单个窗口或面板，可以直接按住鼠标左键，拖曳选项卡左上角的区域，然后将其释放到需要停靠或成组的区域，即可完成停靠或成组操作，如图3-7所示。

如果要对整个组进行停靠或成组操作，可以直接按住鼠标左键，拖曳组选项卡右上角的区域，然后将其释放到停靠或成组的区域，即可完成整个组的停靠或成组操作，如图3-8所示。

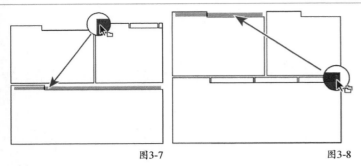

图3-7　　　　　　　　　　　图3-8

 浮动操作

如果要将停靠的面板设置为浮动面板，有以下3种操作方法可供选择。

第1种：在面板标题右侧，单击 ▤ 按钮，在弹出的菜单中执行"关闭面板"或"浮动面板"命令，如图3-9所示。

图3-9

第2种：按住Ctrl键，同时按住鼠标左键，拖曳面板或面板组离开当前位置；当释放鼠标左键时，面板或面板组就变成了浮动面板。

第3种：将面板或面板组直接拖曳到当前应用程序的窗口之外（如果当前应用程序窗口已经最大化，只需将面板或面板组拖曳出应用程序窗口的边界即可）。

3.2.3　调整面板或面板组的尺寸

将鼠标指针放置在两个相邻面板或面板组之间的边界上，当鼠标指针变成"分隔"形状 ╫ 时，拖曳鼠标即可调整相邻面板的宽度，如图3-10所示。

在图3-10中，A显示的是面板的原始状态，B显示的是调整面板尺寸后的状态。当鼠标指针显示为"四向箭头"形状 ✥ 时，可以同时调整面板的宽度和高度。

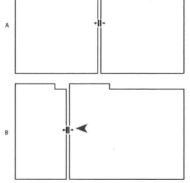

图3-10

3.2.4　打开、关闭、显示面板或窗口

单击面板或窗口右上角的 ▨ 按钮，可以关闭相应的面板或窗口。如果需要重新打开被关闭的面板或窗口，可以通过执行"窗口"菜单中的相关命令完成。

当一个群组里面包含较多的面板时，有些面板的标签会被隐藏起来。这时，面板组右上角会显示一个"滚动"按钮 ≫，如图3-11所示。单击该按钮，即可显示面板组中包含的面板。

图3-11

3.2.5　保存、重置和删除工作区

按用户的工作习惯定好工作区后，可以通过执行"窗口>工作区>另存为新工作区"菜单命令，打开"新建工作区"对话框，然后输入要保存的工作区名称，即可保存当前工作区。

如果要恢复工作区的原始状态，可以执行"窗口>工作区>将'默认'重置为已保存的布局"菜单命令，重置当前工作区。

如果要删除工作区，可以执行"窗口>工作区>编辑工作区"菜单命令，打开"编辑工作区"对话框，在"名称"列表中选择想要删除的工作区的名称，单击"删除"按钮即可。

注意，正处于工作状态的工作区不能被删除。

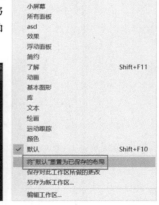

图3-12　　　　　　　　图3-13

3.3　四大核心功能面板

本节将学习After Effects 2022的四大核心功能面板，分别是"项目"面板、"合成"面板、"时间轴"面板和"工具"面板。这是After Effects 2022的技术精华之所在，也是我们学习的重点。

3.3.1　"项目"面板

"项目"面板主要用于管理素材与合成。在"项目"面板中，可以查看每个合成或素材的尺寸、持续时间、帧速率等相关信息，如图3-14所示。

"项目"面板介绍

下面根据图3-14所示的字母编号顺序一一讲解"项目"面板的各项功能。

A．信息：在这里可以查看所选素材的信息，包括素材的分辨率、时间长度、帧速率、格式等。

B．查找：利用该功能可以查找需要的素材或合成。当文件数量庞大、项目中的素材数量比较多导致难以查找时，这个功能非常实用。

C．视频缩略图：预览选中文件的第一帧画面，如果是视频，双击即可预览整个视频。

D．素材：被导入的文件称为素材，素材可以是视频、图片、序列、音频等。

E．标签：可以利用标签功能选择颜色，从而区分各类素材。可以通过单击色块改变颜色，也可以通过执行"编辑>首选项>标签"菜单命令设置颜色。

F．素材的类型和大小等：可以在此查看素材的详细信息（包括素材的大小、帧速率、入点与出点、路径信息等），若该区域未显示完整，只需要把"项目"面板向一侧拉开即可，如图3-15所示。

G．项目流程图：单击该按钮，可以直接查看项目制作中的素材文件的层级关系，如图3-16所示。

图3-14

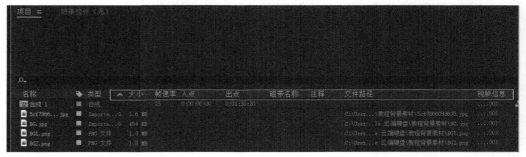

图3-15

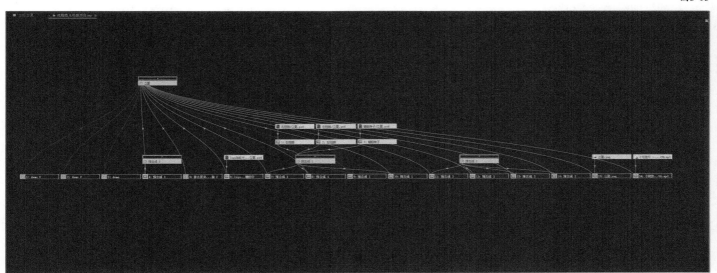

图3-16

H．解释素材：单击该按钮，可以直接调出素材属性设置窗口。在该窗口中，可以设置素材的Alpha通道、帧速率、开始时间码、场和Pulldown、像素长宽比等，如图3-17所示。

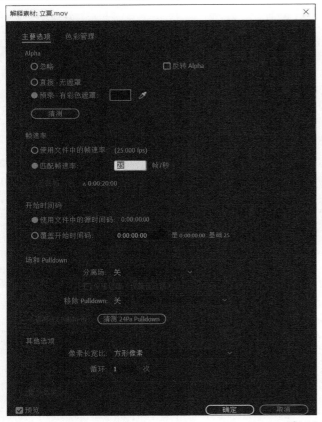

图3-17

I. 新建文件夹：单击该按钮即可建立新的文件夹，这样便于在制作过程中有序管理各类素材，对刚入门的设计师来说非常重要，最好在一开始就养成新建文件夹这个好习惯。

J. 新建合成：单击该按钮可以建立新的合成，它和执行"合成>新建合成"菜单命令的功能一样。

K. 颜色深度：按住Alt键，单击该按钮即可切换颜色的深度，可选项有8bpc、16bpc和32bpc。

L. 回收站：用于删除素材或文件夹。具体方法：选中要删除的对象，单击"回收站"按钮，或者将选定的对象拖曳到回收站。

bpc（bit per channel），即每个通道的位数，决定每个通道应用多少种颜色。一般来讲，8bit即2^8，包含256种颜色信息。16bit和32bit的颜色模式主要应用于HDTV或胶片等高分辨率项目。但在After Effects 2022中，并不是所有特效滤镜都支持16bit和32bit。

3.3.2 "合成"面板

在"合成"面板中，能够直观地看到要处理的素材文件。同时，"合成"面板并不只是一个效果的显示窗口，还可以直接在其中对素材进行处理，After Effects 2022中的绝大部分操作都要依赖该面板完成。可以说，"合成"面板是After Effects 2022不可或缺的部分，如图3-18所示。

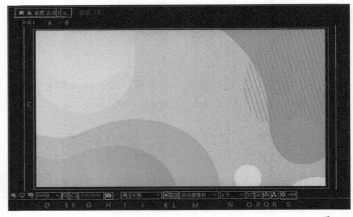

图3-18

"合成"面板介绍

A. 名称：显示当前正在进行操作的合成的名称。

B. 面板菜单按钮：单击该按钮即可打开图3-19所示的菜单，其中包含"合成"面板的一些设置命令，如"关闭面板""浮动面板"等。其中，"视图选项"命令还可以设置是否显示"合成"面板中图层的控制手柄和蒙版等，如图3-20所示。

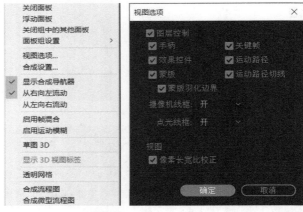

图3-19　　　　　　　　　图3-20

C. 预览窗口：显示当前合成工作进行的状态，即画面合成的效果、蒙版显示、安全框等相关内容。

D. 显示比例下拉菜单：显示从预览窗口看到的图像的缩放比例。单击该按钮，会显示可以设置的数值，如图3-21所示，直接选择需要的数值即可。

Fit
Fit up to 100%
1.5%
3.1%
6.25%
12.5%
25%
33.3%
50%
100%
200%
400%
800%
1600%
3200%
6400%

图3-21

除了处理细节时要放大画面，一般情况下按照100%或者50%的大小显示即可。

E. 选择网格和参考线选项： 这里仅对常用的标题/动作安全框进行介绍。安全框的主要作用是表明显示在 TV 监视器上的工作安全区域。安全框由内线框和外线框两部分构成，如图3-22所示。内线框是标题安全框，表示在画面中输入文字时不能超出这个部分。在电视上播放时，超出部分会被裁掉。外线框是操作安全框，运动的对象或图像等内容必须显示在外线框内部；如果超出了这个框，超出的部分就不会显示在电视画面上。

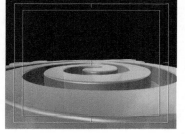

图3-22

F. 切换蒙版和形状路径可见性： 该按钮用于确定是否制作成显示蒙版。在使用"钢笔工具" 、"矩形工具" 或"椭圆工具" 制作蒙版时，使用该按钮可以确定是否在预览窗口中显示蒙版路径，如图3-23所示。

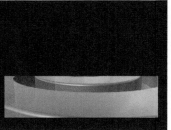

图3-23

G. 预览时间： 显示当前时间指针所在位置的时间。单击该按钮，将弹出图3-24所示的对话框。在对话框中输入一个时间点，时间指针就会移动到所输入的时间点上，预览窗口中就会显示该时间点的画面。

图3-24

图3-24中的"0:00:00:00"分别对应时、分、秒、帧，如果要移动的位置是1分30秒10帧，只要输入"0:01:30:10"即可。

H. 快照和显示快照。

快照：快照是指把当前正在制作的画面（预览窗口中的画面）拍摄成照片。单击 按钮后，会发出拍摄照片的提示音，拍摄的静态画面可以保存在内存中，以便后续使用。在进行这个操作时，也可以使用快捷键Shift+F5。如果想要多保存几张快照，只要依次按快捷键Shift+F5、Shift+F6、Shift+F7、Shift+F8即可。

显示快照：保存快照后，"显示快照"才会被激活，它显示的是保存为快照的最后一个文件。若保存了多张快照，只要依次按F5

键、F6键、F7键、F8键，即可按保存顺序查看快照。

因为快照要占用计算机的内存，所以在不使用该功能时，最好将它删除。删除的方法是执行"编辑>清理>快照"菜单命令，如图3-25所示。也可以使用快捷键Ctrl+Shift+F5、Ctrl+Shift+F6、Ctrl+Shift+F7和Ctrl+Shift+F8删除快照。

图3-25

执行清理命令可以在删除程序运行过程中保存在内存中的内容，包括撤销的操作、图像缓存、快照等内容。

I. 显示通道及色彩管理设置： 这里显示的是有关通道的内容，默认通道是RGB，按照红色、绿色、蓝色、Alpha、RGB直接的顺序依次显示，如图3-26所示。Alpha通道的特点是不具有颜色属性，只记录与选区有关的信息。可以在图层中提取这些信息并加以使用，或者应用在选区的编辑工作中。Alpha通道中的黑色为选中，白色为不选，灰色为半透明。

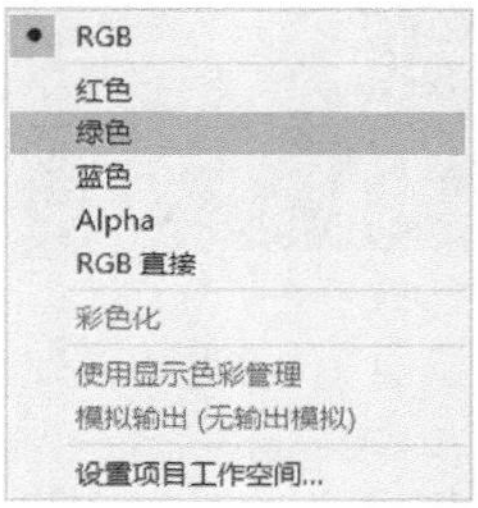

图3-26

J. 分辨率： 该下拉菜单包含6个选项，可用于选择不同的分辨率，如图3-27所示。该分辨率只影响预览窗口中显示的图像质量，不会影响最终输出的画面质量。

图3-27

自动：根据预览窗口的大小，自动适配图像的分辨率。

完整：用以显示最佳状态的图像。这种方式所需的预览时间相对较长，如果计算机内存较小，可能无法预览全部内容。

二分之一：显示的是完整图像像素的1/2。在工作的时候，一般会选择"二分之一"选项；在需要修改细节部分的时候，再选择"完整"选项。

三分之一：显示的是完整图像像素的1/3。

四分之一：显示的是完整图像像素的1/4。

自定义：用户可以自己设置分辨率，如图3-28所示。

图3-28

与将分辨率设置为"完整"相比,设置为"二分之一"可以在图像显示质量没有太大损失的情况下提高渲染速度。故可视工作需求设置分辨率。

K.目标区域: 只在预览窗口中查看制作内容的某一部分的时候,可以使用这个功能。另外,在计算机配置较低、预览时间过长的时候,使用该功能也可以达到不错的效果。使用方法是单击该按钮,在预览窗口中拖曳鼠标,绘制一个矩形区域。确认好区域以后,可以只对设定区域的部分进行预览。再次单击该按钮,可恢复显示原来的整个区域,如图3-29所示。

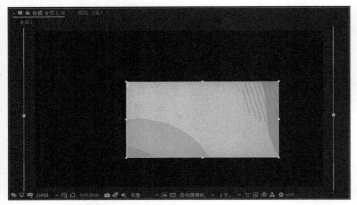

图3-29

L.切换透明网格: 可以将预览窗口的背景从黑色转换为透明状态(前提是图像带有Alpha通道),如图3-30所示。

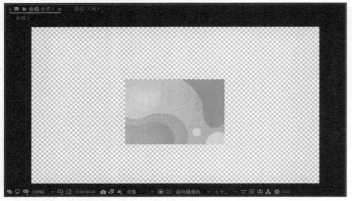

图3-30

M.3D视图: 单击该按钮,可以在弹出的下拉菜单中变换视图,如图3-31所示。

只有当"时间轴"面板中存在3D图层的时候,变换视图显示方式才有实际效果;当图层都是2D图层的时候则变换无效。关于这部分内容,会在后面使用3D图层的时候做详细讲解。

图3-31

N.选择视图布局: 在该下拉菜单中,可以按照当前的窗口操作方式进行多项设置,如图3-32所示。选择视图布局,可以将预览窗口设置成三维软件中的视图窗口,拥有多个参考视图,如图3-33所示。该功能对After Effects 2022中三维视图的操作特别有用,关于三维视图的操作会在后面做详细讲解。

图3-32

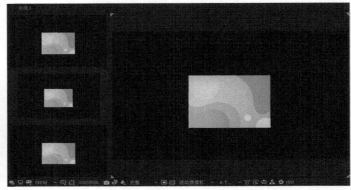

图3-33

O.切换像素长宽比校正: 单击该按钮,可以调整图像中像素的长宽比,会影响每个像素的比例。该功能不会影响图像的长宽比,所以不会对预览图像产生影响。单击该按钮,如图3-34所示。

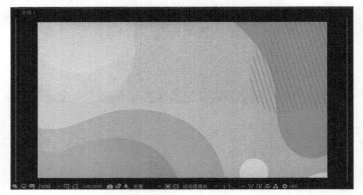

图3-34

P.快速预览: 用来设置预览素材的类型,不同的类型,预览速度不同,其下拉菜单如图3-35所示。

图3-35

Q.切换"时间轴"面板和"合成"面板: 当"合成"面板占据显示器画面的大部分位置,又必须选择"时间轴"面板时,就会出现互相遮盖的情况。这时,单击该按钮,可以快速切换到"时间轴"面板。这个功能用得比较少,大家了解即可。

R.合成流程图: 该按钮用于显示流程图窗口。利用该功能,整个合成的组成部分清晰明了,如图3-36所示。

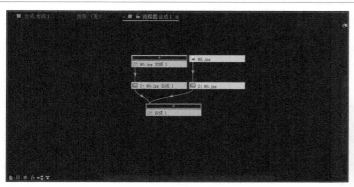

图3-36

S．曝光：该功能主要使用HDR影片和曝光控制，用户可以在预览窗口中轻松调节图像的显示状态，而曝光控制并不会影响最终渲染。其中，⬛用来恢复初始曝光值，+0.0用来设置曝光值的大小。

3.3.3 "时间轴"面板

将"项目"面板中的素材拖曳到时间轴上，并确定时间点，位于"时间轴"面板中的素材将会以图层的方式存在并显示。此时，每个图层都有属于自己的时间和空间，而"时间轴"面板就是控制图层的效果或运动的平台，它是After Effects 2022的核心部分。

在标准状态下，"时间轴"面板的全部内容如图3-37所示。

图3-37

"时间轴"面板的功能较其他面板更复杂，下面对其重要功能和按钮进行详细介绍。

"时间轴"面板介绍

 功能区域1

首先学习图3-38所示的区域。

图3-38

A．显示当前合成项目的名称。

B．当前合成项目中时间指针所处的位置及该项目的帧速率。按住Ctrl键的同时单击该区域，可以改变时间显示的方式，如图3-39和图3-40所示。

0:00:00:00
00000 (25.00 fps)

图3-39

00000
0;00;00;00 (25.00 fps)

图3-40

C．🔍图层查找栏：利用该功能可以快速查找指定的图层。

D．⬛合成微型流程图：单击该按钮即可快速查看合成与图层之间的嵌套关系或快速在嵌套与合成间切换，如图3-41所示。

图3-41

E．⬛3D草图：开启该功能后，可以忽略合成中所有的灯光、阴影、摄像机、景深等效果，如图3-42所示。

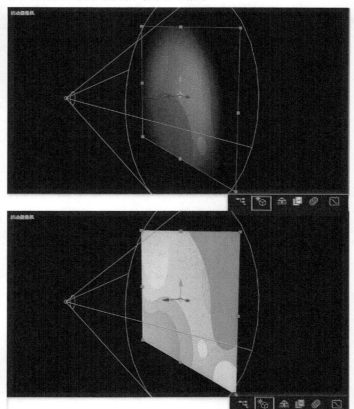

图3-42

F．⬛隐藏为其设置了消隐开关的图层：用来隐藏指定的图层。当项目的图层特别多的时候，该功能的作用尤为明显。选中需要隐藏的图层，单击图层上方的⬛按钮，此时没有任何变化；然后单击⬛按钮，即可隐藏图层；再次单击⬛按钮，刚才隐藏的图层又会重新显示出来，如图3-43所示。

图3-43

G．⬛帧混合：在渲染的时候，该功能可以对影片进行柔和处理，一般在使用时间伸缩以后进行应用。使用方法是选中需要加载"帧混合"的图层，单击图层上的"帧混合"按钮，最后单击"帧混合"总按钮⬛，如图3-44所示。

图3-44

H. 运动模糊： 该功能用于移动图层的时候应用模糊效果。其使用方法与帧混合一样，必须先单击图层上方的"运动模糊"按钮，然后单击"运动模糊"总按钮才能开启运动模糊效果。图3-45所示是应用运动模糊效果前后的区别。

图3-45

技巧与提示

消隐图层、帧混合、运动模糊这3项功能在功能区域1和功能区域2都有控制按钮。其中，功能区域1的控制按钮是一个总开关，而功能区域2的控制按钮则针对单一图层，操作时必须将两个区域的控制按钮同时开启，才能发挥作用。

I. 图表编辑器： 单击该按钮，可以打开"图表编辑器"面板。单击按钮，激活"位置"属性，此时可以在曲线编辑器中看到一条可编辑曲线，如图3-46所示。

图3-46

🔵 功能区域2-----------------------------------

接着，开始学习图3-47所示的区域。

图3-47

A. 显示图标： 在预览窗口中显示或者隐藏图层的画面内容。

当显示眼睛图标时，图层的画面内容会显示在预览窗口；当不显示眼睛图标时，则无法在预览窗口中看到图层的画面内容。

B. 音频图标： 在"时间轴"面板中添加音频文件以后，图层上会生成音频图标，单击音频图标后该图标就会消失，再次预览时就听不到声音了。

C. 独奏图标： 在图层中激活独奏图标以后，其他图层的显示图标就会从黑色变成灰色，此时"合成"面板中只会显示激活了"独奏"功能的图层，而其他图层则暂停显示画面内容，如图3-48所示。

图3-48

D. 锁定图标： 显示该图标表示相关的图层处于锁定状态，再次单击该图标，即可解除锁定。一个图层被锁定后不可被选择，也不能应用任何效果。该功能通常应用于已经完成全部制作的图层上，从而避免由于操作失误，删除或者损坏制作完成的内容。

E. 三角形图标： 单击三角形图标后，三角形指向下方，同时显示图层的相关属性，如图3-49所示。

图3-49

F. **标签颜色图标:** 单击标签颜色图标后,会有多种颜色选项,如图3-50所示。用户只要从中选择自己需要的颜色即可改变标签颜色。其中,"选择标签组"选项可以用来选择所有具有相同颜色的图层。

图3-50

G. # **编号图标:** 用来标注图层的编号,从上到下依次显示图层的编号,如图3-51所示。

图3-51

H. 源名称 **源名称、** 图层名称 **图层名称:** 单击"源名称"即可变成"图层名称"。源名称不能更改,而图层名称可以更改。

I. 消隐: 用来隐藏指定的图层。当项目中的图层特别多的时候,该功能的作用尤为明显。

> **知识链接**
>
> 关于隐藏图层的知识,请参阅功能区域1中的内容。

J. 栅格化: 当图层是合成或"*.ai"文件时,才可以执行"栅格化"命令。执行该命令后,合成图层的质量会提高,渲染时间会减少。也可以不执行"栅格化"命令,以使"*.ai"文件在变形后,依然保持最高分辨率与平滑度。

K. 质量与采样: 此处显示的是从预览窗口中看到的图像的质量,单击该按钮即可在低质量和高质量两种显示方式之间进行切换,如图3-52所示。

图3-52

L. 效果图标: 在图层上添加效果后会显示该图标,单击该图标可隐藏效果的应用。需要注意的是,这里隐藏的是应用于该图层的所有效果,如图3-53所示。

图3-53

M. 帧混合、运动模糊: 帧混合功能用于在视频快放或慢放时,进行画面的帧补偿。添加运动模糊的目的在于增强快速移动物体或场景的真实感。

> **知识链接**
>
> 关于帧混合、运动模糊的知识,请参阅功能区域1中的内容。

N. 调整图层: 一般情况下,调整图层是不可见的,图层会受到其上方调整图层上添加的滤镜的控制。一般在进行画面色彩校正时比较常用,如图3-54所示。

图3-54

O. 三维空间按钮: 其作用是将二维图层转换成带有深度空间信息的三维图层。

> **知识链接**
>
> 关于三维图层的知识,请参阅本书第9章的相关内容。

P. **模式**图层模式：用来更改图层显示模式，例如叠加、相乘、相加等。

Q. **TrkMat** TrkMat：TrkMat是Track Matte的简写，中文为轨道遮罩，在"时间轴"面板中用来制作轨道遮罩，即利用上一图层实心的区域定义本图层要显示的区域，其他区域镂空。

R. **父级和链接**父级和链接：将一个图层设置为父图层时，对父图层的操作（如位移、旋转、缩放等）将影响到其子图层，而对子图层的操作则不会影响父图层。父子图层犹如一个恒星系，恒星就是行星的父图层，而行星就是恒星的子图层，如图3-55所示。

图3-55

S. **图**：用来展开或折叠图3-56所示的"开关"面板，即被红色矩形框选的部分。

图3-56

T. **图**：用来展开或折叠图3-57所示的"模式"面板和"TrkMat"面板，即被红色矩形框选的部分。

图3-57

知识链接

在"模式"面板中，可以设置图层的叠加模式和轨道遮罩。关于这部分知识，请参阅本书第5章的相关内容。

U. **图**：用来展开或折叠图3-58所示的"入""出""持续时间""伸缩"面板。

图3-58

知识链接

关于"入""出""持续时间""伸缩"面板的知识，请参阅本书第4章的相关内容。

功能区域3

最后来学习图3-59所示的区域。

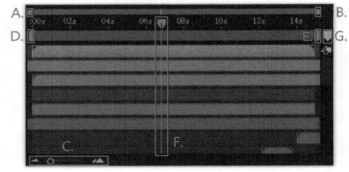

图3-59

图3-59中标注的A、B和C部分用来调节时间标尺的缩放比例。这里的缩放与在"合成"面板中预览时的缩放操作不同，这里是指显示时间段的精细程度。如图3-60所示，移动滑块，时间标尺以帧为单位进行显示，此时可以进行更加精确的操作。

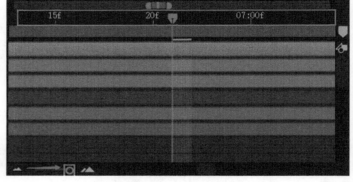

图3-60

图3-59中标注的D和E部分用来设置项目合成工作区域的开始点和结束点。

图3-59中标注的F部分为时间指针当前所处的时间位置。按住滑块，然后左右移动，可以通过移动时间指针确定当前所在的时间位置。

图3-59中标注的G部分为标记点按钮。在"时间轴"面板中，单击"Marker"（见图3-61红色矩形框标示）按钮，这样就会在时间指针当前的位置显示数字1，还可以拖曳"Marker"到所需位置，释放鼠标，即可生成新的"Marker"。生成的新"Marker"会按顺序显示，如图3-61所示。

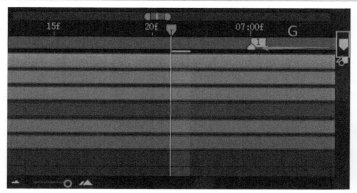

图3-61

3.3.4 "工具"面板

在制作项目的过程中，经常用到"工具"面板中的一些工具，如图3-62所示。这些都是使用频率极高的工具，读者必须熟练掌握。

图3-62

"工具"面板介绍

选取工具（快捷键V）：主要作用是选择图层和素材等。

手形工具（快捷键H）：可以在预览窗口中整体移动画面。

缩放工具（快捷键Z）：缩放工具具有放大与缩小画面显示的功能，其默认是放大工具，放大工具的中央有个"+"形状，在预览窗口中单击即可放大画面，每次放大的比例是100%；如果需要缩小画面，可以在选择"缩放工具"后按住Alt键，此时放大工具中央的"+"形状就变成了"–"形状，单击即可缩小画面。

旋转工具（快捷键W）：在"工具"面板中选择"旋转工具"后，工具箱的右侧会出现图3-63所示的两个选项，这两个选项表示在使用三维图层的时候，将通过何种方式进行旋转操作，它们只适用于三维图层，因为只有三维图层才具有x轴、y轴和z轴。在"方向"属性中，只能改变x轴、y轴和z轴中的一个，而"旋转"属性则可以旋转各个轴。

图3-63

> **知识链接**
> 关于旋转工具的具体应用，请参阅本书第9章的相关内容。

摄像机工具（快捷键C）：在"工具"面板中，有4个摄像机工具，分别可以用于摄像机的位移、旋转、推拉等操作，如图3-64所示。

图3-64

> **知识链接**
> 关于摄像机工具的具体使用，请参阅本书第9章的相关内容。

锚点工具（快捷键Y）：主要用于改变图层轴心点的位置。确定了轴心点，就意味着将以该轴心点为中心进行旋转、缩放等操作。图3-65中演示了不同位置的轴心点对画面元素缩放的影响。

图3-65

矩形工具（快捷键Q）：使用"矩形工具"可以创建相对规整的矩形或者蒙版。在该工具上按住鼠标左键不放，等待片刻，将弹出一个扩展的工具栏，其中包含5个工具，如图3-66所示。

图3-66

> **知识链接**
> 关于矩形工具的具体使用，请参阅本书第5章的相关内容。

钢笔工具（快捷键G）：使用"钢笔工具"可以创建任意形状或者蒙版。在该工具上按住鼠标左键不放，等待片刻，将弹出一个扩展的工具栏，其中包含5个工具，如图3-67所示。

图3-67

> **知识链接**
> 关于钢笔工具的具体使用，请参阅本书第5章的相关内容。

文字工具（快捷键Ctrl+T）：在该工具上按住鼠标左键不放，等待片刻，将弹出一个扩展的工具栏，其中包含两个工具，分别为"横排文字工具"和"直排文字工具"，如图3-68所示。

图3-68

> **知识链接**
> 关于文字工具的具体使用，请参阅本书第8章的相关内容。

绘图工具（快捷键Ctrl+B）：绘图工具由"画笔工具"、"仿制图章工具"和"橡皮擦工具"组成。

使用"画笔工具"可以在图层上绘制需要的图像，但"画笔工具"不能单独使用，需要配合"绘画"面板、"画笔"面板一起使用。

"仿制图章工具"和Photoshop中的"仿制图章工具"一样，可以复制需要的图像并应用到其他部分。

"橡皮擦工具"用于擦除图像，可以通过调节笔触的大小，增大或者缩小区域等属性控制擦除区域的大小。

知识链接

关于绘图工具的具体使用，请参阅本书第6章的相关内容。

逐帧笔刷工具（快捷键Alt+W）：可以对画面进行自动抠像处理。例如，把非蓝绿屏拍摄的人物从背景里分离出来，如图3-69所示。

图3-69

人偶位置控点工具（快捷键Ctrl+P）：在该工具上按住鼠标左键不放，等待片刻，将弹出一个扩展的工具栏，其中包含5个子工具，如图3-70所示。使用"人偶位置控点工具"可以为光栅图像或矢量图形快速创建非常自然的动画。

图3-70

3.4 九大菜单

After Effects 2022的菜单栏中共9个菜单，分别是"文件""编辑""合成""图层""效果""动画""视图""窗口""帮助"，如图3-71所示。

图3-71

3.4.1 文件

"文件"菜单中的命令主要是针对项目文件的一些基本操作，比如"新建""打开项目""打开最近的文件""关闭""保存""导入""查找""整理工程（文件）""替换素材""项目设置"等，如图3-72所示。

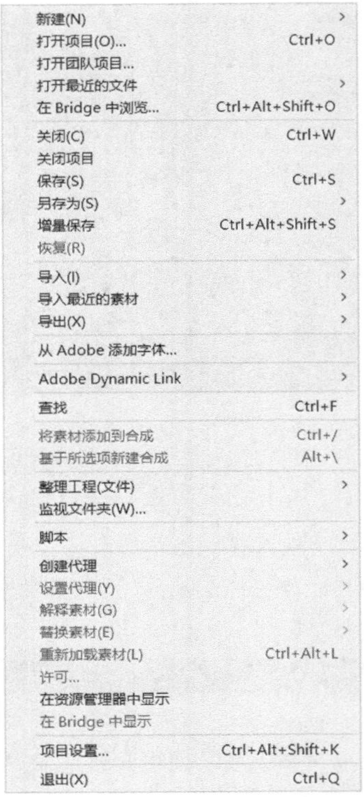

图3-72

3.4.2 编辑

"编辑"菜单中包含一些常用的编辑命令，如"撤销""重做""历史记录""剪切""复制""粘贴""拆分图层""清理""团队项目""模板""首选项"等，如图3-73所示。

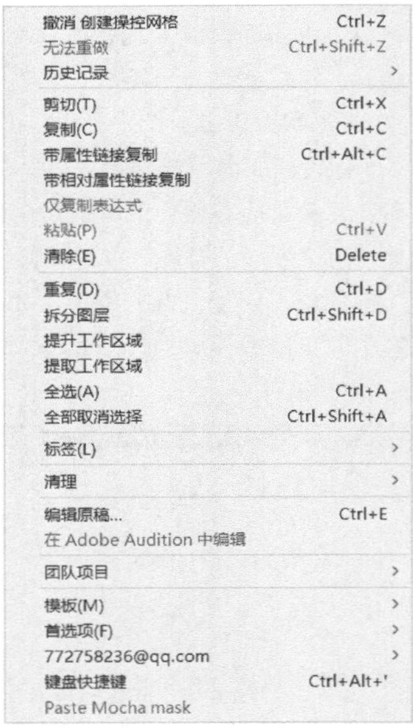

图3-73

3.4.3 合成

"合成"菜单中的命令主要用于设置合成的相关参数，以及对合成进行一些基本操作，比如"新建合成""合成设置""设置海报时间""将合成裁剪到工作区""添加到渲染队列""预览""帧另存为""合成流程图"等,如图3-74所示。

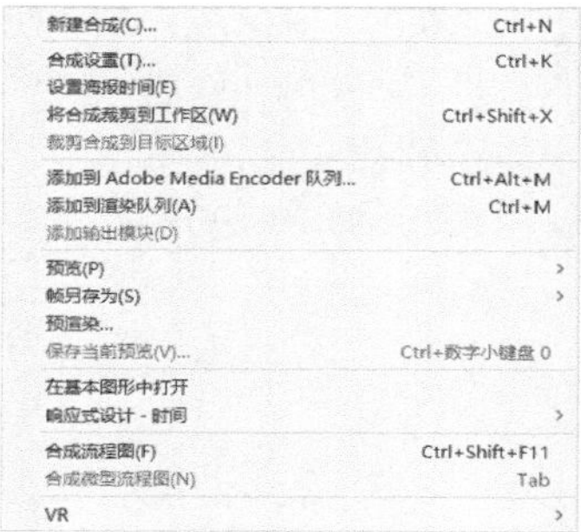

新建合成(C)...	Ctrl+N
合成设置(T)...	Ctrl+K
设置海报时间(E)	
将合成裁剪到工作区(W)	Ctrl+Shift+X
裁剪合成到目标区域(I)	
添加到 Adobe Media Encoder 队列...	Ctrl+Alt+M
添加到渲染队列(A)	Ctrl+M
添加输出模块(D)	
预览(P)	>
帧另存为(S)	>
预渲染...	
保存当前预览(V)...	Ctrl+数字小键盘 0
在基本图形中打开	
响应式设计 - 时间	
合成流程图(F)	Ctrl+Shift+F11
合成微型流程图(N)	Tab
VR	>

图3-74

3.4.4 图层

"图层"菜单中包含与图层相关的大部分命令,比如"新建""纯色设置""打开图层""蒙版""蒙版和形状路径""品质""开关""变换""时间""帧混合""3D图层""参考线图层""标记""混合模式""跟踪遮罩""图层样式""摄像机""自动追踪""预合成"等,如图3-75所示。

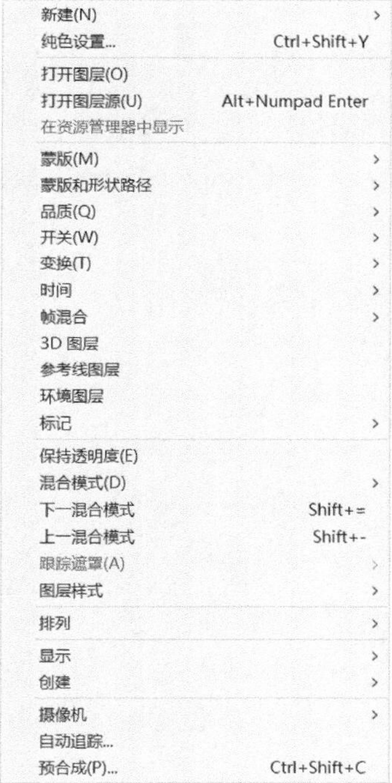

新建(N)	>
纯色设置...	Ctrl+Shift+Y
打开图层(O)	
打开图层源(U)	Alt+Numpad Enter
在资源管理器中显示	
蒙版(M)	>
蒙版和形状路径	>
品质(Q)	>
开关(W)	>
变换(T)	>
时间	>
帧混合	>
3D 图层	
参考线图层	
环境图层	
标记	>
保持透明度(E)	
混合模式(D)	>
下一混合模式	Shift+=
上一混合模式	Shift+-
跟踪遮罩(A)	>
图层样式	>
排列	>
显示	>
创建	>
摄像机	>
自动追踪...	
预合成(P)...	Ctrl+Shift+C

图3-75

3.4.5 效果

"效果"菜单主要集成了一些与效果相关的命令,比如效果控件的打开、添加上一次使用的效果、移除所有添加的效果和项目制作中所需的各类常规效果等,如图3-76所示。

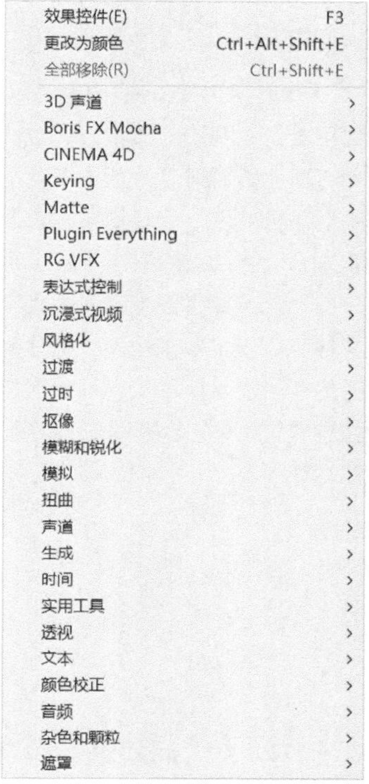

效果控件(E)	F3
更改为颜色	Ctrl+Alt+Shift+E
全部移除(R)	Ctrl+Shift+E
3D 声道	>
Boris FX Mocha	>
CINEMA 4D	>
Keying	>
Matte	>
Plugin Everything	>
RG VFX	>
表达式控制	>
沉浸式视频	>
风格化	>
过渡	>
过时	>
抠像	>
模糊和锐化	>
模拟	>
扭曲	>
声道	>
生成	>
时间	>
实用工具	>
透视	>
文本	>
颜色校正	>
音频	>
杂色和颗粒	>
遮罩	>

图3-76

3.4.6 动画

"动画"菜单中的命令主要用于设置动画的关键帧及其属性,比如"保存动画预设""将动画预设应用于""浏览预设""添加关键帧""切换定格关键帧""关键帧插值""关键帧辅助""添加表达式""跟踪运动""显示动画的属性""显示所有修改的属性"等,如图3-77所示。

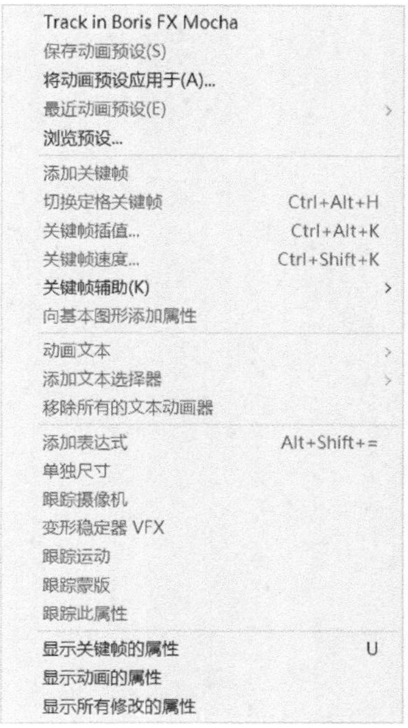

Track in Boris FX Mocha	
保存动画预设(S)	
将动画预设应用于(A)...	
最近动画预设(E)	>
浏览预设...	
添加关键帧	
切换定格关键帧	Ctrl+Alt+H
关键帧插值	Ctrl+Alt+K
关键帧速度	Ctrl+Shift+K
关键帧辅助(K)	>
向基本图形添加属性	
动画文本	>
添加文本选择器	>
移除所有的文本动画器	
添加表达式	Alt+Shift+=
单独尺寸	
跟踪摄像机	
变形稳定器 VFX	
跟踪运动	
跟踪蒙版	
跟踪此属性	
显示关键帧的属性	U
显示动画的属性	
显示所有修改的属性	

图3-77

29

3.4.7 视图

"视图"菜单中的命令主要用于设置视图的显示方式，比如"新建查看器""放大""缩小""分辨率""使用显示色彩管理""模拟输出""显示标尺""显示参考线""对齐到参考线""锁定参考线""清除参考线""显示网格""显示图层控件""切换3D视图"等，如图3-78所示。

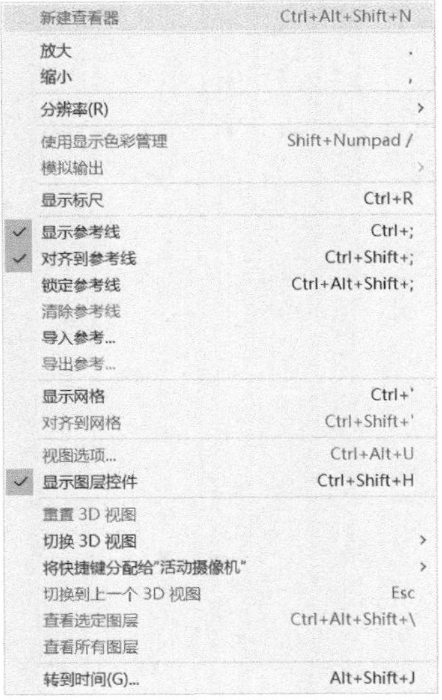

图3-78

3.4.8 窗口

"窗口"菜单中的命令主要用于打开或关闭浮动窗口或面板，比如选择预设的"工作区""信息""内容识别填充""字符""对齐""工具""效果和预设""段落""跟踪器""音频""预览""时间轴：合成1""项目"等，如图3-79所示。

图3-79

3.4.9 帮助

"帮助"菜单是软件的辅助工具，"After Effects应用内教程""After Effects在线教程""脚本帮助""表达式引用""启用日志记录""联机用户论坛""登录"等都可以在"帮助"菜单中找到，如图3-80所示。

图3-80

3.5 首选项设置

使用After Effects 2022首选项的基本参数设置可以帮助用户最大化利用有限资源，提高制作效率。设计师想要熟练运用After Effects 2022进行项目制作，就需要熟悉首选项参数设置。

首选项设置的对话框可以通过执行"编辑>首选项"菜单命令打开，如图3-81所示。

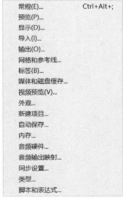

图3-81

3.5.1 常规

"常规"参数组主要用来设置After Effects 2022的运行环境，包括创建图层的设置、显示工具提示，以及对整个操作系统的协调性设置，如图3-82所示。

图3-82

3.5.2 预览

"预览"参数组主要用来设置预览画面的相关参数，如图3-83所示。

图3-83

3.5.3 显示

"显示"参数组主要用来设置运动路径、图层缩略图等信息的显示方式，如图3-84所示。

图3-84

3.5.4 导入

"导入"参数组主要用来设置静止素材在导入合成中显示的长度、导入序列图片时使用的帧速率，以及视频素材的硬件加速，同时也可以用来标注带有"Alpha"通道的素材的使用方式等，如图3-85所示。

图3-85

3.5.5 输出

"输出"参数组主要用于设置输出序列的拆分等内容，如图3-86所示。

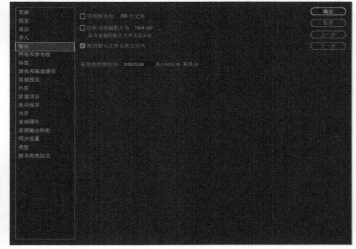

图3-86

3.5.6 网格和参考线

"网格和参考线"参数组主要用于设置栅格和参考线的颜色，以及线条数量和风格等，如图3-87所示。

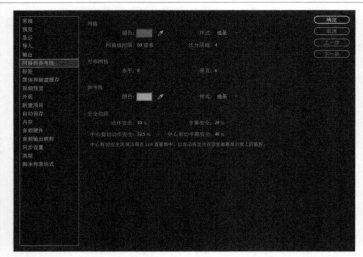

图3-87

3.5.7 标签

"标签"参数组包含两个部分，分别是标签默认值和标签颜色。

"标签默认值"面板主要用于设置默认的几种元素的标签颜色，这些元素包括合成、视频、音频、静止图像、文件夹、纯色、摄像机、灯光、形状等。

"标签颜色"面板主要用来设置各种标签的颜色及标签的名称，如图3-88所示。

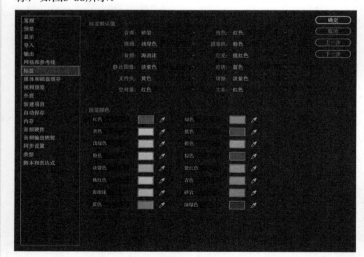

图3-88

3.5.8 媒体和磁盘缓存

"媒体和磁盘缓存"参数组主要用来设置内存和缓存的大小，如图3-89所示。

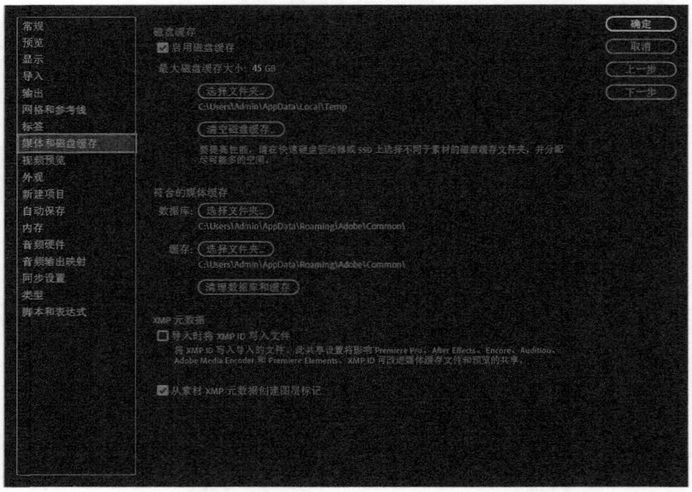

图3-89

3.5.9 视频预览

"视频预览"参数组主要用来设置视频预览时输出的硬件配置及输出的方式等，如图3-90所示。

图3-90

3.5.10 外观

"外观"参数组主要用于设置用户界面的颜色及界面按钮的显示方式，如图3-91所示。

图3-91

3.5.11 新建项目、自动保存

"新建项目"参数组用于在新建项目时，直接启用模板或者空白项目设置。

"自动保存"参数组用来设置自动保存工程文件的时间间隔、文件自动保存的最大个数及自动保存文件的位置，如图3-92所示。

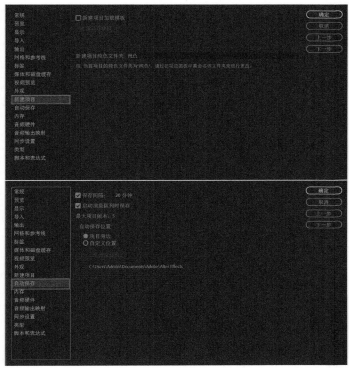

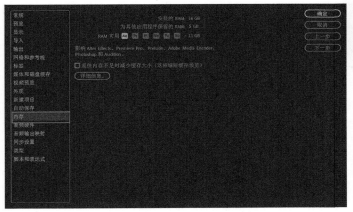

图3-92

3.5.12 内存

"内存"参数组主要用来设置当前软件使用多少RAM，如图3-93所示。

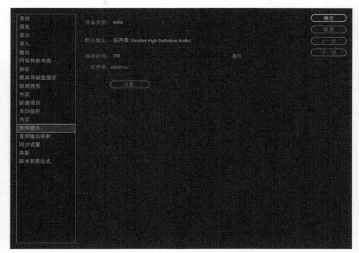

图3-93

3.5.13 音频硬件

"音频硬件"参数组用来设置当前使用的声卡，如图3-94所示。

图3-94

3.5.14 音频输出映射

"音频输出映射"参数组用来对音频输出的左右声道进行映射，如图3-95所示。

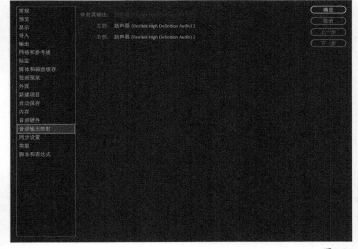

图3-95

> **技巧与提示**
>
> 在实际首选项设置中，一般会在"导入"参数组中设置图像序列为"25帧/秒"，在"外观"参数组中根据需求调节亮度，并在"自动保存"参数组中根据需求设置自动保存项目。

第4章

After Effects 2022的工作流程与基本操作

Learning Objectives
学习要点 ↙

34页
After Effects 2022的项目工作流程

43页
图层的原理、属性和操作方法

50页
动画关键帧的原理和设置方法

55页
嵌套的概念

56页
嵌套的方法

4.1 After Effects 2022的项目工作流程

本节主要介绍After Effects 2022的基本工作流程。遵循After Effects 2022的工作流程既可以提高工作效率，又能避免不必要的麻烦和错误。

4.1.1 素材的导入与管理

素材是After Effects工程项目的基本构成元素，在After Effects中可以导入的素材包括动态视频、静帧图像、静帧图像序列、音频文件、Photoshop分层文件、Illustrator文件、After Effects工程中的其他合成、Premiere工程文件及Animate输出的SWF文件等。

将素材导入"项目"面板的方法有以下几种。

 导入一个或多个素材------------------------------------

执行"文件>导入>文件"菜单命令，或按快捷键Ctrl+I，打开"导入文件"对话框，选择需要导入的一个或多个素材，单击"导入"按钮，即可将素材导入"项目"面板，如图4-1所示。

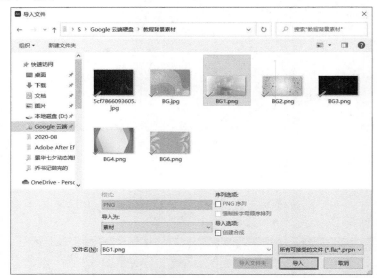

图4-1

> **技巧与提示**
>
> 在"项目"面板的空白区域单击鼠标右键，在弹出的快捷菜单中执行"导入>文件"命令，也可以导入素材。
>
> 在"项目"面板的空白区域双击，即可打开"导入文件"对话框。

 连续导入多个文件------------------------------------

执行"文件>导入>多个文件"菜单命令，或按快捷键Ctrl+Alt+I，打开"导入多个文件"对话框，选中需要导入的单个或多个素材，单击"导入"按钮，即可导入素材，如图4-2所示。

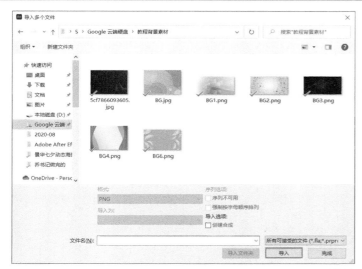

图4-2

从图4-1和图4-2中不难发现这两种导入素材方法的差别。图4-1中显示的是"导入"和"取消"按钮,也就是说,在导入素材时,只能一次性完成,即选择好素材后单击"导入"按钮。

而图4-2中显示的是"导入"和"完成"按钮,选择好素材后,单击"导入"按钮即可导入素材。但"导入多个文件"对话框仍然不会关闭,此时还可以继续导入其他素材,只有单击"完成"按钮才能结束导入操作。

以拖曳方式导入素材

在Windows系统资源管理器或Adobe Bridge窗口中,选择需要导入的素材文件或文件夹,直接将其拖曳至"项目"面板中,即可完成导入素材的操作,如图4-3所示。

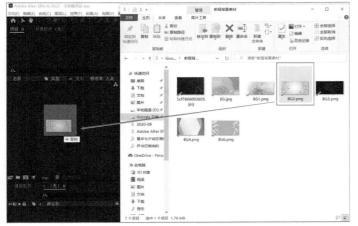

图4-3

技巧与提示

如果通过执行"文件>在Bridge中浏览"菜单命令的方式浏览素材,则可以直接用双击素材的方法把素材导入"项目"面板中。

如果需要导入序列素材文件,可以在"导入文件"对话框中选中"OpenEXR序列"选项,这样就可以以序列的方式导入素材,单击"导入"按钮即可,如图4-4所示。

图4-4

技巧与提示

如果只需导入序列文件中的一部分,可以在选中"OpenEXR序列"选项后,再选中需要导入的部分素材,单击"导入"按钮。

在导入含有图层的素材文件时,After Effects 2022可以保留文件中的图层信息,例如Photoshop的PSD文件和Illustrator的AI文件,可以选择以"素材"或"合成"的方式进行导入,如图4-5所示。

图4-5

当以"合成"方式导入素材时，After Effects 2022会将所有素材作为一个合成，这样原始素材的图层信息（如图层大小、图层样式）可以得到最大限度的保留，用户可以在原有图层的基础上制作一些特效和动画。

当以"素材"方式导入素材时，用户可以选择以"合并的图层"方式将原始文件的所有图层进行合并，然后一起导入；也可以选择"选择图层"方式，将某些特定的图层作为素材导入。

将单个图层作为素材导入时，还可以选择导入素材的尺寸是采用文档大小还是图层大小，如图4-6所示。

图4-6

技术专题 ① 替换素材

在After Effects 2022工程中导入素材时，素材其实并没有被拷贝到工程文件中。After Effects 2022采用了一种被称为"参考链接"的方式导入素材，因此素材还在原来的文件夹里，这样可以大大节省硬盘空间。

在After Effects 2022中，可以对素材进行重命名、删除等操作，但是这些操作并不会影响硬盘中的素材，这就是参考链接的好处。如果当前素材不是很合适，需要将其替换掉，可以使用以下两种方法完成操作。

第1种：在"项目"面板中选择需要替换的素材，执行"文件>替换素材>文件"菜单命令，打开"替换素材文件"对话框，选择需要的素材即可。

第2种：在需要替换的素材上单击鼠标右键，在弹出的菜单中执行"替换素材>文件"命令，如图4-7所示。在弹出的"替换素材文件"对话框中，选择需要的素材即可。

图4-7

4.1.2 创建项目合成

将素材导入"项目"面板后，需要创建项目合成。如果不创建项目合成，就无法对素材进行处理。

在After Effects 2022中，可以在一个工程项目中创建多个合成，并且每个合成都可以作为一个素材应用到其他合成中。一个素材既可以在单个合成中被多次使用，也可以在多个不同的合成中被同时使用，如图4-8所示。

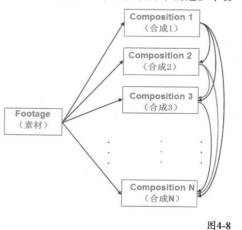

图4-8

项目设置

正确的项目设置可以帮助用户在输出影片时避免一些不必要的错误。执行"文件>项目设置"菜单命令，即可打开"项目设置"对话框，如图4-9所示。

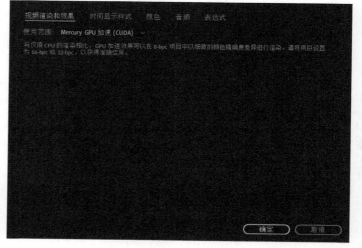

图4-9

"项目设置"对话框中的参数主要分为5个部分，分别是"视频渲染和效果""时间显示样式""颜色""音频""表达式"。

其中，"颜色"参数是在设置项目时必须考虑的，因为它决定了导入素材的颜色将如何解析，以及最终输出的视频颜色数据将如何转换。

创建合成

创建合成的方法主要有以下4种。

第1种：执行"合成>新建合成"菜单命令。

第2种：在"项目"面板中单击"新建合成"按钮▣。

第3种：直接按快捷键Ctrl+N。

第4种：在"项目"面板中的"新建合成"按钮上单击鼠标右键。

创建合成时，系统会弹出"合成设置"对话框，默认显示"基本"参数设置，如图4-10所示。

图4-10

"合成设置"对话框中的"基本"参数介绍

合成名称：设置要创建的合成的名称。

预设：选择预设的影片类型，用户也可以选择"自定义"选项，自行设置影片类型。

宽度/高度：设置合成的尺寸，单位为px（像素）。

锁定长宽比为：选中该选项时，将锁定合成尺寸的长宽比。当调节宽度和高度中的某一个参数时，另一个参数也会按比例自动调整。

像素长宽比：用于设置单个像素的长宽比，可以在下拉菜单中选择预设的像素长宽比，如图4-11所示。

图4-11

帧速率：用来设置合成的帧速率。

分辨率：用来设置合成的分辨率，共4个预设选项，分别是"完整""二分之一""三分之一""四分之一"。此外，用户还可以通过"自定义"选项自行设置合成的分辨率。

开始时间码：设置合成开始的时间码，默认从第0帧开始。

持续时间：设置合成的总共持续时间。

背景颜色：用来设置创建的合成的背景色。

我国电视制式执行PAL D1/DV、720像素×576像素、帧速率为25fps的标准设置。

在"合成设置"对话框中，单击"高级"选项卡，切换到"高级"参数设置，如图4-12所示。

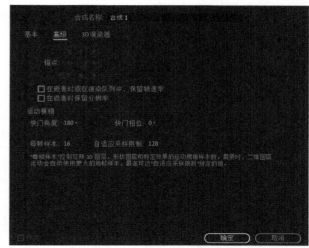

图4-12

"合成设置"对话框中的"高级"参数介绍

锚点：设置合成图像的锚点。当修改合成图像的尺寸时，锚点位置决定了如何裁切图像和扩大图像范围。

在嵌套时或在渲染队列中，保留帧速率：选中该选项后，在进行嵌套合成或在渲染队列中时，可以继承原始合成设置的帧速率。

在嵌套时保留分辨率：选中该选项后，在进行嵌套合成时，可以保留原始合成设置的图像分辨率。

快门角度：如果开启了图层的"运动模糊"开关，则该参数将影响运动模糊的效果。图4-13所示是同一个圆制作的斜角位移动画，在开启了"运动模糊"开关后，不同的快门角度产生的运动模糊效果不同（当然，运动模糊的最终效果取决于对象的运动速度）。

  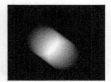

Shutter Angel=0（最小值）　Shutter Angel=180（默认值）　Shutter Angel=720（最大值）

图4-13

快门相位：设置运动模糊的方向。

每帧样本：该参数可以控制3D图层、形状图层和包含特定效果图层的运动模糊效果。

自适应采样限制：当图层的运动模糊需要更多的帧取样时，可以通过提高该参数值来增强运动模糊效果。

在"合成设置"对话框中，单击"3D渲染器"选项卡，可选择渲染3D图层时的渲染引擎，默认为"经典3D"渲染器，也可以选择"CINEMA 4D"渲染器。用户可以根据计算机的显卡配置进行设置，其后的"选项"属性可以设置阴影的尺寸，从而决定阴影的精度。

快门角度和快门速度之间的关系可以用"快门速度=1/[帧速率×（360° /快门角度）]"这个公式表达。例如，快门角度为180°，PAL制式视频的帧速率为25帧/秒，快门速度就是1/50。

4.1.3 添加效果

After Effects 2022自带100多种效果，类似于Photoshop中的滤镜，可以将不同的效果应用于不同的图层。

所有的效果都存放在After Effects 2022安装路径下的"Adobe After Effects 2022>Support Files>Plug-ins"文件夹中。因为所有的效果都是作为插件引入After Effects 2022中的，所以可以在"Plug-ins"文件夹中添加各种效果（前提是效果必须与当前软件的版本兼容）。这样，在重启After Effects 2022时，系统就会自动将添加的效果加载到"效果和预设"面板中。

在After Effects 2022中，主要有以下6种添加效果的方法。

第1种：在"时间轴"面板中选择需要添加效果的图层，然后执行"效果"菜单中的命令。

第2种：在"时间轴"面板中选择需要添加效果的图层，单击鼠标右键，在弹出的菜单中执行"效果"子菜单中的命令，如图4-14所示。

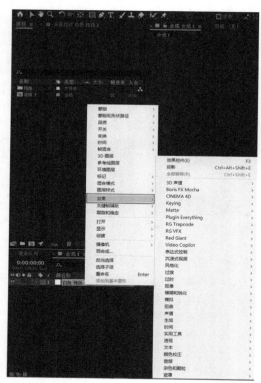

图4-14

第3种：在"效果和预设"面板中选择需要使用的效果，将其拖曳到"时间轴"面板中需要添加效果的图层上，如图4-15所示。

第4种：在"效果和预设"面板中选择需要使用的效果，将其拖曳到需要添加效果的图层的"效果控件"面板中，如图4-16所示。

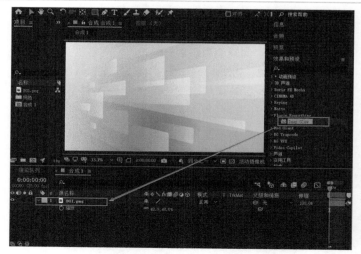

图4-15

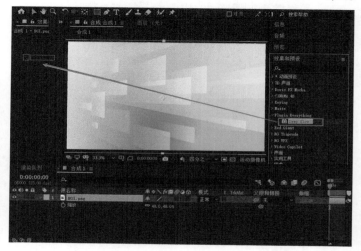

图4-16

第5种：在"时间轴"面板中选择需要添加效果的图层，在"效果控件"面板中单击鼠标右键，在弹出的菜单中选择要应用的效果，如图4-17所示。

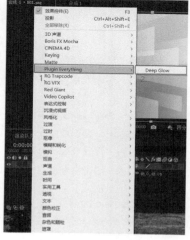

图4-17

第6种：在"效果和预设"面板中选择需要使用的效果，将其拖曳到"合成"面板的预览窗口中需要添加效果的图层上。

（拖曳时要注意"信息"面板中显示的图层信息），如图4-18所示。

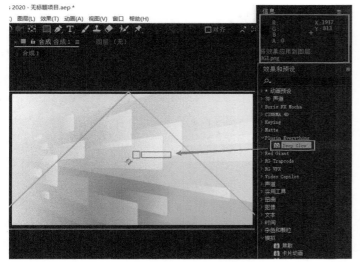

图4-18

技术专题② 复制和删除效果

复制效果有两种情况，一种是在同一图层中复制效果，另一种是将一个图层的效果复制到其他图层。

第1种：在同一图层中复制效果。在"效果控件"面板或"时间轴"面板中选择需要复制的效果，按快捷键Ctrl+D即可完成复制操作。

第2种：将一个图层的效果复制到其他图层，可以参照以下步骤进行操作。

（1）在"效果控件"面板或"时间轴"面板中选中图层的一个或多个效果。

（2）执行"编辑>复制"菜单命令，或按快捷键Ctrl+C复制效果。

（3）在"时间轴"面板中，选中目标图层，执行"编辑>粘贴"菜单命令，或按快捷键Ctrl+V粘贴效果。

删除效果的方法很简单，在"效果控件"面板或"时间轴"面板中选中需要删除的效果，按Delete键即可删除。

4.1.4 设置动画关键帧

制作动画的过程其实就是在不同的时间段内改变对象的运动状态的过程，如图4-19所示。而在After Effects 2022中制作动画，就是在不同的时间为图层中不同的参数制作动画的过程，这些参数包括"位置""旋转""蒙版""效果"等。

图4-19

可以利用关键帧、表达式、关键帧助手和图表编辑器等技术，为效果或图层属性制作动画。

此外，用户可以使用运动稳定和跟踪控制功能制作关键帧。After Effects 2022还可以将这些关键帧应用到其他图层中产生动画，并通过嵌套关系使子图层跟随父图层产生动画。

4.1.5 画面预览

预览是为了让用户确认制作效果是否达到要求。在预览的过程中，可以通过改变播放帧速率或画面的分辨率，改变预览的质量和预览等待的时间。

预览合成效果是通过执行"合成>预览"子菜单中的命令完成的，如图4-20所示。

图4-20

"预览"子菜单中的命令介绍

播放当前预览： 对视频和音频进行预览，预览的时间与合成的复杂程度及内存的大小有关，其快捷键为空格键。

音频： 对时间指示滑块之后的声音进行渲染。

技巧与提示

如果要在"时间轴"面板中实现简单的视频和音频同步预览，可以在拖曳时间指示滑块的同时按住Ctrl键。

4.1.6 视频输出

项目制作完成后，即可对视频进行渲染输出。根据每个合成的帧的大小、质量、复杂程度和输出的压缩方法的不同，输出视频可能会花费几分钟甚至数小时的时间。此外，当After Effects开始渲染项目时，就不能在After Effects中进行其他操作。

用After Effects把合成项目渲染输出成视频、音频或序列文件的方法主要有以下两种。

第1种：在"项目"面板中选择需要渲染的合成文件，执行"文件>导出"子菜单中的命令，输出单个合成项目，如图4-21所示。

第2种：在"项目"面板中选择需要渲染的合成文件，执行"合成>添加到Adobe Media Encoder队列"或"合成>添加到渲染队列"或"合成>预渲染"菜单命令，将一个或多个合成添加到渲染队列中进行批量输出，如图4-22所示。

图4-21 图4-22

执行"添加到渲染队列"命令,可以使用快捷键Ctrl+M。

"渲染队列"面板如图4-23所示。

图4-23

 渲染设置

在"渲染队列"面板中,单击"渲染设置"选项后的下划线,即可打开"渲染设置"对话框,如图4-24所示。或者单击"渲染设置"选项后的 ▼ 按钮,在弹出的下拉菜单中执行相应的命令,如图4-25所示。

图4-24

图4-25

选择日志类型

在"日志"选项的下拉菜单中可以选择日志的类型,如图4-26所示。

图4-26

输出模块设置

在"渲染队列"面板中,单击"输出模块"选项后的下划线,打开"输出模块设置"对话框,如图4-27所示。或者单击"输出模块"选项后的 ▼ 按钮,在弹出的下拉菜单中选择相应的音视频格式,如图4-28所示。

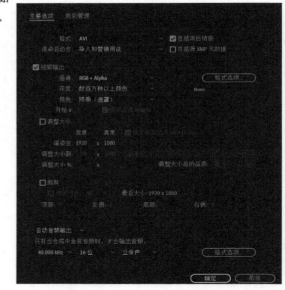

图4-27

图4-28

设置输出路径和文件名

单击"输出到"选项后面的名称,即可打开"将影片输出

到"对话框。在该对话框中，可以设置影片的输出路径和文件名，如图4-29所示。

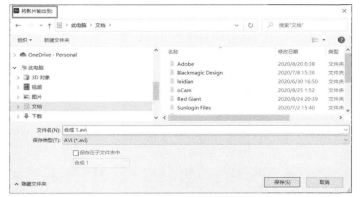

图4-29

 开启渲染

在"渲染"一栏下选中要渲染的合成，此时"状态"栏会显示为"已加入队列"状态，如图4-30所示。

图4-30

 渲染

单击"渲染"按钮，进行渲染输出，如图4-31所示。

图4-31

最后，以图表的形式总结归纳After Effects 2022的基本工作流程，如图4-32所示。

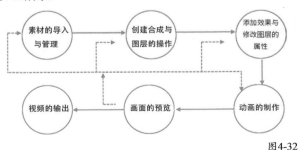

图4-32

技巧与提示

在After Effects 2022中，无论是为视频制作一个简单的字幕，还是制作一段复杂的动画，一般都遵循以上的基本工作流程。当然，根据设计师个人喜好，有时候也会先创建项目合成，再进行素材的导入操作。

实战 叁木Logo演绎

本案例的制作效果如图4-33所示。

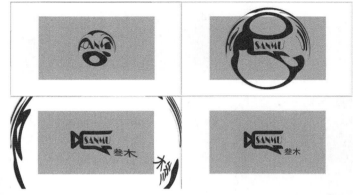

图4-33

01 启动After Effects 2022，执行"文件>导入>文件"菜单命令，在"导入文件"对话框中，根据学习资源路径找到"Logo.psd"素材文件。

02 选中"Logo.psd"文件，单击"打开"按钮，设置"导入种类"为"合成-保持图层大小"，在"图层选项"中选中"可编辑的图层样式"选项，单击"确定"按钮，如图4-34所示。

03 执行"文件>导入>文件"菜单命令，打开本书学习资源中的"BG.png"素材文件，此时在"项目"面板中导入的素材如图4-35所示。

图4-34　　　　　　　　图4-35

04 执行"合成>新建合成"菜单命令，创建一个"预设"为"HDTV 1080 25"的合成，设置"持续时间"为3秒，并将其命名为"叁木Logo演绎"，如图4-36所示。

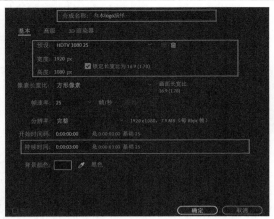

图4-36

05 在"项目"面板中，选中"BG.png"素材，按住鼠标左键，将其拖曳到"时间轴"面板中，如图4-37所示。然后使用同样的方法，将"Logo.psd"素材拖曳到"时间轴"面板中，如图4-38所示。

图4-37

图4-38

06 在"时间轴"面板中，选择"Logo"图层，执行"效果>扭曲> CC Lens"菜单命令，为其添加"CC Lens"效果，如图4-39所示。

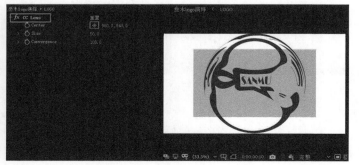

图4-39

07 展开"Logo"图层的属性，设置"CC Lens"效果中的"大

小"属性的动画关键帧。在第0帧，单击"大小"属性前的"码表"按钮，创建第一个关键帧，修改"大小"值为0，如图4-40所示。

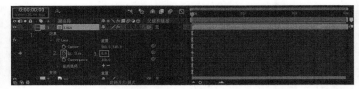

图4-40

08 拖动时间指针到第2秒处，修改"大小"值为200，此时系统会自动创建一个关键帧，如图4-41所示。

图4-41

09 按数字键0，预览画面效果，如图4-42所示。

图4-42

10 预览结束后，执行"合成>添加到渲染队列"菜单命令，进行视频的输出工作。在"渲染队列"窗口中，单击"输出模块"选项后面的名称，设置格式为"自定义：QuickTime"。单击"输出到"选项后面的名称，打开"将影片输出到"对话框，指定输出路径，单击"渲染"按钮即可，如图4-43所示。

图4-43

11 执行"文件>保存"菜单命令，对该项目进行保存。以上就是使用After Effects 2022完成的简单案例，读者可参考学习。

4.2 基本原理之图层

4.2.1 关于图层

使用After Effects 2022制作特效时，其直接操作对象就是图层。After Effects 2022中的图层和Photoshop中的图层一样，可以在"时间轴"面板中直观地看到图层的分布。图层按照从上到下的顺序依次叠放，上一图层的内容将遮住下一图层的内容，如果上一图层没有内容，则直接显示下一图层的内容，如图4-44所示。

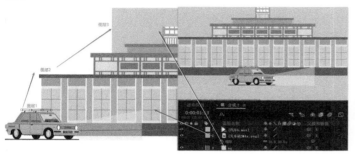

图4-44

 技巧与提示

　　After Effects 2022可以自动为合成中的图层进行编号。在默认情况下，这些编号均显示在"时间轴"面板靠近图层名称的左边。图层编号决定了图层在合成中的叠放顺序，当叠放顺序发生改变时，这些编号也会自动发生改变。

能够在After Effects 2022中运用的合成元素非常多，这些合成元素体现为各种图层，可以将其归纳为以下9种。

"项目"面板中的素材（包括声音素材）。

项目中的其他合成。

文字图层。

纯色图层、摄像机图层和灯光图层。

形状图层。

调整图层。

已经存在图层的复制图层（即副本图层）。

分离/切断的图层。

空物体/虚拟体图层。

下面介绍几种不同类型图层的创建方法。

 素材图层和合成图层

素材图层和合成图层是After Effects 2022中最常见的图层。创建素材图层和合成图层，只需要将"项目"面板中的素材或合成项目拖曳到"时间轴"面板中即可。

 技巧与提示

　　如果要一次性处理多个素材或合成图层，只需要在"项目"面板中

按住Ctrl键的同时，连续选中多个素材或合成图层，将其拖曳到"时间轴"面板中。"时间轴"面板中的图层将按照之前选择素材的顺序进行排列。另外，按住Shift键也可以同时选中多个连续的素材或合成图层。

纯色图层

在After Effects 2022中，可以创建各种不同颜色和尺寸（最大尺寸可达30000像素×30000像素）的纯色图层。纯色图层和素材图层一样，既可以在图层上创建蒙版，也可以修改图层的"变换"属性，还可以为其添加效果。

创建纯色图层的方法主要有以下两种。

第1种：执行"文件>导入>纯色"菜单命令，如图4-45所示。此时创建的"纯色"只显示在"项目"面板中作为素材使用。

图4-45

第2种：执行"图层>新建>纯色"菜单命令，或按快捷键Ctrl+Y，如图4-46所示。此时创建的"纯色"除可以显示在"项目"面板的"纯色"文件夹中以外，还会自动放置在当前的"时间轴"面板的首层位置。

图4-46

 技巧与提示

　　通过以上两种方法创建纯色图层时，系统都会弹出"纯色设置"对话框，在该对话框中可以设置纯色图层相应的尺寸、像素长宽比、名称及颜色等，如图4-47所示。

图4-47

灯光、摄像机和调整图层

灯光、摄像机和调整图层的创建方法与纯色图层的创建方法类似，可以通过执行"图层>新建"子菜单下面的命令完成。

在创建这类图层时，系统也会弹出相应的参数设置对话框。图4-48和图4-49所示分别为"灯光设置"对话框和"摄像机设置"对话框（这部分知识点将在后面的章节中进行详细讲解）。

图4-48

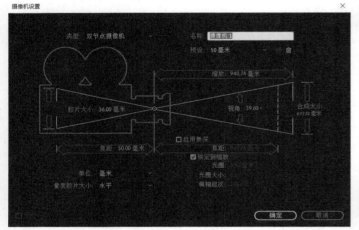

图4-49

技巧与提示

创建调整图层时，除了可以通过执行"图层>新建>调整图层"菜单命令完成，还可以在"时间轴"面板将选中的图层转换为调整图层，其方法是单击图层后面的"调整图层"按钮 ，如图4-50所示。

图4-50

Photoshop图层

执行"图层>新建> Adobe Photoshop文件"菜单命令，即可创建一个与当前合成尺寸一致的Photoshop图层，该图层会自动放置在"时间轴"面板的最上层，并且系统会在Photoshop中自动打开这个Photoshop文件。

技巧与提示

执行"文件>新建> Adobe Photoshop文件"菜单命令，也可以创建Photoshop文件。不过，这个Photoshop文件只是作为素材显示在"项目"面板中，该文件的尺寸和最近打开的合成的尺寸一致。

4.2.2 图层的五大基本属性

在After Effects 2022中，图层属性在制作动画、特效时占据着非常重要的地位。除单独的音频图层外，其余图层均有5个基本变换属性，分别是"锚点""位置""缩放""旋转""不透明度"，如图4-51所示。在"时间轴"面板中单击 按钮，可以展开图层的变换属性。

图4-51

"锚点"属性

图层的位置、旋转、缩放都是基于一个点来操作的，这个点就是锚点。展开"锚点"属性的快捷键为A键。当进行位置、旋转或缩放操作时，选择不同位置的轴心点将得到完全不同的视觉效果。图4-52所示是将轴心点位置设在树根部，通过设置"缩放"属性制作的圣诞树生长的动画。

图4-52

"位置"属性

"位置"属性主要用于制作图层的位移动画，展开"位置"属性的快捷键为P键。普通的二维图层包括x轴和y轴两个参数，三维图层则包括x轴、y轴和z轴3个参数。图4-53所示是利用图层的"位置"属性制作的大楼移动的动画效果。

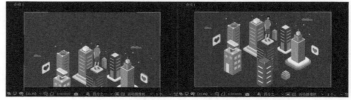

图4-53

"缩放" 属性

"缩放"属性可以以轴心点为基准改变图层的大小，展开"缩放"属性的快捷键为S键。普通二维图层的缩放属性由x轴和y轴两个参数组成，三维图层则包括x轴、y轴和z轴3个参数。在缩放图层时，可以开启图层"缩放"属性前面的"锁定缩放"按钮 ，这样就可以进行等比例缩放的操作。图4-54所示是利用图层的"缩放"属性制作的地球放大的动画。

图4-54

 "旋转" 属性

"旋转"属性是指以锚点为基准旋转图层，展开"旋转"属性的快捷键为R键。普通二维图层的"旋转"属性由圈数和度数两个参数组成，如"1×+45°"就表示旋转了1圈又45°（也就是405°）。图4-55所示是利用"旋转"属性制作的枫叶旋转动画。

如果当前图层是三维图层，那么该图层就有4个"旋转"属性，分别是方向（可同时设定x轴、y轴、z轴的方向），X旋转（仅调整x轴方向的旋转），Y旋转（仅调整y轴方向的旋转），Z旋转（仅调整z轴方向的旋转）。

图4-55

 "不透明度" 属性

"不透明度"属性通过百分比的方式调整图层的不透明度，展开"不透明度"属性的快捷键为T键。图4-56所示是利用"不透明度"属性制作的渐变动画。

图4-56

 技巧与提示

一般情况下，按一次图层属性的快捷键只能显示一种属性。如果要一次显示两种或两种以上的图层属性，可以在显示一个图层属性的前提下按住Shift键，然后再按其他图层属性的快捷键，这样就可以显示多个图层的属性。

实战 定版动画

本案例的制作效果如图4-57所示。

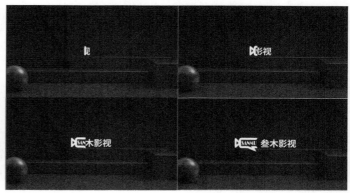

图4-57

01 使用After Effects 2022打开"实战：定版动画.aep"素材文件，如图4-58所示。

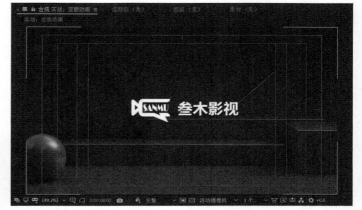

图4-58

02 选中"文字"图层，按P键，展开其"位置"属性，设置该属性的动画关键帧。在第0帧，设置"位置"值为（-1173，17）；在第2秒，设置"位置"值为（-762，17），如图4-59所示。

图4-59

03 继续选中"文字"图层，按快捷键Shift+S，显示图层的"缩放"属性，设置该属性的动画关键帧。在第0帧，设置"缩放"值为（100%，100%）；在第2秒24帧，设置"缩放"值为（108%，108%），如图4-60所示。

04 选中"Logo"图层，按P键展开其"位置"属性，设置该属性的动画关键帧。在第0帧，设置"位置"值为（1018，544）；

在第2秒，设置"位置"值为（768，544），如图4-61所示。

图4-60

图4-61

05 继续选中"Logo"图层，按快捷键Shift+S，显示图层的"缩放"属性，设置该属性的动画关键帧。在第0帧，设置"缩放"值为（86%，86%）；在第2秒24帧，设置"缩放"值为（94%，94%），如图4-62所示。

图4-62

06 按数字键0，预览画面效果，如图4-63所示。

图4-63

07 预览结束后，执行"合成>预渲染"菜单命令，完成视频的输出工作。最后，执行"文件>保存"菜单命令，对该项目进行保存。

4.2.3 图层的排列顺序

在"时间轴"面板中，可以观察图层的排列顺序。合成的最上面的图层显示在"时间轴"面板的最上层，然后依次为第2层、第3层……依次往下排列。改变"时间轴"面板中的图层顺序，将改变合成的最终输出效果。

执行"图层>排列"子菜单下的命令，可以调整图层的顺序，如图4-64所示。

图4-64

"排列"的命令介绍

将图层置于顶层： 可以将选中的图层调整到最上层。

使图层前移一层： 可以将选中的图层向上移动一层。

使图层后移一层： 可以将选中的图层向下移动一层。

将图层置于底层： 可以将选中的图层调整到最底层。

> **技巧与提示**
>
> 当调整图层的排列顺序时，位于调整图层下面的所有图层的效果都将受到影响。在三维图层中，由于三维图层的渲染顺序是按照z轴的远近深度的顺序进行渲染，因此即使改变这些图层在"时间轴"面板中的排列顺序，最终显示的效果还是不会改变。

4.2.4 对齐和分布图层

使用"对齐"面板，可以对图层进行"对齐"和"平均分布"操作。执行"窗口>对齐"菜单命令，可以打开"对齐"面板，如图4-65所示。

图4-65

技术专题 ③ 进行对齐和分布图层操作时需要注意的问题

第1点：对齐图层时，至少需要选择两个图层；平均分布图层时，至少需要选择3个图层。

第2点：如果选择右边对齐的方式对齐图层，则所有图层都将以位置靠在最右边的图层为基准进行对齐；如果选择左边对齐的方式对齐图层，则所有图层都将以位置靠在最左边的图层为基准进行对齐。

第3点：如果选择平均分布的方式对齐图层，After Effects会自动找到位于最极端的上下或左右的图层来平均分布位于其间的图层。

第4点：被锁定的图层不能与其他图层进行对齐和分布操作。

第5点：文字（非文字图层）的对齐方式不受"对齐"面板的影响。

4.2.5 序列图层

当使用"关键帧辅助"中的"序列图层"命令自动排列图层的入点和出点时，要先在"时间轴"面板中依次选中作为序列图层的图层，然后执行"动画>关键帧辅助>序列图层"菜单命令，打开"序列图层"对话框。或者选中需要使用序列图层的图层，单击鼠标右键，执行"关键帧辅助>序列图层"命令，即可在该对话框中进行操作，如图4-66所示。

图4-66

"序列图层"对话框中的参数介绍

重叠：主要用来设置是否执行图层的重叠。

持续时间：主要用来设置图层之间相互交叠的时间。

过渡：主要用来设置交叠部分的过渡方式。

如果不选择"重叠"选项，则序列图层的首尾将相互连接，但不会产生交叠现象，如图4-67所示。

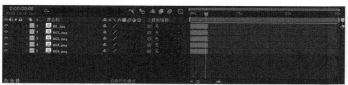

图4-67

如果选择"重叠"选项，则序列图层的首尾将产生交叠现象，并且可以设置交叠时间和交叠之间的过渡是否产生淡入、淡出效果，如图4-68所示。

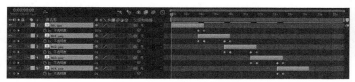

图4-68

> **技巧与提示**
>
> 选择的第1个图层是最先出现的图层，后面图层的排列顺序将按照该图层的顺序进行排列。

实战 倒计时动画

本案例的制作效果如图4-69所示。

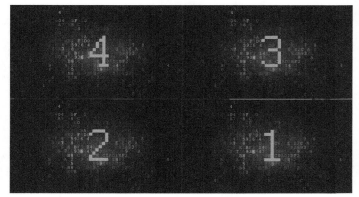

图4-69

01 使用After Effects 2022打开"实战：倒计时动画.aep"素材文

件，如图4-70所示。

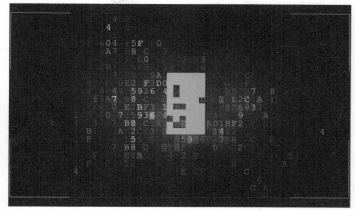

图4-70

02 先选中第5个图层，按住Shift键，单击第1个图层，将时间指针移动到第24帧处，按快捷键Alt+]，将图层的出点时间设置在第24帧，如图4-71所示。执行"动画>关键帧辅助>序列图层"菜单命令，在打开的"序列图层"面板中，单击"确定"按钮，如图4-72和图4-73所示。

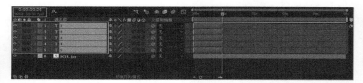

图4-71

图4-72

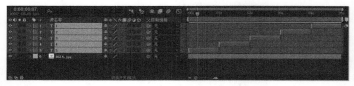

图4-73

>  **技巧与提示**
>
> 先选中第5个图层，再加选其他图层，最后执行"序列图层"菜单命令，系统会把第5个图层排放在第一个位置，后面的图层顺序依次类推。

03 按数字键0，预览画面效果，如图4-74所示。

04 预览结束后，执行"合成>预渲染"菜单命令，完成视频的输出工作。最后，执行"文件>保存"菜单命令，对该项目进行保存。

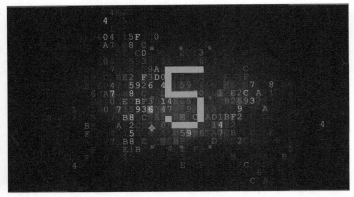

图4-74

4.2.6 设置图层时间

设置图层时间的方法有很多种，既可以使用时间设置栏对时间的出入点进行精确设置，也可以使用手动方式对图层时间进行直接操作，主要有以下两种方法。

第1种：在"时间轴"面板中的时间出入点栏的出入点数字上，按住鼠标左键并拖曳，或单击这些数字，在弹出的对话框中直接输入数值，从而改变图层的出入点时间，如图4-75所示。

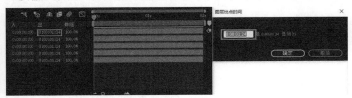

图4-75

第2种：在"时间轴"面板的图层时间栏中，通过在时间标尺上拖曳图层的出入点位置进行设置，如图4-76所示。

图4-76

设置素材入点的快捷键为Alt+[，设置素材出点的快捷键为Alt+]。

4.2.7 拆分/打断图层

选择需要拆分/打断的图层，在"时间轴"面板中将当前时间指示滑块拖曳到需要分离的位置，执行"编辑>拆分图层"菜单命令（快捷键为Ctrl+Shift+D），这样就可以把图层在当前时间处分离开，如图4-77所示。

图4-77

在拆分图层时，一个图层将被拆分为两个图层。如果要改变两个图层在"时间轴"面板中的排列顺序，可以执行"编辑>首选项>常规"菜单命令，在弹出的对话框中进行设置，如图4-78所示。

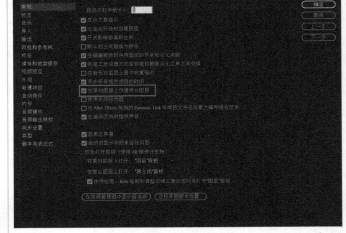

图4-78

4.2.8 提升/提取图层

在一段视频中，有时需要移除其中的几个镜头，此时就需要使用"提升工作区域"或"提取工作区域"命令。这两个命令都具备移除部分镜头的功能，但是也有一定区别。下面以实操的形式讲解"提升工作区域"和"提取工作区域"命令的操作方法。

（1）设置工作区域。在"时间轴"面板中，拖曳时间滑块，确定工作区域，如图4-79所示。

图4-79

设置工作区域入点的快捷键是B键，设置工作区域出点的快捷键是N键。

（2）选中需要提升工作区域和提取工作区域的图层，执行"编辑>提升工作区域/提取工作区域"菜单命令，进行相应操作，如图4-80所示。

图4-80

技术专题 ④ 提升工作区域和提取工作区域的区别

执行"提升工作区域"命令，可以移除工作区域内被选中的图层的帧画面，但是被选中的图层所构成的总时间长度不变，中间会保留删除后的空隙，如图4-81所示。

图4-81

执行"提取工作区域"命令，可以移除工作区域内被选中的图层的帧画面，但是被选中的图层所构成的总时间长度会缩短，同时图层会被剪切成两段，后段的入点将连接前段的出点，不会留下任何空隙，如图4-82所示。

图4-82

4.2.9 父级和链接

当改变一个图层时，如果要使其他图层也跟随该图层发生相应的变化，可以将该图层设置为父级图层，如图4-83所示。

图4-83

当为父级设置变换属性时（"不透明度"属性除外），子项也会随父级发生变化。父级的变换属性会导致所有子项发生联动变化，但子项的变换属性不会对父级造成任何影响。

技巧与提示

一个父级可以同时拥有多个子图层，但是一个子图层只能有一个父级。在三维空间中，图层的运动通常会使用一个"空"对象图层作为一个三维图层组的父图层。利用这个"空"图层，可以对三维图层组应用变换属性。按快捷键Shift + F4，可以打开"父子关系"控制面板。

实战 造影文化

本案例的制作效果如图4-84所示。

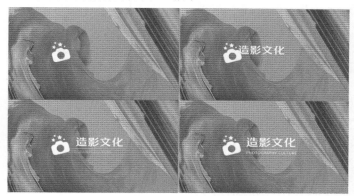

图4-84

01 使用After Effects 2022打开"实战：造影文化.aep"素材文件，如图4-85所示。

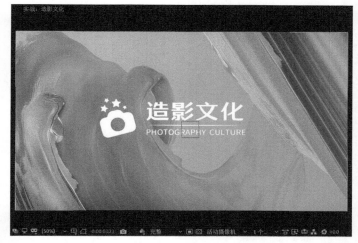

图4-85

02 执行"图层>新建>空对象"菜单命令，创建"空"对象，一共要创建3个"空"对象图层。将"造""影""文""化"图层作为"空2"图层的子图层，将"英文"和"条"图层作为"空3"图层的子图层。将"空2"和"空3"图层作为"空1"图层的子图层，如图4-86所示。

图4-86

03 选中"空1"图层，按P键展开其"位置"属性，设置"位置"动画关键帧。在第20帧，设置"位置"值为（575，540）；在第1秒5帧，设置"位置"值为（960，540）。按快捷键

Shift+S，添加图层的"缩放"属性，设置"缩放"动画关键帧。在第0帧，设置"缩放"值为（0%，0%）；在第15帧，设置"缩放"值为（90%，90%），如图4-87所示；在第4秒，设置"缩放"值为（100%，100%）。

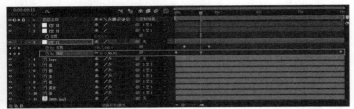

图4-87

04. 选中"空2"图层，按P键展开其"位置"属性，设置"位置"动画关键帧。在第1秒3帧，设置"位置"值为（-363，0）；在第1秒18帧，设置"位置"值为（0，0）。选中"空3"图层，按P键展开其"位置"属性，设置"位置"动画关键帧。在第1秒16帧，设置"位置"值为（-380，0）；在第2秒6帧，设置"位置"值为（0，0），如图4-88所示。

图4-88

05. 修改"造""影""文""化"图层的入点时间在第1秒3帧，设置这4个图层的"不透明度"动画关键帧。在第1秒3帧，设置"不透明度"值为0%，在第1秒10帧，设置"不透明度"值为100%，如图4-89所示。

图4-89

06. 修改"英文"和"条"图层的入点时间在第1秒20帧，设置这两个图层的"不透明度"动画关键帧。在第1秒20帧，设置"不透明度"的值为0%；在第2秒5帧，设置"不透明度"的值为100%，如图4-90所示。

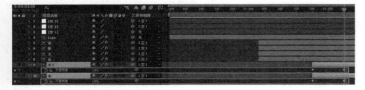

图4-90

07. 按数字键0，预览画面效果，如图4-91所示。预览结束后，对影片进行输出和保存。

图4-91

4.3 基本原理之动画关键帧

在After Effects 2022中，动画的制作主要是使用关键帧技术配合动画曲线编辑器完成的，当然也可以使用After Effects 2022的表达式技术制作动画。

4.3.1 关键帧概念

关键帧的概念来源于传统的卡通动画。在早期的迪士尼工作室中，动画设计师负责设计卡通片中的关键帧画面，即关键帧，如图4-92所示。然后由动画设计师助理完成中间帧的制作，如图4-93所示。

图4-92

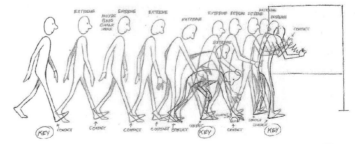

图4-93

在计算机动画中，中间帧可以由计算机完成，插值代替了设计中间帧的动画设计师助理，所有影响画面图像的参数都可以作为关键帧的参数。After Effects 2022可以依据前后两个关键帧识别动画的初始和结束状态，自动计算中间的动画过程，从而产生视觉动画，如图4-94所示。

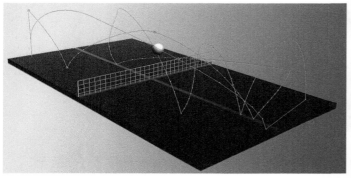

图4-94

在After Effects 2022的动画关键帧中，至少需要两个关键帧才能产生作用，第1个关键帧表示动画的初始状态，第2个关键帧表示动画的结束状态，而中间的动态则由计算机通过插值计算得出。在图4-95所示的钟摆动画中，状态1是初始状态，状态9是结束状态，中间的状态2~8是通过计算机插值生成的中间动画状态。

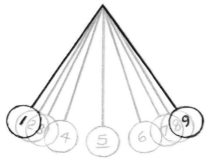

图4-95

技巧与提示

在After Effects 2022中，还可以通过表达式制作动画。表达式制作动画是通过程序语言实现动画，它既可以结合关键帧制作动画，也可以脱离关键帧，完全由程序语言控制动画的过程。

4.3.2 激活关键帧

在After Effects 2022中，每个可以制作动画的图层参数前面都有一个"码表"按钮◎，单击该按钮，使其呈"蓝色凹陷"状态◎，即可开始制作动画关键帧。

一旦激活"码表"按钮◎，则在"时间轴"面板中的任何时间进程都将产生新的关键帧；关闭"码表"按钮◎，所有设置的关键帧属性都将消失，参数设置将保持当前时间的参数值。图4-96所示分别是激活与未激活的"码表"按钮。

图4-96

生成关键帧的方法主要有3种，分别是激活"码表"按钮◎（图4-97所示）、设置关键帧序号（图4-98所示）和制作动画曲

线关键帧（图4-99所示）。

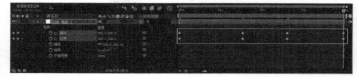

图4-97

图4-98

图4-99

如果想使用关键帧序号方式添加关键帧，则需要在"时间轴"面板中启用关键帧索引功能。

4.3.3 关键帧导航器

当为图层参数设置了第1个关键帧时，After Effects 2022会显示关键帧导航器，通过导航器可以方便地从一个关键帧快速跳转到上一个或下一个关键帧。同时，也可以通过关键帧导航器设置和删除关键帧。在图4-100中，A为当前时间存在关键帧，B为左边存在关键帧，C为右边存在关键帧。

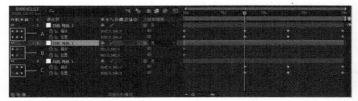

图4-100

下面简单介绍一下与关键帧操作相关的几个图标的功能。

◀跳转到上一个关键帧：单击该按钮即可跳转到上一个关键帧的位置，快捷键为J键。

▶跳转到下一个关键帧：单击该按钮即可跳转到下一个关键帧的位置，快捷键为K键。

◇添加或删除关键帧：表示当前没有关键帧，单击该按钮可以添加一个关键帧。

◆添加或删除关键帧：表示当前存在关键帧，单击该按钮可以删除当前选择的关键帧。

技术专题 ⑤ 操作关键帧时需要注意的三大问题

第1点：关键帧导航器是针对当前属性的关键帧进行导航，而J键和K键则针对画面上展示的所有关键帧进行导航。

第2点：在"时间轴"面板中选中图层，按U键即可展开该图层中的所有关键帧属性，再次按U键则取消关键帧属性的显示。

第3点：如果在按住Shift键的同时移动当前的时间指针，那么时间指针将自动吸附对齐到关键帧上。同理，如果在按住Shift键的同时移动关键帧，那么关键帧也将自动吸附对齐当前时间指针处。

4.3.4 选择关键帧

选择关键帧时，主要有以下5种情况。

第1种：如果要选中单个关键帧，单击需要选择的关键帧即可。

第2种：如果要选中多个关键帧，可以在按住Shift键的同时，连续单击需要选择的关键帧；或是按住鼠标左键，拉出一个选框，这样该选框内的多个连续的关键帧都将被选中。

第3种：如果要选中图层属性中的所有关键帧，只需要单击"时间轴"面板中的图层属性的名称即可。

第4种：如果要选中同一个图层中的属性里面数值相同的关键帧，只需要在其中一个关键帧上单击鼠标右键，在弹出的菜单中执行"选择相同关键帧"命令即可，如图4-101所示。

第5种：如果要选中某个关键帧之前或之后的所有关键帧，只需要在该关键帧上单击鼠标右键，在弹出的菜单中执行"选择前面的关键帧"命令或"选择跟随关键帧"命令即可，如图4-102所示。

图4-101　　　　图4-102

4.3.5 编辑关键帧

调整关键帧数值

如果要调整关键帧的数值，可以在当前关键帧上双击，在弹出的对话框中调整相应的数值即可，如图4-103所示。另外，在当前关键帧上单击鼠标右键，在弹出的菜单中执行"编辑值"命令，也可以调整关键帧数值。

图4-103

──**技术专题 6 调整关键帧数值时需要注意的两个问题**──

第1点：不同图层属性的关键帧编辑对话框是不相同的，图4-103显示的是位置关键帧对话框，而有些关键帧没有关键帧对话框（例如一些复选项关键帧或下拉菜单关键帧）。

第2点：对于涉及空间的一些图层参数的关键帧，可以使用"钢笔工具"进行调整，具体操作步骤如下。

（1）在"时间轴"面板中，选择需要调整的图层参数。

（2）在"工具"面板中，单击"钢笔工具"。

（3）在"合成"面板或"图层"窗口中，使用"钢笔工具"添加

关键帧，以改变关键帧的插值方式。如果结合Ctrl键，还可以移动关键帧的空间位置，如图4-104所示。

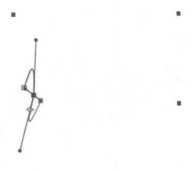

图4-104

移动关键帧

选中关键帧后，在按住鼠标左键的同时拖曳关键帧，即可移动关键帧的位置。如果选择的是多个关键帧，那么在移动关键帧后，这些关键帧之间的相对位置将保持不变。

对一组关键帧进行时间整体缩放

同时选中3个以上关键帧，在按住Alt键的同时，按住鼠标左键拖曳第1个或最后1个关键帧，即可对这组关键帧进行整体时间缩放。

复制和粘贴关键帧

可以将不同图层中的相同属性或不同属性（需要具备相同的数据类型）的关键帧进行复制和粘贴操作。可以进行互相复制的图层属性包括以下4种。

第1种：具有相同维度的图层属性，如"不透明度"和"旋转"属性。

第2种：效果的角度控制属性和可用滑块控制的图层属性。

第3种：效果的颜色属性。

第4种：蒙版属性和图层的空间属性。

一次只能从一个图层属性中复制一个或多个关键帧。将关键帧粘贴到目标图层的属性中时，被复制的第1个关键帧出现在目标图层属性的当前时间中，而其他关键帧将以被复制的顺序依次排列。粘贴后的关键帧继续处于被选中状态，以便继续对其进行编辑。复制和粘贴关键帧的步骤如下。

（1）在"时间轴"面板中，展开需要复制的关键帧属性。

（2）选中单个或多个关键帧。

（3）执行"编辑>复制"菜单命令，或按快捷键Ctrl+C，复制关键帧。

（4）在"时间轴"面板中，展开需要粘贴关键帧的目标图层的属性，将时间滑块拖曳到需要粘贴的时间处。

（5）选中目标属性，执行"编辑>粘贴"菜单命令，或按快捷键Ctrl+V，粘贴关键帧。

如果复制相同属性的关键帧，只需要选中目标图层，即可粘贴关键帧；如果复制的是不同属性的关键帧，则需要选择目标图层的目标属性才能粘贴关键帧。需要特别注意的是，如果粘贴的关键帧与目标图层上的关键帧在同一时间的位置，将覆盖目标图层上原有的关键帧。

删除关键帧

删除关键帧的方法主要有以下4种。

第1种：选中一个或多个关键帧，执行"编辑>清除"菜单命令。

第2种：选中一个或多个关键帧，按Delete键进行删除操作。

第3种：当时间指针对齐当前关键帧时，单击"添加或删除关键帧"按钮◆，即可删除当前关键帧。

第4种：如果需要删除某个属性中的所有关键帧，只需要选中属性名称（这样就可以选中该属性中的所有关键帧），按Delete键或单击"码表"按钮◎即可。

4.3.6 插值方法

使用插值方法可以制作更加符合物理真实、更加自然的动画效果。所谓插值，就是在两个已知的数据之间以一定方式插入未知数据的过程。在数字视频制作中，插值意味着在两个关键帧之间插入新的数值。

常见的插值方法有两种，分别是线性插值和贝塞尔插值。线性插值是在关键帧之间对数据进行平均分配；贝塞尔插值是基于贝塞尔曲线的形状，改变数值变化的速度。

如果要改变关键帧的插值方式，可以选择需要调整的一个或多个关键帧，执行"动画>关键帧插值"菜单命令，即可在弹出的"关键帧插值"对话框中进行详细设置，如图4-105所示。

图4-105

从"关键帧插值"对话框中，可以看到调节关键帧插值的运算方法有3种。

第1种：临时插值运算方法，既可以用来调整与时间相关的属性，控制进入和离开关键帧时的速度变化，也可以实现匀速运动、加速运动或突变运动等。

第2种：空间插值运算方法，仅对"位置"属性起作用，主要用来控制空间运动路径。

第3种：漂浮运算方法，主要用来控制关键帧是锁定在固定的时间位置上，还是自动产生平滑细分。

时间关键帧

时间关键帧可以对关键帧的出入方式进行设置，从而改变动画的状态。不同的出入方式在关键帧的外观表现上也不同。当为关键帧设置不同的出入插值方式时，关键帧的外观也会发生变化，如图4-106所示。

图4-106

下面对以上几种外观表现做详细说明。

A为线性：表现为线性的匀速变化，如图4-107所示。

图4-107

B为线性入，固定出：表现为以线性匀速方式进入，平滑到出点时为一个固定数值。

C为自动贝塞尔：自动缓冲速度变化，同时可以影响关键帧的出入速度变化，如图4-108所示。

D为连续贝塞尔：出入的速度以贝塞尔方式表现。

E为线性入，贝塞尔出：入点采用线性方式，出点采用贝塞尔方式，如图4-109所示。

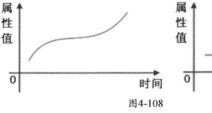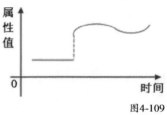

图4-108　　　　　图4-109

空间关键帧

当对一个图层应用了位置动画时，可以在"合成"面板中对这些位置动画的关键帧进行调节，以改变它们的运动路径的插值方式。常见的运动路径插值方式有以下几种，如图4-110所示。

图4-110

下面对以上几种运动路径插值方式做详细说明。

A为线性：关键帧之间表现为直线的运动状态。

B为自动贝塞尔：运动路径为光滑的曲线。

C为连续贝塞尔：这是形成位置关键帧的默认方式。

D为贝塞尔：可以完全自由地控制关键帧两边的手柄，这样可以更加随意地调节运动方式。

E为固定：运动位置的变化是以突变的形式直接从一个位置消失，然后出现在另一个位置。

漂浮关键帧--

漂浮关键帧主要用来平滑动画。有时关键帧之间的变化比较大，关键帧之间的衔接也不自然，这时就可以使用漂浮对关键帧进行优化，如图4-111所示。可以在"时间轴"面板中选择需要漂浮的关键帧，单击鼠标右键，在弹出的菜单中执行"在漂浮穿梭时间"命令。

图4-111

4.4 基本原理之图表编辑器

4.4.1 图表编辑器

无论时间关键帧还是空间关键帧，都可以使用"图表编辑器"进行精确调整。使用图表编辑器，除了可以调整关键帧的数值，还可以调整动画关键帧的出入方式。

选择图层中应用了关键帧的属性名，单击"时间轴"面板中的"图表编辑器"按钮 ，打开"图表编辑器"面板，如图4-112所示。

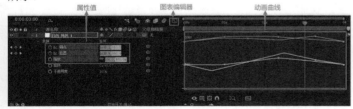

图4-112

"图表编辑器"面板中的参数介绍

 ：单击该按钮，可以选择需要显示的属性和曲线。

显示选择的属性：显示被选中曲线的运动属性。

显示动画属性：显示所有包含动画信息属性的运动曲线。

显示图表编辑器集：同时显示属性变化曲线和速度变化曲线。

 ：浏览指定的动画曲线类型的各个菜单选项和是否显示其他附加信息的各个菜单选项。

自动选择图表类型：选中该选项时，可以自动选择曲线的类型。

编辑值图表：选中该选项时，可以编辑属性变化曲线。

编辑速度图表：选中该选项时，可以编辑速度变化曲线。

显示参考图表：选中该选项时，可以同时显示属性变化曲线和速度变化曲线。

显示音频波形：选中该选项时，可以显示音频的波形效果。

显示图层的入点/出点：选中该选项时，可以显示图层的入点/出点标志。

显示图层标记：选中该选项时，可以显示图层的标记点。

显示图表工具技巧：选中该选项时，可以显示图表工具的提示和技巧。

显示表达式编辑器：选中该选项时，可以显示表达式编辑器。

 ：激活该按钮后，在选中多个关键帧时可以形成一个编辑框。

 ：激活该按钮后，可以在编辑时使关键帧与出入点、标记、当前指针及其他关键帧等进行自动吸附对齐等操作。

 ：调整"图表编辑器"的视图工具，依次为自动缩放图表高度、使选择适于查看、使所有图表适于查看。

 ：这是"单独尺寸"按钮，在调节"位置"属性的动画曲线时，单击该按钮即可分别单独调节"位置"属性中各个维度的动画曲线，这样就能获得更加自然平滑的位移动画效果。

 ：在其下拉菜单中执行相应的命令即可编辑选择的关键帧。

 ："关键帧插值方式设置"按钮，依次为定格方式、线性方式和自动贝塞尔曲线方式。

 ："关键帧辅助设置"按钮，依次为缓动、缓入、缓出。

技巧与提示

在"曲线编辑器"中编辑关键帧曲线时，可以使用"钢笔工具" 在曲线上添加或删除关键帧，以改变关键帧插值运算类型及曲线的曲率等。在激活编辑框工具时，可以对多个关键帧进行选择，然后对编辑框进行变形操作，这样可以改变关键帧的整体效果，如图4-113所示。

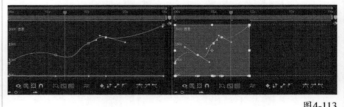

图4-113

4.4.2 变速剪辑

在After Effects 2022中，可以很方便地对素材进行变速剪辑操作。"图层>时间"子菜单下提供了对时间进行变速的命令，如图4-114所示。

图4-114

"时间"常用命令介绍

启用时间重映射：这个命令的功能非常强大，几乎包含了下面4个命令的所有功能。

时间反向图层：对素材进行倒放操作。

时间伸缩：对素材进行均匀变速操作。

冻结帧：对素材进行定帧操作。

在最后一帧上冻结：对素材最后一帧进行定帧操作。

实战 流动的云彩

本案例的制作效果如图4-115所示。

图4-115

01 使用After Effects 2022打开"实战：流动的云彩.aep"素材文件，如图4-116所示。

图4-116

02 选中"流云素材"图层，执行"图层>时间>启用时间重映射"菜单命令。此时，"流云素材"图层会自动添加"时间重映射"属性，并且在素材的入点和出点自动设置两个关键帧，这两个关键帧就是素材的入点和出点时间的关键帧，如图4-117所示。

图4-117

技巧与提示

在这段素材中，可以发现拍摄的房屋是静止的（摄影机也是静止的），而流云是运动的，因为静止的房屋无论怎么变速，它始终是静止的，而背景中运动的云彩通过变速就能产生特殊的效果。

03 在"时间轴"面板中，将时间滑块拖曳到第10秒处，单击"时间重映射"动画属性前面的"添加或删除关键帧"按钮，以当前动画属性值为"时间重映射"属性添加一个关键帧，如图4-118所示。

图4-118

04 在"时间轴"面板中，选择最后两个关键帧，将其往前移动（将第2个关键帧拖曳到第4秒位置），这样原始素材的前10秒就被压缩为4秒，如图4-119所示。

图4-119

05 为了使变速后的素材与没有变速的素材能够平滑地进行过渡，可以选择"时间重映射"动画属性的第2个关键帧，单击鼠标右键，在弹出的菜单中执行"关键帧辅助>缓入"命令，对关键帧进行平滑处理，如图4-120所示。

图4-120

06 按数字键0，预览画面效果，如图4-121所示。此时可以发现，在前两秒的时间内，云彩流动的速度被加快了。当播放到第4秒时，云彩流动的速度和原始素材的速度保持一致。从第6秒到第12秒，由于没有关键帧，因此画面保持静止的状态，即定帧效果，这是因为在第6秒的关键帧之后就没有其他关键帧了。

图4-121

07 预览结束后，对影片进行输出和保存，完成本案例的制作。

4.5 嵌套关系

4.5.1 嵌套的概念

嵌套是将一个合成作为另一个合成的一个素材进行相应操作。当希望对一个图层使用两次或两次以上的相同变换属性时（也就是说在使用嵌套时，用户可以使用两次蒙版、滤镜、变换属性），就需要使用嵌套功能。

4.5.2 嵌套的方法

嵌套的方法主要有以下两种。

第1种：在"项目"面板中，将某个合成项目作为一个图层拖曳到"时间轴"面板中的另一个合成中，如图4-122所示。

第2种：在"时间轴"面板中，选中一个或多个图层，执行"图层>预合成"菜单命令（或按快捷键Ctrl+Shift+C），打开"预合成"对话框，设置好参数后，单击"确定"按钮即可完成嵌套合成操作，如图4-123所示。

 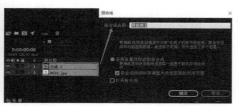

图4-122　　　　　　　　　　图4-123

"预合成"对话框中的参数介绍

保留合成中的所有属性： 将所有的属性、动画信息及效果保留在合成中，只对所选中的图层进行简单的嵌套合成处理。

将所有属性移动到新合成： 将所有的属性、动画信息及效果都移入新建合成中。

打开新合成： 执行完嵌套合成后，决定是否在"时间轴"面板中立刻打开新建的合成。

4.5.3 塌陷开关

在进行嵌套时，如果不继承原始合成项目的分辨率，那么在对被嵌套合成制作缩放之类的动画时，就有可能产生马赛克效果。

如果要开启"塌陷开关"按钮，可以在"时间轴"面板的图层开关栏中单击"塌陷开关"按钮，如图4-124所示。

图4-124

> **技术专题 7　使用"塌陷开关"的三大优势**
>
> 第1点：可以继承变换属性，开启"塌陷开关"可以在嵌套的更高级别的合成项目中提高分辨率，如图4-125所示。
>
>
>
> 没有使用塌陷开关　　　　使用了塌陷开关
>
> 图4-125
>
> 第2点：当图层中包含Adobe Illustrator文件时，开启"塌陷开关"

可以提高素材的质量。

第3点：当在一个嵌套合成中使用了三维图层时，如果没有开启"塌陷开关"按钮，那么在嵌套的更高一级合成项目中对属性进行变换时，低一级的嵌套合成项目还是作为一个平面素材被引入更高一级的合成项目中；如果对低一级的合成项目图层使用了"塌陷开关"，那么低一级的合成项目中的三维图层将作为一个三维图层组被引入新的合成中，如图4-126所示。

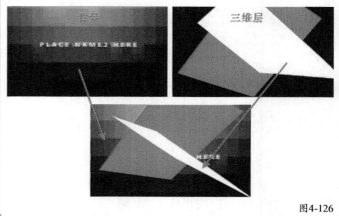

图4-126

4.6 综合实战：标版动画

制作标版动画，需要综合应用本章讲述的多种技术，如图层、关键帧等，其案例效果如图4-127所示。

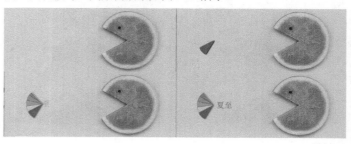

图4-127

01 使用After Effects 2022打开"综合实战：标版动画.aep"素材文件，如图4-128所示。

02 将"C2""C3""C4"图层作为"C1"图层的子图层，如图4-129所示。

03 设置"C1"图层的动画关键帧。在第0帧，设置"位置"值为（1533，542）；在第1秒5帧，设置"位置"值为（426，542）。在第0帧，设置"缩放"值为（0%，0%）；在第1秒，设置"缩放"值为（110%，110%）；在第1秒5帧，设置"缩放"值为（100%，100%）。在第1秒，设置"旋转"值为（0×+40°）；在第1秒5帧，设置"旋转"值为（0×+0°）。在第0帧，设置"不透明度"值为0%；在第1秒5帧，设置"不透明度"值为100%。第1秒5帧的参数设置如图4-130所示。此时，画面的预览效果如图4-131所示。

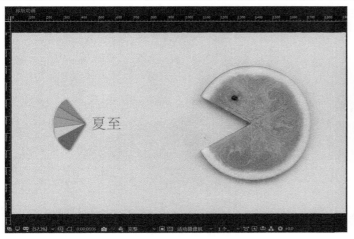

图4-128

图4-129

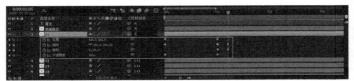

图4-130

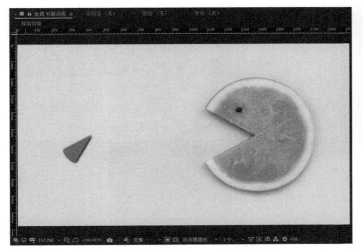

图4-131

04 设置"C2"图层"旋转"属性的动画关键帧。在第1秒5帧，设置"旋转"值为（0×-20°）；在第1秒10帧，设置"旋转"值为（0×+0°）。设置"C3"图层"旋转"属性的动画关键帧。在第1秒5帧，设置"旋转"值为（0×-40°）；在第1秒15帧，设置"旋转"值为（0×+0°）。设置"C4"图层"旋转"属性的动画关键帧。在第1秒5帧，设置"旋转"值为（0×-60°）；在第1秒20帧，设置"旋转"值为（0×+0°）。设置"C5"图层"旋转"属性的动

画关键帧。在第1秒5帧，设置"旋转"值为（0×-80°）；在第2秒，设置"旋转"值为（0×+0°）。"C2""C3""C4""C5"图层在第1秒5帧"旋转"属性的参数设置如图4-132所示。

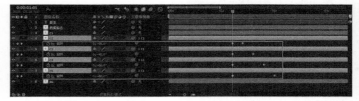

图4-132

05 设置"夏至"文字图层的动画关键帧。在第1秒20帧，设置"位置"值为（261，573），"不透明度"值为0%；在第2秒，设置"位置"值为（459，573），"不透明度"值为100%。第2秒的参数设置如图4-133所示。

图4-133

06 选中"夏至"文字图层及"C1""C2""C3""C4""C5"图层，按快捷键U展开所选图层的关键帧，并全选。单击鼠标右键，并在弹出的菜单中执行"关键帧辅助>缓动"命令，如图4-134和图4-135所示。

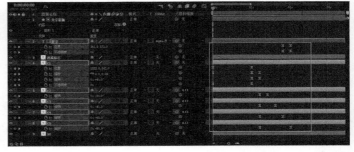

图4-134

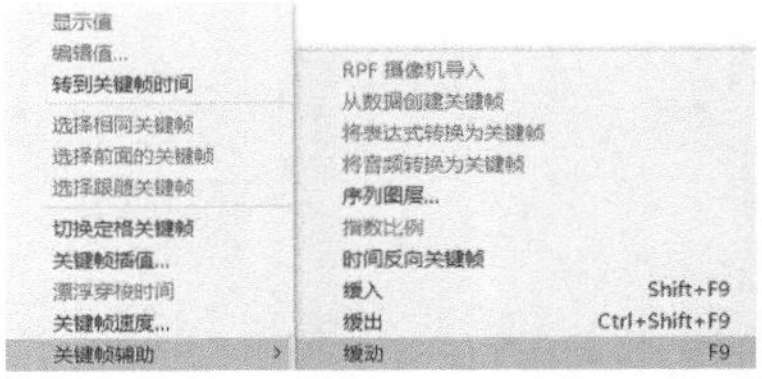

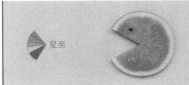

图4-135

07 按数字键0，预览画面效果，如图4-136所示。

08 预览结束后，对影片进行输出和保存，完成本案例的制作。

图4-136

第5章

图层叠加模式、蒙版与轨道遮罩

Learning Objectives
学习要点

58页
打开图层叠加模式面板

59
图层叠加的"变暗"模式

61
图层叠加的"变亮"模式

66页
蒙版的创建与修改

68页
蒙版的属性

69页
蒙版的叠加模式

69页
蒙版动画的制作

5.1 图层叠加模式

　　After Effects 2022提供了较为丰富的图层叠加模式。所谓图层叠加模式，就是一个图层与其下面的图层进行颜色叠加，并产生特殊效果，最终将该效果显示在"合成"面板中。

5.1.1 打开图层叠加模式面板

　　在After Effects 2022中，打开图层叠加模式面板有两种方法。

 面板切换

　　在"时间轴"面板中，单击"切换开关/模式"按钮，如图5-1所示。

图5-1

 快捷键

　　在"时间轴"面板中，按快捷键F4可以打开用于设置图层叠加模式的"模式"面板，如图5-2所示。

图5-2

　　下面用两层素材详细讲解图层的各种叠加模式，一个作为底层素材，如图5-3所示；另一个作为当前图层素材（亦可以理解为叠加图层的源素材），如图5-4所示。

图5-3

图5-4

问：图5-3和图5-4中的素材文件在哪里找？

答：请读者在本书的配套学习资源中打开"实例文件>CH05>图层的叠加模式>图层的叠加模式01.aep"文件。

5.1.2 普通模式

普通模式主要包括"正常""溶解""动态抖动溶解"3种叠加模式。

在没有透明度影响的前提下，普通模式产生的最终效果的颜色不会受底层像素颜色的影响，除非底层像素的不透明度小于当前图层。

 "正常"模式-------------------

"正常"模式是After Effects 2022的默认模式，当图层的"不透明度"值为100%时，合成将根据"Alpha"通道正常显示当前图层，并且不受下方图层的影响，如图5-5所示。当图层的"不透明度"值小于100%时，当前图层的每个像素的颜色都将受下方图层的影响。

图5-5

"溶解"模式-------------------

当图层有羽化边缘或"不透明度"值小于100%时，"溶解"模式才起作用。"溶解"模式是在当前图层选取部分像素，然后采用随机颗粒图案的方式用下方图层的像素来取代。当前图层的不透明度越低，"溶解"效果越明显，如图5-6所示。

图5-6

技巧与提示

图5-6所示的效果是修改了文字图层的"不透明度"值获得的，如图5-7所示。在这里，如果不修改图层的"不透明度"值，"溶解"模式的效果就会很不明显。

图5-7

"动态抖动溶解"模式-------------------

"动态抖动溶解"模式和"溶解"模式的原理相似，只不过"动态抖动溶解"模式可以随时更新随机值，而"溶解"模式的颗粒随机值是不变的。

技巧与提示

在普通模式中，"正常"模式是日常工作中最常用的图层叠加模式。

5.1.3 "变暗"模式

"变暗"模式主要包括"变暗""相乘""线性加深""颜色加深""经典颜色加深""较深的颜色"6种叠加模式。这些类型的叠加模式都可以使图像的整体颜色变暗。

 "变暗"模式-------------------

"变暗"模式是通过比较当前图层和底层的颜色亮度，保留较暗的颜色部分。比如，一个全黑的图层与任何图层的"变暗"叠加效果都是全黑的，而白色图层与任何图层的"变暗"叠加效果都是透明的。图5-8所示为"变暗"模式的效果。

图5-8

 "相乘"模式

　　"相乘"模式是一种减色模式，它将基本色与叠加色相乘，形成一种光线透过两张叠加在一起的幻灯片的效果。任何颜色与黑色相乘，都将产生黑色，与白色相乘则保持不变，而与中间亮度的颜色相乘则可以得到一种更暗的效果，如图5-9所示。

图5-9

技巧与提示

　　"相乘"模式的相乘算法产生的不是线性变化效果，而是一种类似抛物线变化的效果。

 "线性加深"模式

　　"线性加深"模式通过比较基色和叠加色的颜色信息，并降低基色的亮度来反映叠加色。与"相乘"模式相比，"线性加深"模式可以产生一种更暗的效果，如图5-10所示。

图5-10

"颜色加深"模式

　　"颜色加深"模式是通过增加对比度使颜色变暗（如果叠加色为白色，则不发生变化），以反映叠加色，如图5-11所示。

图5-11

"经典颜色加深"模式

　　"经典颜色加深"模式是通过增加对比度使颜色变暗，以反映叠加色，效果要优于"颜色加深"模式，如图5-12所示。

图5-12

"较深的颜色"模式

　　"较深的颜色"模式与"变暗"模式的效果相似，不同的是该模式不对单独的颜色通道起作用，如图5-13所示。

图5-13

技巧与提示

　　在"变暗"模式中，"变暗"和"相乘"是使用频率较高的图层叠加模式。

5.1.4 "变亮"模式

"变亮"模式主要包括"相加""变亮""屏幕""线性减淡""颜色减淡""经典颜色减淡""较浅的颜色"7种叠加模式。这些类型的叠加模式都可以使图像的整体颜色变亮。

 "相加"模式----------

"相加"模式是将上下图层对应的像素进行加法运算,从而使图像变亮,如图5-14所示。

图5-14

技术专题 ⑧ "相加"模式的合成功能

当一些火焰、烟雾和爆炸等素材需要合成到某个场景中时,可将该素材图层的叠加模式修改为"相加"模式,这样当该素材与背景进行叠加时,就可以直接去掉黑色背景,如图5-15所示。

图5-15

 "变亮"模式----------

"变亮"模式与"变暗"模式相反,它可以查看每个通道中的颜色信息,并选择基色和叠加色中较亮的颜色作为结果色(比叠加色暗的像素将被替换掉,而比叠加色亮的像素将保持不变),如图5-16所示。

图5-16

 "屏幕"模式----------

"屏幕"模式是一种加色叠加模式(与"相乘"模式相反),可以将叠加色的互补色与基色相乘,得到一种更亮的效果,如图5-17所示。

图5-17

 "线性减淡"模式----------

"线性减淡"模式可以查看每个通道的颜色信息,并通过增加亮度使基色变亮,以反映叠加色(如果与黑色叠加则不发生变化),如图5-18所示。

图5-18

 "颜色减淡"模式----------

"颜色减淡"模式是通过减小对比度使颜色变亮,以反映叠加色(如果叠加色为黑色则不发生变化),如图5-19所示。

图5-19

 "经典颜色减淡"模式----------

"经典颜色减淡"模式也是通过减小对比度使颜色变亮,以反映叠加色，其效果要优于"颜色减淡"模式。

 "较浅的颜色"模式--------------------------------

"较浅的颜色"模式与"变亮"模式相似，但略有区别的是该模式不对单独的颜色通道起作用。

在"变亮"模式中，"相加"和"屏幕"模式是使用频率较高的图层叠加模式。

5.1.5 "叠加"模式

"叠加"模式主要包括"叠加""柔光""强光""线性光""亮光""点光""纯色混合"7种叠加模式。

使用这些类型的叠加模式时，需要比较当前图层的颜色和底层的颜色亮度，以便选择不同的叠加模式创建不同的叠加效果。

 "叠加"模式--------------------------------

"叠加"模式可以增强图像的颜色效果，并保留底层图像的高光和暗调，如图5-20所示。"叠加"模式对中间色调的影响比较明显，对高光区域和暗调区域的影响不大。

图5-20

 "柔光"模式--------------------------------

"柔光"模式可以使颜色变亮或变暗（具体效果取决于叠加色），这种效果与发散的聚光灯照在图像上时很相似，如图5-21所示。

图5-21

 "强光"模式--------------------------------

使用"强光"模式时，当前图层中比50%灰色亮的像素变亮，比50%灰色暗的像素变暗。这种模式产生的效果与耀眼的聚光灯照在图像上时很相似，如图5-22所示。

图5-22

 "线性光"模式--------------------------------

"线性光"模式可以通过减小或增大亮度来加深或减淡颜色，具体效果取决于叠加色，如图5-23所示。

图5-23

 "亮光"模式--------------------------------

"亮光"模式可以通过增大或减小对比度来加深或减淡颜色，具体效果取决于叠加色，如图5-24所示。

图5-24

"点光"模式----------------------------------

"点光"模式可以替换图像的颜色。如果当前图层中的像素比50%灰色亮，则替换暗的像素；如果当前图层中的像素比50%灰色暗，则替换亮的像素。这种模式在为图像添加特效时非常有用，如图5-25所示。

图5-25

 "纯色混合"模式----------------------------------

使用"纯色混合"模式时，如果当前图层中的像素比50%灰色亮，则会使底层图像变亮；如果当前图层中的像素比50%灰色暗，则会使底层图像变暗。这种模式通常会使图像产生色调分离的效果，如图5-26所示。

图5-26

在"叠加"模式中，"叠加"和"柔光"模式的使用频率较高。

5.1.6 "差值"模式

"差值"模式主要包括"差值""经典差值""排除""相减""相除"5种叠加模式。这些类型的叠加模式都是基于当前图层和底层的颜色值产生差异效果。

 "差值""经典差值""排除"模式----------------------------------

"差值"模式可以从基色中减去叠加色，或从叠加色中减去基色，具体取决于哪种颜色的亮度值更高，如图5-27所示。"经

典差值"模式、"排除"模式和"差值"模式相似，但"经典差值"模式的效果要优于"差值"模式。

图5-27

 "相减"模式----------------------------------

"相减"模式可以从基础颜色中减去原颜色。如果原颜色是黑色，则结果颜色是基础颜色。在"32-bpc"项目中，结果颜色值可以小于0。

 "相除"模式----------------------------------

"相除"模式就是基础颜色除以原颜色。如果原颜色是白色，则结果颜色是基础颜色。在"32-bpc"项目中，结果颜色值可以大于1.0，如图5-28所示。

图5-28

5.1.7 "色相"模式

"色相"模式主要包括"色相""饱和度""颜色""发光度"4种叠加模式。这些类型的叠加模式会改变底层颜色的一个或多个色相、饱和度和亮度。

 "色相"模式----------------------------------

"色相"模式可以将当前图层的色相应用到底层图像的亮度和饱和度中，虽然会改变底层图像的色相，但不会影响其亮度和饱和度。对于黑色、白色和灰色区域，该模式则不起作用，如图5-29所示。

图5-29

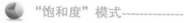"饱和度"模式

"饱和度"模式可以将当前图层的饱和度应用到底层图像的亮度和色相中,虽然可以改变底层图像的饱和度,但不会影响其亮度和色相,如图5-30所示。

图5-30

"颜色"模式

"颜色"模式可以将当前图层的色相与饱和度应用到底层图像中,但同时保持底层图像的亮度不变,如图5-31所示。

图5-31

"发光度"模式

"发光度"模式可以将当前图层的亮度应用到底层图像的颜色中,虽然可以改变底层图像的亮度,但不会对其色相与饱和度产生影响,如图5-32所示。

图5-32

 技巧与提示

在"色相"模式中,"发光度"模式是使用频率较高的图层叠加模式。

5.1.8 "模板"模式

"模板"模式主要包括"模板Alpha""模板亮度""轮廓Alpha""轮廓亮度"4种叠加模式。这些类型的叠加模式可以将当前图层转化为底层的一个蒙版。

"模板Alpha"模式

"模板Alpha"模式可以穿过模板图层的"Alpha"通道显示多个图层,如图5-33所示。

图5-33

"模板亮度"模式

"模板亮度"模式可以穿过模板图层的像素亮度显示多个图层,如图5-34所示。

图5-34

"轮廓Alpha"模式

"轮廓Alpha"模式可以通过当前图层的"Alpha"通道影响

底层图像，使受影响的区域被剪切，如图5-35所示。

图5-35

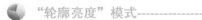 "轮廓亮度"模式------------------------------------

"轮廓亮度"模式可以通过当前图层像素的亮度影响底层图像，使受影响的像素被部分剪切或全部剪切，如图5-36所示。

图5-36

5.1.9 "共享"模式

"共享"模式主要包括"Alpha添加"和"冷光预乘"两种叠加模式。这两种类型的叠加模式都可以使底层与当前图层的"Alpha"通道或透明区域像素产生相互作用。

 "Alpha添加"模式------------------------------------

"Alpha添加"模式可以使底层与当前图层的"Alpha"通道共同建立一个无痕迹的透明区域，如图5-37所示。

图5-37

 "冷光预乘"模式---------------------------------

"冷光预乘"模式既可以使当前图层的透明区域像素与底层产生相互作用，又可以使边缘产生透镜和光亮效果，如图5-38所示。

图5-38

疑难问答 ?

问：有没有一种方法能够快速切换图层叠加模式？
答：使用快捷键Shift+-或Shift++均可快速切换图层叠加模式。

5.2 蒙版

在进行项目合成的时候，由于有的素材本身不具备"Alpha"通道信息，因此无法通过常规的方法将这些素材合成到画面中。当素材没有"Alpha"通道时，可以通过创建蒙版的方法建立透明的区域。

5.2.1 蒙版的概念

After Effects 2022中的蒙版其实就是一个由封闭的贝塞尔曲线构成的路径轮廓，轮廓内外可以作为控制图层透明区域和不透明区域的依据，如图5-39所示。如果不是闭合曲线，那就只能作为路径使用，如图5-40所示。

图5-39

图5-40

5.2.2 蒙版的创建与修改

创建蒙版的方法比较多，一般在实际工作中主要使用的有以下4种。

使用蒙版工具创建蒙版

使用蒙版工具创建蒙版的方法很简单，只是软件提供的可供选择的蒙版工具比较有限。使用蒙版工具创建蒙版的步骤如下。

（1）在"时间轴"面板中，选中需要创建蒙版的图层。

（2）在"工具"面板中，选择合适的蒙版创建工具，如图5-41所示。

图5-41

可供选择的蒙版工具包括以下几种。

矩形工具■。
圆角矩形工具■。
椭圆工具■。
多边形工具■。
星形工具■。

（3）保持对蒙版工具的选择，在"合成"面板或"图层"面板中，按住鼠标左键进行拖曳，即可创建蒙版，如图5-42所示。

图5-42

技巧与提示

双击选择的蒙版工具上，即可在当前图层中自动创建一个最大的蒙版。

在"合成"面板中，按住Shift键的同时使用蒙版工具，即可创建等比例的蒙版形状。比如，使用"矩形工具"■可以创建正方形的蒙版，使用"椭圆工具"■可以创建圆形的蒙版。

如果创建蒙版时按住Ctrl键，则可以创建一个以单击确定的第1个点为中心的蒙版。

使用钢笔工具创建蒙版

在"工具"面板中，选择"钢笔工具"■，可以创建任意形状的蒙版，如图5-43所示。在使用"钢笔工具"■创建蒙版时，必须使蒙版呈闭合的状态。

图5-43

使用钢笔工具创建蒙版的步骤如下。

（1）在"时间轴"面板中，选中需要创建蒙版的图层。

（2）在"工具"面板中，选择"钢笔工具"■。

（3）在"合成"面板或"图层"面板中，单击确定第1个点，然后继续单击，绘制一条闭合的贝塞尔曲线，如图5-44所示。

图5-44

技巧与提示

在使用钢笔工具创建曲线的过程中，如果需要在闭合的曲线上添加点，可以使用添加"顶点"工具■；如果需要在闭合的曲线上减少点，可以使用减少"顶点"工具■；如果需要对曲线上的点进行贝塞尔控制调节，可以使用转换"顶点"工具■；如果需要对创建的曲线进行羽化，可以使用"蒙版羽化"工具■。

使用"新建蒙版"命令创建蒙版

使用"新建蒙版"命令创建的蒙版与使用蒙版工具创建的蒙版类似，形状都比较单一。使用"新建蒙版"命令创建蒙版的步骤如下。

（1）在"时间轴"面板中，选中需要创建蒙版的图层。

（2）执行"图层>蒙版>新建蒙版"菜单命令，可以创建一个与图层大小一致的蒙版，如图5-45所示。

图5-45

（3）如果需要对蒙版进行调节，可以使用"选择工具" ▶ 选择蒙版，执行"图层>蒙版>蒙版形状"菜单命令，打开"蒙版形状"对话框，在该对话框中对蒙版的位置、单位和形状进行调节，如图5-46所示。

图5-46

可以在"形状"下拉菜单中选择"矩形"或"椭圆"形状。

使用"自动追踪"命令创建蒙版

执行"图层>自动追踪"菜单命令，可以根据图层的"Alpha""红色""绿色""蓝色"通道和亮度信息自动生成路径蒙版，如图5-47所示。

图5-47

执行"图层>自动追踪"菜单命令，可以打开"自动追踪"对话框，如图5-48所示。

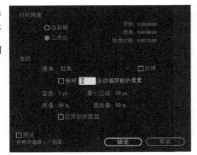

图5-48

"自动追踪"对话框中的参数介绍

时间跨度：设置自动追踪的时间区域。

当前帧：只对当前帧进行自动追踪。

工作区：对整个工作区进行自动追踪，选择这个选项后可能需要花费一定的时间生成蒙版。

选项：设置"自动追踪"蒙版的相关参数。

通道：选择作为"自动追踪"蒙版的通道，共有"Alpha""红色""绿色""蓝色""明亮度"5个选项。

反转：选中该选项后，可以反转蒙版的方向。

模糊：在"自动追踪"蒙版之前，对原始画面进行虚化处理，这

样可以使自动追踪蒙版的结果更加平滑。

容差：设置容差范围，可以判断误差和界限的范围。

最小区域：设置蒙版的最小区域值。

阈值：设置蒙版的阈值范围。高于该阈值的区域为不透明区域，低于该阈值的区域为透明区域。

圆角值：设置追踪蒙版的拐点处的圆滑程度。

应用到新图层：选中该选项后，最终创建的追踪蒙版路径将保存在一个新建的固态图层中。

预览：选中该选项后，可以预览设置的结果。

其他创建蒙版的方法

在After Effects 2022中，还可以通过复制Adobe Illustrator和Adobe Photoshop的路径创建蒙版，这对于创建一些规则的蒙版或有特殊结构的蒙版非常实用。

实战 动态蒙版

本案例制作的动态蒙版效果如图5-49所示。

图5-49

01 启动After Effects 2022，执行"合成>新建合成"菜单命令，创建一个"预设"为"HDTV 1080 25"的合成，设置"持续时间"为5秒，并将其命名为"实战：动态蒙版"，如图5-50所示。

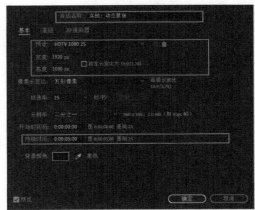

图5-50

02 执行"文件>导入>文件"菜单命令，打开学习资源中的"动态蒙版素材.mp4"素材文件，将其拖曳到"时间轴"面板中，如图5-51所示。

图5-51

03 选中"动态蒙版素材.mp4"图层,执行"图层>自动追踪"菜单命令,打开"自动追踪"对话框。在"时间跨度"中选择"工作区",在"选项"的通道设置中选择"蓝色"通道,选中"应用到新图层"选项,单击"确定"按钮进行确认,如图5-52所示。制作完成后,画面中的蓝色、紫色、绿色节点部分为系统自动追踪的蒙版,如图5-53所示。

图5-52

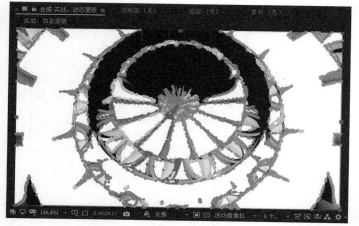

图5-53

04 选中自动追踪的"动态蒙版素材.mp4"图层,执行"效果>生成>描边"菜单命令,为其添加"描边"效果。选中"所有蒙版"选项,设置"颜色"为红色、"画笔大小"值为10、"画笔硬度"值为100%、"间距"值为100%,将"绘画样式"设置为

"在透明背景上",如图5-54所示。

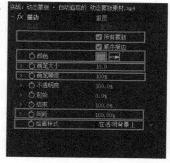

图5-54

05 最终的动画效果(单帧截图)如图5-55所示。

图5-55

5.2.3 蒙版的属性

在"时间轴"面板中连续按两次M键,即可展开蒙版的所有属性,如图5-56所示。

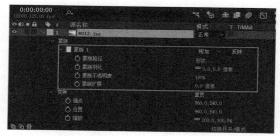

图5-56

"蒙版"属性参数介绍

蒙版路径: 设置蒙版的路径范围和形状,也可以为蒙版节点制作动画关键帧。

反转: 反转蒙版路径的范围和形状,如图5-57所示。

图5-57

蒙版羽化: 设置蒙版边缘的羽化效果,可以使蒙版边缘与底层

68

图像完美地融合在一起，如图5-58所示。单击"锁定"按钮 🔒，将其设置为解锁状态 ▢ 后，可以分别对蒙版的 x 轴和 y 轴进行羽化。

图5-58

蒙版不透明度： 设置蒙版的不透明度，如图5-59所示。

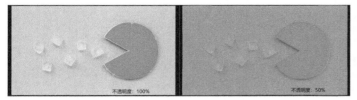

图5-59

蒙版扩展： 调整蒙版的扩展程度。正值为扩展蒙版区域，负值为收缩蒙版区域，如图5-60所示。

图5-60

5.2.4 蒙版的叠加模式

当一个图层中具有多个蒙版时，可以通过选择各种叠加模式使蒙版产生叠加效果，如图5-61所示。

另外，蒙版的排列顺序对最终的叠加效果有很大影响。在处理蒙版的顺序时，After Effects 2022是按照蒙版的排列顺序从上往下依次处理的。也就是说，先处理最上面的蒙版及其叠加效果，再将结果与下面的蒙版和叠加模式进行计算。另外，蒙版的不透明度也是需要考虑的因素之一。

图5-61

蒙版的叠加模式参数介绍

无： 选择"无"模式时，路径将不作为蒙版使用，而是作为路径存在，如图5-62所示。

相加： 将当前蒙版区域与其上面的蒙版区域进行相加处理，如图5-63所示。

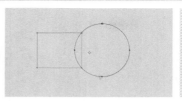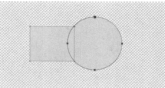

图5-62　　　　　　　　　　图5-63

相减： 将当前蒙版与其上面的所有蒙版的组合结果进行相减处理，如图5-64所示。

交集： 只显示当前蒙版与其上面的所有蒙版的组合结果相交的部分，如图5-65所示。

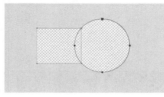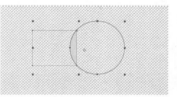

图5-64　　　　　　　　　　图5-65

变亮： 对于可视区域来讲，"变亮"模式与"相加"模式相同；对于蒙版重叠处的不透明度，则采用不透明度较高的值，如图5-66所示。

变暗： 对于可视区域来讲，"变暗"模式与"交集"模式相同；对于蒙版重叠处的不透明度，则采用不透明度较低的值，如图5-67所示。

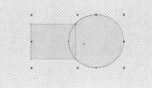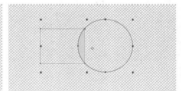

图5-66　　　　　　　　　　图5-67

差值： 对于可视区域采取并集减去交集的方式。也就是说，先将当前蒙版与其上面的所有蒙版的组合结果进行并集运算，再将当前蒙版与其上面的所有蒙版的组合结果的相交部分进行相减运算，如图5-68所示。

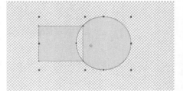

图5-68

5.2.5 蒙版的动画关键帧

在实际工作中，为了配合画面需要，会使用蒙版动画，其实就是设置"蒙版路径"属性的动画关键帧。下面通过案例操作学习该技术。

实战 蒙版动画

本案例制作的蒙版动画效果如图5-69所示。

图5-69

01 使用After Effects 2022打开"实战：蒙版动画.aep"素材文件，如图5-70所示。

图5-70

02 选中"BG森林.jpg"图层，按快捷键Ctrl+D复制图层，将复制后的图层重新命名为"动画"，如图5-71所示。

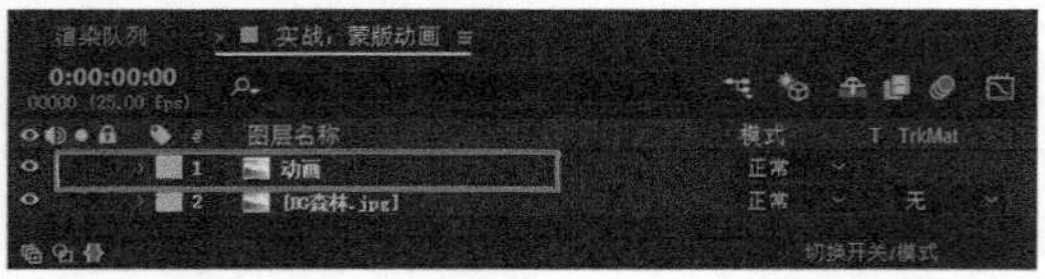

图5-71

03 选中动画图层，使用"工具"面板中的"矩形工具" ▣绘制蒙版，如图5-72所示。

图5-72

04 展开动画图层中"蒙版1"的属性，设置"蒙版路径"属性的动画关键帧，如图5-73所示。第2秒的蒙版位置如图5-74所示，第3秒的蒙版位置如图5-75所示。

图5-73

图5-74

图5-75

技巧与提示

　　调节蒙版的形状和大小等属性，可以在"合成"面板中进行。双击蒙版的任意一个顶点，即可进入蒙版的编辑状态，编辑完成后，再次双击确认即可。蒙版的编辑状态如图5-76所示。

图5-76

05 可以使用同样的方法创建多个蒙版，并自定义蒙版的大小和动画，如图5-77和图5-78所示。

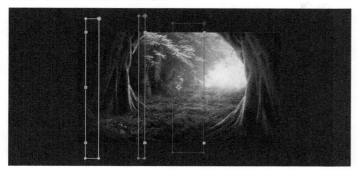

图5-77

图5-78

06 选中"动画"图层，执行"效果>颜色校正>色相/饱和度"菜单命令，为其添加"色相/饱和度"效果。将"主饱和度"值修改为-100，如图5-79所示。

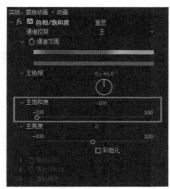

图5-79

07 将"动画"图层的"不透明度"值修改为70%，如图5-80所示。

图5-80

最终的单帧动画效果如图5-81所示。

图5-81

5.3 轨道遮罩

轨道遮罩是一种特殊的蒙版类型，可以将一个图层的Alpha通道信息或亮度信息作为另一个图层的透明度信息，同样可以完成建立图像透明区域或限制图像局部显示的操作。

当遇到有特殊要求的时候（如在运动的文字轮廓内显示图像），可以通过轨道遮罩完成镜头画面效果的制作，如图5-82所示。

图5-82

面板切换

在"时间轴"面板中，单击"切换开关/模式"按钮进行面板切换，如图5-83所示。

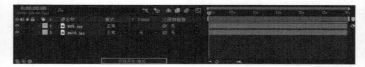

图5-83

"轨道遮罩"子菜单

选中某个需要被蒙版的图层，在图层的"轨道遮罩"处单击，出现"轨道遮罩"子菜单，如图5-84所示。

图5-84

技巧与提示

使用"轨道遮罩"时，蒙版图层必须位于最终显示图层的上一图层，并且在应用了"轨道遮罩"后，将关闭蒙版图层的可视性，如图5-85所示。另外，移动图层顺序时，一定要将蒙版图层和最终显示的图层一起进行移动。

图5-85

注意，在After Effects 2022中文版中，Mask在不同的情境下会被译为"蒙版"或"遮罩"，虽然用词不同，但本质一样。

"轨道遮罩"子菜单中的命令介绍

Alpha遮罩：将蒙版图层的"Alpha"通道信息作为最终显示图层的蒙版参考。

Alpha反转遮罩：与Alpha遮罩结果相反。

亮度遮罩：将蒙版图层的亮度信息作为最终显示图层的蒙版参考。

亮度反转遮罩：与亮度遮罩的结果相反。

实战 轨道遮罩的应用

本案例制作的效果如图5-86所示。

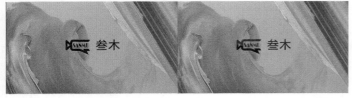

图5-86

01 使用After Effects 2022打开"实战：轨道遮罩的应用.aep"素材文件，如图5-87所示。

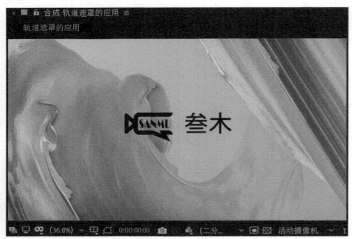

图5-87

02 按快捷键Ctrl+Y，创建一个白色的固态图层，如图5-88所示。

图5-88

03 选中"Logo3.ai"图层，按快捷键Ctrl+D进行复制，将复制的图层移动到所有图层的最上面，再将"Logo3.ai"图层作为"Mask"图层的"Alpha"轨道遮罩，相关设置如图5-89所示。

图5-89

04 选中"蒙版"图层，使用"椭圆工具" ⬭ 绘制蒙版，并设置"蒙版不透明度"值为15%，如图5-90和图5-91所示。

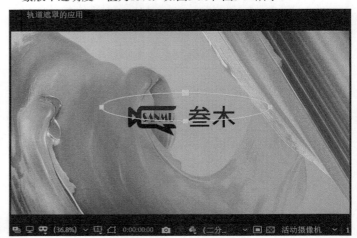

图5-90

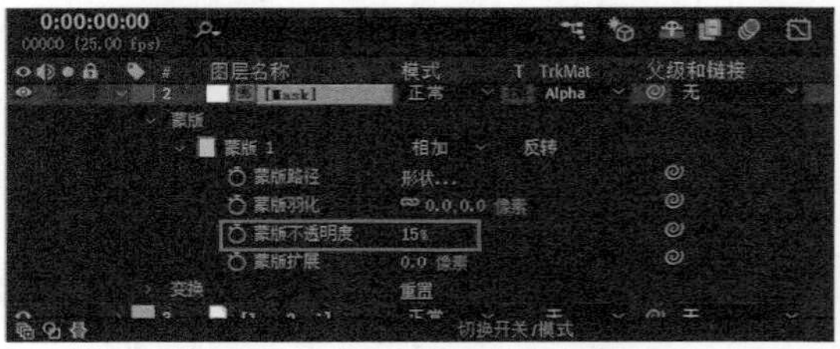

图5-91

05 选中"Mask"图层，将该图层的"模式"修改为"相加"，如图5-92所示。

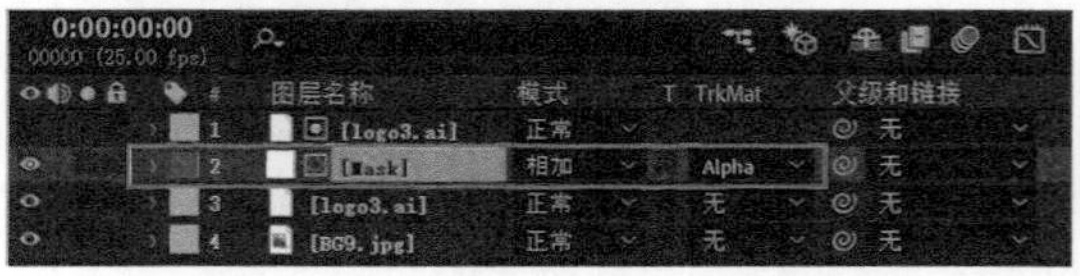

图5-92

制作完成的效果如图5-93所示。

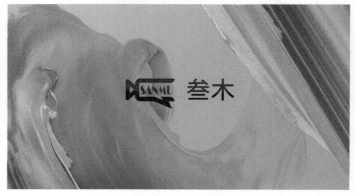

图5-93

5.4 综合实战：描边光效

本案例综合应用了自动追踪创建蒙版、描边效果和椭圆工具配合轨道遮罩，实现描边光效和扫光效果，对相关商业项目制作具有一定的指导意义，案例效果如图5-94所示。

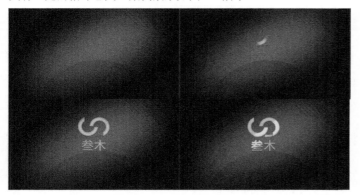

图5-94

5.4.1 导入素材

01 执行"合成>新建合成"菜单命令，创建一个"预设"为"HDTV 1080 25"的合成，设置"持续时间"为3秒，并将其命名为"Logo"，如图5-95所示。

图5-95

02 执行"文件>导入>文件"菜单命令，打开学习资源中的"Logo2.png"素材文件，将其拖曳到"时间轴"面板中，如图5-96所示。

图5-96

5.4.2 添加蒙版

01 选中"Logo2.png"图层，执行"图层>自动追踪"菜单命令，打开"自动追踪"对话框。在"时间跨度"中选中"当前帧"，在"选项"面板的"通道"设置中选择"Alpha"通道，单击"确定"按钮确认，如图5-97所示。

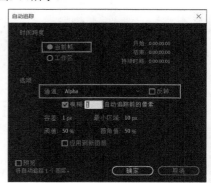

图5-97

02 执行"自动追踪"菜单命令之后，"Logo2.png"图层自动添加了蒙版，如图5-98和图5-99所示。

图5-98

图5-99

03 为了方便快捷地控制每个蒙版，新建11个黑色的"纯色"图层。将上一步中的11个蒙版分别剪切并粘贴到新建的11个图层中，如图5-100所示。

73

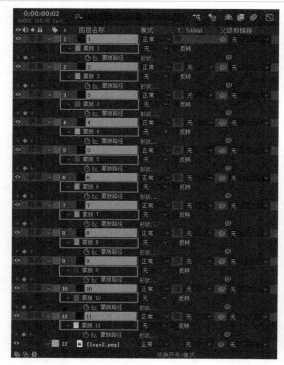

图5-100

5.4.3 设置"描边"光效

01 选中第一个图层,执行
"效果>生成>描边"菜单命
令,为其添加"描边"效果。
设置"颜色"为粉色,"画笔
硬度"值为100%,"间距"值
为100%,设置"绘画样式"为
"在透明背景上",如图5-101
和图5-102所示。

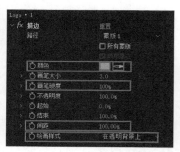

图5-101

图5-102

02 展开"描边"特效,在第0秒设置"结束"值为0,在第2秒
10帧设置"结束"值为100,如图5-103所示。

图5-103

03 使用和上一步相同的方法,为其他图层添加"描边"效果,
并设置相同的动画关键帧,如图5-104所示。

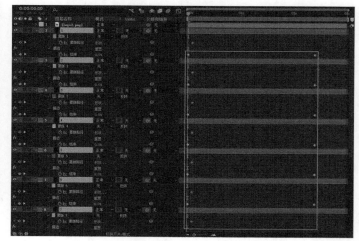

图5-104

04 选中"Logo2.png"图层,为其添加一个椭圆蒙版,设置"蒙
版羽化"值为(50像素,50像素),"蒙版扩展"值为-238像
素,如图5-105和图5-106所示。

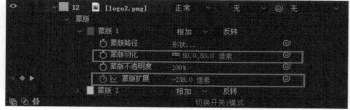

图5-105

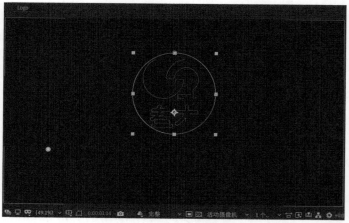

图5-106

05 展开"蒙版1"的属性栏，在第1秒15帧设置"蒙版扩展"值为-238像素，在第2秒10帧设置"蒙版扩展"值为35像素，如图5-107所示。

图5-107

06 选中除"Logo2.png"图层外的其他11个图层，设置其"不透明度"属性的动画关键帧。在第2秒，设置"不透明度"值为100%；在第2秒10帧，设置"不透明度"值为0%，如图5-108所示。

图5-108

5.4.4 优化镜头

01 执行"文件>导入>文件"菜单命令，"Alpha"通道选择忽略，打开学习资源中的"BG.psd"素材文件，将该素材拖曳到"时间轴"面板中，并移动到所有图层的最下面，如图5-109所示。

02 按小键盘上的数字键0，预览效果，如图5-110所示。

03 选中除"BG.psd"图层外的其他12个图层，按快捷键Ctrl+Shift+C合并图层，将合并后的图层命名为"Logo"，如图5-111所示。

04 按快捷键Ctrl+Y，创建一个白色的"纯色"图层，如图5-112所示。

05 将"项目"面板中的"Logo2.png"素材添加到"时间轴"面板中。将"Logo2.png"图层作为蒙版图层的"Alpha"的轨道遮罩，相关设置如图5-113所示。

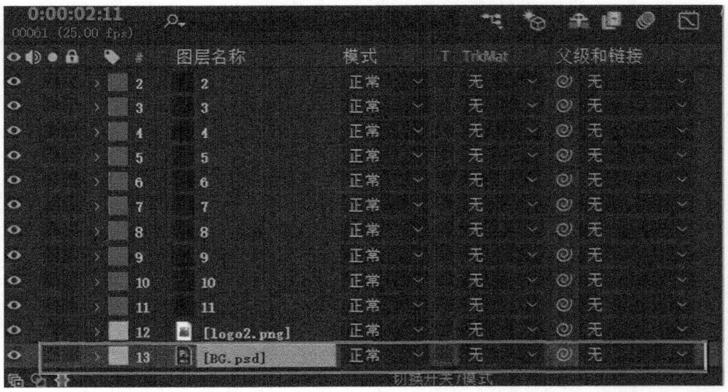

图5-109

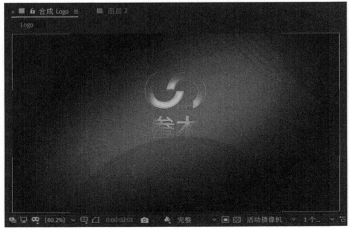

图5-110

图5-111

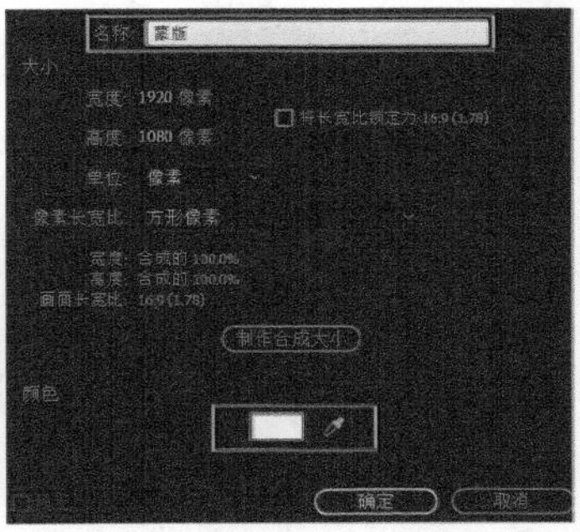

图5-112

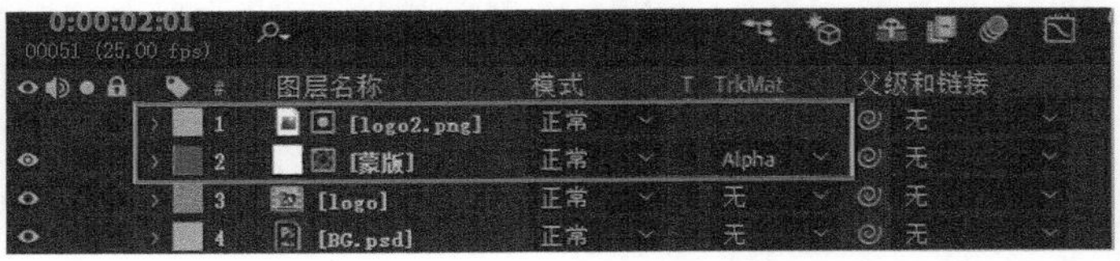

图5-113

75

06 选中"蒙版"图层，使用"椭圆工具" 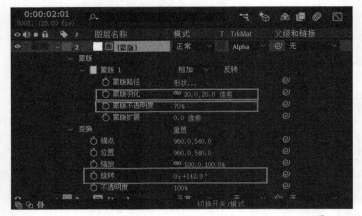 绘制蒙版，并设置"蒙版羽化"值为（20像素，20像素），设置"蒙版不透明度"值为70%，单击"蒙版"图层展开变换属性，设置"旋转"值为（0×+142°），如图5-114和图5-115所示。

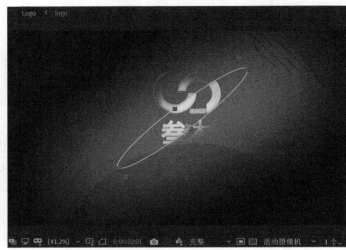

图5-114

图5-115

07 设置"蒙版路径"属性的动画关键帧，如图5-116所示。在第2秒6帧的蒙版位置如图5-117所示，在第3秒的蒙版位置如图5-118所示。

图5-116

图5-117

图5-118

最终画面的预览效果如图5-119所示。

图5-119

5.4.5 项目输出

01 至此，整个案例制作完毕。按快捷键Ctrl+M进行视频输出，如图5-120所示。

图5-120

02 在"输出设置"中，设置"格式"为"QuickTime"，"格式选项"为"GoPro CineForm"，单击"确定"按钮确认，如图5-121所示。

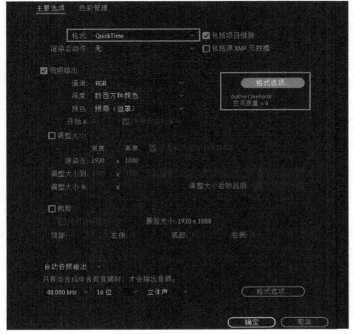

图5-121

03 在"将影片输出到"属性中，设置视频输出的路径，如图5-122所示。单击"保存"按钮输出视频。

图5-122

04 在"项目"面板中新建一个文件夹，将其命名为"合成"，将除"Logo"合成外的其他合成都拖曳到该文件夹中，如图5-123所示。

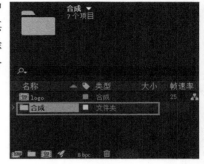

图5-123

05 进行工程文件的打包操作。执行"文件>整理工程（文件）>收集文件"菜单命令，打开一个对话框，在"收集源文件"中选择"全部"选项，最后单击"收集"按钮，如图5-124和图5-125所示。

图5-124

图5-125

第6章
绘画与形状的应用

Learning Objectives
学习要点⬐

78页
"绘画"面板与"画笔"面板

80页
画笔工具

82页
仿制图章工具

84页
橡皮擦工具

86页
形状工具

88页
钢笔工具

6.1 绘画的应用

After Effects 2022中提供的绘画工具以Photoshop中的绘画工具为基础，可以对指定的素材进行润色、逐帧加工，以及创建新的图像元素。

使用绘画工具进行创作时，每一步的操作都可以被记录成动画，并实现动画的回放。此外，使用绘画工具还可以制作一些独特的、多样的图案或花纹，如图6-1和图6-2所示。

图6-1   图6-2

在After Effects 2022中，绘画工具由"画笔工具" 🖌、"仿制图章工具" 🗷和"橡皮擦工具" ◆组成，如图6-3所示。

图6-3

> **技巧与提示**
>
> 使用这些工具可以在图层中添加或擦除像素，但是这些操作只影响最终结果，不会对图层的源素材造成破坏，并且可以对画笔效果进行删除或制作位移动画。

6.1.1 "绘画"面板与"画笔"面板

  "绘画"面板--

"绘画"面板主要用来设置绘画工具的画笔"不透明""流量""模式""通道""时长"等内容。每个绘画工具的"绘画"面板都有一些共同特征，如图6-4所示。

"绘画"面板的参数介绍   图6-4

不透明: 对于"画笔工具" 🖌和"仿制图章工具" 🗷来说，该属性主要用来设置画笔工具和仿制图章工具的最大不透明度；对于"橡皮擦工具" ◆来说，该属性主要用来设置擦除图层颜色的最大流量。

流量: 对于"画笔工具" 🖌和"仿制图章工具" 🗷来说，该属性主要用来设置画笔的流量；对于"橡皮擦工具" ◆来说，该属性主要用来设置擦除像素的速度。

"不透明"和"流量"这两个参数很容易混淆，这里简单讲解一下这两个参数的区别。

"不透明"参数主要用来设置绘制区域所能达到的最大不透明度，如果设置其值为50%，那么以后不管经过多少次绘画操作，画笔的最大不透明度值都只能达到50%。

"流量"参数主要用来设置涂抹时的流量，如果在同一个区域不断使用绘画工具进行涂抹，其不透明度值会不断地叠加。从理论上讲，最终的不透明度值可以接近100%。

模式： 设置画笔或仿制画笔的模式，这与图层中的混合模式是相同的。

通道： 设置绘画工具影响的图层通道。如果选择"Alpha"通道，那么绘画工具只影响图层的透明区域。

如果使用黑色的"画笔工具"  在"Alpha"通道中绘画，则相当于使用"橡皮擦工具" 擦除图像。

时长： 设置画笔的时长，共有以下4个选项。

固定： 使画笔在整个画笔时间段都能显示。

写入： 根据手写时的速度再现手写动画的过程。其原理是自动产生开始和结束关键帧，可以在"时间轴"面板中对图层绘画属性的开始和结束关键帧进行设置。

单独： 仅显示当前帧的画笔。

自定义： 自定义画笔的持续时间。

其他参数在涉及相关具体应用的时候，再做详细说明。

 "画笔"面板

对于绘画工作而言，选择和使用画笔是非常重要的。在"画笔"面板中，既可以选择绘画工具预设的一些画笔，也可以通过修改画笔的参数值快捷地设置画笔的尺寸、角度和边缘羽化等属性，如图6-5所示。

图6-5

"画笔"面板的参数介绍

直径： 设置画笔的直径，单位为像素。图6-6所示是使用不同直径的画笔绘画的效果。

图6-6

角度： 设置椭圆形画笔的旋转角度，单位为度。图6-7所示是画笔旋转角度为45°和-45°时的绘画效果。

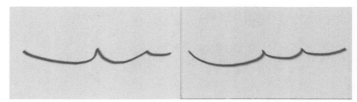

图6-7

圆度： 设置画笔形状的长轴和短轴的比例。其中，圆形画笔圆度为100%，线形画笔圆度为0%，圆度介于0%~100%的画笔为椭圆形画笔，如图6-8所示。

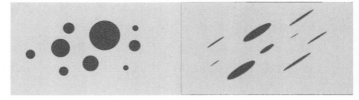

图6-8

硬度： 设置画笔中心硬度的大小。硬度值越小，画笔的边缘越柔和，如图6-9所示。

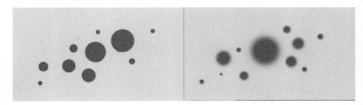

图6-9

间距： 设置画笔的间距（鼠标绘图的速度也会影响画笔的间距大小），如图6-10所示。

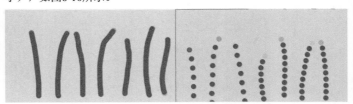

图6-10

画笔动态： 使用手绘板进行绘画时，该属性可以用来设置对手绘板的压笔感应。

关于其他参数,在后面涉及相关应用时再做详细说明。

6.1.2 画笔工具

使用"画笔工具" ,可以在当前图层的图层预览窗口中进行绘画操作,如图6-11所示。

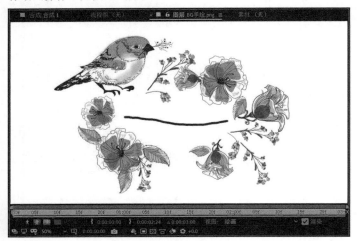

图6-11

使用"画笔工具" 绘画的基本流程如下。

(1)在"时间轴"面板中,双击要进行绘画的图层,将该图层在图层预览窗口中打开。

(2)在"工具"面板中选择"画笔工具" ,单击"工具"面板右侧的"切换绘画面板"按钮 ,打开"绘画"面板和"画笔"面板。

如果在"工具"面板选中了"自动打开面板"选项 ,那么在"工具"面板中选择"画笔工具" 时,系统会自动打开"绘画"面板和"画笔"面板。

(3)在"画笔"面板中,选择预设的画笔或自定义画笔的形状。

(4)在"绘画"面板中,设置画笔的"颜色""不透明""流量""模式"等参数。

(5)使用"画笔工具" 在图层预览窗口中进行绘制,每次松开鼠标左键即可完成一个笔触效果,并且每次绘制的笔触效果都会在图层的"绘画"属性栏下以列表形式显示,如图6-12所示。

图6-12

本案例制作的画笔变形效果如图6-13所示。

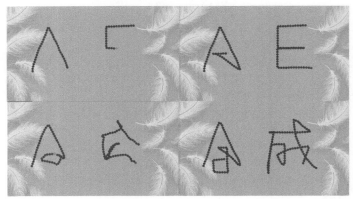

图6-13

01 执行"合成>新建合成"菜单命令,创建一个"预设"为"HDTV 1080 25"的合成,设置"持续时间"为6秒,并将其命名为"画笔变形",如图6-14所示。

图6-14

02 执行"图层>新建>纯色"菜单命令,新建一个名为"BG"的图层,如图6-15所示。

图6-15

03 在"时间轴"面板中,双击"BG"图层,打开"BG"图层的图层预览窗口,如图6-16所示。

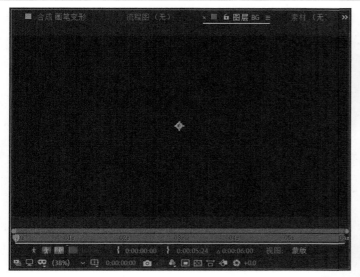

图6-16

04 在"工具"面板中，选择"画笔工具" ，在"画笔"面板中，设置"直径"值为25像素，"角度"值为0°，"圆度"值为100%，"硬度"值为100%，"间距"值为100%，如图6-17所示。

05 在"绘画"面板中，修改画笔的颜色为（R:0，G:76，B:147），如图6-18所示。

06 在"BG"图层的图层预览窗口中绘制字母A（要求一气呵成，绘制过程中不要松开鼠标），绘制完成后的效果如图6-19所示。

图6-17　　　图6-18

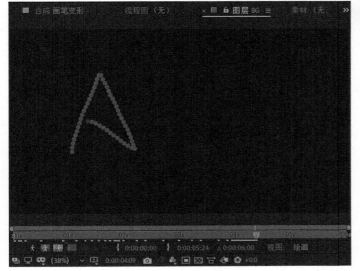

图6-19

07 在"时间轴"面板中，展开"BG"图层画笔的"描边选项"

属性。在第0帧设置"结束"值为0%，在第1秒设置"结束"值为100%，如图6-20所示。

图6-20

08 选择"画笔1"，展开画笔的"路径"属性。在第2秒，创建一个关键帧。将时间指针移到第3秒1帧处，在图层预览窗口中绘制文字"合"（同样要求一气呵成，绘制过程中不要松开鼠标），如图6-21和图6-22所示。

图6-21

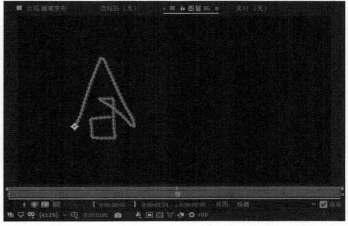

图6-22

09 拖动时间指针，预览动画效果，如图6-23所示。

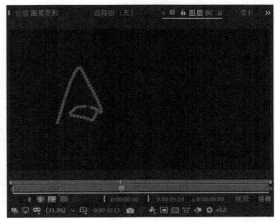

图6-23

81

10 使用同样的方法，绘制字母E，最后将字母E演变为"成"字，动画预览效果如图6-24所示。

图6-24

11 在"时间轴"面板中，关键帧设置如图6-25所示。

图6-25

技巧与提示

　　如果要改变画笔的直径，则可以在图层预览窗口中按住Ctrl键，同时按住鼠标左键并拖曳。

　　按住Shift键的同时使用"画笔工具" ，可以继续在之前绘制的笔触效果上进行绘制。注意，如果没有在之前的笔触上进行绘制，那么按住Shift键可以绘制出直线笔触的效果。

　　连续按两次P键，可以在"时间轴"面板中展开已经绘制好的各种笔触列表。

12 在"BG"图层的效果控件中，展开"绘画"效果，选中"在透明背景上绘画"选项，如图6-26所示。

图6-26

13 执行"文件>导入>文件"菜单命令，导入学习资源中的"BG6.png"素材，将其添加到"时间轴"面板中，如图6-27所示。

图6-27

最终画面的预览效果如图6-28所示。

图6-28

6.1.3 仿制图章工具

　　"仿制图章工具" 是通过取样原图层中的像素，然后将取样的像素直接复制应用到目标图层中。也可以将某一时刻、某一位置的像素复制并应用到另一时刻的另一位置。在这里，目标图层既可以是同一个合成中的其他图层，也可以是原图层自身。

　　使用"仿制图章工具" 前，需要设置"绘画"参数和"画笔"参数。在仿制操作完成后，也可以在"时间轴"面板中的"仿制选项"属性中制作动画。图6-29所示是"仿制图章工具" 的特有参数。

图6-29

"仿制图章工具"的参数介绍

　　预设： 仿制图像的预设选项，共有5种。

　　源： 选择仿制的原图层。

　　已对齐： 设置不同笔画采样点的仿制位置的对齐方式，选中该选项与未选中该选项时的对比效果如图6-30和图6-31所示。

选中对齐选项

图6-30

未选中对齐选项

图6-31

　　锁定源时间： 控制是否只复制单帧画面。

82

偏移：设置取样点的位置。

源时间转移：设置原图层的时间偏移量。

仿制源叠加：设置原画面与目标画面的叠加混合程度。

 **技巧与提示**

选择"仿制图章工具" ，在图层预览窗口中按住Alt键，对采样点进行取样。此时，设置好的采样点会自动显示在原位置。

实战 复制船动画

本案例制作的复制船动画效果如图6-32所示。

图6-32

01 使用After Effects 2022打开"实战：复制船动画.aep"素材文件，如图6-33所示。

图6-33

02 执行"图层>新建>纯色"菜单命令，新建一个名为"克隆1"的图层，如图6-34所示。该图层将作为复制第1只船的目标图层。

图6-34

03 在"时间轴"面板中，分别双击"船游动.mov"图层和"克隆1"图层，这两个图层会在其各自的图层预览窗口进行显示。激活任一图层预览窗口，按快捷键Ctrl+Shift+Alt+N，将预览窗口进行并列放置。调整好画面显示内容和各个窗口的位置，最终的工作界面效果如图6-35所示。

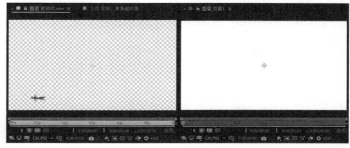

图6-35

04 在"工具"面板中选择"仿制图章工具" ，按住Alt键的同时在"船游动.mov"图层的预览窗口中选择采样点的源位置，将当前的时间滑块拖曳到第0帧处。在"克隆1"图层的预览窗口的合适位置单击，进行仿制操作，如图6-36所示。

图6-36

05 展开"克隆1"图层的"绘画"属性，设置"在透明背景上绘画"为"开"。在"仿制1"选项组下设置"描边选项"的"直径"为2500，"仿制位置"为（286，949），"仿制时间偏移"在第一帧为（0:00:00:00），在最后一帧为（-0:00:01:21）。在"变换：仿制1"选项组下设置"锚点"为（49，38），"位置"为（202，922），如图6-37所示。

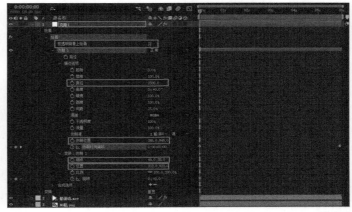

图6-37

至此，船的复制效果制作完成。最终动画的预览效果如图6-38所示。

图6-38

6.1.4 橡皮擦工具

使用"橡皮擦工具"**⬛**不仅可以擦除图层上的图像或画笔效果，还可以选择仅擦除当前的画笔效果。选择该工具后，就可以在"绘画"面板中设置擦除图像的模式了，如图6-39所示。

图6-39

"橡皮擦工具"的参数介绍

图层源和绘画：擦除原图层中的像素和绘画画笔效果。

仅绘画：仅擦除绘画画笔效果。

仅最后描边：仅擦除之前的绘画画笔效果。

如果设置为擦除原图层像素或画笔效果，那么擦除像素的每个操作都会在"时间轴"面板的"绘画"属性中留下擦除记录，这些擦除记录对擦除素材没有任何破坏性，可以对其进行删除、修改或改变擦除顺序等操作。

如果当前正在使用"画笔工具"**⬛**绘画，要将当前的"画笔工具"**⬛**切换为"橡皮擦工具"**⬛**的"仅最后描边"擦除模式，可以按快捷键Ctrl+Shift进行切换。

实战 标版动画

本案例制作的标版动画效果如图6-40所示。

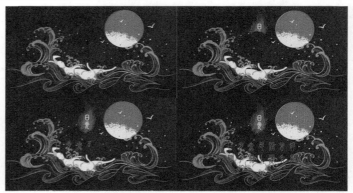

图6-40

01 使用After Effects 2022打开"实战：标版动画.aep"素材文件，如图6-41所示。

图6-41

02 选择"橡皮擦工具"**⬛**，在"时间轴"面板中分别双击"标题"图层，打开图层预览窗口进行显示，如图6-42所示。

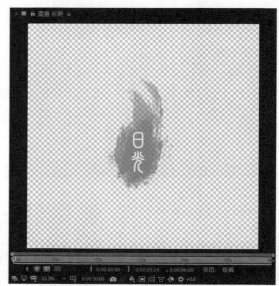

图6-42

03 在"绘画"面板中，设置"时长"为"固定"，"抹除"为"图层源和绘画"。在"画笔"面板中，设置"直径"值为450

像素，"硬度"值为75%，如图6-43所示。

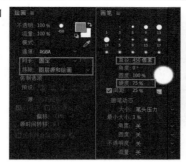

图6-43

04 在图层预览窗口中，按住鼠标左键，从上到下擦除标题文字直至擦除结束，如图6-44所示。

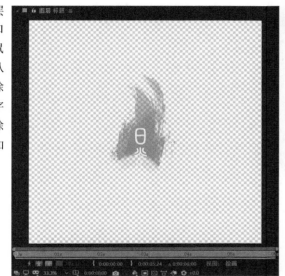

图6-44

05 在"时间轴"面板中，展开"标题"图层的"橡皮擦1"的"描边选项"属性。在第0帧，设置"起始"值为0%；在第1秒，设置"起始"值为100%，如图6-45所示。

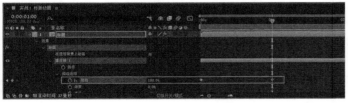

图6-45

06 使用同样的方法，将橡皮擦的画笔直径改为139像素，完成文字图层的擦除工作。由于文中有两行诗句，因此这里分两次擦除文字，如图6-46所示。

图6-46

07 在"时间轴"面板中，设置"橡皮擦"的"描边选项"属性

中"起始"的动画关键帧，如图6-47所示。

图6-47

最终的动画预览效果如图6-48所示。

图6-48

6.2 形状的应用

使用After Effects 2022中的形状工具可以很容易地绘制矢量图形，并且为这些形状制作动画效果。形状工具的升级与优化为影片制作提供了无限可能，尤其是形状组中的"颜料"属性和"路径变形"属性。

6.2.1 形状概述

矢量图形

构成矢量图形的直线或曲线都是由计算机中的数学算法定义的，数学算法采用几何学的特征描述这些形状。将矢量图形放大很多倍，仍然可以清楚地观察到图形的边缘是光滑平整的，如图6-49所示。

图6-49

位图图像

位图图像也叫光栅图像，它由许多带有不同颜色信息的像素点构成，图像质量取决于图像的分辨率。图像的分辨率越高，图像看起来越清晰，图像文件需要的存储空间也越大。因此，当放大位图图像时，图像的边缘会出现锯齿现象，如图6-50所示。

图6-50

After Effects 2022可以导入其他软件（如Illustrator、CorelDRAW等）生成的矢量图形文件，在导入这些文件后，After Effects 2022会自动将这些矢量图形进行位图化处理。

 路径

After Effects 2022中的蒙版和形状都基于路径的概念。一条路径是由点和线构成的，线既可以是直线也可以是曲线，由线来连接点，而点则定义了线的起点和终点。

在After Effects 2022中，既可以使用形状工具绘制标准的几何形状路径，也可以使用钢笔工具绘制复杂的形状路径，通过调节路径上的点或点的控制手柄可以改变路径的形状，如图6-51所示。

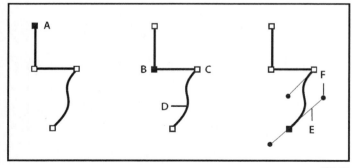

图6-51

技术专题 10 关于路径中的角点和平滑点

在After Effects 2022中，路径具有两种不同的点，即角点和平滑点。平滑点连接的是平滑的曲线，其出点和入点的方向控制手柄在同一条直线上，如图6-52所示。

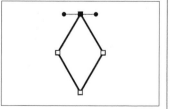

图6-52

对于角点而言，连接角点的两条曲线在角点处发生了突变，曲线的出点和入点的方向控制手柄不在同一条直线上，如图6-53所示。

用户既可以使用角点和平滑点绘制各种路径形状，也可以在绘制完成后对这些点进行调整，如图6-54所示。

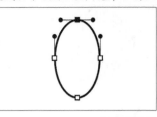 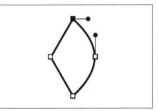

图6-53   图6-54

当调节平滑点上的一个方向控制手柄时，另一个手柄也会随之进行相应的调节，如图6-55所示。

当调节角点上的一个方向控制手柄时，另一个方向的控制手柄不会发生改变，如图6-56所示。

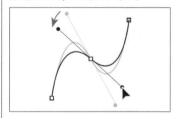 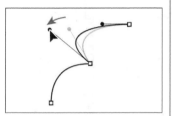

图6-55   图6-56

6.2.2 形状工具

在After Effects 2022中，使用形状工具既可以创建形状图层，也可以创建形状路径蒙版。形状工具包括"矩形工具" ■、"圆角矩形工具" ■、"椭圆工具" ●、"多边形工具" ●和"星形工具" ★，如图6-57所示。

图6-57

技术专题 11 关于形状工具的种类

由"矩形工具" ■和"圆角矩形工具" ■所创建的形状比较类似，名称也都是以矩形命名的，而且它们的参数完全一致，因此这两种工具可以归纳为一种。

对于"多边形工具" ●和"星形工具" ★而言，它们的参数也完全一致，并且属性名称都是以多边星形来命名的，因此这两种工具可以归纳为一种。

经过归纳后，还剩下最后一种"椭圆工具" ●，因此形状工具实际上只有3种。

选择一个形状工具后，"工具"面板中会出现创建形状或蒙版的按钮，分别是"工具创建形状"按钮■和"工具创建蒙版"按钮■，如图6-58所示。

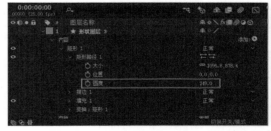

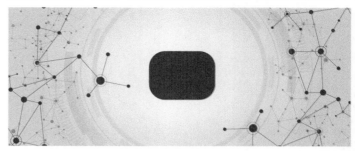

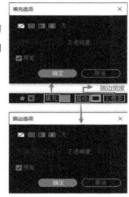

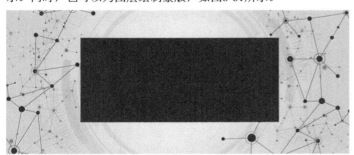

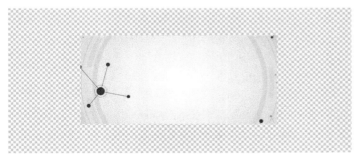

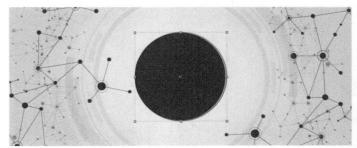

图6-58

在未选择任何图层的情况下，使用形状工具创建的是形状图层，而不是蒙版；如果选择的图层是形状图层，那么可以继续使用形状工具创建形状或为当前图层创建蒙版；如果选择的图层是素材图层或固态图层，那么使用形状工具就只能创建蒙版。

技巧与提示

形状图层与文字图层一样，在"时间轴"面板中都是以图层的形式显示的，但是形状图层不能在图层预览窗口进行预览，也不会显示在"项目"面板的素材文件夹中，因此不能直接在其上面进行绘画操作。

当使用形状工具创建形状图层时，还可以在"工具"面板右侧设置图形的填充颜色、描边颜色及描边宽度，如图6-59所示。

图6-59

矩形工具

使用"矩形工具"■可以绘制矩形和正方形，如图6-60所示。同时，也可以为图层绘制蒙版，如图6-61所示。

图6-60

图6-61

圆角矩形工具

使用"圆角矩形工具"■可以绘制圆角矩形和圆角正方形，如图6-62所示。同时，也可以为图层绘制蒙版，如图6-63所示。

图6-62

图6-63

技巧与提示

如果要设置圆角的半径大小，可以在形状图层的"矩形路径"选项组下修改"圆度"参数，如图6-64所示。

图6-64

椭圆工具

使用"椭圆工具"■可以绘制椭圆和圆，如图6-65所示。同时，也可以为图层绘制椭圆形或圆形蒙版，如图6-66所示。

图6-65

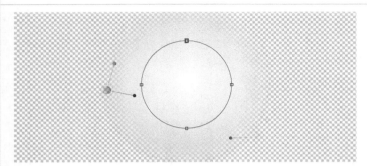

图6-66

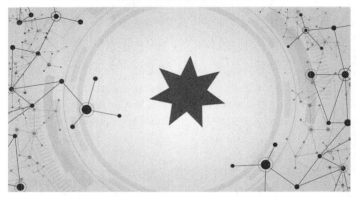
多边形工具

使用"多边形工具"◎可以绘制边数至少为5的多边形路径和图形，如图6-67所示。同时，也可以为图层绘制多边形蒙版，如图6-68所示。

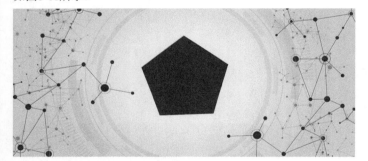

图6-67

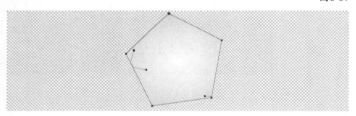

图6-68

图6-69

星形工具

使用"星形工具"☆可以绘制星形路径和图形，如图6-70所示。同时，也可以为图层绘制星形蒙版，如图6-71所示。

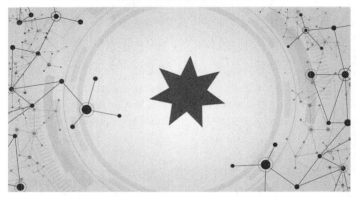

图6-70

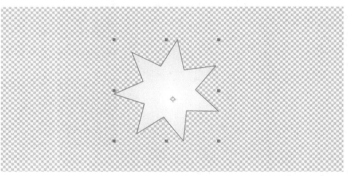

图6-71

6.2.3 钢笔工具

使用"钢笔工具"✎可以在合成或图层预览窗口中绘制各种路径。钢笔工具包含4个辅助工具，分别是"添加'顶点'工具"✎、"删除'顶点'工具"✎、"转换'顶点'工具"▶和"蒙版羽化工具"✎。

在"工具"面板中选择"钢笔工具"✎，面板的右侧会出现一个"RotoBezier"（平滑贝塞尔）选项，如图6-72所示。

图6-72

在默认情况下，"RotoBezier"选项处于关闭状态，这时使用"钢笔工具"绘制的贝塞尔曲线的顶点包含控制手柄，可以通过调整控制手柄的位置调节贝塞尔曲线的形状。

如果激活"RotoBezier"选项，那么绘制的贝塞尔曲线将不包含控制手柄，曲线的顶点曲率由After Effects 2022自动计算。

如果要将非平滑贝塞尔曲线转换成平滑贝塞尔曲线，可以通过执行"图层>蒙版和形状路径>RotoBezier"菜单命令完成。

在实际工作中，使用"钢笔工具" 绘制的贝塞尔曲线主要包含直线、U形曲线和S形曲线3种。下面分别讲解如何绘制这3种曲线。

绘制直线

使用"钢笔工具" 绘制直线的方法很简单。首先，使用该工具单击确定第1个点，然后在其他地方单击确定第2个点，这两个点连成的线就是一条直线。如果要绘制水平直线、垂直直线或倾斜角度与45°成倍数的直线，可以在按住Shift键的同时进行绘制，如图6-73所示。

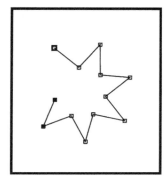
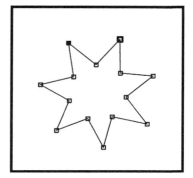

图6-73

绘制U形曲线

如果要使用"钢笔工具" 绘制U形贝塞尔曲线，可以在确定好第2个顶点后拖曳第2个顶点的控制手柄，使其方向与第1个顶点的控制手柄方向相反。在图6-74中，A图为开始拖曳第2个顶点时的状态，B图是将第2个顶点的控制手柄调节成与第1个顶点的控制手柄方向相反时的状态，C图为最终结果。

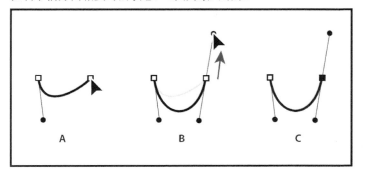

图6-74

绘制S形曲线

如果要使用"钢笔工具" 绘制S形贝塞尔曲线，可以在确定好第2个顶点后拖曳第2个顶点的控制手柄，使其方向与第1个顶点的控制手柄的方向相同。在图6-75中，A图为开始拖曳第2个顶点时的状态，B图是将第2个顶点的控制手柄调节成与第1个顶点的控制手柄方向相同时的状态，C图为最终结果。

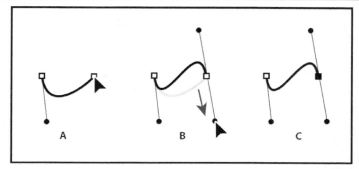

图6-75

技术专题 12 使用"钢笔工具"绘制路径时需要注意的问题

1.改变顶点位置

在创建顶点时，如果想在未松开鼠标左键之前改变顶点的位置，则按住空格键，然后拖曳鼠标指针即可重新定位顶点的位置。

2.封闭开放的曲线

在绘制好曲线的形状后，如果想要将开放的曲线设置为封闭曲线，可以执行"图层>蒙版和形状路径>已关闭"菜单命令。

此外，也可以将鼠标指针放置在第1个顶点处，当鼠标指针变成 形状时，单击即可封闭曲线。

3.结束选择曲线

在绘制好曲线后，如果想要结束对该曲线的选择，可以激活"工具"面板中的其他工具或按F2键。

6.2.4 创建文字轮廓形状图层

在After Effects 2022中，可以将文字的外形轮廓提取出来，此时形状路径将作为一个新图层出现在"时间轴"面板中。新生成的轮廓图层会继承原文字图层的变换属性、图层样式、效果和表达式等。

如果要将一个文字图层的文字轮廓提取出来，可以选中该文字图层，执行"图层>从文字创建形状"菜单命令，如图6-76所示。

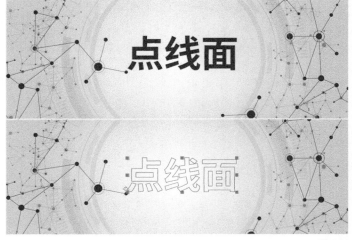

图6-76

6.2.5 形状组

在After Effects 2022中，每条路径都是一个形状，而每个形状都包含一个单独的"填充"属性和一个"描边"属性，这些属性都在形状图层的"内容"栏下，如图6-77所示。

图6-77

在实际工作中，有时需要绘制比较复杂的路径。例如，绘制字母i时，至少需要绘制两条路径才能完成，而一般情况下，制作形状动画都是针对整个形状进行制作的。因此，为单独的路径制作动画是相当困难的，这时就需要使用"组"功能。

如果要为路径创建"组"，可以先选择相应的路径，然后按快捷键Ctrl+G将其进行组操作（解散组的快捷键为Ctrl+Shift+G），当然也可以通过执行"图层>组合形状"菜单命令完成。

完成组合操作后，被组的路径就会被归入相应的组中。另外，还会增加一个"变换：组1"属性，如图6-78所示。

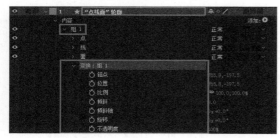

图6-78

从图6-78中的"变换：组1"属性中可以观察到，组中的所有形状路径都拥有一些相同的变换属性，如果对这些属性制作动画，那么处于该组中的所有形状路径都将拥有动画属性，这样就大大减少了制作形状路径动画的工作量。

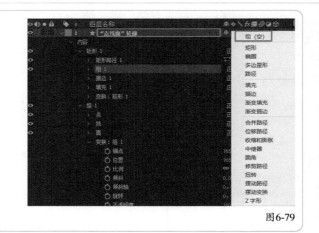

图6-79

6.2.6 形状属性

创建完一个形状后，可以在"时间轴"面板或通过"添加"下拉菜单为形状或形状组添加属性，如图6-80所示。

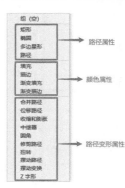

图6-80

关于路径属性，在前面的内容中已经讲过，这里不再重复，下面只针对颜色属性和路径变形属性进行讲解。

 "颜色"属性

"颜色"属性包含填充、描边、渐变填充、渐变描边4种，下面做简要介绍。

填充： 主要用来设置图形内部的固态填充颜色。

描边： 主要用来为路径进行描边。

渐变填充： 主要用来为图形内部填充渐变颜色。

渐变描边： 主要用来为路径设置渐变描边色，如图6-81所示。

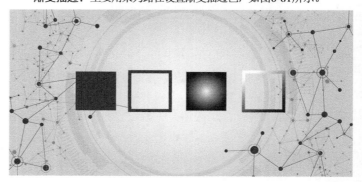

图6-81

"路径变形"属性

在同一个组中，"路径变形"属性可以对位于其上方的所有路径起作用。此外，还可以对"路径变形"属性进行复制、剪切、粘贴等操作。

"路径变形"属性的参数介绍

合并路径：该属性主要针对群组形状，为一个路径组添加该属性后，可以运用特定的运算方法将组中的路径合并起来。为组添加"合并路径"属性后，可以为组设置5种不同的模式，如图6-82所示。

图6-82

图6-83为合并模式；图6-84为相加模式；图6-85为相减模式；图6-86为相交模式；图6-87为排除交集模式。

图6-83

图6-84　　　　　　　图6-85

图6-86　　　　　　　图6-87

位移路径：使用该属性可以对原始路径进行缩放操作，如图6-88所示。

收缩和膨胀：使用该属性可以将原曲线中向外膨胀的部分往内收缩，向内收缩的部分往外膨胀，如图6-89所示。

中继器：使用该属性可以复制一个形状，然后为每个复制对象应用指定的变换属性，如图6-90所示。

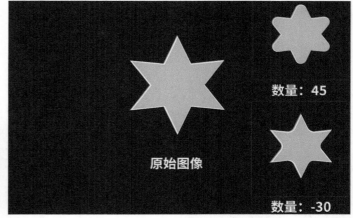

图6-88

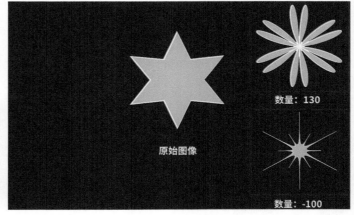

图6-89

图6-90

圆角： 使用该属性可以对图形中尖锐的拐角进行圆滑处理。

修剪路径： 该属性主要用来为路径制作生长动画。

扭转： 使用该属性可以以形状中心为圆心对形状进行扭曲操作。正值可以使形状按照顺时针方向扭曲，负值可以使形状按照逆时针方向扭曲，如图6-91所示。

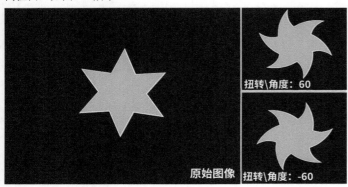

图6-91

摇摆路径： 该属性可以将路径形状变成各种效果的锯齿形状路径，并且会自动记录下动画。

摆动变换： 该属性可以将路径形状根据时间和空间进行随机变换和摆动。

Z字形： 该属性可以将路径变成具有统一规律的Z字形路径。

实战 阵列动画

本案例制作的阵列动画效果如图6-92所示。

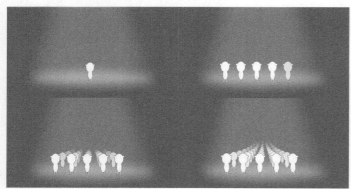

图6-92

01 使用After Effects 2022打开"实战：阵列动画.aep"素材文件，如图6-93所示。

02 设置形状图层中的"位置"和"缩放"属性的动画关键帧。在第0帧，设置"位置"值为（940，880）；在第3秒，设置"位置"值为（545，880）。在第0帧，设置"缩放"值为（64%，64%）；在第3秒，设置"缩放"值为（72%，72%）。第3秒的参数设置如图6-94所示。

03 展开"形状图层"下拉菜单，单击"工具"面板右侧的"添加"按钮，在弹出的菜单中执行"中继器"命令，为形状图层添

加一个"中继器"属性。在第20帧，设置"副本"值为1；在第1秒15帧，设置"副本"值为5，修改"偏移"值为0，展开"变换：中继器1"属性，修改其"位置"值为（258，0），如图6-95所示。此时，画面的预览效果如图6-96所示。

图6-93

图6-94

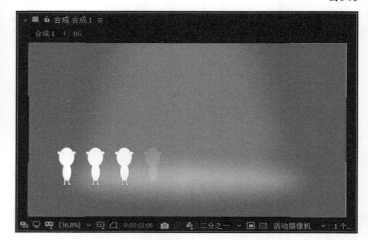

图6-95

图6-96

04 再次为形状图层添加一个"中继器"属性。在第1秒15帧，设置"副本"值为1；在第2秒10帧，设置"副本"值为8，展开"变换：中继器2"属性，设置其"位置"值为（0，-35），"比例"值为（80%，80%），"结束点不透明度"值为0%，如图6-97所示。

图6-97

最终的动画预览效果如图6-98所示。

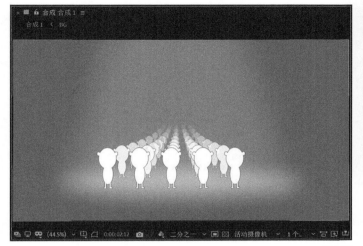

图6-98

6.3 综合实战：花纹生长

　　本案例所用技术的综合性比较强，其核心内容是形状工具的使用。在影视包装制作中，生长动画是经常使用的一种表现手法。因此，本案例对实际工作具有较强的指导意义，读者要重点掌握，案例效果如图6-99所示。

图6-99

6.3.1 创建花纹动画

01 执行"合成>新建合成"菜单命令，创建一个"预设"为"HDTV 1080 25"的合成，设置"持续时间"为3秒，并将其命名为"花纹"，设置"背景颜色"为白色，如图6-100所示。

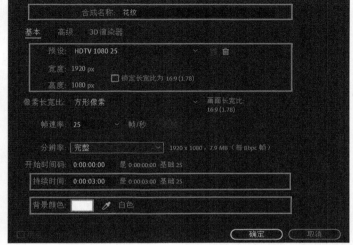

图6-100

02 在"工具"面板中选择"钢笔工具"，单击"填充"选项，设置"填充选项"为"无"；单击"描边"选项，设置"描边选项"为"纯色"，如图6-101所示。

图6-101

03 使用"钢笔工具" ✎ 绘制一个路径花纹，如图6-102所示。

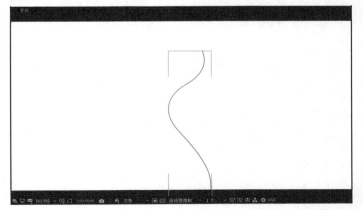

图6-102

04 在"时间轴"面板中，选中"花纹1"图层，在"内容>描边1"

里找到"颜色"选项，将其设置为棕色，设置"描边宽度"为55，展开"锥度"选项，将"起始长度"设置为84%，如图6-103所示。

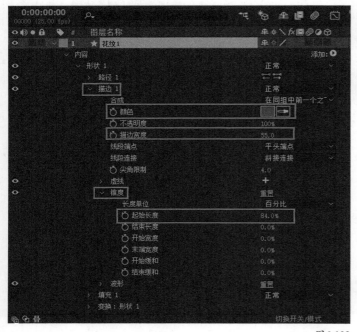

图6-103

05 依旧选择"花纹1"图层，展开图层选择的"内容"选项，展开"添加" ，添加"修剪路径"功能，如图6-104所示。展开"修剪路径"选项，在第0帧，设置"开始"值为100%；在第2秒，设置"开始"值为0%，如图6-105所示。

06 按空格键或小键盘上的数字键0，预览单条花纹生长效果，如图6-106所示。

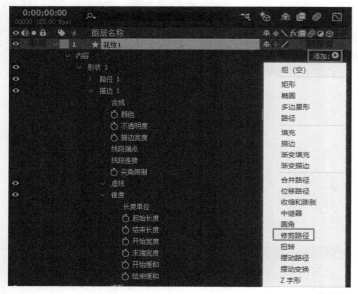

图6-104

图6-105

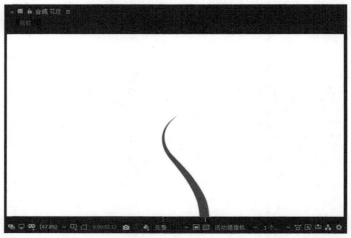

图6-106

07 继续使用上述方法，制作其他花纹的生长动画，如图6-107所示。

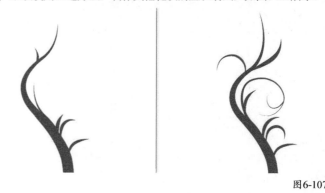

图6-107

技巧与提示

使用钢笔工具绘画时，注意路径的流畅度。

6.3.2 花纹组动画

01 执行"合成>新建合成"菜单命令，创建一个"预设"为"HDTV 1080 25"的合成，设置"持续时间"为3秒，将其命名为"花纹组动画"，设置"背景颜色"为白色，如图6-108所示。

02 执行"文件>导入>文件"菜单命令，导入实例文件中的"动态背景.mov"素材，将其添加到"时间轴"面板中，如图6-109所示。

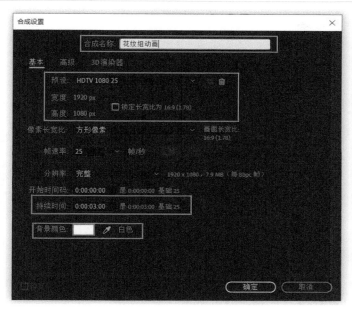

图6-108

图6-109

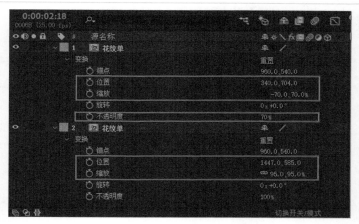

图6-110

图6-111

04 执行"文件>导入>文件"菜单命令,导入"定版文字.mov"素材,将其添加到"时间轴"面板中,如图6-112所示。

图6-112

03 选中"时间轴"面板中的所有花纹图层,单击鼠标右键,执行"预合成"命令,并将其命名为"花纹单"。将"时间轴"面板中的"花纹单"合成删除,将"项目"面板中的"花纹单"合成添加到"花纹组动画"合成中。这里要添加两次,得到两个花纹图层。修改其中一个"花纹"图层的"位置"值为(340,704)、"缩放"值为(-70%,70%)、"不透明度"值为70%。修改另一个"花纹"图层的"位置"值为(1447,585)、"缩放"值为(95%,95%),如图6-110所示。画面预览效果如图6-111所示。

05 至此,整个案例制作完毕。按快捷键Ctrl+M进行视频输出,最后对整个项目工程进行打包即可。

第7章

常用效果的应用

Learning Objectives
学习要点↙

96页
"梯度渐变"效果

98页
"发光"效果

99页
"高斯模糊"效果

102页
"径向模糊"效果

106页
"卡片擦除"效果

109页
"百叶窗"效果

7.1 常规组

在常规组中，主要学习"生成"效果组下的"梯度渐变"效果和"四色渐变"效果，以及"风格化"效果组下的"发光"效果。

7.1.1 "梯度渐变"效果

"梯度渐变"效果可以用来创建色彩过渡的效果，其应用频率非常高。执行"效果> 生成>梯度渐变"菜单命令，在"效果控件"面板中展开"梯度渐变"效果的参数，如图7-1所示。

图7-1

"梯度渐变"效果的参数介绍

渐变起点： 用来设置渐变的起点位置。

起始颜色： 用来设置渐变起点位置的颜色。

渐变终点： 用来设置渐变的终点位置。

结束颜色： 用来设置渐变终点位置的颜色。

渐变形状： 用来设置渐变的类型。有两种类型，如图7-2所示。

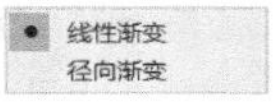

图7-2

线性渐变： 沿着一根轴线（水平或垂直）改变颜色，从起点到终点颜色渐变。

径向渐变： 从起点到终点颜色从内到外呈圆形渐变。

渐变散射： 用来设置渐变颜色的颗粒效果（或扩展效果）。

与原始图像混合： 用来设置与原图像融合的百分比。

实战 过渡背景的制作

01 执行"合成>新建合成"菜单命令，创建一个"预设"为"HDTV 1080 25"的合成，设置"持续时间"为3秒，并将其命名为"实战：过渡背景的制作"，如图7-3所示。

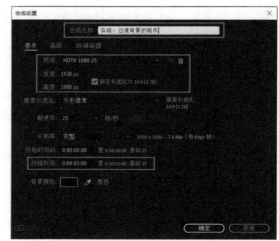

图7-3

02 执行"图层>新建>纯色"菜单命令,新建一个"名称"为"BG"的图层,如图7-4所示。

03 选中"BG"图层,执行"效果>生成>梯度渐变"菜单命令,为其添加"梯度渐变"效果。设置"渐变起点"值为(945,522)、"起始颜色"为白色、"渐变终点"值为(1920,1080)、"结束颜色"为浅蓝色、"渐变形状"为"径向渐变",如图7-5所示。

图7-4　　　　　　　　　　　　　　图7-5

这样就完成了由白色到浅蓝色过渡的背景制作,最终效果如图7-6所示。

图7-6

7.1.2 "四色渐变"效果

"四色渐变"效果在一定程度上弥补了"梯度渐变"效果在颜色控制方面的不足。使用该效果还可以模拟"霓虹灯""流光溢彩"等迷幻效果。

执行"效果>生成>四色渐变"菜单命令,在"效果控件"面板中展开"四色渐变"效果的参数,如图7-7所示。

图7-7

"四色渐变"效果的参数介绍

位置和颜色:用来设置颜色的位置和种类。

点1:设置点1的位置。

颜色1:设置点1处的颜色。

点2:设置点2的位置。

颜色2:设置点2处的颜色。

点3:设置点3的位置。

颜色3:设置点3处的颜色。

点4:设置点4的位置。

颜色4:设置点4处的颜色。

混合:设置4种颜色的融合度。

抖动:设置颜色的颗粒效果(或扩展效果)。

不透明度:设置"四色渐变"效果的"不透明度"。

混合模式:设置"四色渐变"效果与原图层的叠加模式。

实战　视频背景的制作

01 执行"合成>新建合成"菜单命令,创建一个"预设"为"HDTV 1080 25"的合成,设置"持续时间"为3秒,并将其命名为"视频背景的制作",如图7-8所示。

图7-8

02 执行"图层>新建>纯色"菜单命令,新建一个"名称"为"BG"的图层,如图7-9所示。

图7-9

03 选中"BG"图层,执行"效果>生成>四色渐变"菜单命令,为其添加"四色渐变"效果。设置"点1"值为(123,

-174）、"颜色1"为（R:246，G:161，B:136），设置"点2"值为（1611，882）、"颜色2"为（R:240，G:122，B:157），设置"点3"值为（-54，1209）、"颜色3"为（R:255，G:73，B:0），设置"点4"值为（1059，606）、"颜色4"为（R:215，G:58，B:58），最后修改"混合"值为10，如图7-10所示。

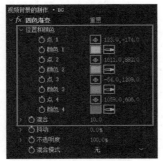

图7-10

通过上述操作，就完成了四种颜色融合过渡的背景的制作，最终效果如图7-11所示。

图7-11

7.1.3 "发光"效果

"发光"效果经常用于图像中的文字、Logo和带有"Alpha通道"的图像。执行"效果>风格化>发光"菜单命令，在"效果控件"面板中展开"发光"效果的参数，如图7-12所示。

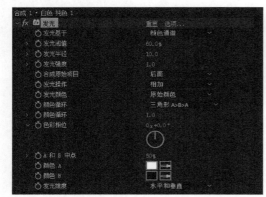

图7-12

"发光"效果的参数介绍

发光基于：设置光晕基于哪种通道，有两种类型，如图7-13所示。

图7-13

Alpha通道：基于"Alpha通道"的信息产生光晕。

颜色通道：基于"颜色通道"的信息产生光晕。

发光阈值： 设置光晕的容差值。

发光半径： 设置光晕的半径大小。

发光强度： 设置光晕发光的强度值。

合成原始项目： 用来设置原图层与光晕合成的位置顺序，有3种类型，如图7-14所示。

图7-14

顶端：原图层颜色信息在光晕的上面。

后面：原图层颜色信息在光晕的后面。

发光操作： 设置发光的模式，类似图层模式。

发光颜色： 设置光晕颜色的控制方式，有3种类型，如图7-15所示。

图7-15

原始颜色：光晕的颜色信息来源于图像自身的颜色。

A和B颜色：光晕的颜色信息来源于自定义的颜色A和B。

任意映射：光晕的颜色信息来源于任意图像。

颜色循环： 设置光晕颜色循环的控制方式。

颜色循环： 设置光晕的颜色循环。

色彩相位： 设置光晕的颜色相位。

A和B中点： 设置颜色A和B的中点百分比。

颜色A： 设置颜色A的颜色。

颜色B： 设置颜色B的颜色。

发光维度： 设置光晕作用方向。

实战 光线辉光效果

制作光线辉光效果前后的对比效果如图7-16所示。

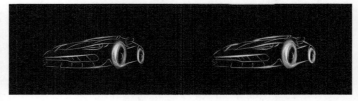

图7-16

01· 使用After Effects 2022打开"实战：光线辉光效果.aep"文件，如图7-17所示。

02· 选中"BG光线.jpg"图层，执行"效果>风格化>发光"菜单命令，为其添加"发光"效果。设置"发光阈值"为30%、"发光半径"为15、"发光颜色"为"A和B颜色"、"颜色A"为（R:0，G:123，B:203）、"颜色B"为（R:41，G:0，B:247），如图7-18所示。

图7-17

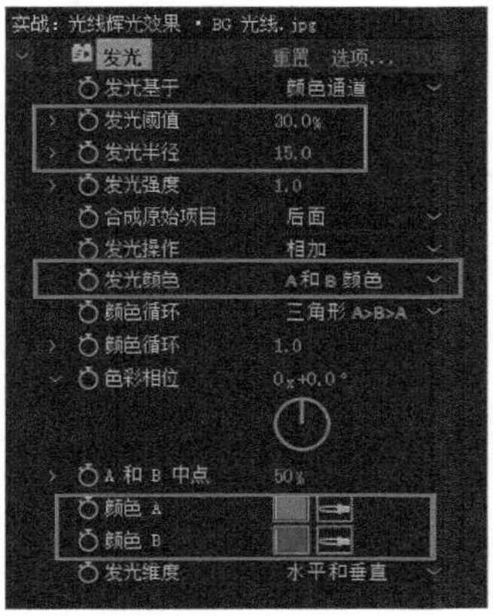

图7-18

经过上述操作，光带产生了光晕效果，如图7-19所示。

图7-19

7.2 模糊组

"模糊"是效果合成工作中最常用的效果之一，用于模拟画面的视觉中心、虚实结合等，即使是平面素材的后期合成处理，也能给人以对比和空间感，从而获得更好的视觉感受。

另外，可以适当使用"模糊"效果提升画面的质量（在三维建筑动画的后期合成中，"模糊"效果可谓必杀技），很多相对比较粗糙的画面，经过"模糊"处理后都变得赏心悦目。

在模糊组中，主要学习"模糊和锐化"效果组下的"高斯模糊""摄像机镜头模糊""复合模糊""径向模糊"效果。

7.2.1 "高斯模糊"效果

"高斯模糊"效果可以用来模糊和柔化图像，去除画面中的杂点，其参数如图7-20所示。

图7-20

"高斯模糊"效果的参数介绍

模糊度：设置图像的模糊强度。

模糊方向：设置图像模糊的方向，有3个选项，如图7-21所示。

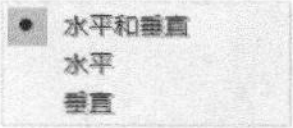

图7-21

水平和垂直：图像在水平和垂直方向都产生模糊。

水平：图像在水平方向上产生模糊。

垂直：图像在垂直方向上产生模糊。

重复边缘像素：主要用来设置图像边缘的模糊参数。

实战 镜头模糊开场

本案例的镜头模糊开场效果如图7-22所示。

图7-22

01 执行"合成>新建合成"菜单命令，创建一个"预设"为"HDTV 1080 25"的合成，设置"持续时间"为10秒，并将其命名为"实战：镜头模糊开场"，如图7-23所示。

02 执行"文件>导入>文件"菜单命令，打开学习资源中的"城市镜头.mp4"素材文件。将素材拖曳到"时间轴"面板中，执行"效果>模糊和锐化>高斯模糊"菜单命令，为其添加"高斯模糊"效果，如图7-24所示。

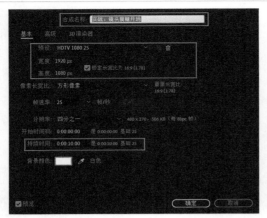

图7-23

图7-24

03 在"效果控件"面板中设置"模糊度"值为100,并选中"重复边缘像素"选项,如图7-25所示。

图7-25

04 在第0帧,设置"模糊度"值为100,如图7-26所示;在第3秒,设置"模糊度"值为0。

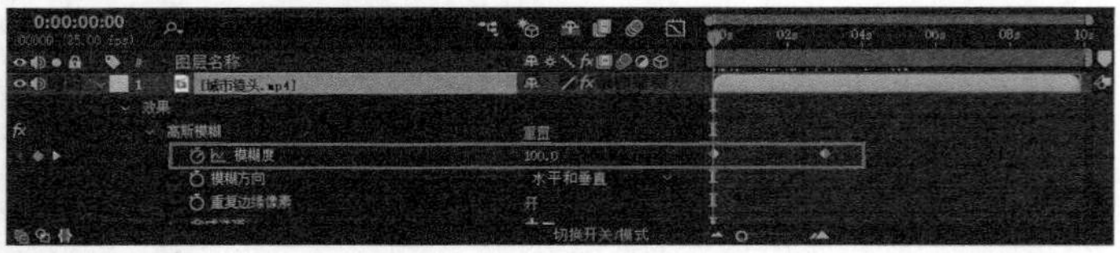

图7-26

05 设置"城市镜头.mp4"图层的"位置"和"缩放"的动画关键帧。在第0帧,设置"位置"值为(960,540),"缩放"值为(110%,110%);在第5秒,设置"位置"值为(920,540),"缩放"值为(105%,105%),如图7-27所示。

图7-27

06 按小键盘上的数字键0,预览最终效果,如图7-28所示。

图7-28

┌─ 技术专题 ⑬ 旧版AE中的"快速模糊"效果与2022版AE中的"高斯模糊"效果的区别

旧版AE中的"快速模糊"效果与2022版AE中"高斯模糊"效果的区别在于前者没有"重复边缘像素"选项。

7.2.2 "摄像机镜头模糊"效果

"摄像机镜头模糊"效果可以用来模拟不在摄像机聚焦平面内物体的模糊效果(画面的景深效果),取决于光圈属性和模糊图的设置。

执行"效果>模糊和锐化>摄像机镜头模糊"菜单命令,在"效果控件"面板中展开"摄像机镜头模糊"效果的参数,如图7-29所示。

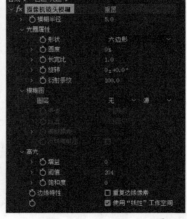

图7-29

"摄像机镜头模糊"效果的参数介绍

模糊半径:设置镜头模糊的半径大小。

光圈属性:设置摄像机镜头的属性。

形状:用来控制摄像机镜头的形状,有三角形、正方形、五边形、六边形、七边形、八边形、九边形和十边形8种,如图7-30所示。

图7-30

圆度:设置镜头的圆滑度。

长宽比:设置镜头画面的长宽比。

旋转:设置镜头的旋转。

衍射条纹:设置镜头衍射出来的条纹。

模糊图： 读取模糊图像的相关信息。

图层： 指定设置镜头模糊的参考图层。

声道： 指定模糊图像的图层通道。

位置： 指定模糊图像的位置。

模糊焦距： 指定模糊图像焦点的距离。

反转模糊图： 用来反转图像的焦点。

高光： 设置镜头的高光属性。

增益： 设置图像的增益值。

阈值： 设置图像的容差值。

饱和度： 设置图像的饱和度。

边缘特性： 设置图像边缘模糊的重复值。

实战 镜头视觉中心

镜头视觉中心处理前后的对比效果如图7-31所示。

图7-31

01 使用After Effects 2022打开"实战：镜头视觉中心.jpg"素材文件，如图7-32所示。

图7-32

02 执行"图层>新建>纯色"菜单命令，新建一个名为"模糊图"的图层，如图7-33所示。

03 选中"模糊图"图层，执行"效果>生成>梯度渐变"菜单命令，为其添加"梯度渐变"效果。设置"渐变起点"值为（1115，837）、"渐变终点"值为（572，717）、"渐变形状"为"径向渐变"，如图7-34和图7-35所示。

图7-33　　　　　　　　　　图7-34

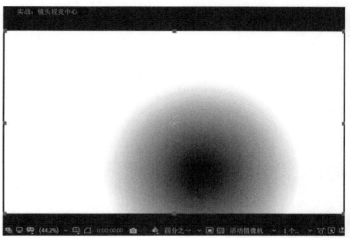

图7-35

技巧与提示

在"摄像机镜头模糊"效果的"模糊图"参数栏中，系统读取参考图像的黑色部分时不产生模糊，而读取白色部分时则产生模糊。因此，黑色区域用来表示画面的视觉中心，白色区域用来表示画面的模糊区域。

04 选中"模糊图"图层，按快捷键Ctrl+Shift+C合并图层，如图7-36所示。

图7-36

技巧与提示

在After Effects 2022中，将图层进行合并的操作有着非常重要的意义。在"摄像机镜头模糊"效果的"模糊图"属性中，图层属性只能识别参考图层的通道信息。在上面的操作设置中，模糊参考图层原本只是一个固态图层，其通道上并没有黑白灰的过渡信息，虽然添加了"梯度渐变"效果，但通过合并图层，图层就可以完全识别新图层上的通道信息了，这点非常关键。

05 关闭"模糊图 合成1"图层的显示，选中"实战：镜头视觉中心.jpg"图层，执行"效果>模糊和锐化> 摄像机镜头模糊"菜单命令，为其添加"摄像机镜头模糊"效果。将"模糊半径"设置为10，在"模糊图"属性栏中设置"图层"为"1.模糊"，设置"声道"为"明亮度"，选中"重复边缘像素"选项，如图7-37所示。

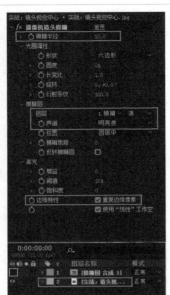

图7-37

通过上述设置与操作后，画面中的躺椅成为表现的主体，增强了画面的空间感，最终效果如图7-38所示。

图7-38

━━ 技术专题 ⑭ "复合模糊"效果 ━━

"复合模糊"效果可以理解为"摄像机镜头模糊"效果的简化版本。"复合模糊"效果根据参考图层画面的亮度值对效果图层的像素进行模糊处理。

在"复合模糊"效果中，"模糊图层"参数用来指定模糊的参考图层，"最大模糊"用来设置图层的模糊强度，"如果图层大小不同"用来设置图层的大小匹配方式，"反转模糊"用来反转图层的焦点，如图7-39所示。

图7-39

"复合模糊"一般会配合"置换贴图"来使用，常说的"烟雾字"效果就是其典型的案例。在本章最后的综合实战中，会有具体的讲解。

7.2.3 "径向模糊"效果

"径向模糊"效果围绕自定义的一个点产生模糊效果，常用来模拟镜头的推拉和旋转效果。在图层高质量开关打开的情况下，可以指定抗锯齿的程度，而在草图级别质量下则没有抗锯齿作用。

执行"效果>模糊和锐化>径向模糊"菜单命令，在"效果控件"面板中展开"径向模糊"效果的参数，如图7-40所示。

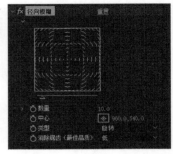

图7-40

"径向模糊"效果的参数介绍

数量：设置"径向模糊"的大小。

中心：设置"径向模糊"的中心位置。

类型：设置"径向模糊"的类型，共有两种类型，如图7-41所示。

图7-41

旋转：围绕自定义的位置点，模拟镜头旋转的效果。

缩放：围绕自定义的位置点，模拟镜头推拉的效果。

消除锯齿（最佳品质）：设置图像的质量，共有两种质量选择，如图7-42所示。

图7-42

低：设置图像的质量为草图级别（低级别）。

高：设置图像的质量为高质量。

实战 镜头推拉效果

本案例的镜头推拉效果如图7-43所示。

图7-43

01 执行"合成>新建合成"菜单命令，创建一个"预设"为

"HDTV 1080 25"的合成，设置"持续时间"为5秒，并将其命名为"地图"，如图7-44所示。

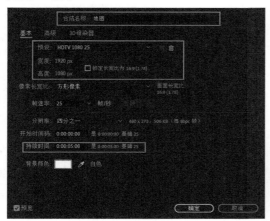

图7-44

02 执行"文件>导入>文件"菜单命令，打开学习资源中的"地图.jpg"素材文件，将素材拖曳到"时间轴"面板中。使用"向后平移（锚点）工具" 🔲 修改"地图.jpg"图层的轴心点，修改后的轴心点位置如图7-45所示。

图7-45

03 设置"地图.jpg"图层的"位置"和"缩放"的动画关键帧。在第0帧，设置"位置"值为（777，542）、"缩放"值为（100%，100%），如图7-46所示；在第3秒，设置"位置"值为（963，542）；在第5秒，设置"缩放"值为（400%，400%）。

图7-46

04 继续选中该图层，执行"效果>模糊和锐化>径向模糊"菜单命令，为其添加"径向模糊"效果。设置"数量"值为0、"中心"值为（777，542）、"类型"为"缩放"、"消除锯齿（最佳品质）"为"高"，如图7-47所示。

05 在第3秒，设置"数量"值为0；在第4秒24帧，设置"数

量"值为50，如图7-48所示。

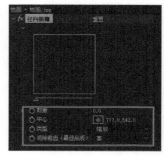

图7-47

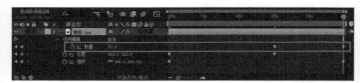

图7-48

06 按空格键或小键盘上的数字键0，预览最终效果，如图7-49所示。

图7-49

7.3 透视组

在透视组中，主要学习"透视"效果组中的"斜面Alpha""投影""径向阴影"效果。

7.3.1 "斜面Alpha"效果

"斜面Alpha"效果通过二维的"Alpha通道"使图像出现分界，形成假三维的斜面效果。执行"效果>透视>斜面Alpha"菜单命令，在"效果控件"面板中展开"斜面Alpha"效果的参数，如图7-50所示。

图7-50

"斜面Alpha"效果的参数介绍

边缘厚度: 设置图像边缘的厚度效果。

灯光角度: 设置灯光照射的角度。

灯光颜色: 设置灯光照射的颜色。

灯光强度: 设置灯光照射的强度。

实战 **元素立体感的制作**

本案例的元素立体感效果如图7-51所示。

图7-51

01 使用After Effects 2022打开"实战:元素立体感.aep"文件,如图7-52所示。

图7-52

02 选中"标志"图层,执行"效果>透视>斜面Alpha"菜单命令,为其添加"斜面Alpha"效果。设置"边缘厚度"值为10、"灯光角度"为(0×-60°)、"灯光颜色"为白色、"灯光强度"值为0.6,如图7-53所示。

通过上述的操作设置,元素体现出立体厚度感,最终效果如图7-54所示。

图7-53

图7-54

疑难问答 ?

问:使用"斜面Alpha"效果有什么作用?

答:在日常合成工作中,"斜面Alpha"效果的使用频率非常高,相关参数调节也是实时可见的。适当有效地使用该效果,能让画面中的视觉主体元素更加突出。

7.3.2 "投影" / "径向阴影" 效果

"投影"效果与"径向阴影"效果的区别在于:"投影"效果产生的图像阴影形状是由图像的通道决定的,而"径向阴影"效果则通过自定义光源点所在的位置照射图像产生阴影效果。

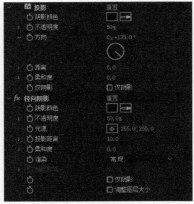

图7-55

两个效果的参数如图7-55所示。

"投影"和"径向阴影"效果的参数介绍

两者共有的参数如下。

阴影颜色: 设置图像投影的颜色效果。

不透明度: 设置图像投影的透明度效果。

柔和度: 设置图像投影的柔化效果。

仅阴影: 设置单独显示图像的投影效果。

两者不同的参数如下。

方向: 设置图像的投影方向。

距离: 设置图像投影到图像的距离。

光源: 设置自定义灯光的位置。

投影距离: 设置图像投影到图像的距离。

渲染: 设置图像阴影的渲染方式。

颜色影响: 调节有色投影的范围影响。

调整图层大小: 设置阴影是否适用于当前图层而忽略当前图层的尺寸。

7.4 过渡组

在过渡组中,主要学习"过渡"效果组中的"块溶解""卡片擦除""线性擦除""百叶窗"效果,使用这些效果可以完成对图层或图层间过渡效果的制作。

7.4.1 "块溶解" 效果

"块溶解"效果可以通过随机产生的板块(或条纹状)溶解图像,在两个图层的重叠部分进行切换过渡。

执行"效果>过渡>块溶解"菜单命令,在"效果控件"面板中展开"块溶解"效果的参数,如图7-56所示。

图7-56

"块溶解"效果的参数介绍

过渡完成：控制"过渡完成"的百分比，当其值为0时，完全显示当前图层画面；当其值为100%时，完全显示切换图层画面。

块宽度：控制融合块状的宽度。

块高度：控制融合块状的高度。

羽化：控制融合块状的羽化程度。

柔化边缘（最佳品质）：设置图像融合边缘的柔和控制（仅当质量为最佳时有效）。

实战 镜头过渡特效

本案例的镜头过渡特效如图7-57所示。

图7-57

01 执行"合成>新建合成"菜单命令，创建一个"预设"为"HDTV 1080 25"的合成，设置"持续时间"为3秒，并将其命名为"镜头过渡特效"，如图7-58所示。

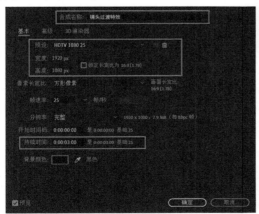

图7-58

02 执行"文件>导入>文件"菜单命令，导入实例文件中的"图片01.jpg"和"图片02.jpg"素材文件，选中素材并按快捷键Ctrl+/，将其添加到"时间轴"面板中。设置"图片01"的"缩放"的动画关键帧，在第0帧，设置"缩放"值为（110%，110%）；在第2秒，设置"缩放"值为（100%，100%），如图7-59所示。

图7-59

03 设置"图片02"的"缩放"的动画关键帧。在第1秒5帧，设置"缩放"值为（100%，100%）；在第2秒24帧，设置"缩放"值为（110%，110%），如图7-60所示。

图7-60

04 选中"图片01.jpg"图层，执行"效果>过渡>块溶解"菜单命令，为其添加"块溶解"效果。在"效果控件"面板中，设置"块宽度"值为200，如图7-61所示。

图7-61

05 设置"过渡完成"属性的动画关键帧。在第1秒5帧，设置"过渡完成"值为0%；在第2秒，设置"过渡完成"值为100%，如图7-62所示。

图7-62

06 选中"图片02.jpg"图层，执行"效果>过渡>块溶解"菜单命令，为其添加"块溶解"效果。在"效果控件"面板中，设置"块宽度"值为200，如图7-63所示。

图7-63

07 设置"过渡完成"属性的动画关键帧。在第1秒5帧，设置"过渡完成"值为100%，如图7-64所示；在第2秒，设置"过渡完成"值为0%。

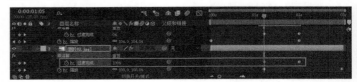

图7-64

08 执行"图层>新建>纯色"菜单命令，新建一个"名称"为"BG_颜色"的图层，设置"颜色"为（R:108，G:169，B:8），如图7-65所示。将该图层移到所有图层的最下面。

图7-65

09 按小键盘上的数字键0，预览最终效果，其动态的单帧截图如图7-66所示。

图7-66

技巧与提示

比较常见的镜头与镜头之间过渡的手法有"硬切""散白""淡入""淡出""淡入淡出""叠化"等。本案例中的效果，属于"叠化"过渡的一种。

7.4.2 "卡片擦除"效果

"卡片擦除"效果可以模拟卡片的翻转，并通过擦除切换至另一个画面。执行"效果>过渡>卡片擦除"菜单命令，在"效果控件"面板中展开"卡片擦除"效果的参数，如图7-67所示。

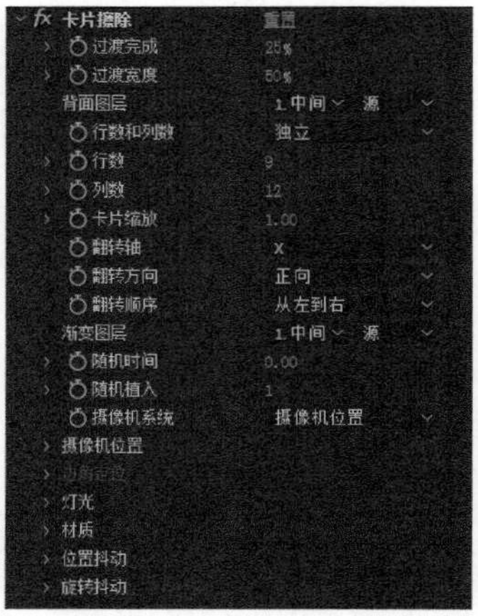

"卡片擦除"效果的参数介绍

过渡完成：控制"过渡完成"的百分比，当其值为0时，完全显示当前图层画面；当其值为100%时，完全显示切换图层画面。

图7-67

过渡宽度：控制卡片擦拭宽度。

背面图层：在下拉菜单中设置一个与当前图层进行切换的背景。

行数和列数：在"独立"方式下，行数和列数的参数是相互独立的；在"列数受行数控制"方式下，列数参数由行数控制。

行数：设置卡片行数的值。

列数：设置卡片列数的值，当在"列数受行数控制"方式下时无效。

卡片缩放：控制卡片的尺寸大小。

翻转轴：在下拉菜单中设置卡片翻转的坐标轴向。X/Y分别控制卡片在x轴或者y轴翻转，"随机"用来设置卡片在x轴和y轴上无序翻转。

翻转方向：在下拉菜单中设置卡片翻转的方向。"正向"设置卡片正向翻转，"反向"设置卡片反向翻转，"随机"设置卡片随机翻转。

翻转顺序：设置卡片翻转的顺序。

渐变图层：设置一个渐变图层影响卡片切换效果。

随机时间：可以对卡片进行随机定时设置，使所有的卡片翻转时间产生一定偏差，而不是同时翻转。

随机植入：设置卡片以随机方式切换，不同的随机值将产生不同的效果。

摄像机系统：控制用于效果的摄像机系统。选择不同的"摄像机系统"选项，其效果也不同。选择"摄像机位置"，可以通过下方的"摄像机位置"参数控制摄像机观察效果；选择"边角定位"，将由"边角定位"参数控制摄像机效果；选择"合成摄像机"，则通过合成图像中的摄像机控制其效果，当效果图层为3D图层时比较适用。

灯光：可选"灯光类型""灯光强度""灯光颜色""位置""深度"等功能，第9章关于三维空间的教程里将详细讲解。这里的灯光主要可改变过渡动画的颜色和亮度等。

材质：可调整灯光漫反射、镜面反射及高光锐度。漫反射主要可改变动画的颜色，镜面反射会出现灯光的反射和高光。

位置抖动：可以对卡片的位置进行抖动设置，使卡片产生抖动的效果。在其属性中可以设置卡片在x、y、z轴的偏移抖动，以及抖动强度，还可以控制抖动速度。

旋转抖动：可以对卡片的旋转进行抖动设置，属性控制与"位置抖动"类似。

实战 卡片翻转过渡特效

本案例的卡片翻转过渡特效如图7-68所示。

图7-68

01 执行"合成>新建合成"菜单命令，创建一个"预设"为"HDTV 1080 25"的合成，设置"持续时间"为3秒，并将其命名为"卡片翻转过渡特效"，如图7-69所示。

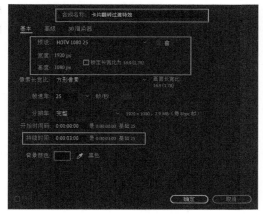

图7-69

02 导入"图片03.jpg"和"图片04.jpg"素材文件，选中这两个文件，按快捷键Ctrl+/将其导入"时间轴"面板中。修改"图片03.jpg"图层的"缩放"值为（110%，110%），如图7-70所示。

图7-70

03 设置"图片03.jpg"图层的"位置"的动画关键帧。在第0帧，设置"位置"值为（850，400），如图7-71所示；在第2秒15帧，设置"位置"值为（960，540）。

图7-71

04 继续设置"图片04.jpg"图层的"缩放"值为（110%，110%）。然后设置其"位置"属性的动画关键帧，在第0帧，设置"位置"值为（1020，600）；在第2秒15帧，设置"位置"值为（960，540），如图7-72所示。

图7-72

很多时候，客户能提供的只有静态的图片素材。单纯依靠镜头间的过渡来包装画面，有时会让画面显得比较枯燥。通过设置不同镜头中图片素材的"位移""缩放""旋转"等动画效果，再配合过渡的效果，可以使得画面效果更加丰富。

05 选中"图片03.jpg"图层，执行"效果>过渡>卡片擦除"菜单命令，为其添加"卡片擦除"效果。在"效果控件"面板中，设置"背面图层"的选项为"2.图片04.jpg"，将"卡片缩放"值更改为1.7、"翻转顺序"设置为"从左到右"，如图7-73所示。

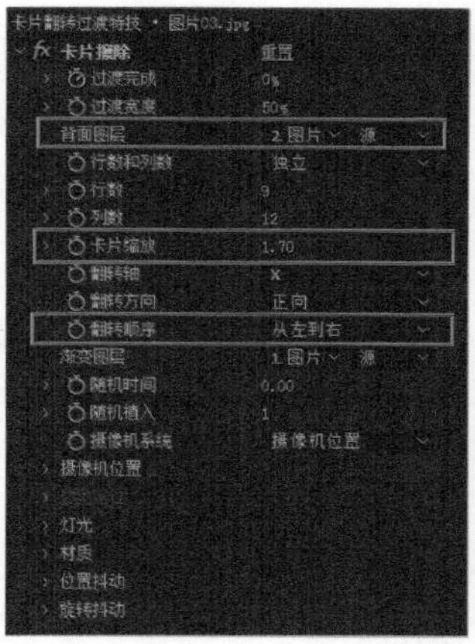

图7-73

06 设置"过渡完成"属性的动画关键帧。在第0帧，设置"过渡完成"值为0%，如图7-74所示；在第2秒15帧，设置"过渡完成"值为100%。

图7-74

07 按空格键或小键盘上的数字键0，预览最终效果，其动态的单帧截图如图7-75所示。

图7-75

7.4.3 "线性擦除"效果

"线性擦除"效果是以线性的方式从某个方向形成擦除效果，达到切换过渡的目的。执行"效果>过渡>线性擦除"菜单命令，在"效果控件"面板中展开"线性擦除"效果的参数，如图7-76所示。

图7-76

"线性擦除"效果的参数介绍

过渡完成：控制"过渡完成"的百分比。

擦除角度： 设置过渡擦除的角度。

羽化： 控制擦除边缘的羽化程度。

实战 文字渐显特效

本案例的渐显特效如图7-77所示。

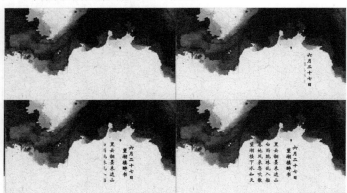

图7-77

01 使用After Effects 2022打开"实战：文字渐显特效.aep"文件，如图7-78所示。

图7-78

02 由于画面中的视觉主体部分为诗句，因此需要弱化非主体元素。选中"BG"图层，执行"效果>模糊和锐化>高斯模糊"菜单命令，为其添加"高斯模糊"效果。在"效果控件"面板中，设置"模糊度"值为5，并选中"重复边缘像素"选项，如图7-79所示。

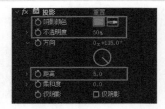

图7-80

图7-81

04 选中"文字"图层，设置该图层的"位置"动画关键帧。在第0帧，设置"位置"值为（1090，816），如图7-82所示；在第3秒，设置"位置"值为（850，816）。

图7-82

05 继续选中"文字"图层，执行"效果>过渡>线性擦除"菜单命令，为其添加"线性擦除"效果。在"效果控件"面板中，设置"过渡完成"值为45%，"羽化"值为20，如图7-83所示。

图7-83

06 设置"过渡完成"属性的动画关键帧。在第0帧，设置"过渡完成"值为90%；在第2秒24帧，设置"过渡完成"值为40%，如图7-84所示。

图7-84

图7-79

03 选中"文字"图层，执行"效果>透视>投影"菜单命令，为其添加"投影"效果，设置"阴影颜色"为暗粉色、"不透明度"为50%、"距离"为5，如图7-80所示。经过优化之后的画面效果如图7-81所示。

07 至此，文字渐显特效的制作就完成了。按空格键或小键盘上的数字键0，预览最终效果，如图7-85所示。

108

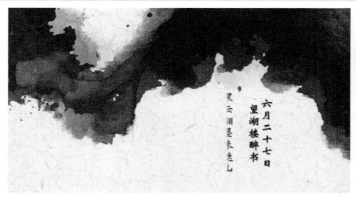

图7-85

技巧与提示

在"线性擦除"效果中，"过渡完成"参数的设置并不是每次都是0%~100%或100%~0%，而是需要根据具体的效果调节参数。在该案例中，初始看不到文字时，参数设置为90%即可，没有必要设置为100%（设置为100%还会影响整个动画的节奏）。

7.4.4 "百叶窗"效果

"百叶窗"效果通过分割的方式对图像进行擦拭，以达到切换过渡的目的，就如同生活中的百叶窗一样。执行"效果>过渡>百叶窗"菜单命令，在"效果控件"面板中展开"百叶窗"效果的参数，如图7-86所示。

图7-86

"百叶窗"效果的参数介绍

过渡完成：控制"过渡完成"的百分比。

方向：控制擦拭的方向。

宽度：设置分割的宽度。

羽化：控制分割边缘的羽化。

实战 翻页壁画

本案例的翻页壁画效果如图7-87所示。

图7-87

01 使用After Effects 2022打开"实战：翻页壁画.aep"文件，如图7-88所示。

图7-88

02 导入实例文件中的"壁画.jpg"素材，选中该素材并将其导入"时间轴"面板中，修改图层的"位置"值为（1047，386）、"旋转"值为（0×+0°），并将其移动到背景图层上面，如图7-89所示。

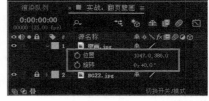

图7-89

03 关掉"壁画.jpg"图层显示，如图7-90所示。使用钢笔工具绘制形状图层，为看清形状图层路径是否与壁画框对准，将形状图层的"不透明度"调整为50%，如图7-91所示。

图7-90

图7-91

04 将形状图层改名为"蒙版"，设置"不透明度"为100%，并作为壁画图层的"Alpha遮罩'蒙版'"，如图7-92所示。

图7-92

05 设置"壁画.jpg"图层的"位置"和"缩放"的动画关键帧。在第0帧，设置"位置"值为（1088，386），"缩放"值为（20%，20%）；在第2秒24帧，设置"位置"值为（957，428），"缩放"值为（30%，30%），如图7-93所示。

图7-93

06 选中"壁画.jpg"图层，执行"效果>过渡>百叶窗"菜单命令，为其添加"百叶窗"效果。在"效果控件"面板中，"过渡完成"设置为100%，"宽度"设置为100，"羽化"设置为2，如图7-94所示。

图7-94

07 设置"过渡完成"属性的动画关键帧。在第0帧，设置"过渡完成"值为100%；在第2秒24帧，设置"过渡完成"值为0%，如图7-95所示。

图7-95

08 按空格键或小键盘上的数字键0，预览过渡效果，如图7-96所示。

图7-96

7.5 综合实战：烟雾字特效

本案例将综合应用"复合模糊""置换图""发光""线性擦除"等多种效果，可以对本章所学知识进行巩固并直接指导应用实践，动画效果如图7-97所示。

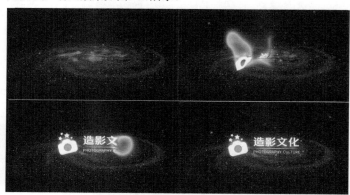

图7-97

7.5.1 制作烟雾

01 执行"合成>新建合成"菜单命令，创建一个"预设"为"HDTV 1080 25"的合成，设置"持续时间"为5秒，并将其命名为"烟雾制作"，如图7-98所示。

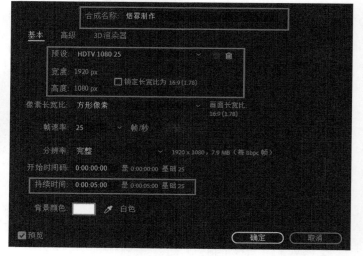

图7-98

02 执行"图层>新建>纯色"菜单命令，新建一个名为"BG"的图层。选中该图层，执行"效果>杂色和颗粒>分形杂色"菜单命令，为其添加"分形杂色"效果，如图7-99所示。

03 在"效果控件"面板中，修改"对比度"值为200，取消选中"统一缩放"选项，设置"缩放宽度"值为450、"缩放高度"值为300、"子影响（%）"值为50、"子缩放"值为70、"演化"值为（2×+0°），如图7-100所示。修改"分形杂色"属性的设置，此时画面效果如图7-101所示。

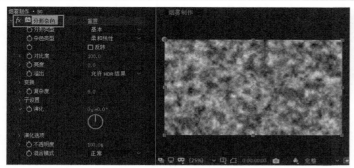

图7-99

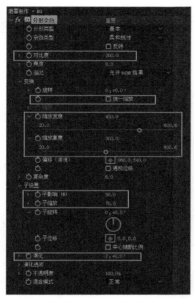

图7-100

图7-101

04 为了让烟雾能够动起来，需要设置"演化"和"子位移"属性的动画关键帧。在第0帧，设置"演化"值为（2×+0°）、"子位移"值为（0，0）；在第4秒24帧，设置"演化"值为（0×+0°）、"子位移"值为（1920，0），如图7-102所示。

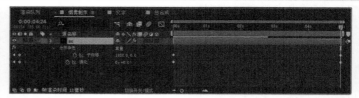

图7-102

05 下面优化烟雾的细节。选中"BG"图层，执行"效果>色彩校正>色阶"菜单命令，为其添加"色阶"效果。在"效果控件"面板中，修改"灰度系数"值为1.4、"输出黑色"值为127，如图7-103所示。

06 继续选中"BG"图层，执行"效果>色彩校正>曲线"菜单命令，为其添加"曲线"效果。在"效果控件"面板中，修改"RGB"通道中的曲线，如图7-104所示。优化之后的烟雾画面效果如图7-105所示。

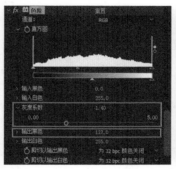

图7-103　　　　　　　图7-104

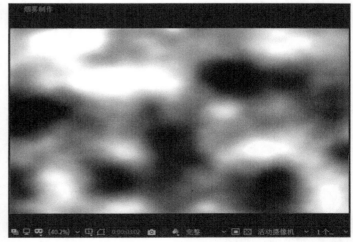

图7-105

07 选中"BG"图层，使用"矩形工具"■创建一个矩形蒙版，如图7-106所示。修改"蒙版羽化"值为（100像素，100像素），如图7-107所示。

08 设置蒙版路径的动画关键帧。在第0秒，保持原来的蒙版路径，并设置关键帧；在第5秒，选择蒙版左边的两个控制点将蒙版向右拖动到图7-108所示的位置，关键帧的创建位置如图7-109所示。

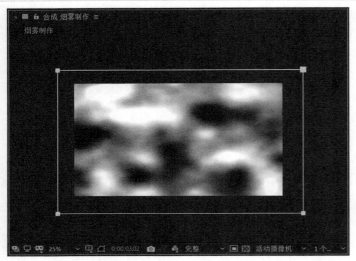

图7-106

图7-107

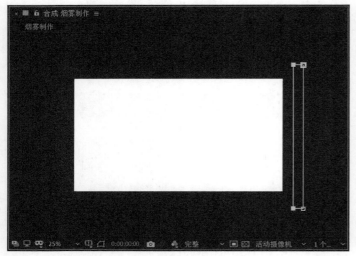

图7-108

图7-109

09 播放动画，可以观察到一个蒙版的简单动画已经制作完成，它将杂色由全部显示变为全部遮住的状态，图7-110所示是动画的中间状态。

10 按快捷键Ctrl+Shift+Y，更改"BG"纯色图层的颜色为黑色。

图7-110

7.5.2 创建定版

01 执行"合成>新建合成"菜单命令，创建一个"预设"为"HDTV 1080 25"的合成，设置"持续时间"为5秒，并将其命名为"文字"，如图7-111所示。

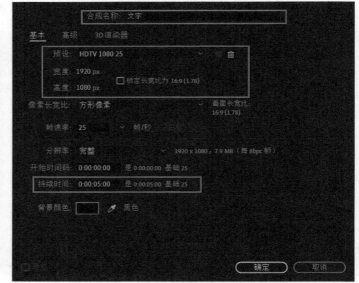

图7-111

02 执行"文件>导入>文件"菜单命令，导入学习资源中的"文字.png"素材文件，如图7-112所示。

图7-112

03 在"项目"面板中，选中该素材并按快捷键Ctrl+/，将其添加到"时间轴"面板中，此时的图像效果如图7-113所示。

图7-113

7.5.3 烟雾置换

01 执行"合成>新建合成"菜单命令，创建一个"预设"为
"HDTV 1080 25"的合成，设置"持续时间"为5秒，并将其命
名为"总合成"，如图7-114所示。

02 将"项目"面板中的"文字"和"烟雾制作"合成添加到该
合成中，并关闭"烟雾制作"图层的显示，如图7-115所示。

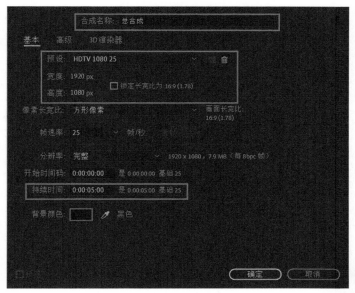

图7-114

图7-115

03 选中"文字"图层，执行"效果>模糊和锐化>复合模糊"菜
单命令，为其添加"复合模糊"效果。在"效果控件"面板中，
设置"模糊图层"为"1.文字"，修改"最大模糊"值为100，如
图7-116所示。

图7-116

04 预览动画，可以看出定版文字不再是静止的，而是以混合模
糊的方式将文字从左到右逐渐呈现。图7-117所示是动画状态下的
中间状态效果。

图7-117

05 烟雾的飘动弧度还不够，继续选中"文字"图层，执行"效
果>扭曲>置换图"菜单命令，为其添加"置换图"效果。在"效
果控件"面板中，设置"置换图层"为"2.烟雾制作"，修改
"最大水平置换"和"最大垂直置换"值均为100，修改"置换图
特性"为"伸缩对应图以适合"，如图7-118所示。

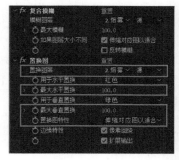

图7-118

修改设置后，预览动画效果，如图7-119所示。

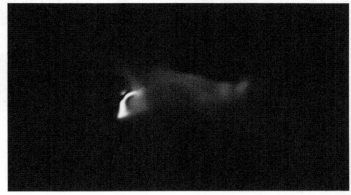

图7-119

7.5.4 画面优化

01 选中"文字"图层,执行"效果>风格化>发光"菜单命令,为其添加"发光"效果。设置"发光阈值"为6%、"发光半径"为100、"发光强度"为2。调整"发光颜色"为"A和B颜色",设置"颜色A"为(R:136,G:198,B:249),设置"颜色B"为(R:0,G:52,B:110),如图7-120所示。

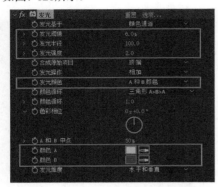

图7-120

02 继续选中"文字"图层,执行"效果>过渡>线性擦除"菜单命令,为其添加"线性擦除"效果。在"效果控件"面板中,设置"过渡完成"值为100%、"擦除角度"值为(0×-90°)、"羽化"值为100,如图7-121所示。

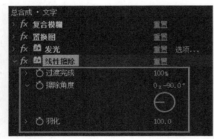

图7-121

03 设置"过渡完成"属性的动画关键帧。在第0帧,设置"过渡完成"值为100%;在第3秒,设置"过渡完成"值为0%,如图7-122所示。

图7-122

04 执行"文件>导入>文件"菜单命令,导入学习资源中的"BG.mp4"素材,选中该素材并按快捷键Ctrl+/,将其导入"时间轴"面板中,并将其移动到所有图层的最下面,如图7-123所示。

图7-123

05 按快捷键Ctrl+Y,创建一个纯色图层,设置其"宽度"为1920像素、"高度"为1080像素、"颜色"为黑色,设置"名称"为"遮幅",如图7-124所示。

图7-124

06 选中"遮幅"图层,使用"矩形工具" ,系统根据该图层的大小自动匹配创建一个遮罩,调节遮罩的大小,如图7-125所示。

图7-125

07 在"时间轴"面板中,将"遮幅"图层移动到"文字"图层下面。选中"遮幅"图层,展开"蒙版"选项,设置"蒙版羽化"值为(1000像素,1000像素),修改"蒙版"属性,选中"反转"选项,如图7-126所示。

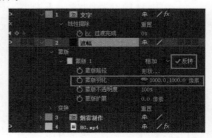

图7-126

画面的最终效果如图7-127所示。

图7-127

7.5.5 项目输出

01 至此，整个案例制作完毕，按快捷键Ctrl+M进行视频输出，如图7-128所示。

图7-128

02 在输出设置中，设置"格式"为"QuickTime"、"格式选项"为"GoPro CineForm"，单击"确定"按钮，如图7-129所示。

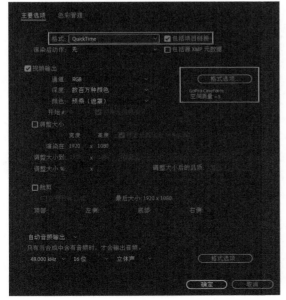

图7-129

03 在"将影片输出到"属性中，设置视频输出的路径，并单击"保存"按钮，如图7-130所示。

04 在"项目"面板中，新建一个文件夹，将其命名为"合成"。将所有的合成（除总合成外）都拖曳到该文件夹中，如图7-131所示。

图7-130

图7-131

05 执行工程文件的打包操作。执行"文件>收集文件"菜单命令，打开一个参数面板，在其中的"收集源文件"选项中选择"对于所有合成"，单击"收集"按钮，如图7-132和图7-133所示。

图7-132

图7-133

第8章

文字及文字动画的应用

Learning Objectives
本章学习要点↙

116页
文字的作用

116页
文字的创建

124页
文字的属性

127页
文字动画

137页
从文字创建蒙版

138页
从文字创建形状

8.1 文字的作用

文字是人类用来记录语言的符号系统，也是文明社会产生的标志。在影视后期合成中，文字不仅担负着补充画面信息和媒介交流的作用，而且也是设计师常用来作为视觉设计的辅助元素。下面主要讲解After Effects 2022的文字功能，包括创建文字、优化文字和文字动画等功能，熟练使用After Effects 2022中的文字功能，是作为一个特效合成师最基本的技能。

图8-1和图8-2所示是文字元素的应用效果。从图中可以看出，只要文字应用到位，完全可以为视频制作增色。

图8-1

图8-2

8.2 文字的创建

在After Effects 2022中，可以使用以下几种方法创建文字。

文字工具 T 。
文本菜单。
过时效果。
文本效果。
外部导入。

8.2.1 使用"文字工具"功能创建文字

在"工具"面板中，单击"文字工具" T 即可创建文字。在该工具上按住鼠标左键不放，等待少许时间，将弹出一个扩展的工具栏，其中包含两个子工具，分别为"横排文字工具"和"直排文字工具"，如图8-3所示。

图8-3

选择相应的文字工具，在"合成"面板中单击确定文字的输入位置。当显示文字光标后，即可输入相应的文字，最后按小键盘上的Enter键即可。同时，在"时间轴"面板中，系统自动新建了一个文字图层。

实战 创建文字

本案例创建的文字效果如图8-4所示。

图8-4

01 执行"合成>新建合成"菜单命令，创建一个"预设"为"HDTV 1080 25"的合成，设置"持续时间"为3秒，并将其命名为"创建文字"，如图8-5所示。

图8-5

02 执行"文件>导入>文件"菜单命令，导入学习资源中的"BG.jpg"素材文件，然后选中该素材，并按快捷键Ctrl+/，将其添加到"时间轴"面板中，如图8-6所示。

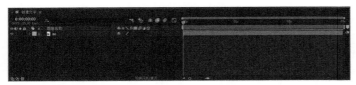

图8-6

03 在"工具"面板中单击"文字工具" **T**，在"合成"面板中单击确定文字的输入位置。当显示文字光标后，输入"Motion Graphics"，最后按小键盘上的Enter键确认文字输入结束，如图8-7所示。

图8-7

04 此时，可以看到在"时间轴"面板中，系统自动新建了一个文字图层，如图8-8所示。

图8-8

05 在"工具"面板中单击"选择工具" ▶，根据画面构图的需要，将文字移动到图8-9所示的位置。

图8-9

8.2.2 使用"文本"菜单创建文字

使用"文本"菜单创建文字的方法有以下两种。

第1种：执行"图层>新建>文本"菜单命令，或按快捷键Ctrl+Alt+Shift+T。

执行"图层>新建>文本"菜单命令，或按快捷键Ctrl+Alt+Shift+T，新建一个文字图层，如图8-10所示。在"合成"面板中单击确定文字的输入位置。当显示文字光标后，即可输入相应的文字，最后按小键盘上的Enter键确认。

图8-10

第2种：在"时间轴"面板中的空白处单击鼠标右键。

在"时间轴"面板中的空白处单击鼠标右键，在弹出的菜单中执行"新建>文本"命令，新建一个文字图层，如图8-11所示。

在"合成"面板中单击确定文字的输入位置。当显示文字光标后，即可输入相应的文字，最后按小键盘上的Enter键确认。

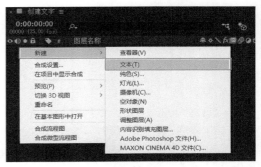

图8-11

8.2.3 使用"过时"效果创建文字

在"过时"效果组中，可以使用"基本文字"效果和"路径文本"效果创建文字。

 基本文字

"基本文字"效果主要用于创建比较规整的文字，可以设置文字的大小、颜色及文字间距等。

执行"效果>过时>基本文字"菜单命令，在打开的"基本文字"面板中输入相应文字，如图8-12所示。在"效果控件"面板中设置文字的相关属性即可，如图8-13所示。

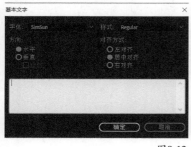 

图8-12　　　　　　　　图8-13

"基本文字"效果的参数介绍

字体：设置文字的字体。

样式：设置文字的风格。

方向：设置文字的方向，有水平、垂直、旋转3种方式可供选择。

对齐方式：设置文字的对齐方式，有左对齐、居中对齐、右对齐3种方式可供选择。

位置：用来指定文字的位置。

填充和描边：用来设置文字颜色和描边的显示方式。

显示选项：在其下拉菜单中提供了4种方式可供选择。"仅填充"选项表示只显示文字的填充颜色；"仅描边"选项表示只显示文字的描边颜色；"在描边上填充"选项表示文字的填充颜色覆盖描边颜色；"在填充上描边"选项表示文字的描边颜色覆盖填充颜色。

填充颜色：设置文字的填充颜色。

描边颜色：设置文字的描边颜色。

描边宽度：设置文字描边的宽度。

大小：设置字体的大小。

字符间距：设置文字的间距。

行距：设置文字段落的行距。

在原始图像上合成：用来设置与原图像的合成。

实战　基本文字的制作

本案例的"基本文字"效果如图8-14所示。

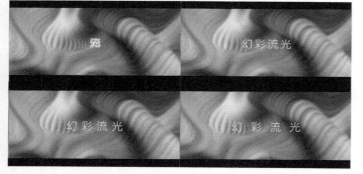

图8-14

01 执行"合成>新建合成"菜单命令，创建一个"预设"为"HDTV 1080 25"的合成，设置"持续时间"为4秒，并设置"合成名称"为"基本文字的制作"，如图8-15所示。

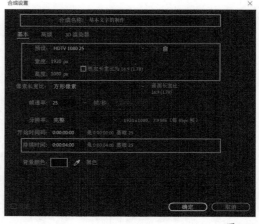

图8-15

02 执行"文件>导入>文件"菜单命令，导入学习资源中的"BG.png"素材，将其添加到"时间轴"面板中。设置"BG"图层的"缩放"属性的动画关键帧。在第0帧，设置"缩放"值为（75%，75%），如图8-16所示；在第4秒，设置"缩放"值为（80%，80%）。

图8-16

03 选中"BG.png"图层，执行"效果>模糊和锐化>高斯模糊"菜单命令，为其添加"高斯模糊"效果。在"效果控件"面板中，设置"模糊度"值为50，并选中"重复边缘像素"选项，如图8-17所示。

图8-17

04 执行"图层>新建>纯色"菜单命令，新建一个名为"字体"的图层。选中该图层，执行"效果>过时>基本文字"菜单命令，为其添加"基本文字"效果，在"基本文字"面板中输入"幻彩流光"，设置"字体"为"Microsoft YaHei"（微软雅黑），如图8-18所示。

图8-18

05 在"效果控件"面板中设置"基本文字"属性，设置"显

118

示选项"为"在描边上填充",
设置"填充颜色"为白色,调整
"描边颜色"为(R:247,G:89,
B:126),设置"大小"值为120,
如图8-19所示。

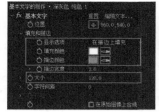

图8-19

06 设置"字符间距"的动画关键帧。在第0帧,设置"字符间
距"值为-100,如图8-20所示;在第1秒,设置"字符间距"值为
20;在第4秒,设置"字符间距"值为80。

图8-20

07 按快捷键Ctrl+Y,创建一个黑色固态图层,设置其"宽度"
为1920像素、"高度"为1080像素、"颜色"为黑色,设置其
"名称"为"遮幅"。选中"遮幅"图层,使用"矩形工具" ,
系统会根据该图层的大小,自动匹配创建一个蒙版,调整蒙版大
小,如图8-21所示。

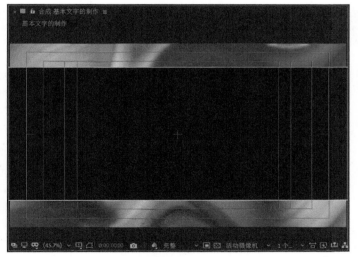

图8-21

08 在"时间
轴"面板中,
修改蒙版的属
性,选中"反
选"选项,如
图8-22所示。

图8-22

09 按空格键进行预览,最终效果如图8-23所示。

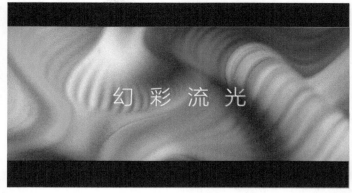

图8-23

路径文本

"路径文本"效果可以
让文字在自定义的蒙版路径
上产生一系列的运动效果,
还可以使用该效果完成"逐
一打字"效果。

执行"效果>过时>路
径文本"菜单命令,在"路
径文字"面板中输入相应
文字,如图8-24所示。在
"效果控件"面板中设置
文字的相关属性即可,如
图8-25所示。

图8-24

图8-25

"路径文本"效果的参数介绍

信息:可以查看文字的相关信息。

字体:显示所使用的字体名称。

文本长度:显示输入文字的字符长度。

路径长度:显示输入的路径的长度。

路径选项:用来设置路径的属性。

形状类型:设置路径的形态类型。

控制点：设置控制点的位置。

自定义路径：选择创建的自定义的路径。

反转路径：反转路径。

填充和描边：用来设置文字颜色和描边的显示方式。

选项：选择文字颜色和描边的显示方式。

填充颜色：设置文字的填充颜色。

描边颜色：设置文字的描边颜色。

描边宽度：设置文字描边的宽度。

字符：用来设置文字的相关属性，如文字的大小、间距和旋转等。

大小：设置文字的大小。

字符间距：设置文本之间的间距。

字偶间距：设置字与字之间的间距。

方向：设置文字的旋转方向。

水平切变：设置文字的倾斜。

水平缩放：设置文字的宽度缩放比例。

垂直缩放：设置文字的高度缩放比例。

段落：用来设置文字的段落属性。

对齐方式：设置文字段落的对齐方式。

左对齐：设置文字段落的左对齐的值。

右对齐：设置文字段落的右对齐的值。

居中对齐：设置文字段落居中对齐。

强制对齐：设置文字的强制性对齐方式。

左边距：设置文字段落的左边距。

右边距：设置文字段落的右边距。

行距：设置文字段落的行距。

基线偏移：设置文字段落的偏移。

高级：设置文字的高级属性。

可视字符：设置文字的可见属性。

淡入时间：设置文字显示的时间。

抖动设置：设置文字的抖动动画。

在原始图像上合成：用来设置与原始图像的合成。

实战 文字渐显动画

本案例的文字渐显动画效果如图8-26所示。

图8-26

01 执行"合成>新建合成"菜单命令，创建一个"预设"为"HDTV 1080 25"的合成，设置"持续时间"为4秒，并将其命名为"文字渐显动画"，如图8-27所示。

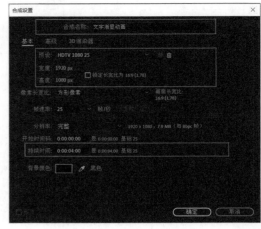

图8-27

02 执行"文件>导入>文件"菜单命令，导入学习资源中的"Image.png"素材文件，按快捷键Ctrl+/，将其添加到"时间轴"面板中，如图8-28所示。

图8-28

03 执行"图层>新建>纯色"菜单命令，新建一个名为"文字"的图层，如图8-29所示。

图8-29

04 选中"文字"图层，执行"效果>过时>路径文本"菜单命令，为其添加"路径文本"效果，然后在"路径文字"对话框中输入文字"从明天起，做一个幸福的人；喂马、劈柴，周游世界；从明天起，关心粮食和蔬菜；我有一所房子，面朝大海，春暖花开。"，如图8-30所示。

05 在"效果控件"面板中，设置"形状类型"为"线"，"顶点1/圆心"为（525，218），"顶点2"为（1678，218）。选择"选项"为"仅填充"，设置"填充颜色"为（R:50，G:44，B:44）。设置"大小"为50，"字符间距"为6，"行距"158，"淡化时间"值为100%，如图8-31所示。

图8-30

06 设置"文字"的动画关键帧。在第0帧，设置"可视字符"值为0；在第3秒，设置"可视字符"值为63，如图8-32所示。

图8-31

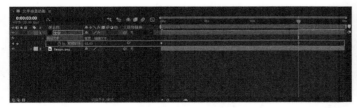

图8-32

07 设置图层的"缩放"的动画关键帧。在第0帧，设置"缩放"值为（95%，95%）；在第3秒24帧，设置"缩放"值为（100%，100%），如图8-33所示。

图8-33

08 选中"文字"图层，执行"效果>透视>投影"菜单命令，为其添加"投影"效果。选中"Image.png"图层，执行"效果>透

视>径向阴影"菜单命令，为其添加"径向阴影"效果。设置"不透明度"为40%，设置"投影距离"为1.5，如图8-34所示。

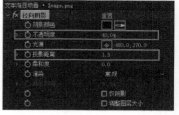

图8-34

09 按空格键，预览最终效果，如图8-35所示。

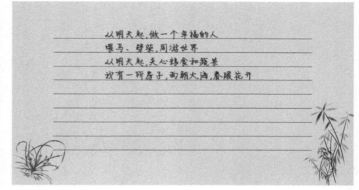

图8-35

实战 路径文字动画

本案例的路径文字动画效果如图8-36所示。

图8-36

01 使用After Effects 2022打开学习资源中的"实战：路径文字动画.aep"文件，如图8-37所示。

图8-37

02 选中"Image.png"图层，设置"缩放"的动画关键帧。在第0帧，设置"缩放"值为（75%，75%）；在第4秒，设置"缩放"值为（65%，65%），如图8-38所示。

图8-38

03 执行"图层>新建>纯色"菜单命令，新建一个"宽度"为1920像素、"高度"为1080像素、"颜色"为黑色、"名称"为"文字"的"纯色"图层，如图8-39所示。

图8-39

04 选中"文字"图层，使用"钢笔工具"绘制路径，如图8-40所示。

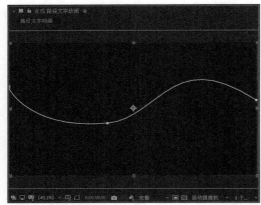

图8-40

05 选中"文字"图层，执行"效果>过时>路径文本"菜单命令，为其添加"路径文本"效果。在"路径文字"对话框中输入"harvest"，如图8-41所示。

图8-41

06 在"效果控件"面板中，设置"自定义路径"为"蒙版1"。选择"选项"为"在填充上描边"，设置"填充颜色"为白色，"描边颜色"为（R:102，G:197，B:221），"描边宽度"为3，调整"大小"为140，选择"对齐方式"为"居中对齐"，设置"右边距"值为-110，如图8-42所示。

07 设置"路径文本"的动画关键帧。在第0帧，设置"大小"为0；在第2秒，设置"大小"为120；在第4秒，设置"大小"为140。在第2秒，设置"字符间距"为0；在第4秒，设置"字符间距"为5。在第0帧，设置"可视字符"为0；在第1秒09帧，设置"可视字符"为7，如图8-43所示。

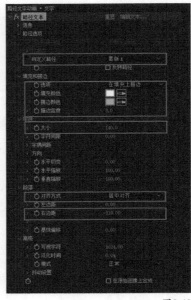

图8-42

图8-43

08 在第0帧，设置"基线抖动最大值"为200；在第2秒，设置"基线抖动最大值"为0。在第0帧，设置"字偶间距抖动最大值"为100；在第2秒，设置"字偶间距抖动最大值"为0。在第0帧，设置"旋转抖动最大值"为50；在第2秒，设置"旋转抖动最大值"为0。在第0帧，设置"缩放抖动最大值"为50；在第2秒，设置"缩放抖动最大值"为0。第0帧的参数设置如图8-44所示。

图8-44

09 按键盘空格键，预览最终效果，如图8-45所示。

图8-45

8.2.4 使用"文本"效果创建文字

在"文本"效果组中，可以使用"编号"和"时间码"效果创建文字。

 编号--------

"编号"效果主要用来创建各种数字效果，尤其对创建数字的变化效果非常有用。执行"效果>文本>编号"菜单命令，打开"编号"对话框，如图8-46所示。在"效果控件"面板中展开"编号"效果的参数，如图8-47所示。

图8-46

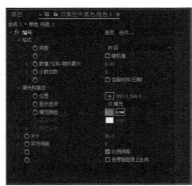

图8-47

"编号"效果的参数介绍

格式：用来设置数字的格式。

类型：用来设置数字类型，可以选"数目""时间码""数字日期""时间""十六进制的"等。

随机值：用来设置数字的随机变化。

数值/位移/随机最大：用来设置数字随机离散的范围。

小数位数：用来设置小数点后的位数。

当前时间/日期：用来设置当前系统的时间和日期。

填充和描边：用来设置文字颜色和描边的显示方式。

位置：用来指定文字的位置。

显示选项：在其下拉菜单中提供了4种方式可供选择，分别是"仅填充""仅描边""在描边上填充""在填充上描边"。

填充颜色：设置文字的填充颜色。

描边颜色：设置文字的描边颜色。

描边宽度：设置文字描边的宽度。

大小：设置字体的大小。

字符间距：设置文字的间距。

比例间距：用来设置均匀的间距。

在原始图像上合成：用来设置与原始图像的合成。

 时间码--------

"时间码"效果主要用来创建各种时间码动画，与"编号"效果中的"时间码"效果类似。

时间码是影视后期制作的时间依据，由于渲染的影片还需要进行配音或加入特效等，如果每一帧都包含时间码，就会有利于配合其他方面的制作。

执行"效果>文本>时间码"菜单命令，在"效果控件"面板中展开"时间码"效果的参数，如图8-48所示。

图8-48

"时间码"效果的参数介绍

显示格式：用来设置时间码格式。

时间源：用来设置时间码的来源。

自定义：用来自定义时间码的单位。

文本位置：用来设置时间码显示的位置。

文字大小：用来设置时间码大小。

文本颜色：用来设置时间码的颜色。

方框颜色：用来设置外框的颜色。

不透明度：用来设置透明度。

在原始图像上合成：用来设置与原始图像的合成。

8.2.5 外部导入

可以将Photoshop或者Illustrator软件中设计好的文字导入After Effects 2022中，供设计师二次使用。

实战 导入文字

本案例导入文字素材的效果如图8-49所示。

图8-49

01 使用After Effects 2022打开学习资源中的"实战：导入文字内容.aep"文件，如图8-50所示。

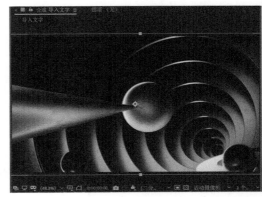

图8-50

02 执行"文件>导入>文件"菜单命令，导入学习资源中"text.psd"素材文件。在"导入种类"中选择"合成-保持图层大小"选项，在"图层选项"中选择"可编辑的图层样式"，最后单击"确定"按钮即可，如图8-51所示。

图8-51

03 将"项目"面板中的"text"文件合成到"时间轴"面板中，如图8-52所示。

图8-52

合成后的文字效果如图8-53所示。

图8-53

 技巧与提示

在Photoshop中设计的文字元素不要进行栅格化处理和非必要的合并图层操作。这样把文字导入After Effects 2022之后，用户还可以对文字进行二次编辑。

8.3 文字的属性

创建文字后，常常需要根据设计要求进行修改，随时调整文字的内容、字体、颜色、风格、间距、行距等基本属性。

8.3.1 修改文字内容

要修改文字的内容，可以在"工具"面板中单击"文字工具"，然后在"合成"面板中单击需要修改的文字；接着按住鼠标左键，拖动选中的需要修改的部分，被选中的部分将以高亮反色的形式显示。最后，只需要输入新的文字信息即可。

实战 修改文字内容

本案例中修改文字内容的效果如图8-54所示。

图8-54

01 使用After Effects 2022打开"实战：修改文字内容.aep"素材文件，如图8-55所示。

图8-55

02 在"时间轴"面板中选中"Adobe Premiere"文字图层，在"工具"面板中选择"文字工具" ，在"合成"面板的字母P前单击，如图8-56所示。

图8-56

03 按住鼠标左键并拖曳选中"Premiere"部分，被选中的部分将会以高亮反色的形式显示，如图8-57所示。

图8-57

04 输入新的文本"After Effects",如图8-58所示。最后,按小键盘上的Enter键确认。

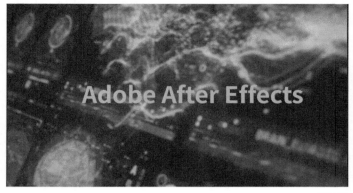

图8-58

技巧与提示

执行"窗口>工作区>文本"菜单命令,可以非常方便地切换文本编辑界面模式,如图8-59所示。

窗口 帮助(H)		
工作区(S)	>	标准 Shift+F12
将快捷键分配给"默认"工作区	>	小屏幕
查找有关 Exchange 的扩展功能...		所有面板
扩展	>	效果
Learn		浮动面板
Lumetri 范围		简约
✓ 信息	Ctrl+2	了解 Shift+F11
元数据		动画
✓ 内容识别填充		基本图形
动态草图		库
基本图形		文本
媒体浏览器		绘画
✓ 字符	Ctrl+6	运动跟踪
✓ 对齐		颜色
		✓ 默认 Shift+F10

图8-59

8.3.2 "字符"和"段落"属性面板

修改字体、颜色、风格、间距、行距和其他基本属性,需要用到文字设置面板。After Effects 2022中的文字设置面板主要包括"字符"面板和"段落"面板。

首先来看"字符"面板,执行"窗口>字符"菜单命令,打开"字符"面板,如图8-60所示。

图8-60

"字符"面板的参数介绍

思源黑体 CN **字体:** 设置文字的字体(必须是用户计算机中已经存在的字体)。

Bold **字体样式:** 设置字体的样式。

吸管工具: 使用这个工具可以吸取当前计算机界面上的颜色,吸取的颜色将作为字体的颜色或描边的颜色。

设置为黑色/白色: 单击相应的色块,可以快速将字体或描边的颜色设置为黑色或白色。

不填充颜色: 单击该图标,可以不为文字或描边填充颜色。

颜色切换: 快速切换填充颜色和描边颜色。

字体颜色: 设置字体的填充颜色。

描边颜色: 设置文字的描边颜色。

134 像素 文字大小: 设置文字的大小。

自动 文字行距: 设置上下文本之间的行间距。

度量标准 字偶间距: 增大或缩小当前字符之间的间距。

0 文字间距: 设置文本之间的间距。

1 像素 勾边粗细: 设置文字描边的粗细。

在描边上填充 描边方式: 设置文字描边的方式,共有"在描边上填充""在填充上描边""全部填充在全部描边之上""全部描边在全部填充之上"4个选项。

100 % 文字高度: 设置文字的高度缩放比例。

100 % 文字宽度: 设置文字的宽度缩放比例。

0 像素 文字基线: 设置文字的基线。

0 % 比例间距: 设置中文或日文字符之间的比例间距。

文本粗体: 将文本设置为粗体。

文本斜体: 将文本设置为斜体。

强制大写: 强制将所有的文本变成大写。

强制大写但区分大小: 无论输入的文本是否有大小写的区别,都强制将所有的文本转化成大写,但是对小写字符采取较小的尺寸进行显示。

文字上下标: 设置文字的上下标。

再来看"段落"面板,执行"窗口>段落"菜单命令,打开"段落"面板,如图8-61所示。

段落

图8-61

"段落"面板的参数介绍

: 分别为文本居左、居中、居右对齐。

: 两端对齐的最后一行分别为文本居左、居中、居右对齐。

0 像素: 设置文本的左侧缩进量。

0 像素: 设置文本的右侧缩进量。

0 像素: 设置段前间距。

0 像素: 设置段末间距。

0 像素: 设置段落的首行缩进量。

: 设置从左到右的文字方向。

实战 修改文字的属性

本案例修改文字基本属性的效果如图8-62所示。

图8-62

01 使用After Effects 2022打开学习资源中的"实战：修改文字的属性.aep"素材文件，如图8-63所示。

图8-63

02 在"时间轴"面板中选中文字图层，在"工具"面板中选择"文字工具" **T**，在"合成"面板中的文字"每"前面单击后，按主键盘上的Enter键，如图8-64所示。

图8-64

03 选中文字"保护海洋"，在"字符"面板中修改其大小为100像素，字体颜色为（R:255，G:255，B:255），修改文字的间距为50，如图8-65和图8-66所示。

图8-65

图8-66

04 选中文字"每个人的责任"，在"字符"面板中修改文字的样式为"Regular"，设置文字的颜色为（R:214，G:209，B:209），设置文字的大小为70像素，如图8-67所示。

05 在"工具"面板中单击"选择工具" **▶**，将文字图层移动到图8-68所示的位置。

图8-67

图8-68

技术专题 15 选择的字体与字体的安装

在"字符"面板左上角设置字体样式的下拉菜单中显示了系统中已经安装的所有可用字体，如图8-69所示。

选择相应的字体后，被选中的文字将会自动应用该字体。如果系统中安装的字体过多，可以拖动鼠标指针浏览字体列表，如图8-70所示。

图8-69   图8-70

很多时候，系统自带的常规字体并不能满足设计师的制作需求。因此，我们需要购买并安装一些非系统自带的字体库，如汉仪、方正等。

安装字体的方法如下。

（1）选择需要安装的字体，如图8-71所示。

图8-71

（2）单击鼠标右键，单击"安装"选项，如图8-72所示。

图8-72

8.4 文字动画

After Effects 2022不仅为文字图层提供了单独的文字动画选择器，为设计师创建丰富多彩的文字效果提供了更多的选择，也使得影片的画面更加鲜活、更具生命力。在实际工作中，制作文字动画的方法主要有以下4种。

第1种：源文本属性制作动画。

第2种：使用文字图层自带的基本动画与选择器相结合，制作单个文字动画或文本动画。

第3种：在文字图层中，使用钢笔工具绘制蒙版路径，制作路径文字动画。

第4种：调用文本动画库中的预设动画，再根据需要进行个性化修改。

8.4.1 源文本动画

使用"源文本"属性可以对文字的内容、段落格式等属性制作动画。不过，这种动画只能是突变性的动画，片长较短的视频字幕可以使用此方法制作。

实战 逐字动画

本案例的逐字动画效果如图8-73所示。

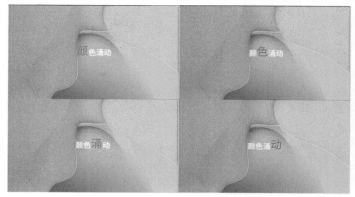

图8-73

01 使用After Effects 2022打开学习资源中的"实战：逐字动画.aep"文件，如图8-74所示。

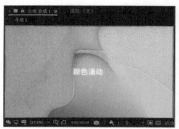

图8-74

02 在"时间轴"面板中，将时间指针移动到第0帧。选中"文字"图层，展开其"文本"属性，单击"源文本"选项前面的"码表"按钮，如图8-75所示。

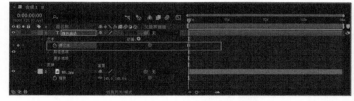

图8-75

03 将时间指针移动到第1秒处，使用"文字工具"选择"颜"字，在"字符"面板中修改文字的大小为125像素，设置文字的颜色为（R:247, G:102, B:132），如图8-76所示。

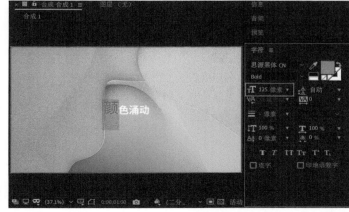

图8-76

04 将时间指针移动到第2秒处，使用"文字工具"选择"色"

字，在"字符"面板中修改文字的大小为125像素，文字的颜色为（R:247，G:102，B:132）；再次选中"颜"字，在"字符"面板中修改文字的大小为85像素，文字的颜色为（R:255，G:255，B:255），如图8-77所示。

05 使用同样的方法和参数设置，在第3秒处完成对"涌"字效果的设置，在第4秒处完成对"动"字效果的设置，如图8-78所示。

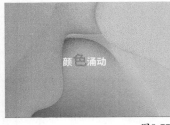
图8-77

图8-78

06 使用同样的方法，在第5秒处恢复所有文字的初始效果，如图8-79所示。

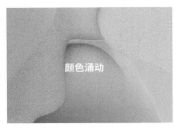
图8-79

8.4.2 动画器文字动画

创建一个"文字"图层以后，可以使用"动画器"功能方便快速地创建复杂的动画效果，一个动画器组中可以包含一个或多个动画选择器及动画属性，如图8-80所示。

图8-80

 "动画"属性

单击"动画"按钮，打开"动画"属性菜单，"动画"属性主要用来设置文字动画的主要参数（所有的"动画"属性都可以单独对文字产生动画效果），如图8-81所示。

图8-81

"动画"属性的参数介绍

启用逐字3D化： 控制是否开启三维文字功能，如果开启了该功能，那么在文字图层属性中将新增一个"材质选项"，用来设置文字的漫反射、高光及是否产生阴影等效果，同时"变换"属性也会从"二维变换"属性转换为"三维变换"属性。

锚点： 用于制作文字中心定位点的变换动画。

位置： 用于制作文字的位移动画。

缩放： 用于制作文字的缩放动画。

倾斜： 用于制作文字的倾斜动画。

旋转： 用于制作文字的旋转动画。

不透明度： 用于制作文字的不透明度变化动画。

全部变换属性： 将所有的属性一次性添加到动画器中。

填充颜色： 用于制作文字的颜色变化动画，包括RGB、色相、饱和度、亮度和不透明度5个选项。

描边颜色： 用于制作文字描边的颜色变化动画，包括RGB、色相、饱和度、亮度和不透明度5个选项。

描边宽度： 用于制作文字描边粗细的变化动画。

字符间距： 用于制作文字之间的间距变化动画。

行锚点： 用于制作文字的对齐动画。当其值为0%时，表示左对齐；当其值为50%时，表示居中对齐；当其值为100%时，表示右对齐。

行距： 用于制作多行文字的行距变化动画。

字符偏移： 按照统一的字符编码标准（即Unicode标准）为选中的文字制作偏移动画。例如设置英文"bathell"的"字符位移"为5，那么最终显示的英文就是"gfymjqq"（按字母表顺序从b往后数，第5个字母是g；从a往后数，第5个字母是f，以此类推），如图8-82所示。

图8-82

字符值： 按照Unicode文字编码形式，用设置的字符值所代表的字符统一替换原来的文字。例如，设置"字符值"为100，那么使用文字工具输入的文字都将用字母d进行替换，如图8-83所示。

图8-83

模糊： 用于制作文字的模糊动画，可以单独设置文字在水平和垂直方向的模糊数值。

实战 文字不透明度动画

本案例的文字不透明度动画效果如图8-84所示。

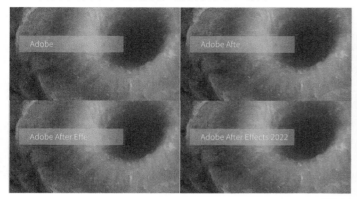

图8-84

01 使用After Effects 2022打开学习资源中的"实战：文字不透明度动画.aep"素材文件，如图8-85所示。

图8-85

02 使用"横排文字工具" 在"合成"面板中输入"Adobe After Effects 2022"，如图8-86所示。

图8-86

03 在"时间轴"面板中选中文字图层，展开其"文本"属性，单击"动画"按钮 ，并在弹出的下拉菜单中执行"不透明度"命令，设置"不透明度"为0%，如图8-87所示。这时，画面上的文字会变成完全透明。

图8-87

04 展开"范围选择器1"属性，在第0帧设置"偏移"值为0%，如图8-88所示，在第1秒设置"偏移"值为100%。

图8-88

05 按空格键预览动画，可以观察到文字从完全透明逐渐变为完全不透明，如图8-89所示。

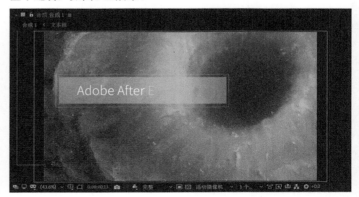

图8-89

图8-92

技巧与提示

关于添加动画属性的方法，这里做详细介绍。

第1种：单击"动画"按钮▶，在弹出的下拉菜单中选择相应的属性。此时，会生产一个动画器组，如图8-90所示。除了"字符位移"等特殊属性以外，一般的动画属性设置完成后，都会在动画器组中产生一个选择器。

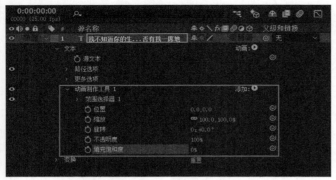

图8-90

第2种：如果文字图层中已经存在动画器组，那么还可以在这个动画器组中继续添加动画属性，如图8-91所示。使用这个方法添加的动画属性，可以使几种属性共用一个选择器，这样就可以很方便地制作不同属性、相同步调的动画。

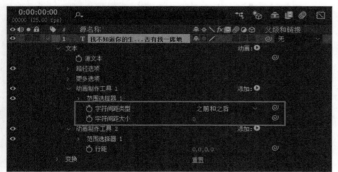

图8-91

文字动画是按照从上向下的顺序进行渲染的，所以在不同的动画器组中添加相同的动画属性时，最终结果都是以最后一个动画器组中的动画属性为主。

● 动画选择器-------------------------

每个动画器组中都包含一个范围选择器，可以在一个动画器组中继续添加选择器，或是在一个选择器中添加多个动画属性。如果在一个动画器组中添加了多个选择器，那么可以在这个动画器中对各个选择器进行调节。这样，可以控制各个选择器之间相互作用的方式。

添加选择器的方法是在"时间轴"面板中选择一个动画器组，单击"添加"按钮▶，在弹出的下拉菜单中选择需要添加的选择器，包括"范围"选择器、"摆动"选择器和"表达式"选择器3种，如图8-92所示。

● "范围"选择器-------------------------

"范围"选择器可以使文字按照特定的顺序进行移动和缩放，如图8-93所示。

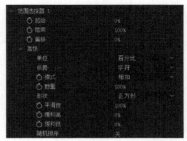

图8-93

"范围"选择器的参数介绍

起始： 设置选择器的开始位置，与字符、单词或文字行的数量，以及单位、依据选项的设置有关。

结束： 设置选择器的结束位置。

偏移： 设置选择器的整体偏移量。

单位： 设置选择范围的单位，有百分比和索引两种。

依据： 设置选择器动画的基于模式，包含"字符""不包含空格字符""词""行"4种模式。

模式： 设置多个选择器范围的混合模式，包括"相加""相减""相交""最小值""最大值""差值"6种模式。

数量： 设置属性动画参数对选择器文字的影响程度。0%表示动画参数对选择器文字没有任何作用，50%表示动画参数只能对选择器文字产生一半的影响。

形状： 设置选择器边缘的过渡方式，包括"正方形""上斜坡""下斜坡""三角形""圆形""平滑"6种方式。

平滑度： 当设置形状的类型为正方形方式时，该选项才起作用，它决定了一个字符到另一个字符过渡的动画时间。

缓和高： 特效缓入设置。例如，当设置"缓和高"值为100%时，文字特效从完全选择状态进入部分选择状态的过程就很平缓；当设置"缓和高"值为-100%时，文字特效从完全选择状态到部分选择状态的过程就会很快。

缓和低： 原始状态缓出设置。例如，当设置"缓和低"值为100%时，文字从部分选择状态进入完全不选择状态的过程就很平缓；当设置"缓和低"值为-100%时，文字从部分选择状态到完全不选择状态的过程就会很快。

随机排序： 决定是否启用随机设置。

技巧与提示

设置选择器的开始和结束位置时，除了可以在"时间轴"面板中对"起始"和"结束"选项进行设置，还可以在"合成"面板中通过范围选择器的指针进行设置，如图8-94所示。

图8-94

图8-97

实战 范围选择器动画

本案例的范围选择器动画效果如图8-95所示。

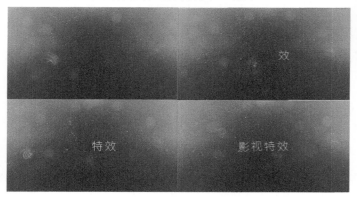

图8-95

图8-98

04 展开文字图层的属性，单击"动画"按钮，并在弹出的下拉菜单中执行"位置"命令，设置"位置"为（-1238，0），单击"添加"按钮，并在弹出的下拉菜单中执行"属性>旋转"命令，设置"旋转"为（-3×+0°），如图8-99所示。

图8-99

05 将"动画制作工具1"修改为"滚入动画"（以便辨识该动画器的作用），在第0秒设置选择器的"偏移"属性关键帧为0%，在第2秒设置"偏移"属性关键帧为-100%。最后，开启文字的"运动模糊"开关，如图8-100所示。

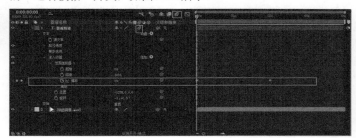

图8-100

01 执行"合成>新建合成"菜单命令，创建一个"预设"为"HDTV 1080 25"的合成，设置"持续时间"为4秒，并将其命名为"影视特效"，如图8-96所示。

图8-96

02 执行"文件>导入>文件"菜单命令，导入学习资源中的"动态背景.MOV"素材，将其添加到"时间轴"面板中，如图8-97所示。

03 单击"工具"面板中的"横排文字工具"，在"合成"面板中输入文字"影视特效"，如图8-98所示。

06 按照步骤04的方法继续在"动画"的下拉菜单中执行"位置"命令，设置"位置"值为（0，-50），为其追加一个"旋转"动画属性，并设置其值为（-2×-350°），设置"范围"选择器的"结束"值为75%。将动画制作工具的名称改为"弹跳动画1"（位置/旋转），在第0秒处设置"偏移"值为-100%，如图8-101所示。

图8-101

07 为增强文字弹跳的无序性，可以继续为文字图层添加动画制作工具组。在"动画"的下拉菜单中执行"位置"命令，设置"位置"为（0，-10），为其追加一个"旋转"动画属性，并设置其值为（0×-5°），如图8-102所示。将动画器组的名称改为"弹跳动画2"（位置/旋转），在第1秒15帧处设置"偏移"属性关键帧为100%，在3秒09帧处设置"偏移"属性关键帧为-100%。

图8-102

08 按空格键预览动画，可以观察到文字的动画效果，如图8-103所示。

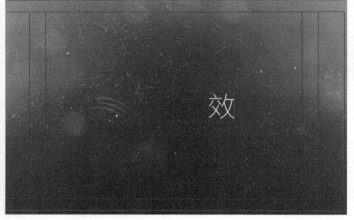

图8-103

"摆动"选择器

使用"摆动"选择器可以让选择器在指定的时间段产生摇摆动画，如图8-104所示。其参数选项如图8-105所示。

图8-104

图8-105

"摆动"选择器的参数介绍

模式： 设置"摆动"选择器与其上层选择器之间的混合模式，类似于多重蒙版的混合设置。

最大/最小量： 设定选择器的最大/最小变化幅度。

依据： 选择文字摇摆动画的基于模式，包括"字符""不包含空格字符""词""行"4种模式。

摇摆/秒： 设置文字摇摆的变化频率。

关联： 设置每个字符变化的关联性，当其值为100%时，所有字符在相同时间内的摆动幅度一致；当其值为0%时，所有字符在相同时间内的摆动幅度互不影响。

时间/空间相位： 设置字符基于时间还是基于空间的相位大小。

锁定维度： 设置是否让不同维度的摆动幅度拥有相同的数值。

随机植入： 设置随机的变数。

"表达式"选择器

使用"表达式"选择器时，可以很方便地使用动态方法设置动画属性对文本的影响范围。可以在一个"动画制作工具"组中使用多个"表达式"选择器，并且每个选择器也可以包含多个动画属性，如图8-106所示。

图8-106

"表达式"选择器的参数介绍

依据： 设置选择器的基于方式，包括"字符""不包含空格字符""词""行"4种模式。

数量： 设定动画属性对表达式选择器的影响范围，0%表示动画属性对选择器的文字没有任何影响，50%表示动画属性对选择器的文字有一半的影响。

文本序号： 返回"字符"、"词"或"行"的序号值。

文本总数值： 返回"字符"、"词"或"行"的总数值。

选择器数值：返回先前选择器的值。

实战 表达式选择器动画

本案例的表达式选择器动画效果如图8-107所示。

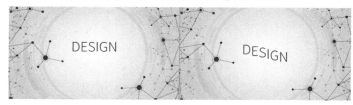

图8-107

01 使用After Effects 2022打开学习资源中的"实战：表达式选择器动画.aep"文件，如图8-108所示。

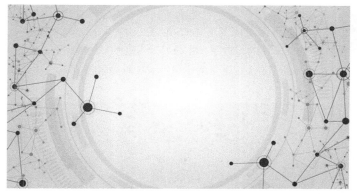

图8-108

02 使用"横排文字工具" 在"合成"面板中输入文字"DESIGN"，如图8-109所示。

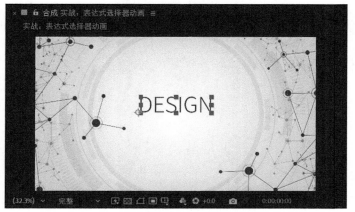

图8-109

03 在"时间轴"面板中展开文字图层的属性，在"动画"下拉菜单中执行"位置"命令，创建一个新的"动画制作工具"组。选中"范围选择器1"，按Delete键将其删除，修改"位置"值为（0，100）。在"动画制作工具1"选项后面的"添加"下拉菜单中执行"选择器>表达式"命令，创建一个"表达式"选择器，如图8-110所示。

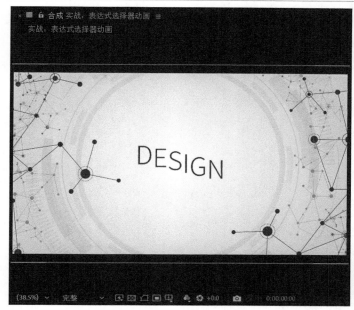

图8-110

技巧与提示

"源文本"和"动画制作工具"动画是文字工具独有的文字动画制作方法，这部分的内容有点难以理解，希望读者多看多练。

8.4.3 路径文字动画

如果在文字图层中创建了一个蒙版，那么就可以利用这个蒙版作为一个文字的路径制作动画。作为路径的蒙版，既可以是封闭的，也可以是开放的，但是必须要注意一点，如果使用闭合的蒙版作为路径，必须设置蒙版的"模式"为"无"。

在文字图层下展开"文本"属性下面的"路径选项"参数，如图8-111所示。

图8-111

"路径选项"的参数介绍

路径： 在其下拉菜单中可以选择作为路径的蒙版。

反转路径： 控制是否反转路径。

垂直于路径： 控制是否让文字垂直于路径。

强制对齐： 将第1个文字和路径的起点强制对齐，或与设置的首字边距对齐，同时让最后1个文字和路径的结尾点对齐，或与设置的末字边距对齐。

首字边距： 设置第1个文字相对于路径起点处的位置，单位为像素。

末字边距： 设置最后1个文字相对于路径结尾处的位置，单位为像素。

133

实战 蒙版路径文字动画

本案例的文字动画效果如图8-112所示。

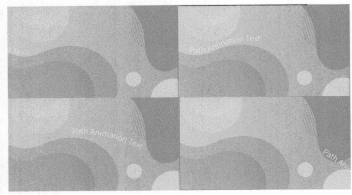

图8-112

01 执行"合成>新建合成"菜单命令，创建一个"预设"为"HDTV 1080 25"的合成，设置"持续时间"为5秒，并将其命名为"蒙版路径文字动画"，如图8-113所示。

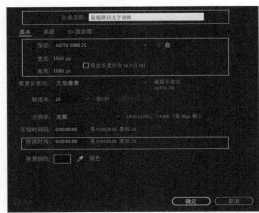

图8-113

02 使用"横排文字工具" **T** 在"合成"面板中输入文本"Path Animation Text"，如图8-114所示。

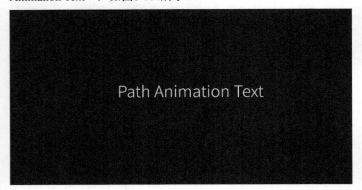

图8-114

03 选中"文字"图层，使用"钢笔工具" 在"合成"面板中绘制一条曲线，如图8-115所示。

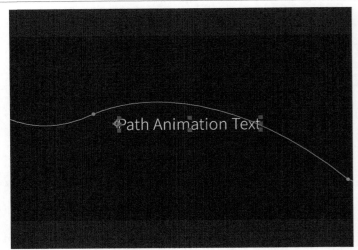

图8-115

04 展开文本图层的"文本"属性下的"路径选项"属性，在"路径"属性的下拉菜单中选择"蒙版1"选项，如图8-116所示。这时，可以发现文字按照一定的顺序排列在路径上，如图8-117所示。

图8-116

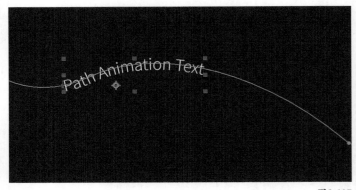

图8-117

05 在第1秒，设置"首字边距"值为-575；在第4秒24帧，设置"首字边距"值为2350，如图8-118所示。

图8-118

134

06 执行"文件>导入>文件"菜单命令，导入学习资源中的"BG.jpg"素材，将其添加到"时间轴"面板中，并将其移动到文字图层的下面，如图8-119所示。

图8-119

文字动画效果的预览如图8-120所示。

图8-120

8.4.4 预设的文字动画

通俗地讲，预设的文字动画就是系统预先做好的文字动画，用户可以直接调用这些文字动画效果。

在After Effects 2022中，系统提供了丰富的效果和预设来创建文字动画。此外，用户还可以借助Adobe Bridge软件可视化地预览这些文字动画预设。

（1）在"时间轴"面板中，选中需要应用文字动画的文字图层，将时间指针移动到动画开始的时间点上。

（2）执行"窗口>效果和预设"菜单命令，打开"动画预设"面板，如图8-121所示。

（3）在"动画预设"面板中，找到合适的文字动画，直接将其拖曳到被选中的文字图层即可。

图8-121

技巧与提示

想要更加直观和方便地看到预设的文字动画效果，可以执行"动画>浏览预设"菜单命令，打开Adobe Bridge软件就可以动态预览各种

文字动画效果了。在合适的文字动画效果上双击，即可将动画效果添加到被选中的文字图层上，如图8-122所示。

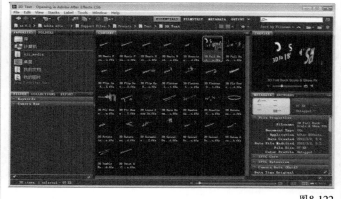

图8-122

实战 预设的文字动画

本案例预设的文字动画效果如图8-123所示。

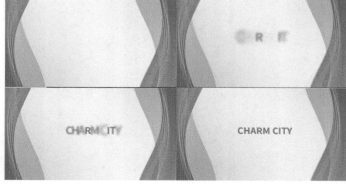

图8-123

01 使用After Effects 2022打开学习资源中的"实战：预设文字动画.aep"文件，如图8-124所示。

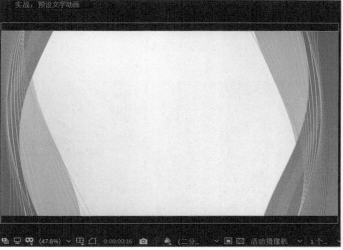

图8-124

02 使用"横排文字工具" 在"合成"面板中输入文本
"CHARM CITY",选中该文字图层,并将时间指针移动到第0
帧,如图8-125所示。

图8-125

03 执行"窗口>效果和预设"菜单命令,打开"动画预设"面
板。在"动画预
设"栏,点开栏
中的"Text"(文
字)选项,进入文
字动画预设模块,
如图8-126所示。

04 在"文字"
动画预设中打开
"Blurs"文件夹,选
中"蒸发"文字动
画预设,如图8-127
所示。

图8-126　　　　图8-127

05 将"蒸发"效果预设拖曳到文字图层,展开"Evaporate
Animator"(蒸发动画器)属性。选中"偏移"值的关键帧,单
击鼠标右键,执行"关键帧辅助>时间反向关键帧"命令,如
图8-128所示。

图8-128

06 拖动时间指针即可看到文字动画,如图8-129所示。

图8-129

8.5　文字的拓展

在After Effects 2022中,文字的外轮廓功能为我们进一步深入
创作提供了无限可能,相关的应用如图8-130和图8-131所示。

图8-130

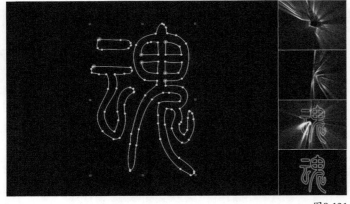

图8-131

旧版本After Effects中的"创建外轮廓"命令,在After Effects
2022版本中被分成了"从文字创建蒙版"和"从文字创建形状"
两个命令。其中,"从文字创建蒙版"命令的功能和使用方法与
原来的"创建外轮廓"命令完全一样。而"从文字创建形状"命
令则可以建立一个以文字轮廓为形状的形状图层。

8.5.1　从文字创建蒙版

在"时间轴"面板中选中文本图层,执行"图层>创建>从文

字创建蒙版"菜单命令，系统将自动生成一个新的白色的固态图层，并将蒙版创建在这个图层上。同时，原始的文字图层将自动关闭显示，如图8-132和图8-133所示。

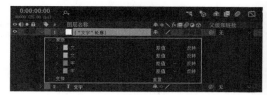

图8-132

图8-133

技巧与提示

在After Effects 2022中，从文字创建蒙版的功能非常实用，不仅可以在转化后的蒙版图层上应用各种特效，如"描边""维加斯""3D描边""星空光晕"等，还可以将转化后的蒙版应用于其他图层。

实战 从文字创建蒙版

本案例制作的创建文字蒙版效果如图8-134所示。

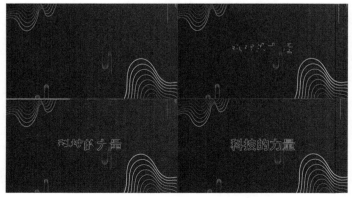

图8-134

01 使用After Effects 2022打开学习资源中的"实战：从文字创建蒙版.aep"，如图8-135所示。

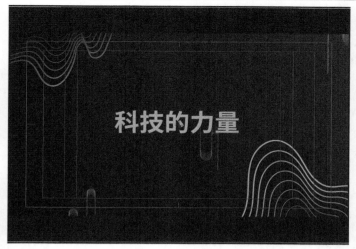

图8-135

02 选中"文字"图层，执行"图层>创建>从文字创建蒙版"菜单命令，如图8-136所示。

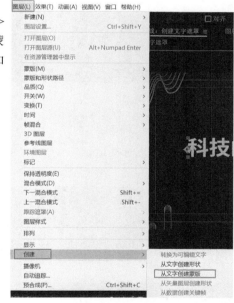

图8-136

03 选中"科技的力量"图层，执行"效果>生成>描边"菜单命令，为其添加"描边"效果。选中所有蒙版选项，取消"顺序描边"功能，设置"颜色"为金黄色，修改"画笔硬度"值为100%，将"绘画样式"修改为"在透明背景上"，如图8-137所示。

图8-137

04 设置"结束"属性的动画关键帧。在第0帧,设置"结束"值为0%;在第4秒24帧,设置"结束"值为100%,如图8-138所示。

图8-138

制作完成后,最终的动画单帧截图效果如图8-139所示。

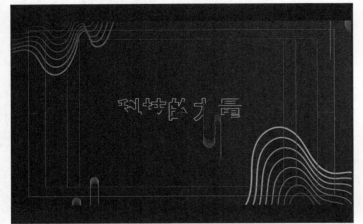

图8-139

8.5.2 从文字创建形状

在"时间轴"面板中选中文本图层,执行"图层>创建>从文字创建形状"菜单命令,系统将自动生成一个新的文字轮廓图层。同时,原始的文字图层将自动关闭显示,如图8-140和图8-141所示。

图8-140

图8-141

实战 从文字创建形状

本案例制作的创建文字形状轮廓的动画效果如图8-142所示。

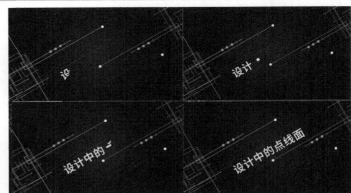

图8-142

01 使用After Effects 2022打开学习资源中的"实战:从文字创建形状.aep"素材文件,如图8-143所示。

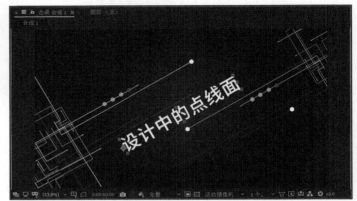

图8-143

02 选中"文字"图层,执行"图层>创建>从文字创建形状"菜单命令,如图8-144所示。

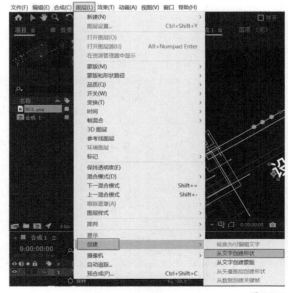

图8-144

03 展开"'设计中的点线面'轮廓"图层,执行"添加>修剪路径"命令,如图8-145所示。

图8-145

04 展开"修剪路径1"属性,设置"结束"属性的动画关键帧。在第0帧,设置"结束"值为0%;在第4秒24帧,设置"结束"值为100%,设置"修剪多重形状"为"单独",如图8-146所示。

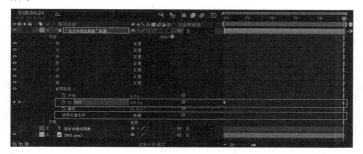

图8-146

制作完成后,最终的动画单帧截图效果如图8-147所示。

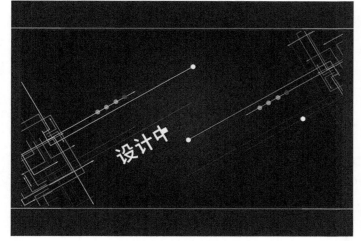

图8-147

8.6 综合实战:文字键入动画

在制作"文字键入动画"效果(也就是通常说的打字特效)

的时候,很多设计师都会借助一些外挂插件。本案例将向读者介绍一种新的方式,就是使用After Effects 2022文字系统中的动画属性与"范围"选择器相结合,并配合简单的表达式完成动画制作,案例效果如图8-148所示。

图8-148

8.6.1 创建文字

01 执行"合成>新建合成"菜单命令,创建一个"预设"为"HDTV 1080 25"的合成,设置"持续时间"为5秒,并将其命名为"字幕制作",如图8-149所示。

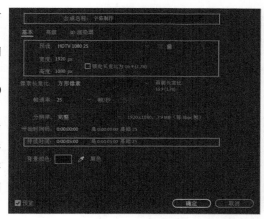

图8-149

02 使用"横排文字工具" **T** 在"合成"面板中输入文字"行走的城市并不是什么终点,而仅仅只是一个新的开始,每次的行走都会有结束的时候,但是梦想,永远在路上,带着梦想上路……"在"字符"面板中设置字体为"思源黑体CN",文字的大小为50像素,字体颜色为白色,文字的间距值为50。在"段落"面板中设置文本"居左对齐",文本的段前间距为20像素,如图8-150和图8-151所示。

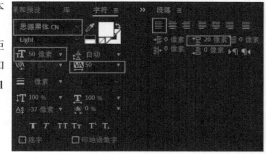

图8-150

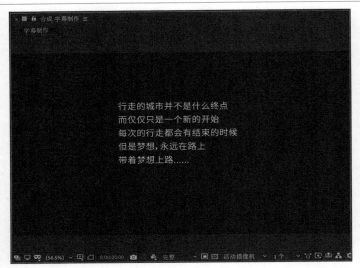

行走的城市并不是什么终点
而仅仅只是一个新的开始
每次的行走都会有结束的时候
但是梦想，永远在路上
带着梦想上路……

图8-151

03 选中"文字"图层，执行"效果>表达式控制>滑块控制"菜单命令，为其添加"滑块控制"效果。在"效果控件"面板中选择"滑块控制"选项，按Enter键进行重命名。在输入框中输入"键入"，再次按Enter键确认，如图8-152所示。

图8-152

04 设置"滑块"属性的动画关键帧。在第0帧，设置"滑块"值为0；在第4秒，设置"滑块"值为60，如图8-153所示。

图8-153

8.6.2 "输入光标"动画

01 展开"文字"图层的"文本"属性，在"动画"下拉菜单中添加一个"字符值"属性，设置"字符值"为95（这样，在选择器内的文字就变成了"输入光标"的形状），如图8-154和图8-155所示。

图8-154

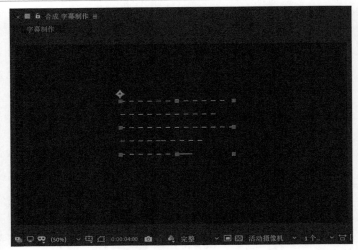

图8-155

02 设置选择器的"单位"属性为"索引"，设置"结束"值为6，修改"平滑度"值为0%，如图8-156和图8-157所示。

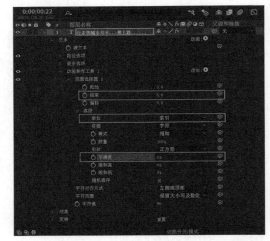

图8-156

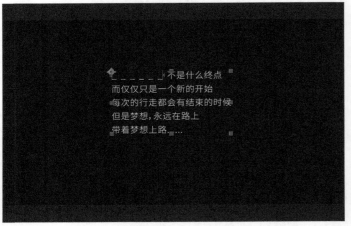

图8-157

03 在按住Alt键的同时，单击"偏移"属性前面的"码表"按钮，在"表达式"输入框中输入"effect（"键入"）（1）"，这样可以让"偏移"属性的数值和效果中的"滑块"数值相关联。将"动画制作工具1"组的名称修改为"输入光标",如图8-158所示。

图8-158

8.6.3 "修正光标"动画

01 选择"输入光标"动画组,按快捷键Ctrl+D,复制一个副本动画组,将其更名为"修正光标",如图8-159所示。

图8-159

02 展开"修正光标"动画组,设置"结束"值为100。在"偏移"表达式输入框中将"effect("键入")(1)"修改为"effect("键入")(1)+1",如图8-160所示。

图8-160

03 删除"字符值"属性,在动画组中添加一个"不透明度"属性,并设置"不透明度"为0%,如图8-161所示。

图8-161

8.6.4 画面优化与视频输出

01 执行"文件>导入>文件"菜单命令,导入学习资源中的"BG6.jpg"素材,将其添加到"时间轴"面板中,如图8-162所示。动画预览效果如图8-163所示。

图8-162

图8-163

02 至此,整个案例制作完毕,按快捷键Ctrl+M,进行视频输出。

第9章

三维空间功能的应用

Learning Objectives
学习要点∠

142页
三维空间概述

144页
三维图层的基本操作

147页
三维图层的材质属性

148页
灯光的属性与类型

152页
摄像机的控制方法

153页
镜头的运动方式

9.1 三维空间概述

在复杂的项目制作中，普通的二维图层已经很难满足设计师的需求了。因此，After Effects 2022为设计师提供了更为完善的三维系统。在这个系统中，可以创建三维图层、摄像机和灯光等，进行三维合成操作。这些3D功能为设计师提供了更为广阔的想象空间，同时也为作品增添了更强的视觉表现力。

在三维空间中，"维"是一种度量单位，表示方向。三维空间分为一维、二维和三维，如图9-1所示。由一个方向确立的空间为一维空间，一维空间呈直线型，拥有一个长度方向；由两个方向确立的空间为二维空间，二维空间呈面型，拥有长、宽两个方向；由三个方向确立的空间为三维空间，三维空间呈立体型，拥有长、宽、高3个方向。

可以从多个视角观察三维空间的空间结构，如图9-2所示。随着视角的变化，不同景深的物体之间会产生一种空间错位的感觉。例如，在移动物体时可以发现，处于远处的物体的变化速度比较缓慢，而位于近处的物体的变化速度则比较快。

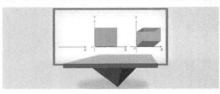

图9-1

图9-2

9.2 三维空间的属性

After Effects 2022提供的三维图层功能虽然不像专业的三维软件那样具有建模能力，但在After Effects 2022的三维空间系统中，图层与图层之间同样可以利用三维景深的属性产生前后遮挡的效果，并且，此时的三维图层自身也具备接收和投射阴影的功能。因此，在After Effects 2022中通过摄像机的属性，即可完成各种"透视""景深""运动模糊"等效果的制作，如图9-3所示。

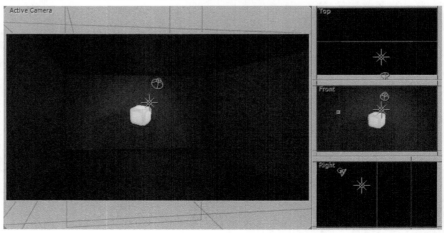

图9-3

同时，对于一些较复杂的三维场景，可以采用三维软件（如Maya、3ds Max、Cinema 4D等）与After Effects 2022结合进行制作。只要方法恰当，再加上足够的耐心，就能制作出非常漂亮和逼真的三维场景，如图9-4所示。

图9-4

9.2.1 如何开启三维图层

要想将二维图层转换为三维图层，既可以直接在对应图层后单击"3D图层"按钮（系统默认的状态是空白状态■），如图9-5所示。也可以通过执行"图层>3D图层"菜单命令完成，如图9-6所示。

图9-5

图9-6

技巧与提示

在After Effects 2022中，除了音频图层，其他的图层都可以转换为三维图层。另外，使用文字工具创建的文字图层在激活了"启用预3D字符"属性之后，还可以对单个的文字制作三维动画效果。

将二维图层转换为三维图层后，三维图层会增加一个z轴属性和一个"材质选项"属性，如图9-7所示。

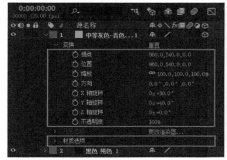

图9-7

疑难问答

问：将某个图层转换为三维图层并设置了关键操作，那么关闭三维图层的开关后，这些动画还能继续存在吗？

答：关闭三维图层的开关后，所增加的属性也会随之消失，所有涉及的三维参数、关键帧和表达式都将被删除。即使重新将二维图层转换为三维图层，这些参数设置也不会再恢复。因此，将三维图层转换为二维图层时需要谨慎。

9.2.2 三维图层的坐标系统

在After Effects 2022的三维坐标系中，最原始的坐标系统的起点在左上角，x轴从左到右不断增加，y轴从上到下不断增加，而z轴是从近到远不断增加，这与其他三维软件中的坐标系统有较大差别。

在操作三维图层对象时，可以根据轴向对物体进行定位。在"工具"面板中，共有3种定位三维对象坐标的工具，分别是"本地轴"模式、"世界轴"模式和"视图轴"模式，如图9-8所示。

图9-8

"本地轴"模式

"本地轴"模式采用对象自身的表面作为对齐的依据，如图9-9所示。"本地轴"模式对于当前选择对象与"世界轴"模式不一致时特别有用，可以通过调节"本地轴"模式的轴向，对齐"世界轴"模式。

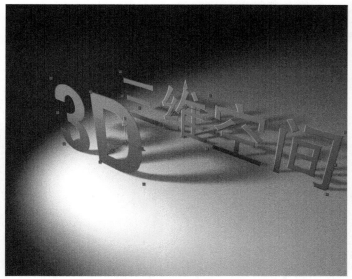

图9-9

在图9-9中，红色坐标代表x轴，绿色坐标代表y轴，蓝色坐标代表z轴。

"世界轴"模式

"世界轴"模式 对齐于合成空间中的绝对轴模式，无论如何旋转3D图层，其坐标轴始终对齐于三维空间的三维坐标轴，x轴始终沿着水平方向延伸，y轴始终沿着垂直方向延伸，而z轴则始终沿着纵深方向延伸，如图9-10所示。

图9-10

"视图轴"模式

"视图轴"模式 对齐于用户进行观察的视图轴向。如果在一个自定义视图中对一个三维图层进行了"旋转"操作，并且在后续还对该图层进行各种变换操作，那么它的轴向仍然垂直于对应的视图。

对于"摄像机"视图和"自定义"视图来说，由于它们同属于透视图，因此即使z轴垂直于屏幕平面，但还是可以观察到z轴；对于正交视图而言，由于它们没有透视关系，因此在这些视图中就只能观察到x、y两个轴向，如图9-11所示。

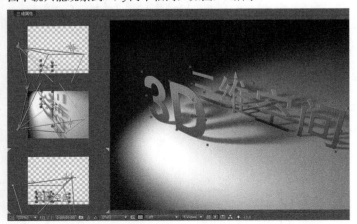

图9-11

要显示或隐藏图层上的三维坐标轴、摄像机，或灯光图层的线框图标、目标点和图层控制手柄，可以在"视图"菜单中执行"显示图层控件"命令，如图9-12所示。

如果要持久显示"合成"面板中的三维坐标轴，可以在"合成"面板下方的"选择网格和参考线"选项的下拉菜单中执行"3D参考轴"命令，设置三维坐标轴，如图9-13和图9-14所示。

图9-12　　　　图9-13

图9-14

移动三维图层

在三维空间中移动三维图层，将对象放置在三维空间的指定位置，或是在三维空间中为图层制作空间位移动画时，需要对三维图层进行移动操作。移动三维图层的方法主要有以下两种。

第1种：在"时间轴"面板中对三维图层的"位置"属性进行调节，如图9-15所示。

第2种：在"合成"面板中使用"选择工具"选项，直接在三维图层的轴向上移动三维图层，如图9-16所示。

图9-15

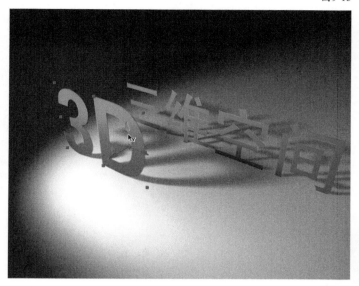

图9-16

技巧与提示

当鼠标指针停留在各个轴向上时，如果鼠标指针呈►x形状，表示当前的移动操作锁定在x轴上；如果鼠标指针呈►y形状，表示当前的移动操作锁定在y轴上；如果鼠标指针呈►z形状，表示当前的移动操作锁定在z轴上。

如果不在单独的轴向上移动三维图层，那么该图层中的"位置"属性的3个数值就会同时发生变化。

旋转三维图层

按R键展开三维图层的"旋转"属性，可以观察到三维图层的可操作旋转参数包括4个，分别是"方向""X轴旋转""Y轴旋转""Z轴旋转"，而二维图层则只有一个旋转属性，如图9-17所示。

图9-17

旋转三维图层的方法主要有以下两种。

第1种：在"时间轴"面板中，直接对三维图层的"方向"属性或"旋转"属性进行调节，如图9-18所示。

图9-18

技巧与提示

使用"方向"的值或"旋转"的值旋转三维图层，均是以图层的轴心点作为基点进行旋转。

通过"方向"属性制作的动画可以产生更加自然平滑的旋转过渡效果，而通过"旋转"属性制作的动画则可以更精确地控制旋转的过程。

在制作三维图层的旋转动画时，不要同时使用"方向"属性和"旋转"属性，以免在制作过程中出现混乱。

第2种：在"工具"面板中单击"旋转工具"按钮，以"方向"或"旋转"方式直接对三维图层进行旋转操作，如图9-19所示。

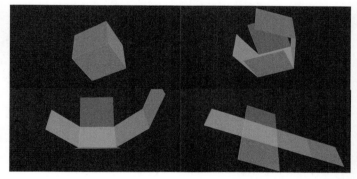

图9-19

技巧与提示

在"工具"面板单击"旋转工具"按钮后，面板的右侧会出现一个设置三维图层旋转方式的选项，包含"方向"和"旋转"两种方式。

实战 盒子动画

本案例的盒子动画效果如图9-20所示。

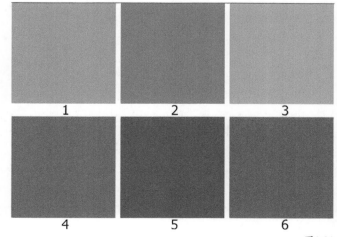

图9-20

01 在Photoshop中制作6张尺寸为400像素×400像素的图片素材，以此作为盒子的面，如图9-21所示。

图9-21

02 启动After Effects 2022，将所有素材导入"项目"面板。执行"合成>新建合成"菜单命令，创建一个"宽度"为1920像素、"高度"为1080像素、"像素长宽比"为"方形像素"的合成，设置"持续时间"为5秒，并将其命名为"实战：盒子动画"，如图9-22所示。

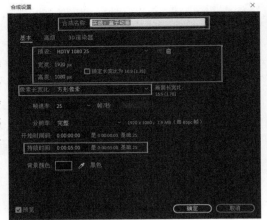

图9-22

技巧与提示

这里创建的合成的"像素长宽比"为"方形像素"，主要是为了防止后面的盒子动画中出现缝隙。

03 将"项目"面板中的素材拖曳到"时间轴"面板中，分别重新命名为"顶面""底面""侧面A""侧面B""侧面C""侧面D"，如图9-23所示。

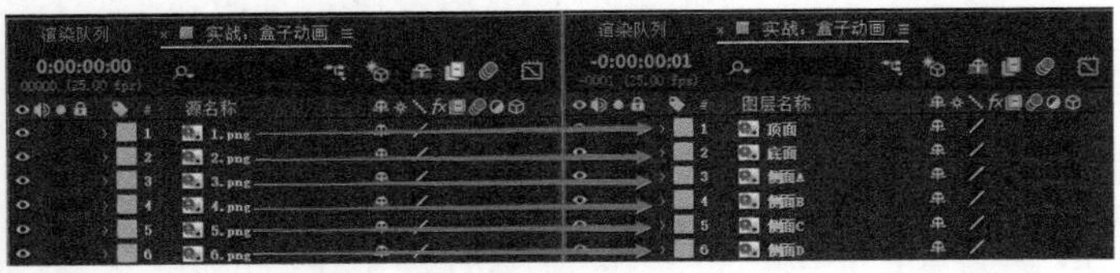

图9-23

04 修改"顶面"图层的"位置"值为（700，140），修改"底面"图层的"位置"值为（700，940），修改"侧面A"图层的"位置"值为（300，540），修改"侧面B"图层的"位置"值为（700，540），修改"侧面C"图层的"位置"值为（1100，540），修改"侧面D"图层的"位置"值为（1500，540），如图9-24所示。

图9-24

05 如图9-25所示，使用"锚点"工具修改"顶面"的轴心点到图中"1"所示处，修改"底面"的轴心点到图中"3"所示处，修改"侧面A"的轴心点到图中"2"所示处，修改"侧面C"的轴心点到图中"4"所示处，修改"侧面D"的轴心点到图中"5"所示处。

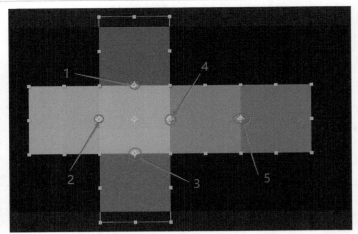

图9-25

技巧与提示

这里修改图层的锚点，是为制作盒子的打开动画做准备。

06 将所有的图层全部转换为三维图层，如图9-26所示。

图9-26

07 按快捷键Shift+F4，打开"父级和链接"面板。设置"顶面""底面""侧面A""侧面C"为"侧面B"的子图层，设置"侧面D"为"侧面C"的子图层，如图9-27所示。

图9-27

技巧与提示

设置父子图层关系是为了让父级的变换属性能够影响子图层的变换属性，以产生"联动效应"。

08 设置各个图层的旋转动画关键帧。在第0帧，设置"顶面"图层的"X轴旋转"值为（0×+90°），设置"底面"图层的"X轴旋转"值为（0×-90°），设置"侧面A"图层的"Y轴旋转"值为（0×-90°），设置"侧面C"图层的"Y轴旋转"值为（0×+90°），设置"侧面D"图层的"Y轴旋转"值为（0×+90°），如图9-28所示。在第5秒，设置"顶面"图层的"X轴旋转"值为0，设置"底面"图层的"X轴旋转"值为0，设置"侧面A"图层的"Y轴旋转"值为0，设置"侧面C"图层的"Y轴旋转"值为0，设置"侧面D"图层的"Y轴旋转"值为0。

图9-28

09 在第0帧，设置"侧面B"图层的"位置"值为（1113，727，0），"X轴旋转"值为（0×-50°），"Z轴旋转"值为（0×+30°），如图9-29所示；在第5秒，设置"侧面B"图层的"位置"值为（904，601，0），"X轴旋转"值为（0×-60°），"Z轴旋转"值为（0×-20°）。

图9-29

10 执行"文件>导入>文件"菜单命令，打开学习资源中的"BG31.jpg"素材文件，将该素材拖曳到"时间轴"面板中，如图9-30所示。

图9-30

制作完成后，最终画面效果如图9-31所示。

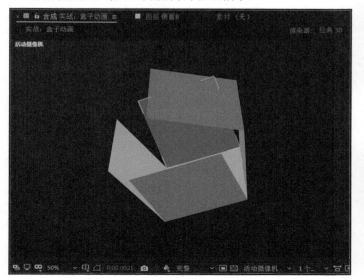

图9-31

9.2.4 三维图层的材质属性

将二维图层转换为三维图层后，该图层除了会新增第3个维度的属性，还会增加一个"材质选项"属性，该属性主要用来设置三维图层与灯光系统的相互关系，如图9-32所示。

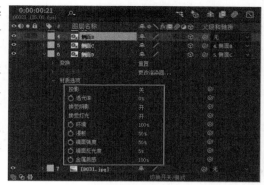

图9-32

"材质选项"的参数介绍

投影： 决定三维图层是否投射阴影，包括"关""开""仅"3个选项，其中"仅"选项表示三维图层只投射阴影，如图9-33所示。

图9-33

透光率： 设置物体接收光照后的透光程度，该属性可以用来体现半透明物体在灯光照射下的效果，其效果主要体现在阴影上（物体的阴影会受到物体自身颜色的影响）。当将"灯光透明度"设置为0%时，物体的阴影不受物体自身颜色的影响；当将"灯光透明度"设置为100%时，物体的阴影受物体自身颜色的影响最大，如图9-34所示。

图9-34

接受阴影： 设置物体是否接受其他物体的阴影投射效果，包含"开"和"关"两种模式，如图9-35所示。

图9-35

接受灯光： 设置物体是否接受灯光的影响。设置为"开"模式时，物体接受灯光的影响，物体的受光面会受灯光照射角度或强度的影响；设置为"关"模式时，表示物体表面不受灯光照射的影响，物体只显示自身的材质。

环境： 设置物体受环境光影响的程度，该属性只有当三维空间中存在环境光时才会产生作用。

漫射： 调整灯光漫射的程度，主要用来突出物体颜色的亮度。

镜面强度： 调整图层镜面反射的强度。

镜面反光度： 设置图层镜面反射的区域，其值越小，镜面反射的区域就越大。

金属质感： 调节镜面反射光的颜色，其值越接近100%，效果越接近物体的材质；其值越接近0%，效果越接近灯光的颜色。

> 只有当场景中使用了灯光系统时，材质选项中的各个属性才能发挥作用。

9.3 灯光系统

前文介绍了三维图层的材质属性。结合三维图层的材质属性，不仅可以让灯光影响三维图层的表面颜色，还可以为三维图层创建阴影效果。

9.3.1 创建"灯光"

执行"图层>新建>灯光"菜单命令，或按快捷键Ctrl+Alt+Shift+L，即可创建一盏"灯光"，如图9-36所示。

图9-36

9.3.2 属性与类型

执行"图层>新建>灯光"菜单命令，或按快捷键Ctrl+Alt+Shift+L时，系统会弹出"灯光设置"对话框，可以在该对话框中设置灯光的"灯光类型""强度""锥形角度""锥形羽化"等相关参数，如图9-37所示。

"灯光设置"对话框中的参数介绍

名称： 设置灯光的名称。

灯光类型： 设置灯光的类型，包括"平行""聚光""点""环境"4种类型。

颜色： 设置灯光照射的颜色。

强度： 设置灯光的光照强度，数值越大、光照越强。

锥形角度： 聚光特有的属性，主要用来设置聚光的光照范围。

锥形羽化： 聚光特有的属性，与锥形角度参数配合使用，主要用来调节光照区与无光区边缘的过渡效果。

衰减距离： 设置灯光的衰减方式，有"平滑""反向平方限制"两种类型，为不同的衰减数学算法，通常默认即可。

投影： 控制灯光是否投射阴影，该属性必须在三维图层的材质属性中开启了"投射阴影"选项时才能起作用。

阴影深度： 设置阴影的投射深度，也就是阴影的黑暗程度。

阴影扩散： 设置阴影的扩散程度，其值越高，阴影的边缘越柔和。

图9-37

 平行

"平行"类似于太阳光，具有方向性，并且不受灯光距离的限制。也就是说，光照范围可以是无穷大，场景中任何被照射的物体都能产生均匀的光照效果，但是只能产生尖锐的投影，如图9-38所示。

图9-38

 聚光

"聚光"可以产生类似舞台聚光灯的光照效果，即从光源处产生一个圆锥形的照射范围，从而形成光照区和无光区。聚光同样具有方向性，并且能产生柔和的阴影效果和光线的边缘过渡效果，如图9-39所示。

图9-39

 点

"点"类似于没有灯罩的灯泡的照射效果，其光线以360°的全角范围向四周照射，并且会随着光源和照射对象距离的增大而发生衰减现象。虽然"点"不能产生无光区，但可以产生柔和的阴影效果，如图9-40所示。

图9-40

环境

"环境"没有灯光发射点，也没有方向性，不能产生投影效果，不过可以用来调节整个画面的亮度，并且可以和三维图层材质属性中的"环境"属性配合使用，以影响环境的色调，如图9-41所示。

图9-41

9.3.3 灯光的移动

可以通过调节灯光图层的位置和目标点来设置灯光的照射方向和范围。

在移动灯光时，除了直接调节参数及移动其坐标轴的方法，还可以通过直接拖曳灯光的图标来自由移动它们的位置，如图9-42所示。

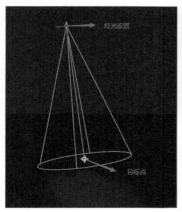

图9-42

技巧与提示

灯光的目标点主要起到定位灯光方向的作用。在默认情况下，目标点的位置在合成的中央。

在使用"选择工具"移动灯光的坐标轴时，灯光的目标点也会随之发生移动，如果只想让灯光的"位置"属性发生改变，而保持目标点的位置不变，可以在使用"选择工具"移动灯光的同时，按住Ctrl键进行调整。

实战 盒子阴影

本案例的盒子阴影效果如图9-43所示。

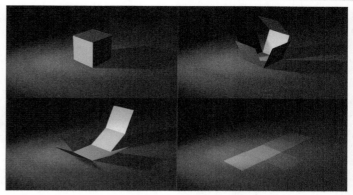

图9-43

01 使用After Effects 2022打开"实战：盒子阴影.aep"素材文件，如图9-44所示。

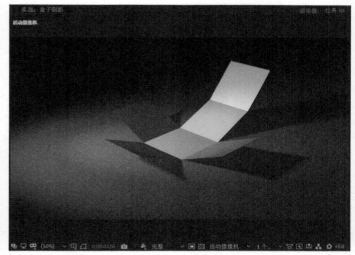

图9-44

02 执行"图层>新建>纯色"菜单命令，新建一个名为"BG"的图层，将背景的"颜色"设置为灰色，如图9-45所示。

图9-45

03 将"BG"图层转换为三维图层，修改其图层的"缩放"值为（500%，500%，500%）。设置"位置"值为（982，622，0），

149

设置"X轴旋转"值为（0×+115°），设置"Y轴旋转"值为（0×+180°），设置"Z轴旋转"值为（0×+0°），如图9-46所示。

图9-46

04 执行"图层>新建>灯光"菜单命令，新建一个名为"聚光1"的聚光灯，设置其"颜色"为（R:252，G:247，B:237），"强度"值为230%，"锥形角度"值为70°，"锥形羽化"值为100%。选中"投影"选项，设置"阴影深度"值为50%，"阴影扩散"值为100px，如图9-47所示。

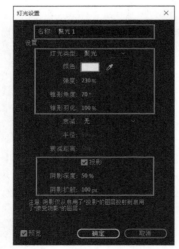

图9-47

05 将"顶面""底面""侧面A""侧面B""侧面C""侧面D"图层的"投影"选项打开，如图9-48所示。

图9-48

06 修改"聚光1"的"目标点"值为（912，623，0），"位置"值为（-700，-200，-580），如图9-49和图9-50所示。

图9-49

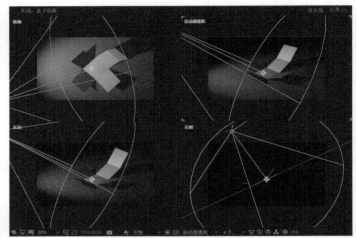

图9-50

07 执行"图层>新建>灯光"菜单命令，新建一个名为"聚光2"的聚光灯，设置"颜色"为（R:237，G:248，B:252），"强度"值为100%，"锥形角度"值为30°，"锥形羽化"值为100%。选中"投影"选项，设置"阴影深度"值为30%，"阴影扩散"值为100px，如图9-51所示。

图9-51

08 修改"聚光2"的"目标点"值为（912，622.4，0），"位置"值为（-700，-200，-580），如图9-52和图9-53所示。

图9-52

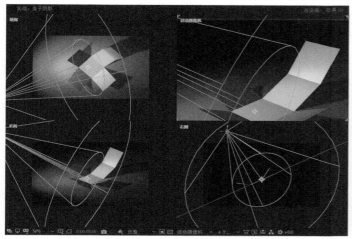

图9-53

制作完成的画面效果如图9-54所示。

图9-54

　　如果已经创建了一盏灯光，但是需要修改该灯光的参数，可以在"时间轴"面板中双击该灯光所在图层，在弹出的"灯光设置"对话框中对这盏灯光的相关参数进行重新调节。

　　如果将"强度"参数设置为负值，那么灯光将成为负光源。也就是说，这种灯光不但不会产生光照效果，还会吸收场景中的灯光，通常使用这种方法降低场景的光照强度。

9.4 摄像机系统

　　在After Effects 2022中创建一个"摄像机"后，可以在"摄像机"视图中以任意距离和任意角度观察三维图层的效果，就像在现实生活中使用摄像机进行拍摄一样方便。

9.4.1 创建"摄像机"

　　执行"图层>新建>摄像机"菜单命令，或按快捷键Ctrl+Alt+Shift+C，即可创建一个"摄像机"，如图9-55所示。

图层(L) 效果(T) 动画(A) 视图(V) 窗口 帮助(H)		
新建(N)	>	文本(T) Ctrl+Alt+Shift+T
图层设置... Ctrl+Shift+Y		纯色(S)... Ctrl+Y
打开图层(O)		灯光(L)... Ctrl+Alt+Shift+L
打开图层源(U) Alt+Numpad Enter		摄像机(C)... Ctrl+Alt+Shift+C

图9-55

　　After Effects 2022中的"摄像机"是以图层的方式引入合成的，这样可以在一个合成项目中对同一场景使用多台摄像机进行观察和渲染，如图9-56所示。

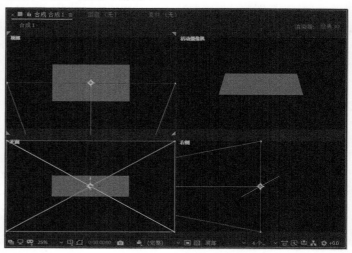

图9-56

　　如果要使用多台摄像机进行多视角展示，可以在同一个合成中添加多个"摄像机"图层。如果在场景中使用了多台"摄像机"，则此时应该在"合成"面板中将当前视图设置为"活动摄像机"视图。"活动摄像机"视图显示的是当前图层中最上面的"摄像机"，在对合成进行最终渲染或对图层进行嵌套时，使用的就是"活动摄像机"视图，如图9-57所示。

图9-57

9.4.2 "摄像机"的属性设置

　　执行"图层>新建>摄像机"菜单命令，系统会弹出"摄像机设置"对话框，通过该对话框可以设置"摄像机"的基本属性，如图9-58所示。

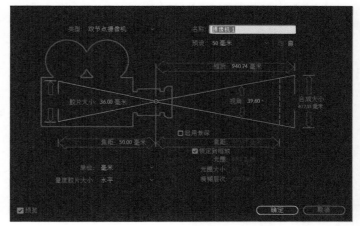

图9-58

"摄像机设置"对话框中的参数介绍

类型： 设置摄像机的类型，分为"双节点摄像机""单节点摄像机"，类似于三维软件中的"目标摄像机""自由摄像机"。

名称： 设置摄像机的名字。

预设： 设置摄像机的镜头类型，包含9种常用的摄像机镜头，如15毫米的广角镜头、35毫米的标准镜头和200毫米的长焦镜头等。

单位： 设置摄像机参数的单位，包括"像素""英寸""毫米"3个单位。

量度胶片大小： 设置衡量胶片尺寸的方式，包括"水平""垂直""对角"3个选项。

缩放： 设置摄像机镜头到焦平面（也就是被拍摄对象）之间的距离，缩放值越大，摄像机的视野越小，即变焦设置。

视角： 设置摄像机的视角，可以理解为摄像机的实际拍摄范围，"焦距""胶片大小"及"缩放"这3个参数共同决定了视角的数值。

胶片大小： 设置影片的曝光尺寸，该选项与"合成大小"参数值相关。

焦距： 设置镜头与胶片的距离。在After Effects中，摄像机的位置就是摄像机镜头的中央位置，修改"焦距"值会导致"缩放"值随之发生改变，以匹配现实中的透视效果。

启用景深： 控制是否启用"景深"效果。

焦距： 设置从摄像机开始到图像最清晰的位置的距离。默认情况下，"焦距"与"缩放"参数是锁定的，它们的初始值也是一样的。

光圈： 设置光圈的大小。光圈的值会影响"景深"效果，其值越大，景深之外的区域的模糊程度也就越大。

光圈大小： 光圈大小是焦距与光圈的比值。其中，光圈大小的值与焦距的值成正比，与光圈的值成反比。光圈大小的值越小，镜头的透光性能越好；反之，透光性能越差。

模糊层次： 设置景深的模糊程度，其值越大，"景深"效果越模糊。

技术专题 17 双节点摄像机

常用的"摄像机"为"双节点摄像机"，这种摄像机就是三维软件中的"目标摄像机"，因为它有"目标点"属性，如图9-59所示。

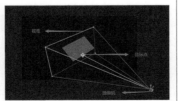

图9-59

在制作"摄像机"动画时，需要同时调节"摄像机"的位置和摄像机"目标点"的位置。例如，使用After Effects 2022中的"摄像机"跟踪一辆在S形车道上行驶的汽车，如图9-60所示。如果只使用"摄像机"位置和摄像机"目标点"位置制作动画关键帧，很难让摄像机跟随汽车一起运动。这时，就需要引入"单节点摄像机"的概念，可以使用"空对象"图层和"父子"图层将目标摄像机变成自由摄像机。

图9-60

新建一个"摄像机"图层和"空1"图层，设置"空1"图层为"三维图层"，并将"摄像机"图层设置为"空1"图层的子图层，如图9-61所示。这样，就制作了一台自由摄像机，可以通过控制"空1"图层的"位置"和"旋转"属性控制"摄像机"的"位置"和"旋转"属性。

图9-61

9.4.3 摄像机的控制方法

位置与目标点

对于"摄像机"图层，可以通过调节"位置"和"目标点"属性设置"摄像机"的拍摄内容。在移动"摄像机"时，除了直接调节参数及移动其坐标轴的方法，还可以通过直接拖曳"摄像机"的图标自由移动其位置，如图9-62所示。

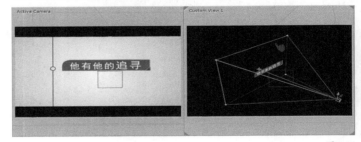

图9-62

此外，"摄像机"的"目标点"主要起到定位"摄像机"的作用。默认情况下，"目标点"的位置在合成的中央，可以使用调节"摄像机"的方法调节"目标点"的位置。

 **技巧与提示**

在使用"选择工具"移动"摄像机"时，"摄像机"的"目标点"也会随之发生移动。如果只想让"摄像机"的"位置"属性发生改变，而保持"目标点"的位置不变，可以在使用"选择工具"的同时按住Ctrl键，对"位置"属性进行调整。

"摄像机"移动工具

在After Effects 2022中，有4个"摄像机"控制工具可以用来调节"摄像机"的位移、旋转和推拉等操作，如图9-63所示。

图9-63

 **技巧与提示**

只有当合成中有三维图层和三维"摄像机"时，"摄像机"移动工具才能起作用。

"摄像机"移动工具的参数介绍

统一摄像机工具 ■：选择该工具后，可以使用鼠标左键、中键和右键分别对"摄像机"进行旋转、平移和推拉操作。

轨道摄像机工具：选择该工具后，可以以目标点为中心旋转"摄像机"。

跟踪XY摄像机工具：选择该工具后，可以在水平或垂直方向上平移"摄像机"。

跟踪Z摄像机工具：选择该工具后，可以在三维空间中的Z轴上平移"摄像机"，但是"摄像机"的视角不会发生改变。

技巧与提示

按C键可以切换"摄像机"的各种控制方式。

 自动定向

在二维图层中，使用图层的"自动定向"功能可以使图层在运动的过程中始终保持运动的朝向路径，如图9-64所示。

图9-64

在三维图层中，使用"自动定向"功能不仅可以使三维图层在运动过程中保持运动的朝向路径，还可以使三维图层在运动过程中始终朝向"摄像机"。如图9-65所示，虽然时间发生变化，但粉色的云层在运动过程中始终朝向"摄像机"。

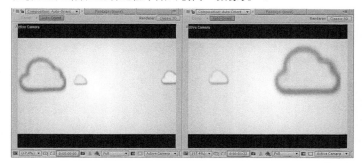

图9-65

下面讲解如何在三维图层中设置"自动定向"。选中需要进行自动定向设置的三维图层，执行"图层>变换>自动定向"菜单命令，或按快捷键Ctrl+Alt+O，打开"自动定向"对话框，在该对话框中选中"定位于摄像机"，即可使三维图层在运动过程中始终朝向"摄像机"，如图9-66所示。

图9-66

"自动定向"对话框中的参数介绍

关：不使用"自动定向"功能。

沿路径定向：设置三维图层自动朝向运动的路径。

定位于摄像机：设置三维图层自动定向于"摄像机"或灯光的目

标点，如图9-67所示。如果不选中该选项，"摄像机"就变成了自由摄像机。

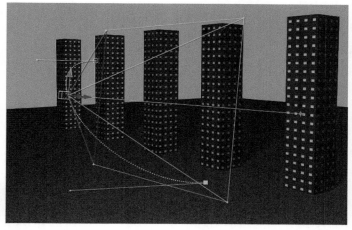

图9-67

9.4.4 镜头的运动方式

常规"摄像机"的运动拍摄方式主要包含"推""拉""摇""移"等，而运动摄像符合人们观察事物的习惯，在表现固定景物较多的内容时运用运动镜头，可以让固定景物变为活动的画面，增强画面的活力和表现力。

 "推"镜头

"推"镜头指摄像机正面拍摄时，通过向前直线移动"摄像机"或旋转镜头，使拍摄的景别从大景别向小景别变化的拍摄手法。在After Effects 2022中，有两种方法可以实现"推"镜头效果的制作。

第1种：增大"摄像机"图层z轴的"位置"值来向前推"摄像机"，从而使视图中的主体物体变大，如图9-68和图9-69所示。

图9-68

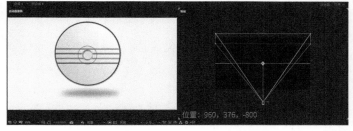

图9-69

153

使用改变"摄像机"位置的方式，既可以创建主体进入焦点的效果，也可以产生突出主体的效果。通过这种方法来推镜头，可以使主体和背景的透视关系不发生改变。

第2种：保持"摄像机"的位置不变，通过修改"缩放"值来实现。在"推"镜头的过程中，让主体和焦距的相对位置保持不变，可以使镜头在运动过程中保持主体的"景深模糊"效果不变，如图9-70和图9-71所示。

图9-70

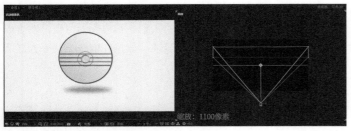

图9-71

使用变焦的方法"推"镜头有一个缺点，即在整个"推"的过程中，画面的透视关系会发生变化。

 "拉"镜头

"拉"镜头指"摄像机"正面拍摄时，通过向后直线移动"摄像机"或旋转镜头，使拍摄的景别从小景别向大景别变化的拍摄手法。"拉"镜头的操作方法与"推"镜头完全相反，这里不再演示。

 "摇"镜头

"摇"镜头指"摄像机"在拍摄时，保持主体物体、摄像机的位置及视角均不变，通过改变镜头拍摄的轴线方向摇动画面的拍摄手法。在After Effects 2022中，可以先确定"摄像机"的位置，然后通过改变"目标点"模拟"摇"镜头的效果，如图9-72和图9-73所示。

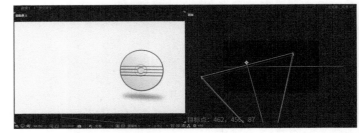

图9-72

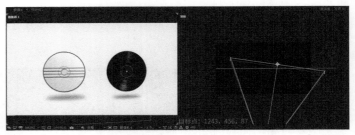

图9-73

 "移"镜头

"移"镜头能够较好地展示环境和人物，常用的拍摄方法有水平方向的横移、垂直方向的升降和沿弧线方向的环移等。在After Effects 2022中，"移"镜头可以通过使用"摄像机"移动工具完成，移动起来也比较方便，这里不再演示。

问：镜头"景深"效果是什么意思？

答："景深"就是图像的聚焦范围，在这个范围内的被拍摄对象可以清晰地呈现，而"景深"范围之外的对象则会产生"模糊"效果。使用"景深"功能时，可以通过调节"焦距""光圈""模糊层次"等参数自定义"景深"效果。

实战 3D空间

本案例的"3D空间"效果如图9-74所示。

图9-74

01 启动After Effects 2022，执行"合成>新建合成"菜单命令，创建一个"预设"为"HDTV 1080 25"的合成，设置"持续时间"为3秒，并将其命名为"3D空间"，如图9-75所示。

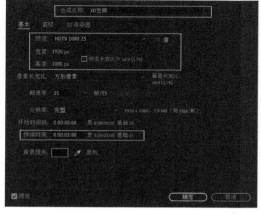

图9-75

02 执行"文件>导入>文件"菜单命令，打开实例文件中的"BG32.jpg"素材文件，将其拖曳到"时间轴"面板中。将图层重新命名为"左"。打开图层的三维开关，修改"位置"值为（399，500，-148），"方向"值为（0°，270°，0°），如图9-76和图9-77所示。

图9-76

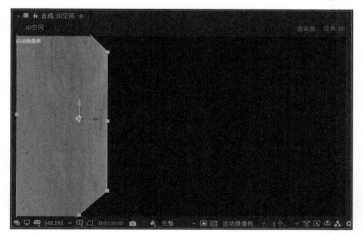

图9-77

03 选中"左"图层，按快捷键Ctrl+D，复制4个图层，并将其分别命名为"后""下""上""右"。修改"后"图层的"位置"值为（959，542.4，3875），"方向"值为（0°，0°，0°）。修改"下"图层的"位置"值为（960，977，7），"方向"值为（270°，0°，0°）。修改"上"图层的"位置"值为（919，114，-42），"方向"值为（270°，0°，0°）。修改"右"图层的"位置"值为（1522，500，-148），"方向"值为

（0°，270°，0°），如图9-78所示。

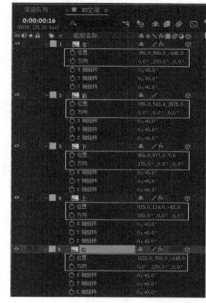

图9-78

04 选中"左"图层，执行"效果>风格化>动态拼贴"菜单命令，为其添加"动态拼贴"效果，设置"输出宽度"为500，如图9-79所示。

图9-79

05 使用同样的方法完成"右""上""下"图层的调节。注意，"上"和"下"图层调节的是"输出高度"参数，调节之后的效果如图9-80所示。

06 选中"左"图层，执行"效果>颜色校正>曲线"菜单命令，为其添加"曲线"效果，在"RGB"通道中调节曲线，如图9-81所示。

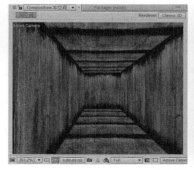

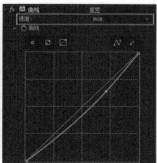

图9-80　　　　　　　　　　　　图9-81

07 使用同样的方法完成"右"图层的调节。单独调整一下"后"图层的曲线设置，如图9-82和图9-83所示。

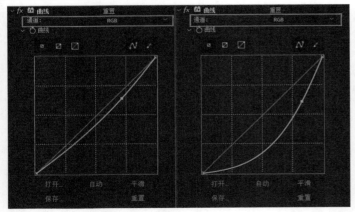

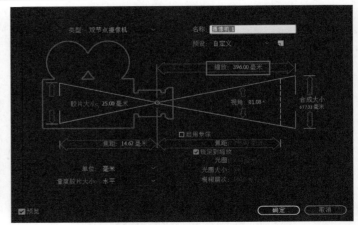

图9-82

图9-85

图9-86

图9-83

11 设置"灯光"的"位置"的动画关键帧。在第0帧，设置"位置"值为（966，440，−400）；在第1秒，设置"位置"值为（966，440，3202），如图9-87所示。

08 执行"图层>新建>灯光"菜单命令，创建一个"灯光"，设置"灯光类型"为"点"。设置"强度"为280%，颜色为（R:183，G:232，B:255），如图9-84所示。

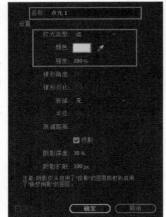

图9-87

12 使用"文字工具" 输入"3D SPACE"，在"字符"面板中设置"字体"为"黑体"，"字体大小"为57像素，"颜色"为（R:146，G:253，B:255），修改"字间距"为12，如图9-88所示。

图9-84

09 执行"图层>新建>摄像机"菜单命令，创建一个"摄像机"，设置"缩放"值为396毫米，如图9-85所示。

10 设置"摄像机"的动画关键帧。在第0帧，设置"目标点"值为（960，540，−522），"位置"值为（960，540，−746），如图9-86所示；在第1秒，设置"目标点"值为（960，540，1400），"位置"值为（960，540，979.5）。

图9-88

13 开启"文字"图层的三维开关，设置文字的"位置"值为（840，560，1673），如图9-89所示。

14 开启每个图层的"运动模糊"开关，如图9-90所示。

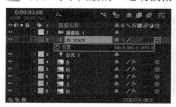 

图9-89　　　　　　　　　　　图9-90

15 按空格键或者小键盘上的数字键0，预览最终效果，如图9-91所示。

图9-91

9.5 综合实战：翻书动画

本案例"翻书动画"将综合运用本章所学的知识，包括"三维空间""灯光""摄像机"技术，案例效果如图9-92所示。

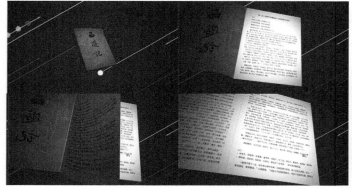

图9-92

9.5.1 创建"书"的构架

01 执行"合成>新建合成"菜单命令，创建一个"宽度"为

1920像素、"高度"为1080像素、"持续时间"为6秒的合成，将其命名为"翻书动画"，如图9-93所示。

02 执行"图层>新建>纯色"菜单命令，新建一个"宽度"为400像素、"高度"为500像素、"颜色"为灰色、"名称"为"正面"的图层，如图9-94所示。

图9-93　　　　　　　　　　　图9-94

03 使用同样的操作完成"侧面"图层和"底面"图层的制作，如图9-95和图9-96所示。

图9-95　　　　　　　　　　　图9-96

04 开启这3个图层的三维开关，设置"侧面"图层的"位置"值为（760，540，25），"Y轴旋转"值为（0×+90°）；设置"正面"图层的"位置"值为（760，540，-25）；设置"底面"图层的"位置"值为（960，790，25），"X轴旋转"值为（0×+90°），如图9-97和图9-98所示。

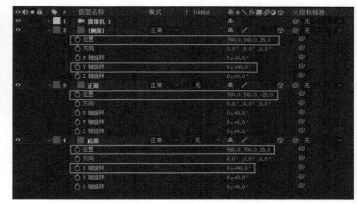

图9-97

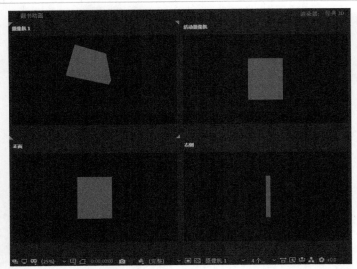

图9-98

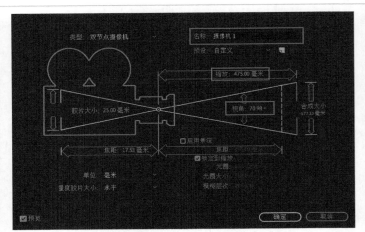

图9-100

图9-101

9.5.2 制作翻书动画

01 选中"正面"图层,使用"锚点"工具 ▒ 将该图层的轴心点拖曳到左边与侧面相交的地方,如图9-99所示。

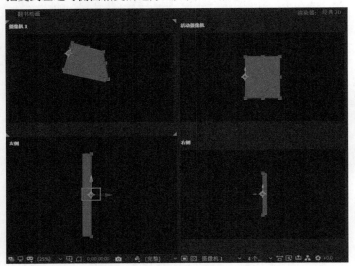

图9-99

02 执行"图层>新建>摄像机"菜单命令,创建一台"摄像机",设置"缩放"值为475毫米、"视角"值为70.98°,如图9-100所示。

03 选中"摄像机1"图层。在第0帧,设置"目标点"值为(791,630,-169),"位置"值为(-240,650,-785),"Z轴旋转"值为(0×+20°);在第2秒,设置"目标点"值为(883,643,-184),"位置"值为(793,860,-737),"Z轴旋转"值为(0×-6°),如图9-101所示;在第6秒,设置"目标点"值为(883,643,-57),"位置"值为(793,860,-475)。

04 选中"正面"图层,按R键展开图层的"旋转"属性。在第2秒,设置"Y轴旋转"值为(0×+0°);在第2秒8帧,设置"Y轴旋转"值为(0×+60°),如图9-102所示;在第3秒,设置"Y轴旋转"值为(0×+180°)。此时画面效果如图9-103所示。

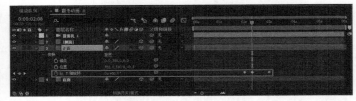

图9-102

图9-103

05 为了增强"翻页"效果,选中"正面"图层,执行"效果>扭曲>贝塞尔曲线变形"菜单命令,为其添加"贝塞尔曲线变形"效果。分别在第2秒、第2秒8帧、第2秒16帧和第3秒处设置翻页时的变形动画,具体参数设置如图9-104~图9-107所示。

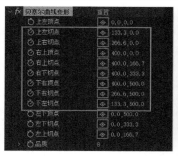

图9-104 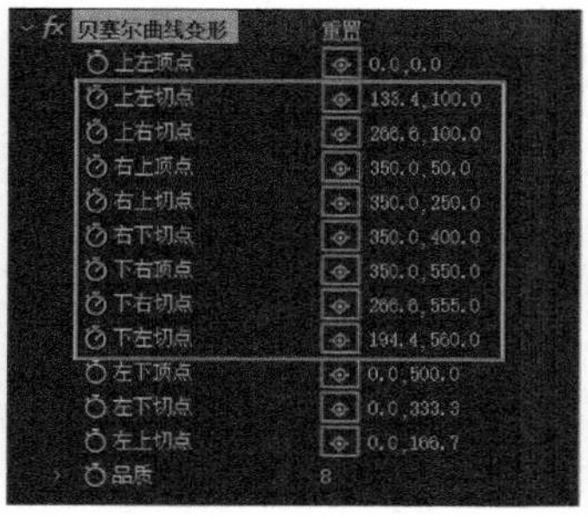　　　　　　　　　　　图9-105

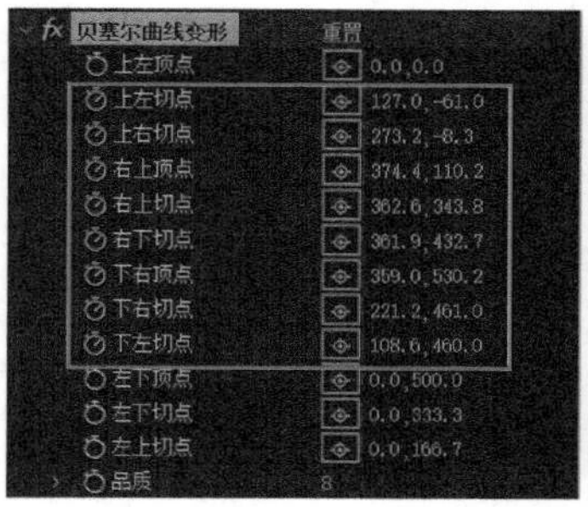

图9-106 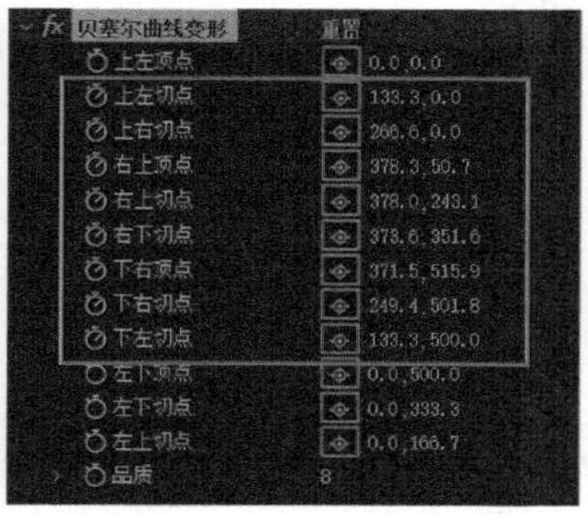　　　　　　　　　　　图9-107

06 继续选中"正面"图层，按两次快捷键Ctrl+D复制图层，将"正面2"图层的入点时间设置在第2秒，将"正面3"图层的入点时间设置在第4秒，如图9-108所示。

图9-108

07 通过Adobe Photoshop 2022制作书籍的"封面""第一页""第二页"，单页分辨率为400像素×500像素，如图9-109所示。

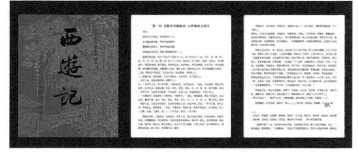

图9-109

9.5.3 替换书的素材

01 执行"文件>导入>文件"菜单命令，打开实例文件中的"封面.png""第1页.png""第2页.png"素材文件，如图9-110所示。

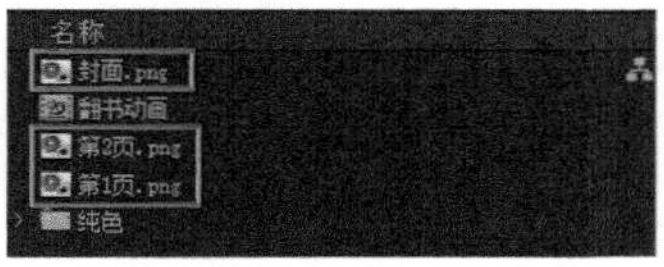

图9-110

02 在"时间轴"面板中，选中"正面"图层后按住Alt键不放，将"项目"面板中的"封面.png"拖曳到"正面"图层上，即可完成图层的替换操作，如图9-111所示。

图9-111

03 使用同样的方法，用"项目"面板中的"第1页.png""第2页.png"素材替换掉"时间轴"面板中的"正面2""正面3"图层，替换后的效果如图9-112所示。

图9-112

04 "第1页"翻过去后显示的应该是"第1页"的背面和"第2页"的内容，但在翻"第1页"的过程中，镜头中出现了"穿帮"现象，如图9-113所示。

图9-113

05 选中"正面2"图层，在第2秒5帧处，按快捷键Alt+]，将"正面2"图层在第2秒5帧前的内容删除，如图9-114所示。

图9-114

06 同理，后面的"穿帮"镜头都按"正面2"图层的方法处理。

9.5.4 镜头优化与输出

01 制作"底面"图层的材质。选中"底面"图层，执行"效果>生成>单元格图案"菜单命令，为其添加"单元格图案"效果。设置"对比度"值为150，"分散"值为0.8，"大小"值为3，如图9-115所示。

02 继续选中"底面"图层，执行"效果>模糊和锐化>高斯模糊"菜单命令，为其添加"高斯模糊"效果。设置"模糊度"值为50，"模糊方向"为"水平"，并选中"重复边缘像素"选项，参数设置如图9-116所示，效果如图9-117所示。同理，"侧面"图层也执行"底面"图层的步骤和效果设置。

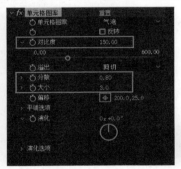

图9-115

图9-116

图9-117

03 执行"文件>导入>文件"菜单命令，打开实例文件中的

"BG3.png"素材文件，将其添加到"时间轴"面板中，并放到所有图层的最下面，如图9-118和图9-119所示。

图9-118

图9-119

04 因为没有灯光阴影，所以画面看起来不是很真实，可以通过添加"灯光"的方式解决。执行"图层>新建>灯光"菜单命令，新建一个名为"主光"的"聚光"，设置"颜色"为白色，"强度"值为100%，"锥形角度"值为75°，"锥形羽化"值为100%。选中"投影"选项，设置"阴影深度"值为50%，"阴影扩散"值为5px，如图9-120所示。

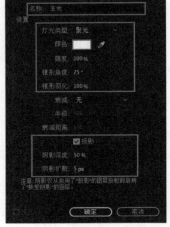

图9-120

05 修改"主光"的"目标点"值为（980.2，517，-25），"位置"值为（1040，460，-666），如图9-121和图9-122所示。

图9-121

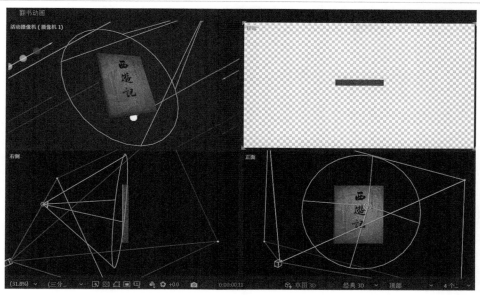

图9-122

06 执行"图层>新建>灯光"菜单命令，新建一个名为"环境光"的环境光，设置"颜色"为白色，"强度"值为20%，如图9-123所示。

07 开启所有书页图层的"投影"功能，如图9-124所示。

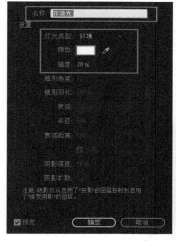

图9-123

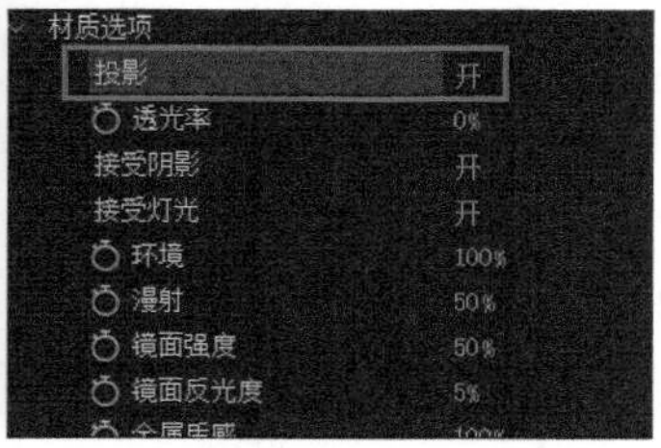

图9-124

至此，本案例制作完毕，画面最终预览效果如图9-125所示。

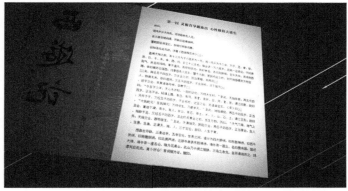

图9-125

第10章

镜头的色彩修正

Learning Objectives
学习要点

164页
"曲线"效果

166页
"色阶"效果

169页
"色相/饱和度"效果

171页
"颜色平衡"效果

172页
"色光"效果

173页
"通道混合器"效果

10.1 色彩基础知识

在影视制作中，不同的色彩会给人们带来不同的心理感受，也可以营造各种独特的氛围和意境。在拍摄过程中，由于受到自然环境、拍摄设备及摄影技术等因素的影响，拍摄画面与真实效果之间存在一定偏差，因此需要对画面进行色彩修正，从而最大限度地还原色彩的本来面目。有时候，导演会根据影片的情节、氛围或意境提出色彩上的要求，设计师需要根据要求对画面色彩进行处理。下面将重点讲解After Effects 2022的色彩修正中的三大核心效果和内置常用效果，并通过具体的案例讲解常见的色相修正技法。

10.1.1 色彩模式

色彩修正是影视制作中非常重要的内容，也是后期合成中必不可少的步骤之一。在学习色彩修正之前，需要对色彩的基础知识有一定了解。

下面介绍几种常用的色彩模式。

 HSB色彩模式

HSB色彩模式是我们学习色彩知识时认识的第一个色彩模式。在学习色彩知识时，或者在日常生活中，我们之所以能准确地说出红色、绿色等颜色，或者某人的衣服太艳、太灰、太亮等，是因为颜色具有色相、饱和度和明度这3个基本属性。

色相取决于光谱成分的波长，它在拾色器中用度数来表示，0°表示红色，360°也表示红色。其中，黑、白、灰属于无彩色，在色相环中找不到其位置，如图10-1和图10-2所示。

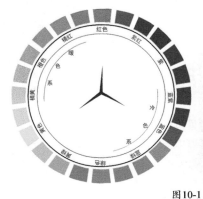

图10-1   图10-2

在调色的时候，如果说"这个画面偏蓝一点"，或者说"把这个模特的绿色衣服调整成红色衣服"，其实调整的都是色相。图10-3所示是同一个物体在不同色相下的对比效果。

饱和度也叫纯度，指的是颜色的鲜艳程度、纯净程度。饱和度越高，颜色越鲜艳；饱和度越低，颜色越偏向灰色。如果用百分比表示饱和度，当饱和度为0时，画面变为灰色。图10-4所示为同一画面在不同饱和度下的对比效果。

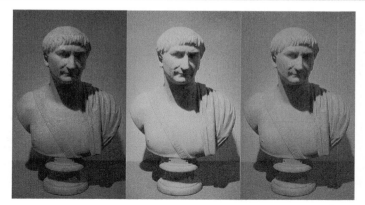

图10-3

饱和度=-100　　　饱和度=0　　　饱和度=100

图10-4

明度指的是物体颜色的明暗程度，用百分比表示。物体在不同强弱的照明光线下会产生明暗的差别。明度越高，颜色越明亮；明度越低，颜色越暗。图10-5所示是同一画面在不同明度下的对比效果。正是由于色相、饱和度和明度的存在，一个物体的色彩才丰富起来。

图10-5

 RGB色彩模式

RGB色彩模式是工业界的一种颜色标准，这个标准几乎包含

了人类视力所能感知的所有颜色，同时也是目前运用最广泛的色彩模式之一。在RGB色彩模式下，计算机会按照每个通道256级（0~255）灰度色阶来表示色彩的明暗，它们按照不同的比例混合，可以在屏幕上重现16777216（256×256×256）种颜色。

在常用的拾色器中，可以通过数据的变化来理解色彩的计算方式。打开拾色器，当RGB数值为（255，0，0）时，表示该颜色是纯红色，如图10-6所示。

图10-6

同理，当RGB数值为（0，255，0）时，表示该颜色是纯绿色；当RGB数值为（0，0，255）时，则表示该颜色是纯蓝色，如图10-7和图10-8所示。

图10-7

图10-8

当RGB的3种色光混合在一起的时候，3种色光的最大值可以产生白色，而且它们混合形成的颜色一般比原来的颜色亮度值要高，因此我们称这种模式为加色模式。加色模式常常用于光照、视频和显示器，如图10-9所示。

色光三原色

图10-9

当RGB色彩模式的3种色光数值相等时，混合得出的是灰色。数值越小，灰色程度越偏向黑色，呈现深灰色；数值越大，灰色程度越偏向白色，呈现浅灰色，如图10-10和图10-11所示。

图10-10

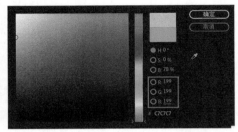

图10-11

CMYK色彩模式--

CMY是印刷三原色，油墨印刷通过油墨浓淡配比的不同产生不同的颜色，其配比按照0%~100%划分。

打开支持CMYK色彩模式的Photoshop拾色器，通过数据的变化来理解色值的计算方式。当CMY数值为（0，0，0）时，得到的是白色，如图10-12所示。

图10-12

如果要印刷黑色，就要求CMY的数值为（100%，100%，100%）。在一张白纸上，青色、品红色、黄色的数值都为100%时，这3种颜色混合到一起后得到的就是黑色，但是这种黑色并不是纯黑色，如图10-13所示。

图10-13

理论上，当CMY这3个色值均为100%时是可以调配出黑色的，但实际的印刷工艺却无法调配出非常纯正的黑色油墨。为了将黑色印刷得更漂亮，于是在印刷中专门生产了一种黑色油墨，用英文Black表示，简称为K。因此，印刷为四色而不是三色。

RGB的3种色光为最大值时可以得到白色，而CMY的3种油墨为最大值时得到的是黑色。由于青色、品红色和黄色3种油墨按照不同的配比来混合的时候，颜色的亮度会越来越低，因此这种色彩模式被称为减色模式，如图10-14所示。

图10-14

10.1.2 位深度

位深度也被称为像素深度或者颜色深度，它是显示器、数码相机、扫描仪等设备使用的专业术语。一般的图像文件都是由RGB或者RGBA通道组成的，用来记录每个通道颜色的量化位数就是位深度，即图像中用多少位的像素表现颜色。

在计算机中，描述一个数据空间通常用2的n次方表示。通常情况下用到的图像都是8bit，即2的8次方，这样每个通道就是256种颜色。

在普通的RGB图像中，每个通道都是用8bit进行量化，即256×256×256，约1678万种颜色。

在制作高分辨率项目时，为了表现更加丰富的画面，通常使用16bit的图像。此时，每个通道的颜色用2的16次方进行量化。这样，每个通道有高达65000种颜色信息，比8bit图像包含更多的颜色信息，因此它的色彩会更加平滑，细节也会更加丰富。

技巧与提示

为了保证调色的质量，建议在调色时将项目的位深度设置为32bit。因为32bit的图像被称为HDR（高动态范围）图像，所以它的文件信息和色调比16bit图像丰富得多，当然这主要应用于电影级别的项目。

10.2 三大核心效果

After Effects 2022的颜色校正效果包中提供了很多色彩校正效果，本节挑选了三大核心效果进行讲解，即"曲线""色阶""色相/饱和度"。这三大核心效果覆盖了色彩修正的绝大部分需求，掌握它们是十分重要和必要的。

10.2.1 "曲线"效果

使用"曲线"效果可以在一次操作中就能精确地完成对图像

整体或局部的对比度、色调范围及色彩的调节。

　　使用"曲线"效果进行色彩校正的处理，可以获得更多的自由度，甚至可以让那些看起来很糟糕的镜头重新焕发光彩。

　　如果想让整个画面明朗一些，细节表现得更加丰富，暗调反差也拉开，"曲线"效果是不二选择。

　　执行"效果>颜色校正> 曲线"菜单命令，在"效果控件"面板中展开"曲线"效果的参数，如图10-15所示。

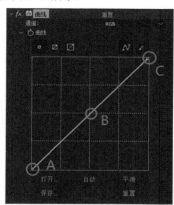

图10-15

　　曲线左下角的端点A代表暗调（黑场），中间的过渡点B代表中间调（灰场），右上角的端点C代表高光（白场）。图形的水平轴表示"输入色阶"，垂直轴表示"输出色阶"。曲线初始状态的色调范围显示为45°的对角基线，这是因为输入色阶和输出色阶是完全相同的。

　　曲线向上凸起就是加亮，向下凹就是减暗，加亮的极限是255，减暗的极限是0。"曲线"效果与Photoshop中的"曲线"命令功能极其相似。

　　"曲线"效果的参数介绍

　　通道： 选择需要调整的色彩通道，包括"RGB"通道、"红色"通道、"绿色"通道、"蓝色"通道和"Alpha"通道。

　　曲线： 通过调整曲线的坐标或绘制曲线来调整图像的色调。

实战　曲线通道调色

本案例的前后对比效果如图10-16所示。

图10-16

01 使用After Effects 2022打开学习资源中的"实战：曲线通道调色.aep"素材文件，如图10-17所示。

图10-17

02 选中"色彩素材01.mp4"图层，按快捷键S，将"缩放"设置为（50%，50%），如图10-18所示。

图10-18

03 执行"图层>新建>调整图层"菜单命令，新建一个"调整图层1"，如图10-19所示。

图10-19

04 选中"调整图层1"，执行"效果>颜色校正>曲线"菜单命令，为其添加"曲线"效果，在"RGB"通道中调整曲线，如图10-20所示。

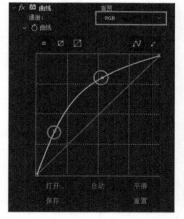

图10-20

技巧与提示

　　将曲线拉成C形，可以将画面的暗部和亮部一起提亮；将曲线的形状调整成S形，可以将画面的亮部提亮、暗部压暗，从而提升画面整体的对比度。当然，如果要降低画面的亮度和对比度，可以将曲线调整成反S形。

05 在"红色"通道中调整曲线，如图10-21所示；在"绿色"通道中调整曲线，如图10-22所示；在"蓝色"通道中调整曲线，如图10-23所示。

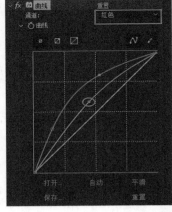

图10-21

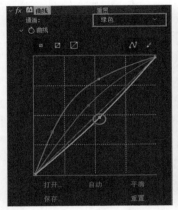 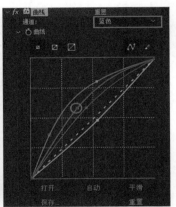

图10-22　　　　　　图10-23

在调整曲线时，如果要使画面的影调过渡更加自然，需要尽可能让曲线保持相对平滑的状态。

调整完成后，画面的最终效果如图10-24所示。

图10-24

10.2.2 "色阶"效果

关于直方图

直方图就是用图像的方式来展示视频的影调构成。一张8bit

通道的灰度图像可以显示256个灰度级，因此，灰度级可以用来表示画面的亮度层次。

对于彩色图像，可以将彩色图像的R、G、B通道分别用8bit的黑白影调层次表示，而这3个颜色通道共同构成了亮度通道。对于带有"Alpha"通道的图像，可以用4个通道表示图像的信息，也就是通常所说的"RGB+Alpha"通道。

在图10-25中，直方图表示在黑与白的256个灰度级别中，每个灰度级别在视频中有多少个像素。从图中可以直观地看到整个画面偏暗。因此，在直方图中，可以观察到绝大部分像素都集中在0~128个级别中，其中0表示纯黑，255表示纯白。

 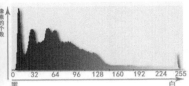

图10-25

通过直方图，可以很容易地观察到视频画面的影调分布。如果一张图片中具有大面积的偏暗色，那么它的直方图左边必定分布了很多峰状波形，如图10-26所示。

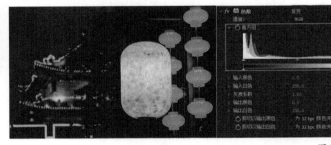

图10-26

如果一张图片中具有大面积的偏亮色，那么它的直方图右边必定分布了很多峰状波形，如图10-27所示。

图10-27

直方图除了可以显示图片的影调分布，最为重要的一点是可以显示画面上阴影和高光的位置。当使用"色阶"效果调整画面影调时，直方图可以为寻找高光和阴影提供视觉上的线索。

除此之外，用户通过直方图还可以很方便地辨别视频的画质。如果在直方图上发现顶部被平切了，就表示视频的一部分高光或阴影由于某种原因发生了损失现象。如果直方图中间出现了缺口，就表示对这张图片进行了多次操作，并且画质损失严重。

"色阶"效果

"色阶"效果，即用直方图描述出整张图片的明暗信息。通过调整图像的阴影、中间调和高光的关系，调整图像的色调范围或色彩平衡等。

此外，使用"色阶"效果还可以扩大图像的动态范围（动态范围指相机能记录的图像的亮度范围），查看和修正曝光、提高对比度等。

执行"效果>颜色校正>色阶"菜单命令，在"效果控件"面板中展开"色阶"效果的参数，如图10-28所示。

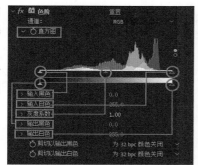

图10-28

"色阶"效果的参数介绍

通道： 设置效果要应用的通道，可以选择"RGB"通道、"红色"通道、"绿色"通道、"蓝色"通道和"Alpha"通道进行单独色阶调整。

直方图： 通过直方图可以观察各个影调的像素在图像中的分布情况。

输入黑色： 控制输入图像中的黑色阈值。

输入白色： 控制输入图像中的白色阈值。

灰度系数： 调节图像影调的阴影和高光的相对值。

输出黑色： 控制输出图像中的黑色阈值。

输出白色： 控制输出图像中的白色阈值。

如果不对"输出黑色"和"输出白色"数值进行调整，只单独调整"灰度系数"数值，那么当"灰度系数"滑块■■向右移动时，图像的暗调区域将逐渐增大，而高亮区域将逐渐减小，如图10-29所示。

图10-29

当"灰度系数"滑块■■向左移动时，图像的高亮区域将逐渐增大，而暗调区域将逐渐减小，如图10-30所示。

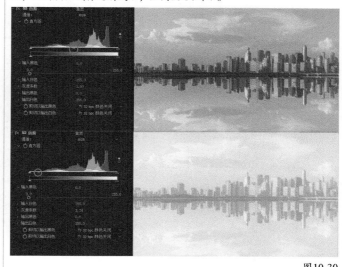

图10-30

实战　画面色彩还原

调色前后对比效果如图10-31所示。

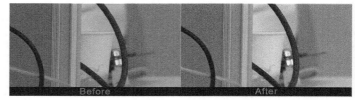

图10-31

01 使用After Effects 2022打开"实战：画面色彩还原.aep"素材文件，如图10-32所示。

图10-32

02 在"合成"面板的预览画面中，寻找一个中性灰点，并在"信息"面板中观察其颜色的数值，如图10-33所示。

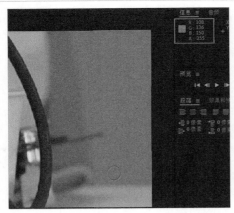

图10-33

图10-37

技巧与提示

虽然可以选取画面中的任意一点作为中度灰色点（中性灰点），但是一定要选择中间调颜色，否则高光的部分通道信息会被剪掉，而且后续不能再调整回来。这里选择墙壁上的某一点作为中性灰点，使墙壁由蓝色变成亮灰色。

实战 元素色调匹配

调色前后对比效果如图10-38所示。

图10-38

03 从图10-33中可以观察到，采样到的颜色数值为（R:108，G:136，B:150），其中蓝色的数值最大。如果把这个点作为灰点，由于蓝色的数值最大，因此确定150为画面的中性灰的蓝色值，那么最亮的地方应该为255。这里就需要提高"红色"和"绿色"通道的亮度，与"蓝色"通道相匹配，如图10-34所示。

01 使用After Effects 2022打开"实战：元素色调匹配.aep"素材文件，如图10-39所示。

图10-39

颜色通道	采样数值	运算系数	最终数值
Red	108		1.7*108=183.6
Green	135	255/150 =1.7	1.7*135=229.5
Blue	150		255

图10-34

04 选中图片素材图层，执行"效果>颜色校正>色阶"菜单命令，为其添加"色阶"效果。根据图10-34计算出的最终数值，依次调节"色阶"效果的"红色"通道的"红色输入白色"值为183.6，"绿色"通道的"绿色输入白色"值为229.5，如图10-35和图10-36所示。

02 选中"Beer"图层，执行"效果>颜色校正>色阶"菜单命令，为其添加"色阶"效果。在"红色"通道中，调节"红色灰度系数"值为1.35，如图10-40所示。

03 在"绿色"通道中，调节"绿色灰度系数"值为1.15，如图10-41所示。

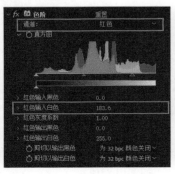

图10-35

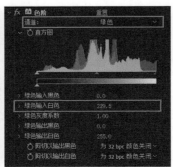

图10-36

调整之后的色彩效果如图10-37所示。

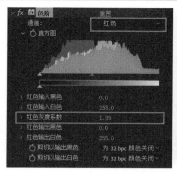

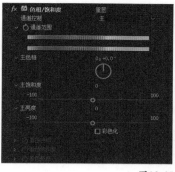

图10-40　　　　　　　　　　图10-41

04 在"蓝色"通道中，调节"蓝色灰度系数"值为0.65，如图10-42所示。

05 在"RGB"通道中，调节"灰度系数"值为0.85，如图10-43所示。

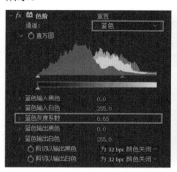

图10-42　　　　　　　　　　图10-43

元素色调匹配之后的效果如图10-44所示。

图10-44

10.2.3 "色相/饱和度"效果

"色相/饱和度"效果基于HSB色彩模式，因此，使用"色相/饱和度"效果可以调整图像的色调、亮度和饱和度。具体来说，使用"色相/饱和度"效果可以调整图像中单种颜色成分的色相、饱和度和亮度，它是一个功能非常强大的图像颜色调整工具。该功能不仅可以改变色相和饱和度，还可以改变图像的亮度。

执行"效果>颜色校正>色相/饱和度"菜单命令，在"效果控件"面板中展开"色相/饱和度"效果的参数，如图10-45所示。

图10-45

"色相/饱和度"效果的参数介绍

通道控制：控制受效果影响的通道，默认设置为"主要"，表示影响所有通道；如果选择其他通道，通过"通道范围"选项可以查看通道受效果影响的范围。

通道范围：显示通道受效果影响的范围。

主色相：控制所调节颜色通道的色调。

主饱和度：控制所调节颜色通道的饱和度。

主亮度：控制所调节颜色通道的亮度。

彩色化：控制是否将图像设置为彩色图像。选中该选项后，将激活"着色色相""着色饱和度""着色亮度"属性。

着色色相：将灰度图像转换为彩色图像。

着色饱和度：控制彩色化图像的饱和度。

着色亮度：控制彩色化图像的亮度。

> **技巧与提示**
>
> 在"主饱和度"属性中，数值越大，饱和度越高，反之饱和度越低，其数值的范围为-100~100。
>
> 在"主亮度"属性中，数值越大，亮度越高，反之越低，其数值的范围为-100~100。

实战 季节更换

调色前后对比效果如图10-46所示。

图10-46

01 使用After Effects 2022打开"实战：季节更换.aep"素材文件，如图10-47所示。

02 选中"图片素材02.jpg"图层，执行"效果>颜色校正>色相/饱和度"菜单命令，为其添加"色相/饱和度"效果。设置"通道控制"为"绿色"通道，设置"绿色色相"值为（0×-80°），设置"绿色饱和度"值为15，设置"通道控制"为"青色"通道，设置"青色色相"值为（0×-80°），如图10-48所示。

图10-47

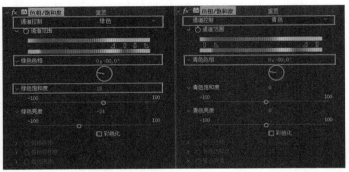

图10-48

03 执行"图层>新建>纯色"菜单命令，新建一个名为"光晕"的图层。选中该图层，执行"效果>生成>镜头光晕"菜单命令，为其添加"镜头光晕"效果，修改"光晕中心"值为（246.1，153），如图10-49所示。

图10-49

04 将"光晕"图层的叠加模式修改为"叠加"，按T键，修改"不透明度"值为50%，如图10-50所示。

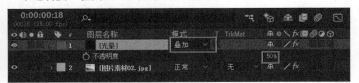

图10-50

调整完成之后的效果如图10-51所示。

图10-51

技术专题 18 关于"颜色平衡"（HLS）效果

"颜色平衡"效果可以理解为"色相/饱和度"效果的简化版本。

"颜色平衡"效果是通过调整色相、饱和度和亮度的参数来调整图像的色彩平衡效果，其效果参数如图10-52所示。

图10-53所示为树林的一个镜头，分别为其添加"色相/饱和度"效果和"颜色平衡"效果，色相和饱和度使用统一的参数，得到的效果完全一致，如图10-54和图10-55所示。

图10-52

图10-53

图10-54

图10-55

170

10.3 内置常用效果

本节将对"颜色校正"效果组中比较常见的效果进行讲解,主要包括颜色平衡、色光、通道混合器、色调、三色调、照片滤镜、曝光度、更改颜色和更改为颜色等效果。

10.3.1 "颜色平衡"效果

"颜色平衡"效果主要依靠控制红、绿、蓝在中间调、阴影和高光之间的比重控制图像的色彩,非常适合用于精细调整图像的高光、暗部和中间色调,如图10-56所示。

Before　　　　　After

图10-56

执行"效果>颜色修正>颜色平衡"菜单命令,在"效果控件"面板中展开"颜色平衡"效果的参数,如图10-57所示。

图10-57

"颜色平衡"效果的参数介绍

阴影红色/绿色/蓝色平衡: 在暗部通道中调整颜色的范围。
中间调红色/绿色/蓝色平衡: 在中间调通道中调整颜色的范围。
高光红色/绿色/蓝色平衡: 在高光通道中调整颜色的范围。
保持发光度: 保留图像颜色的平均亮度。

实战 "颜色平衡"效果的应用

本案例调色前后对比效果如图10-58所示。

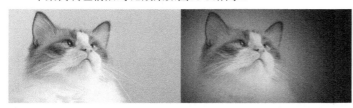

图10-58

01 使用After Effects 2022打开"实战:颜色平衡效果的应用.aep"素材文件,如图10-59所示。

02 选中"图片素材.jpg"图层,执行"效果>颜色校正>颜色平衡"菜单命令,为其添加"颜色平衡"效果。分别设置"中间调

红色平衡"为20,"中间调绿色平衡"为-10,"中间调蓝色平衡"为20,"高光红色平衡"为10,"高光绿色平衡"为-10,"高光蓝色平衡"为10,如图10-60所示。

03 执行"图层>新建>纯色"菜单命令,新建一个名为"视觉中心"的图层,如图10-61所示。

图10-59

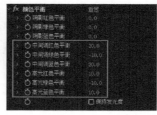

图10-60　　　　　　　　图10-61

04 选中"视觉中心"图层,使用"工具"面板中的钢笔工具 绘制蒙版,如图10-62所示。

图10-62

05 展开图层的"蒙版"属性,选中"反转"选项,修改"蒙版羽化"值为(800像素,800像素),"蒙版扩展"值为100像素,

如图10-63所示。

调整完成之后的效果如图10-64所示。

图10-63　　　　　　　　　　　　　图10-64

10.3.2 "色光"效果

"色光"效果与Photoshop里的渐变映射原理基本相同，既可以根据画面的不同灰度将选择的颜色映射到素材上，还可以对选择的素材进行置换，甚至可以通过黑白映射来抠像，如图10-65所示。

Before　　　　　　　　　After

图10-65

执行"效果>颜色校正>色光"菜单命令，在"效果控件"面板中展开"色光"效果的参数，如图10-66所示。

图10-66

"色光"效果的参数介绍

输入相位：设置彩光的特性和产生彩光的图层。

获取相位，自：指定采用图像的哪一种元素产生彩光。

添加相位：指定在合成图像中产生彩光的图层。

添加相位，自：指定用哪一个通道添加色彩。

添加模式：指定彩光的添加模式。

相移：切换彩光的相位。

输出循环：用于设置彩光的样式，通过"输出循环"色轮可以调

节色彩区域的颜色变化。

使用预设调板：从系统自带的30多种彩光效果中选择一种样式。

循环重复次数：控制彩光颜色的循环次数，数值越高、杂点越多，如果将其设置为0，则不起作用。

插值调板：如果关闭该选项，系统将以256色在色轮上产生彩光。

修改：在其下拉菜单中可以指定一种影响当前图层色彩的通道。

像素选区：指定彩光在当前图层上影响像素的范围。

匹配颜色：指定匹配彩光的颜色。

匹配容差：指定匹配像素的容差度。

匹配柔和度：指定选择像素的柔化区域，使受影响的区域与未受影响的区域产生柔化的过渡效果。

匹配模式：设置颜色匹配的模式，如果选择"关"模式，系统将忽略像素匹配，而影响整个图像。

蒙版：指定一个蒙版图层，并且可以为其指定蒙版模式。

与原始图像混合：设置当前效果图层与原始图像的融合程度。

实战　背景元素的制作

01 执行"合成>新建合成"菜单命令，创建一个"预设"为"HDTV 1080 25"的合成，设置"持续时间"为3秒，并将其命名为"背景元素的制作"，如图10-67所示。

02 执行"图层>新建>纯色"菜单命令，新建一个名为"线条"的纯色图层，如图10-68所示。

图10-67　　　　　　　　　　　　　图10-68

03 选中"线条"图层，执行"效果>生成>梯度渐变"菜单命令，为其添加"梯度渐变"效果。设置"渐变起点"值为（0，1080），"渐变终点"值为（1920，0），如图10-69所示。

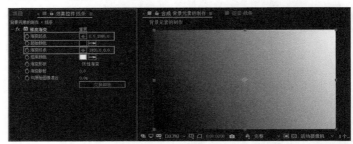

图10-69

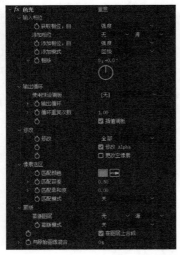

172

04 继续选中"线条"图层，执行"效果>颜色校正>色光"菜单命令，为其添加"色光"效果。展开"输出循环"属性栏，修改色轮的颜色过渡，取消选中"插值调板"选项，如图10-70所示。

调整完成之后的效果如图10-71所示。

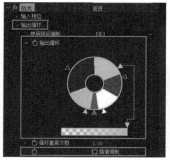

图10-70　　　　　　　　　　图10-71

10.3.3 "通道混合器"效果

"通道混合器"效果可以通过混合当前通道改变画面的颜色通道，使用该效果可以实现普通的色彩修正方法不容易达到的效果，如图10-72所示。

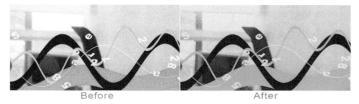

Before　　　　　　　　　　After

图10-72

执行"效果>颜色校正>通道混合器"菜单命令，在"效果控件"面板中展开"通道混合器"效果的参数，如图10-73所示。

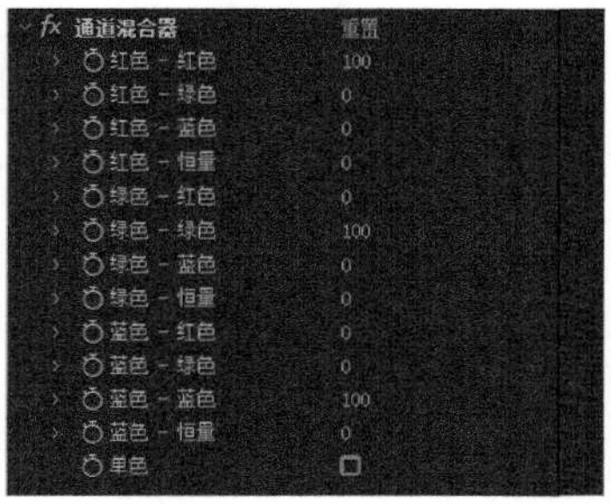

"通道混合器"效果的参数介绍

（红色-红色）/（红色-绿色）/（红色-蓝色）：用来设置"红色"通道颜色的混合比例。

（绿色-红色）/（绿色-绿色）/（绿色-蓝色）：用来设置"绿色"通道颜色的混合比例。

（蓝色-红色）/（蓝色-绿色）/（蓝色-蓝色）：用来设置"蓝色"通道颜色的混合比例。

红/绿/蓝恒量： 用来调整"红色""绿色""蓝色"通道的对比度。

单色： 选中该选项后，彩色图像将转换为灰度图。

图10-73

实战 "通道混合器"效果的应用

调色前后对比效果如图10-74所示。

图10-74

01 使用After Effects 2022打开"实战：通道混合器效果的应用.aep"素材文件，如图10-75所示。

图10-75

02 选中"火焰素材.jpg"图层，执行"效果>颜色校正>通道混合器"菜单命令，为其添加"通道混合器"效果。修改"红色-红色"通道值为25，"红色-绿色"通道值为130，"红色-蓝色"通道值为145，"绿色-红色"通道值为15，如图10-76所示。

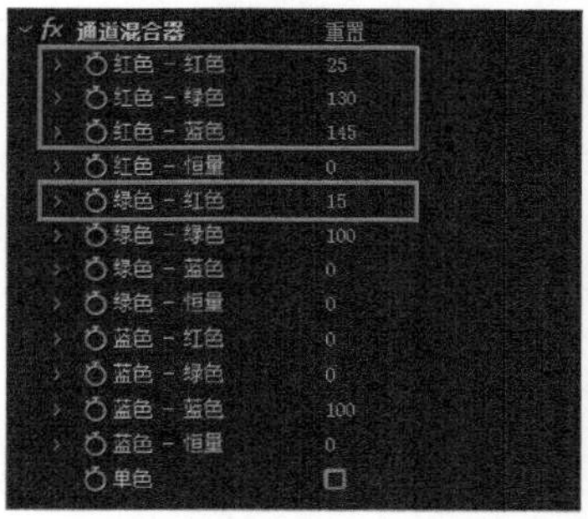

图10-76

03 继续选中"火焰素材.jpg"图层，按快捷键Ctrl+D，复制图层。删除复制生成的新图层上的效果，将新图层的叠加模式修改为"屏幕"，如图10-77所示。

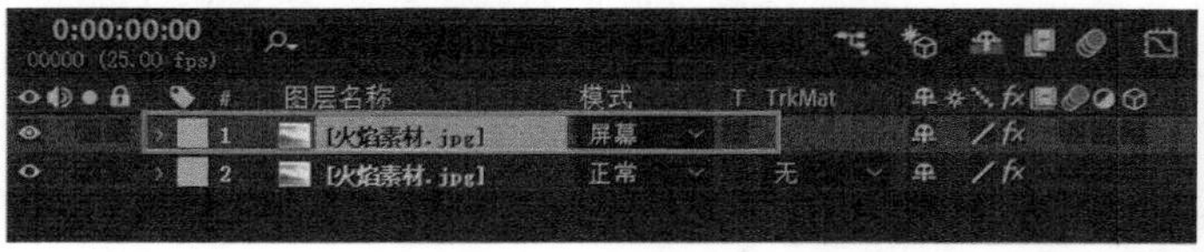

图10-77

调整完成之后的效果如图10-78所示。

图10-78

10.3.4 "色调"效果

"色调"效果可以将画面中的暗部及亮部替换成自定义的颜色，如图10-79所示。

图10-79

执行"效果> 颜色校正>色调"菜单命令，在"效果控件"面板中展开"色调"效果的参数，如图10-80所示。

图10-80

"色调"效果的参数介绍

将黑色映射到： 将图像中的黑色替换成指定的颜色。

将白色映射到： 将图像中的白色替换成指定的颜色。

着色数量： 设置染色的作用程度，0%表示完全不起作用，100%表示完全作用于画面。

技术专题 ⑲ 关于"三色调"效果

"三色调"效果可以理解为"色调"效果的一个强化版本。"三色调"效果可以将画面中的高光、中间调和阴影进行颜色映射，从而更换画面的色调，其参数如图10-81所示。

图10-81

其中，"高光"选项用来设置替换高光的颜色，"中间调"选项用来设置替换中间调的颜色，"阴影"选项用来设置替换阴影的颜色，"与原始图像混合"选项用来设置效果图层与原图层的融合程度。

以图10-82所示的原始画面为例，分别为其添加"三色调"效果和"色调"效果后，可以很明显地观察到，图10-83所示的效果比图10-84所示的效果细腻得多。

图10-82

图10-83

图10-84

实战 镜头染色

调色前后对比效果如图10-85所示。

图10-85

01 使用After Effects 2022打开"实战：镜头染色.aep"素材文件，如图10-86所示。

图10-86

02 选中"图片素材3.jpg"图层，按快捷键Ctrl+D，复制图层。将复制生成的新图层的叠加模式修改为"柔光"，如图10-87所示。

图10-87

03 继续选中复制的新图层，执行"效果>颜色校正>三色调"菜单命令，为其添加"三色调"效果，修改"中间调"的颜色为（R:106，G:127，B:70），如图10-88所示。

图10-88

调整完成后的效果如图10-89所示。

图10-89

10.3.5 "照片滤镜"效果

"照片滤镜"效果相当于为素材添加一个滤镜，以达到颜色校正或光线补偿的作用，如图10-90所示。

Before　　　　　　　　After

图10-90

问：什么是滤镜？

答：滤镜是根据不同波段对光线进行选择性吸收（或通过）的光学器件，由镜圈和滤光片组成，常被装在照相机或摄像机镜头的前面。黑白摄影用的滤镜主要用于校正黑白片感色性、调整反差、消除干扰光等；彩色摄影用的滤镜主要用于校正光源色温，对色彩进行补偿。

执行"效果>颜色校正>照片滤镜"菜单命令，在"效果控件"面板中展开"照片滤镜"效果的参数，如图10-91所示。

图10-91

"照片过滤"效果的参数介绍

滤镜： 设置需要过滤的颜色，可以从其下拉菜单中选择系统自带的21种过滤色。

颜色： 用户自行设置需要过滤的颜色，只有当设置"滤镜"为"自定义"选项时，该选项才可使用。

密度： 设置重新着色的强度，其值越大、效果越明显。

保持发光度： 选中该选项时，可以在过滤颜色的同时保持原始图像的明暗分布层次。

对于那些曝光不足或较暗的镜头，可以使用"曝光度"效果来修正颜色。"曝光度"效果主要用来修复画面的曝光度，其参数如图10-92所示。

图10-92

其中，"通道"选项用来指定通道的类型，包括"主要通道"和"单个通道"两种类型。"主要通道"选项即一次性调整整体通道，"单个通道"选项主要用来对RGB的各个通道进行单独调整。

"曝光度"选项用来控制图像的整体曝光度。

"偏移"选项用来设置图像整体色彩的偏移程度。

"灰度系数校正"选项用来设置图像整体的灰度值。

"红色/绿色/蓝色"选项分别用来调整"RGB"通道的"曝光度""偏移""灰度系数校正"的数值。只有设置"通道"为"单个通道"时，这些属性才会被激活。

实战 滤镜

调色前后对比效果如图10-93所示。

图10-93

01 使用After Effects 2022打开"实战：滤镜.aep"素材文件，如图10-94所示。

图10-94

02 选中"图片素材2.jpg"图层，执行"效果>颜色校正>照片滤镜"菜单命令，为其添加"照片滤镜"效果。设置"滤镜"类型为"冷色滤镜（82）"，"密度"值为66%，如图10-95所示。

图10-95

03 继续选中"图片素材2.jpg"图层，执行"效果>风格化>发光"菜单命令，为其添加"发光"效果。设置"发光阈值"为100%，"发光半径"为50，"发光强度"为1，如图10-96所示。

调色之后的效果如图10-97所示。

图10-96

图10-97

10.3.6 "更改颜色"/"更改为颜色"效果

"更改颜色"效果可以通过改变某个色彩范围内的色调，达到置换颜色的目的，如图10-98所示。

Before　　　　　　　After

图10-98

执行"效果>颜色校正>更改颜色"菜单命令，在"效果控件"面板中展开"更改颜色"效果的参数，如图10-99所示。

图10-99

"更改颜色"效果的参数介绍

视图：设置在"合成"面板中查看图像的方式。"校正的图层"

显示的是颜色校正后的画面效果，也就是最终效果；"颜色校正蒙版"显示的是颜色校正后的蒙版部分的效果，也就是图像中被更改的部分。

色相变换：调整所选颜色的色相。

亮度变换：调节所选颜色的亮度。

饱和度变换：调节所选颜色的饱和度。

要更改的颜色：指定将要被修正的区域的颜色。

匹配容差：指定颜色匹配的相似程度，即颜色的容差度，其值越大，被修正的颜色区域越大。

匹配柔和度：设置颜色的柔和度。

匹配颜色：指定匹配的颜色空间，共有"使用RGB""使用色相""使用色度"3个选项。

反转颜色校正蒙版：反转颜色校正的蒙版，可以使用"吸管"工具拾取图像中相同的颜色区域进行反转操作。

技术专题 21 关于"更改为颜色"效果

"更改为颜色"效果与"更改颜色"效果类似，也可以将画面中某种特定的颜色置换成另外一种颜色，只不过"更改为颜色"效果的可控参数更多，得到的效果也更精确，其参数如图10-100所示。

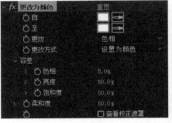

图10-100

下面简单介绍一下"更改为颜色"效果的参数。

自：用来指定要转换的颜色。

至：用来指定转换成何种颜色。

更改：用来指定影响HLS色彩模式中的哪一个通道。

更改方式：用来指定颜色的转换方式，共有"设置为颜色"和"变换为颜色"两个选项。

容差：用来指定色相、明度和饱和度的数值。

柔和度：用来控制转换后的颜色的柔和度。

查看校正遮罩：选中该选项时，可以查看哪些区域中的颜色被修改过。

实战 换色

调色前后对比效果如图10-101所示。

图10-101

01 使用After Effects 2022打开"实战：换色.aep"素材文件，如图10-102所示。

图10-102

02 选中"图片素材3.jpg"图层,执行"效果>颜色校正>更改为颜色"菜单命令,为其添加"更改为颜色"效果。在"自"属性中,使用"吸管"工具拾取画面中人物的衣服的颜色。在"至"属性中,将颜色设置为红色。修改"色相"值为5%,"饱和度"值为100%,"柔和度"值为60%,如图10-103所示。

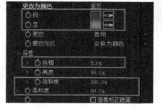

图10-103

调色之后的效果如图10-104所示。

图10-104

10.4 综合实战:三维立体文字

本案例主要讲解如何运用后期制作方法模拟文字的三维立体效果。对于那些要求不是很高、制作周期短的项目,该制作思路具有较高的参考价值,案例的前后对比效果如图10-105所示。

图10-105

10.4.1 文字厚度的处理

01 使用After Effects 2022打开"综合实战:三维立体文字.aep"素材文件,如图10-106所示。

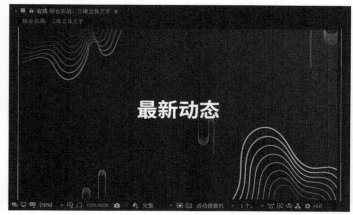

图10-106

02 选中"最新动态"所在图层,执行"效果>生成>梯度渐变"菜单命令,为其添加"梯度渐变"效果。设置"渐变起点"为(950,448),"起始颜色"为(R:27,G:27,B:27),"渐变终点"为(950,574),"结束颜色"为(R:168,G:168,B:168),如图10-107和图10-108所示。

图10-107

图10-108

03 继续选中"最新动态"所在图层,执行"效果>透视>投影"菜单命令,为其添加"投影"效果。设置"不透明度"值为100%,"方向"值为(0×+245°),"距离"值为5,如图10-109所示。

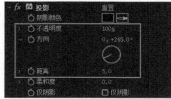

图10-109

177

04 继续选中"最新动态"所在图层，执行"效果>透视>斜面 Alpha"菜单命令，为其添加"斜面Alpha"效果。设置"边缘厚度"值为2，"灯光角度"值为（0×-120º），"灯光强度"值为0.5，如图10-110所示。

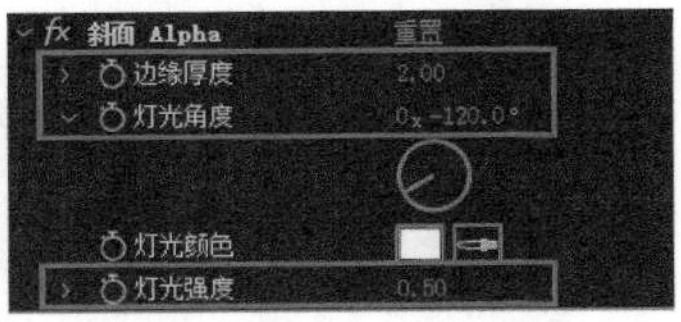

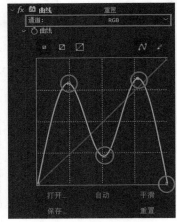

图10-110

10.4.2 文字质感的处理

01 选择"最新动态"所在图层，执行"效果>颜色校正>曲线"菜单命令，为其添加"曲线"效果，分别调整"RGB"通道的曲线，如图10-111和图10-112所示。

图10-111

图10-112

02 继续选中"最新动态"所在图层，执行"效果>颜色校正>色相/饱和度"菜单命令，为其添加"色相/饱和度"效果。选中"彩色化"选项，设置"着色色相"值为（0×+55º），"着色饱和度"值为100，"着色亮度"值为10，如图10-113和图10-114所示。

图10-113

图10-114

10.4.3 优化细节

01 选中"最新动态"所在图层，按快捷键Ctrl+D复制图层，将复制生成的新图层的叠加模式修改为"屏幕"，如图10-115和图10-116所示。

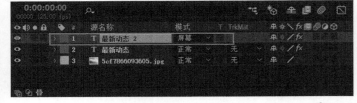

图10-115

图10-116

02 选中两个文字图层，按快捷键Ctrl+Shift+C合并图层，将合并后的图层命名为"文字"，如图10-117所示。

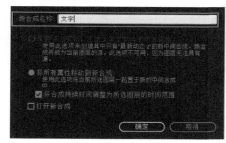

图10-117

03 如果想得到灰色金属质感的文字，可以选中"文字"图层，执行"效果>颜色校正>CC Toner"菜单命令，为其添加"CC Toner"效果，设置"Tones"（色调）选项为"Duotone"（双色调），如图10-118所示。

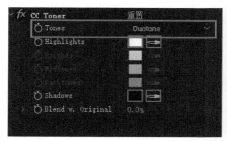

图10-118

 疑难问答 ?

问："CC Toner"效果的作用是什么？

答：该效果可以对画面的暗部、中间调和高光色调重新自定义。

画面预览效果如图10-119所示。

图10-119

10.5 综合实战：电影风格的校色

本案例综合应用了色调、曲线和颜色平衡等多种效果，展示电影风格的校色方法，如图10-120所示。

图10-120

10.5.1 画面色调处理

01 使用After Effects 2022打开"综合实战：电影风格的校色.aep"素材文件，如图10-121所示。

图10-121

02 选中"夜景素材.mp4"图层，执行"效果>颜色校正>色调"菜单命令，为其添加"色调"效果，设置"着色数量"值为45%，如图10-122所示。

图10-122

疑难问答 ?

问：这里为什么要先添加"色调"效果呢？

答：先添加"色调"效果可以把更多的画面颜色信息控制在中间调部分（灰度信息部分），方便后续的色调调整。

03 继续选中"夜景素材.mp4"图层，执行"效果>颜色校正>曲线"菜单命令，为其添加"曲线"效果。分别调整"RGB""红色""绿色""蓝色"通道的曲线，如图10-123、图10-124、图10-125和图10-126所示。

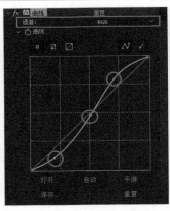
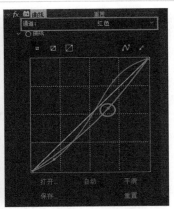

图10-123　　　　　　　　　　图10-124

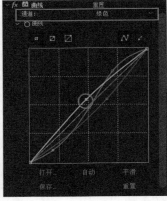
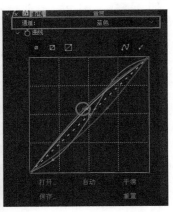

图10-125　　　　　　　　　　图10-126

疑难问答 ?

问：添加"曲线"效果并调整各个颜色通道的曲线的目的是什么？

答：使画面的暖色调尽可能靠近冷色调。

04 预览画面效果，如图10-127所示。

图10-127

05 继续选中"夜景素材.mp4"图层，执行"效果>颜色校正>色

调"菜单命令，为其添加"色调"效果，设置"着色数量"值为50%，如图10-128所示。

图10-128

疑难问答 ?

问：这里为什么还要再添加"色调"效果？

答：为了尽可能把画面中的一些杂色调整成灰白色，方便后续对冷色调的调整。

06 继续选中"夜景素材.mp4"图层，执行"效果>颜色校正>颜色平衡"菜单命令，为其添加"颜色平衡"效果。设置"阴影红色平衡"为15，"阴影绿色平衡"为7，"阴影蓝色平衡"为25，"中间调红色平衡"为2，"中间调绿色平衡"为25，"中间调蓝色平衡"为-3，"高光绿色平衡"为5，"高光蓝色平衡"为15，如图10-129所示。

图10-129

疑难问答 ?

问：这里添加"颜色平衡"效果的目的是什么？

答：使用"颜色平衡"效果调整画面在中间调、阴影和高光之间的比重，以便更好地表现画面的调性。

07 预览画面效果，如图10-130所示。

图10-130

10.5.2 优化镜头细节

01 执行"图层>新建>调整图层"菜单命令,创建一个调整图层,将其命名为"视觉中心",使用"钢笔工具" ![钢笔] 绘制一个蒙版,如图10-131所示。

图10-131

02 展开调整图层的"蒙版"属性,选中"反转"选项,并修改"蒙版羽化"值为(200像素,200像素),如图10-132所示。

图10-132

03 选中调整图层,执行"效果>模糊和锐化>摄像机镜头模糊"菜单命令,为其添加"摄像机镜头模糊"效果。设置"模糊半径"值为50,光圈"圆度"值为10%,选中"重复边缘像素"选项,如图10-133所示。

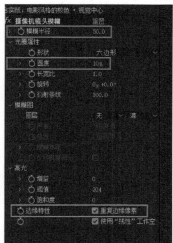

图10-133

04 按小键盘上的数字键0,预览最终效果,如图10-134所示。至此,整个案例制作完毕。

图10-134

10.6 综合实战:三维素材后期处理

本案例主要介绍了三维素材的后期处理技术。通过学习,读者可以掌握如何在After Effects中优化处理由三维软件渲染的素材,案例效果如图10-135所示。

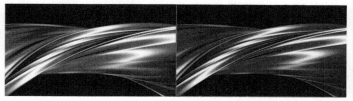

图10-135

01 执行"合成>新建合成"菜单命令,创建一个"预设"为"HDTV 1080P 25"的合成,设置"持续时间"为3秒,并将其命名为"三维素材后期处理",如图10-136所示。

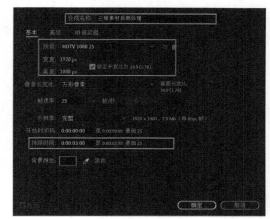

图10-136

02 执行"图层>新建>纯色"菜单命令，创建一个黑色的"纯色"图层，将其命名为"BG"，如图10-137所示。

图10-137

03 选中"BG"图层，执行"效果>生成>四色渐变"菜单命令，为其添加"四色渐变"效果。设置"点1"值为（176，140），"颜色1"为（R:0，G:0，B:0）；"点2"值为（1140，205），"颜色2"为黑色；"点3"值为（0，1080），"颜色3"为（R:90，G:2，B:113）；"点4"值为（1855，630），"颜色4"为黑色。设置"混合"值为500，如图10-138所示。画面预览效果如图10-139所示。

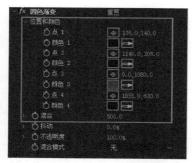

图10-138

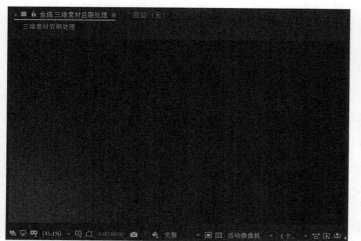

图10-139

04 执行"文件>导入>文件"菜单命令，打开"图片素材5.jpg"素材文件，将其添加到"时间轴"面板中，将图层的叠加模式修

改为"相加"，如图10-140所示。

图10-140

05 选中"图片素材5.jpg"图层，执行"效果>颜色校正>亮度和对比度"菜单命令，为其添加"亮度和对比度"效果。设置"亮度"值为30，"对比度"值为50，如图10-141所示。

图10-141

06 继续选中"图片素材5.jpg"图层，执行"效果>颜色校正>色相/饱和度"菜单命令，为其添加"色相/饱和度"效果。选中"彩色化"选项，设置"着色色相"值为（0×-35°），"着色饱和度"值为50，"着色亮度"值为0，如图10-142所示。画面预览效果如图10-143所示。

图10-142

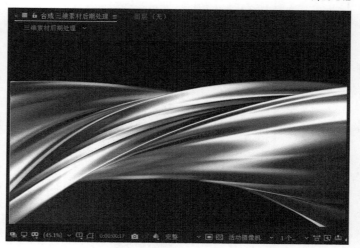

图10-143

07 继续选中"图片素材5.jpg"图层，按快捷键Ctrl+D复制图层，设置复制得到的新图层的"亮度和对比度"效果的"亮度"

值为-30，"对比度"值为30。将图层的叠加模式修改为"正常"，如图10-144所示。画面的预览效果如图10-145所示。

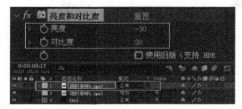

图10-144

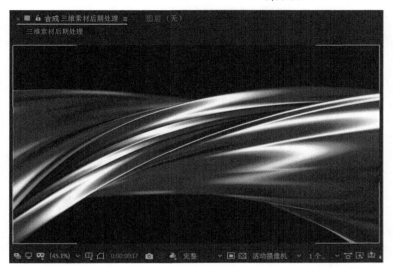

图10-145

 疑难问答 ?

问：这里为什么要复制一次图层并修改其"亮度和对比度"的数值呢？

答：为了能够更好地模拟玻璃的高光反射效果。

至此，本案例制作完毕，最终的预览效果如图10-146所示。

图10-146

第11章

抠像技术

Learning Objectives
学习要点↙

184页
抠像技术简介

184页
抠像效果组

194页
遮罩效果组

195页
Keylight（1.2）效果的基本抠像

197页
Keylight（1.2）效果的高级抠像

202页
抠像技术的应用

11.1　抠像技术简介

"抠像"一词是从早期的电视制作中得来的，意思是吸取画面中的某一种颜色作为透明色，将其从画面中抠去，从而使背景透出来，形成两层画面的叠加合成。例如，把一个人物从画面中抠出来后，和一段爆炸的素材合成到一起，形成非常具有视觉冲击力的镜头，这些镜头效果在荧幕中常常能见到。

一般情况下，在拍摄需要抠像的画面的时候，会使用蓝色或绿色的幕布作为载体，这是因为人体中蓝色和绿色的因素比较少。另外，蓝色和绿色也是三原色（RGB）中的两个主要色，其颜色纯正，方便后期处理。

抠像是影视效果制作中最常用的技术之一，在电影、电视制作中的应用极为普遍，国内很多电视节目、电视广告经常使用这类技术，如图11-1所示。

图11-1

After Effects的抠像功能日益完善和强大。一般情况下，用户在使用时可以先从抠像和差值遮罩效果组着手。此外，有些镜头的抠像也需要蒙版、图层叠加模式、轨道蒙版和画笔等工具辅助配合。

总的来说，抠像效果的好坏取决于两个方面的因素，一方面是前期拍摄的源素材，另一方面是后期合成制作中的抠像技术。针对不同的镜头，抠像的方法和结果也不尽相同。

11.2　抠像效果组

在After Effects 2022中，抠像是通过定义图像中特定范围内的颜色值或亮度值来获取透明通道，当这些特定的值被抠出时，所有具有该颜色或该亮度的像素都将变成透明状态。图像被抠出来后，即可将其运用到特定的背景中，以获得镜头所需的视觉效果，如图11-2所示。

蓝屏拍摄图像

将前景图层的蓝色部分抠除，使其变成透明状态，最后与背景图像进行合成。

背景图像

图11-2

在After Effects 2022中，所有的"抠像"效果都集中在"效果>抠像"的子菜单中，如图11-3所示。

图11-3

11.2.1 "颜色差值键"效果

"颜色差值键"效果可以将图像分成A、B两个不同起点的蒙版，从而创建透明度信息。蒙版B基于指定抠出的颜色创建透明度信息，蒙版A则基于图像中不包含第2种颜色的区域创建透明度信息。结合A、B蒙版，可以创建Alpha蒙版。"颜色差值键"效果可以创建很精确的透明度信息，尤其适合抠取具有透明和半透明区域的图像，如烟、雾、阴影等，如图11-4所示。

图11-4

执行"效果>抠像>颜色差值键"菜单命令，在"效果控件"面板中展开"颜色差值键"效果的参数，如图11-5所示。

图11-5

"颜色差值键"效果的参数介绍

视图： 共有9种查看模式，如图11-6所示。

图11-6

源： 显示原始的素材。

未校正遮罩部分A： 显示没有校正的图像的蒙版A。

已校正遮罩部分A： 显示已经校正的图像的蒙版A。

未校正遮罩部分B： 显示没有校正的图像的蒙版B。

已校正遮罩部分B： 显示已经校正的图像的蒙版B。

未校正遮罩： 显示没有校正的图像的蒙版。

已校正遮罩： 显示校正的图像的蒙版。

最终输出： 最终的画面显示。

已校正 [A，B，遮罩]，最终： 同时显示蒙版A、蒙版B、校正的蒙版和最终输出的结果。

主色： 用来采样拍摄的动态素材幕布的颜色。

颜色匹配准确度： 设置颜色匹配的精度，包含"更快"和"更准确"两个选项。

黑色区域的A部分： 控制A通道的透明区域。

白色区域的A部分： 控制A通道的不透明区域。

A部分的灰度系数： 用来影响图像的灰度范围。

黑色区域外的A部分： 控制A通道的透明区域的不透明度。

白色区域外的A部分： 控制A通道的不透明区域的不透明度。

黑色的部分B： 控制B通道的透明区域。

白色区域中的B部分： 控制B通道的不透明区域。

B部分的灰度系数： 用来影响图像的灰度范围。

黑色区域外的B部分： 控制B通道的透明区域的不透明度。

白色区域外的B部分： 控制B通道的不透明区域的不透明度。

黑色遮罩： 控制"Alpha"通道的透明区域。

白色遮罩： 控制"Alpha"通道的不透明区域。

遮罩灰度系数： 用来影响图像的"Alpha"通道的灰度范围。

> **技巧与提示**
>
> 该效果在实际操作中的应用非常简单，在指定抠出的颜色后，将"视图"模式切换为"已校正遮罩"，修改"黑色遮罩""白色遮罩""遮罩灰度系数"参数，将"视图"模式切换为"最终输出"模式即可。

实战 使用"颜色差值键"效果抠像

本案例的前后对比效果如图11-7所示。

图11-7

01 使用After Effects 2022打开实例文件中的"实战：使用颜色差值键效果.aep"素材文件，如图11-8所示。

图11-8

图11-11

02 选中"抠像素材.jpg"图层，执行"效果>抠像>颜色差值键"菜单命令，为其添加"颜色差值键"效果。关闭效果后，使用"抠出颜色"选项后面的"吸管工具" ![] 吸取画面中的蓝色，如图11-9所示。

04 将"视图"模式切换为"最终输出"模式，在"时间轴"面板中开启"背景"图层的显示开关，如图11-12和图11-13所示。此时画面的预览效果如图11-14所示。

图11-12

图11-9

03 开启效果后，将"视图"模式切换为"已校正遮罩"，修改"黑色遮罩"值为80，"白色遮罩"值为190，"遮罩灰度系数"值为0.8，如图11-10所示。此时画面效果如图11-11所示。

图11-13

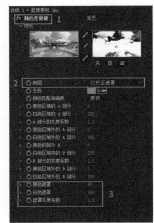

图11-10

图11-14

05 为了能够更好地匹配画面的整体效果，选中"抠像素材.jpg"图层，执行"效果>颜色校正>三色调"菜单命令，为其添加

"三色调"效果。修改"高光"的颜色为（R:254，G:232，B:232），修改"中间调"的颜色为（R:171，G:104，B:100），修改"与原始图像混合"值为50%，如图11-15所示。

图11-15

画面的最终预览效果如图11-16所示。

图11-16

11.2.2 "线性颜色键"效果

"线性颜色键"效果可以通过指定一种颜色，将图像中处于这个颜色范围内的图像抠出，并使其变为透明，如图11-17所示。

图11-17

执行"效果>抠像>线性颜色键"菜单命令，在"效果控件"面板中展开"线性颜色键"效果的参数，如图11-18所示。

图11-18

"线性颜色键"效果的参数介绍

视图：共有3种查看模式，分别为"最终输出""仅限源""仅限遮罩"。

主色：指定需要被抠掉的颜色。

匹配颜色：选择匹配颜色的方式，有"使用RGB""使用色相""使用色度"，一般默认即可。

匹配容差：设置颜色的容差值，容差值越高，与指定颜色越相近的颜色就会变为透明。

匹配柔和度：用于设置主色边缘的范围和羽化，柔和度的值越高、透明范围越大。

主要操作：一般默认为"主色"即可，设置为"保持颜色"则抠像不起作用。

技巧与提示

使用"线性颜色键"效果进行抠像，只能产生透明和不透明两种效果，因此它只适合抠出背景颜色较少、前景完全不透明，以及边缘比较精确的素材。

对于前景为半透明、背景比较复杂的素材，"线性颜色键"效果就无能为力了。

实战　使用"线性颜色键"效果抠像

本案例的前后对比效果如图11-19所示。

图11-19

01 使用After Effects 2022打开实例文件中的"实战：使用线性颜色键效果.aep"素材文件，如图11-20所示。

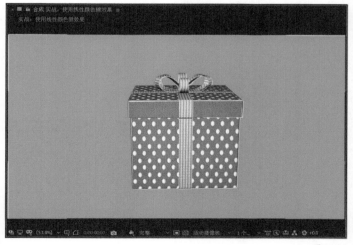

图11-20

02 选中"抠像素材04.mp4"图层，执行"效果>抠像>线性颜色键"菜单命令，为其添加"线性颜色键"效果。主色用吸管工具吸取为绿幕背景颜色，设置"匹配容差"值为22%，"匹配柔和度"值为0%，如图11-21所示。此时，画面的预览效果如图11-22所示。

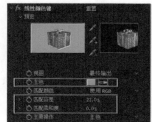

图11-21

187

图11-22

(03) 选中"抠像素材04.mp4"图层，执行"效果>颜色校正>色阶"菜单命令，为其添加"色阶"效果，修改"灰度系数"值为1.5，如图11-23所示。

(04) 继续选中"抠像素材04.mp4"图层，执行"效果>颜色校正>色相/饱和度"菜单命令，为其添加"色相/饱和度"效果，设置"主饱和度"值为-30，"主亮度"值为21，如图11-24所示。

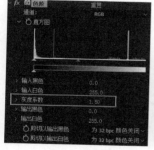

图11-23   图11-24

画面的最终预览效果如图11-25所示。

图11-25

11.2.3 "颜色范围"效果

"颜色范围"效果可以在"Lab""YUV"或"RGB"等任意一个颜色空间中通过指定的颜色范围设置抠出的颜色。

执行"效果>抠像>颜色范围"菜单命令，在"效果控件"面板中展开"颜色范围"效果的参数，如图11-26所示。

图11-26

"颜色范围"效果的参数介绍

模糊：用于调整边缘的柔化度。

色彩空间：指定抠出颜色的模式，包括"Lab""YUV""RGB"3种颜色模式。

最小值（L，Y，R）：如果"色彩空间"模式为"Lab"，则控制该色彩的第1个值L；如果是"YUV"模式，则控制该色彩的第1个值Y；如果是"RGB"模式，则控制该色彩的第1个值R。

最大值（L，Y，R）：控制第1组数据的最大值。

最小值（a，U，G）：如果"色彩空间"模式为"Lab"，则控制该色彩的第2个值a；如果是"YUV"模式，则控制该色彩的第2个值U；如果是"RGB"模式，则控制该色彩的第2个值G。

最大值（a，U，G）：控制第2组数据的最大值。

最小值（b，V，B）：控制第3组数据的最小值。

最大值（b，V，B）：控制第3组数据的最大值。

实战 使用"颜色范围"效果抠像

本案例的前后对比效果如图11-27所示。

图11-27

(01) 使用After Effects 2022打开实例文件中的"实战：使用颜色范围抠像效果.aep"素材文件，如图11-28所示。

图11-28

02 选中"抠像素材07.jpg"图层,执行"效果>抠像>颜色范围"菜单命令,为其添加"颜色范围"效果。设置"色彩空间"为"RGB",先使用✔工具吸取画面中的粉红色,再使用✔工具吸取其他需要变为透明的像素,如图11-29所示(如果不能一次性完成操作,可以使用✔工具进行多次操作)。参数设置如图11-30所示。

图11-29

图11-30

03 增加三维金牛的细节和对比度。选中"抠像素材07.jpg"图层,按快捷键Ctrl+D复制图层,将复制得到的新图层的"模式"修改为"柔光",按快捷键T键,调出"不透明度"选项,将其设置为25%,如图11-31所示。

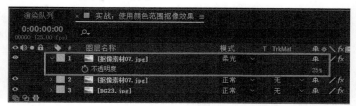

图11-31

画面的最终预览效果如图11-32所示。

图11-32

11.2.4 "差值遮罩"效果

"差值遮罩"效果的基本思想是:先把前景物体和背景一起拍摄下来,然后保持机位不变,去掉前景物体,单独拍摄背景。将拍摄下来的两个画面相比较,在理想状态下,背景部分完全相同,而前景出现的部分则是不同的,这些不同的部分就是需要创建的"Alpha"通道,如图11-33所示。

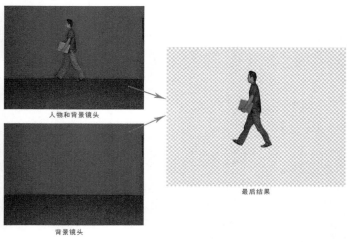

图11-33

执行"效果>抠像>差值遮罩"菜单命令,在"效果控件"面板中展开"差值遮罩"效果的参数，如图11-34所示。

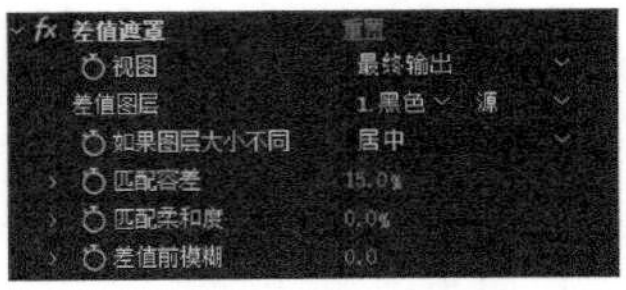

图11-34

"差值遮罩"效果的参数介绍

视图：视图显示输出，有三种显示模式，分别为"最终输出""仅限源""仅限遮罩"。

差值图层：选择用于对比的差异图层，可以用于抠出运动幅度不大的背景。

如果图层大小不同：当对比图层的大小不同时，该选项可以用于对图层进行相应处理，包括"居中"和"伸缩以适合"两个选项。

匹配容差：用于指定匹配容差的范围。

匹配柔和度：用于指定匹配容差的柔和程度。

差值前模糊：用于模糊比较相似的像素，从而清除合成图像中的杂点（这里的模糊只是计算机在进行比较运算的时候进行模糊，而最终输出的结果并不会产生模糊效果）。

> **技巧与提示**
>
> 当没有条件进行蓝屏幕抠像时，可以采用这种手段。但是，即使机位完全固定，两次实际拍摄的效果也不会是完全相同的。光线的微妙变化、胶片的颗粒、视频的噪波等都会使再次拍摄的背景有所不同。因此，这样得到的通道通常都很不干净。

实战 使用"差值遮罩"效果抠像

本案例的前后对比效果如图11-35所示。

图11-35

01 使用After Effects 2022打开实例文件中的"实战：使用差值遮罩抠像效果.aep"素材文件，如图11-36所示。

图11-36

02 选中"抠像素材11.mp4"图层，执行"效果>抠像>差值遮罩"菜单命令，为其添加"差值遮罩"效果。设置"差值图层"为"3.空背景"，"匹配容差"值为5%，如图11-37所示。画面预览效果如图11-38所示。

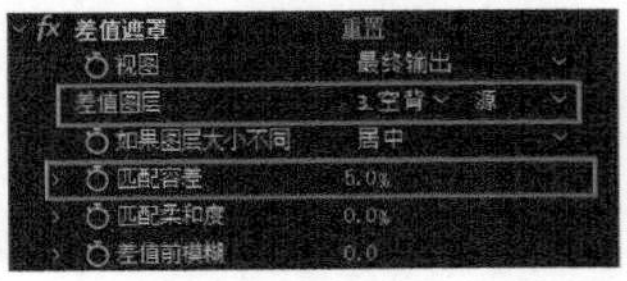

图11-37

图11-38

03 下面处理图像边缘的细节。继续选中"抠像素材11.mp4"图层，执行"效果>遮罩>调整柔和遮罩"菜单命令，为其添加"调整柔和遮罩"效果，设置"其他边缘半径"值为10，如图11-39所示。画面预览效果如图11-40所示。

图11-39

图11-40

04 镜头中，人物衣服与背景有接近和相似的颜色，因此，在执行完"差值遮罩"命令后，人物边缘出现了很多"穿帮"现象，如图11-41所示。

图11-41

05> 选中"抠像素材11.mp4"图层，使用"工具"面板中的"钢笔工具" ✏ 沿人物边缘绘制遮罩，如图11-42所示。

图11-42

画面的最终预览效果如图11-43所示。

图11-43

11.2.5 "提取"效果

"提取"效果可以将指定的亮度范围内的像素抠出，使其变成透明像素。该效果适用于白色或黑色背景的素材，或前景和背景亮度反差比较大的镜头，如图11-44所示。

图11-44

执行"效果>抠像>提取"菜单命令，在"效果控件"面板中展开"提取"效果的参数，如图11-45所示。

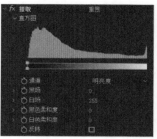

图11-45

"提取"效果的参数介绍

通道：用于选择抠取颜色的通道，包括"明亮度""红色""绿色""蓝色""Alpha"5个通道。

黑场：用于设置黑场的透明范围，小于黑场的颜色将变为透明。

白场：用于设置白场的透明范围，大于白场的颜色将变为透明。

黑色柔和度：用于调节暗色区域的柔和度。

白色柔和度：用于调节亮色区域的柔和度。

反转：用于反转透明区域。

技巧与提示

"提取"效果还可以用来消除人物的阴影。

实战 使用"提取"效果抠像

本案例的前后对比效果如图11-46所示。

图11-46

01> 使用After Effects 2022打开实例文件中的"实战：使用提取抠

像效果.aep"素材文件，如图11-47所示。

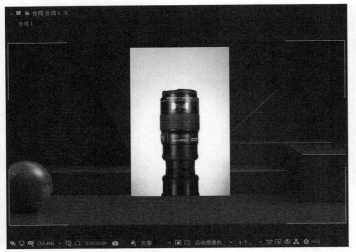

图11-47

02▶ 选中"抠像素材10.jpg"图层，执行"效果>抠像>提取"菜单命令，为其添加"提取"效果。设置"白场"值为198，"白色柔和度"值为32，如图11-48所示。画面预览效果如图11-49所示。

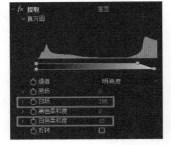

图11-48

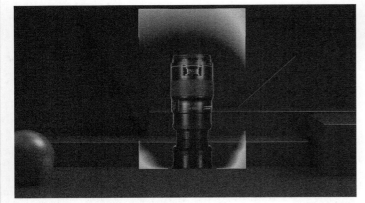

图11-49

03▶ 继续选中"抠像素材10.jpg"图层，使用"钢笔工具" ✎ 为其添加蒙版，执行"效果>颜色校正>颜色平衡"菜单命令，为其添加"颜色平衡"效果。设置"中间调红色平衡"值为-6，"中间调绿色平衡"值为-1，"中间调蓝色平衡"值为6，如图11-50所示。

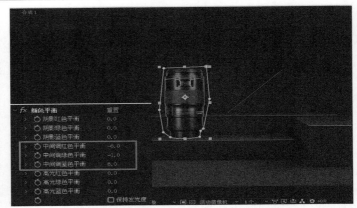

图11-50

04▶ 选中"抠像素材10.jpg"图层，执行"效果>透视>投影"菜单命令，为其添加"投影"效果。设置"不透明度"值为50%，"方向"值为（0×+90°），"距离"值为600，"柔和度"值为1500，如图11-51所示。

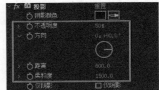

图11-51

画面的最终预览效果如图11-52所示。

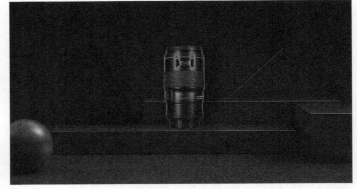

图11-52

11.2.6 "内部/外部键"效果

"内部/外部键"效果特别适用于抠取毛发。使用该效果时，需要绘制两个遮罩，一个用来定义抠出范围内的边缘，另外一个用来定义抠出范围之外的边缘。系统会根据这两个遮罩间的像素差异来定义抠出边缘，并进行抠像，如图11-53所示。

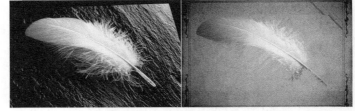

图11-53

执行"效果>抠像>内部/外部键"菜单命令，在"效果控件"面板中展开"内部/外部键"效果的参数，如图11-54所示。

图11-54

"内部/外部键"效果的参数介绍

前景（内部）：用来指定绘制的前景蒙版。

其他背景：用来指定更多的前景蒙版。

背景（外部）：用来指定绘制的背景蒙版。

其他背景：用来指定更多的背景蒙版。

单个蒙版高光半径：当只有一个蒙版时，该选项才会被激活，只保留蒙版范围内的内容。

清理前景：清除图像的前景色。

清理背景：清除图像的背景色。

薄化边缘：用来设置图像边缘的扩展或收缩。

羽化边缘：用来设置图像边缘的羽化值。

边缘阈值：用来设置图像边缘的容差值。

反转提取：反转抠像的效果。

与原始图像混合：与未调整的原始图像混合。

> "内部/外部键"效果还会修改边界的颜色，将背景的残留颜色提取出来，自动净化边界的残留颜色。因此，将经过抠像后的目标图像叠加在其他背景上时，会显示边界的模糊效果。

实战 使用"内部/外部键"效果抠像

本案例的前后对比效果如图11-55所示。

图11-55

01 使用After Effects 2022打开实例文件中的"实战：使用内部/外部键效果.aep"素材文件，如图11-56所示。

02 选中"抠像素材13.jpg"图层，使用"工具"面板中的"钢笔工具" 沿猫咪的边缘绘制封闭的蒙版（也就是内部蒙版），如图11-57所示。

03 继续选中"抠像素材13.jpg"图层，使用"工具"面板中的"钢笔工具" 沿猫咪的边缘绘制封闭的蒙版（这次绘制的是外部蒙版），如图11-58所示。

图11-56

图11-57

图11-58

04 选中"抠像素材13.jpg"图层，执行"效果>抠像>内部/外部键"菜单命令，为其添加"内部/外部键"效果。设置"前景（内

193

部）"为"蒙版1"，"背景（外部）"为"蒙版2"，如图11-59所示。画面的预览效果如图11-60所示。

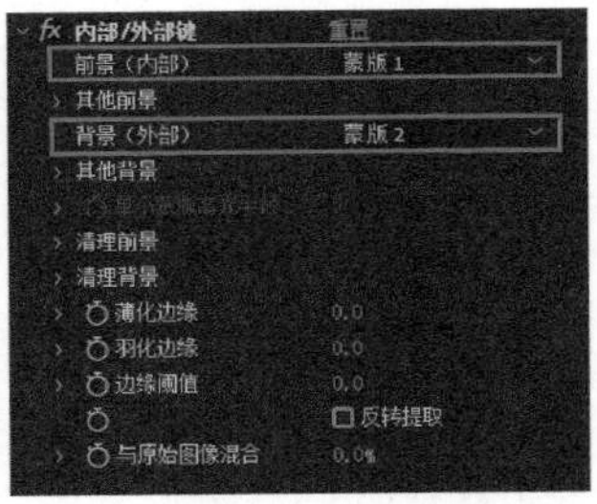

图11-59

图11-60

05 继续选中"抠像素材13.jpg"图层，执行"效果>颜色校正>颜色平衡"菜单命令，为其添加"颜色平衡"效果。设置"阴影红色平衡"值为-70，"阴影绿色平衡"值为-50，"中间调红色平衡"值为-60，"中间调蓝色平衡"值为30，如图11-61所示。

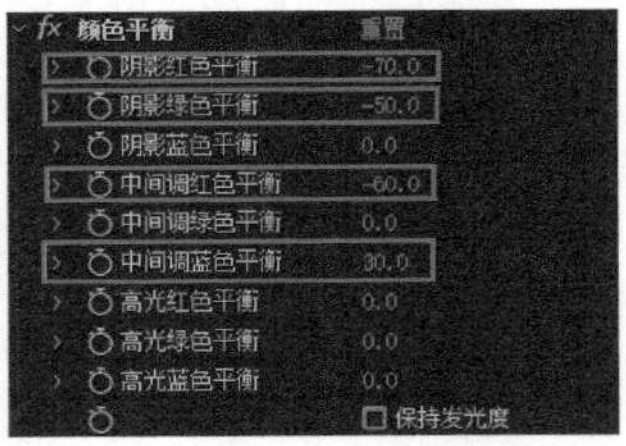

图11-61

画面的最终预览效果如图11-62所示。

图11-62

11.2.7 "Advanced Spill Suppressor"（抑色）效果

通常情况下，抠像之后的图像都会有残留的抠出颜色的痕

迹，而"Advanced Spill Suppressor"效果可以用来消除这些残留的颜色痕迹。此外，还可以消除图像边缘溢出的抠出颜色。

执行"效果>抠像>Advanced Spill Suppressor"菜单命令，在"效果控件"面板中展开"Advanced Spill Suppressor"效果的参数，在"方法"栏中选择"极致"模式，如图11-63所示。

图11-63

"Advanced Spill Suppressor"效果的参数介绍

方法： 选择抑色的方法模式，有"标准"和"极致"两种模式。

抑制： 用来设置抑制颜色的强度。

极致设置： "极致"模式下的可调参数。

抠像颜色： 设置抑制的颜色。

容差： 选择抑制颜色的容差。

降低饱和度： 可弱化抠出的颜色的饱和度。

溢出范围： 调整抑制范围。

溢出颜色校正： 调整抑制颜色。

亮度校正： 调整抑制颜色的亮度范围。

> **技巧与提示**
>
> 这些溢出的抠出颜色，常常是由于背景的反射造成的。如果使用"Advanced Spill Suppressor"效果还是不能得到满意的结果，可以使用"色相/饱和度"效果来降低饱和度，从而弱化抠出的颜色。

11.3 遮罩效果组

抠像是一门综合技术，除了抠像效果组本身的使用方法，还包括抠像后图像边缘的处理技术、与背景合成时的色彩匹配技术等。本节将介绍图像边缘的处理技术。在After Effects 2022中，用来控制图像边缘的效果在"效果"菜单的"遮罩"子菜单中。

11.3.1 "遮罩阻塞工具"效果

"遮罩阻塞工具"效果是一个功能非常强大的图像边缘处理工具，如图11-64所示。

边缘未做处理的镜头　　　　边缘处理后的镜头

图11-64

执行"效果>遮罩>遮罩阻塞工具"菜单命令，在"效果控件"面板中展开"遮罩阻塞工具"效果的参数，如图11-65所示。

图11-65

"遮罩阻塞工具"效果的参数介绍

几何柔和度1：用来调整图像边缘的一级光滑度。

阻塞1：用来设置图像边缘的一级"扩充"或"收缩"。

灰色阶柔和度1：用来调整图像边缘的一级光滑度。

几何柔和度2：用来调整图像边缘的二级光滑度。

阻塞2：用来设置图像边缘的二级"扩充"或"收缩"。

灰色阶柔和度2：用来调整图像边缘的二级光滑度。

迭代：用来控制图像边缘"收缩"的强度。

11.3.2 "调整实边遮罩"和"调整柔和遮罩"效果

在After Effects 2022中，"调整实边遮罩"和"调整柔和遮罩"效果不仅可以用来处理图像的边缘，还可以用来控制抠出图像的Alpha噪波干净纯度。此处介绍"调整实边遮罩"效果，如图11-66所示。

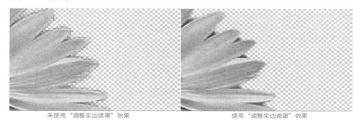

未使用"调整实边遮罩"效果　　　　使用"调整实边遮罩"效果

图11-66

执行"效果>遮罩>调整实边遮罩"菜单命令，在"效果控件"面板中展开"调整实边遮罩"效果的参数，如图11-67所示。

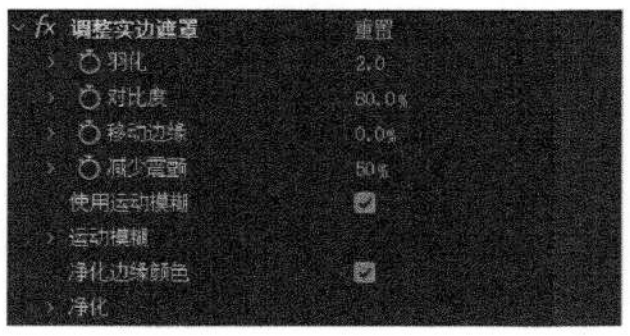

图11-67

"调整实边遮罩"效果的参数介绍

羽化：用来调整图像边缘的羽化过渡。

对比度：用来调整遮罩的对比度。

移动边缘：用来设置图像边缘的"扩充"或"收缩"。

减少震颤：用来设置运动图像上的噪波。

使用运动模糊：对于带有运动模糊效果的图像来说，该选项很有用处。

净化边缘颜色：用来处理图像边缘的颜色。

11.3.3 "简单阻塞工具"效果

"简单阻塞工具"效果属于边缘控制组中最为简单的一款效果，不太适合处理较为复杂或精度要求比较高的图像边缘。

执行"效果>遮罩>简单阻塞工具"菜单命令，在"效果控件"面板中展开"简单阻塞工具"效果的参数，如图11-68所示。

图11-68

"简单阻塞工具"效果的参数介绍

视图：用来设置图像的查看方式。

阻塞遮罩：用来设置图像边缘的"扩充"或"收缩"。

11.4 Keylight（1.2）效果

Keylight（1.2）效果是一个屡获殊荣并经过产品验证的蓝绿屏幕抠像插件，它是曾经获得学院奖的抠像工具之一。多年以来，Keylight（1.2）不断进行改进和升级，就是为了使抠像能够更快捷、简单。

使用Keylight（1.2）效果可以轻松地抠取带有阴影、半透明或毛发的素材，并且它还有"溢出抑制"功能，可以清除抠像蒙版边缘的溢出颜色，这样可以使前景和背景更加自然地融合在一起。

Keylight（1.2）效果能够无缝集成到一些合成和编辑系统中，包括Autodesk媒体和娱乐系统、Avid DS、Digital Fusion、Nuke、Shake和Final Cut Pro等。在After Effects 2022中，Keylight（1.2）已经被集成到软件中，如图11-69所示。

图11-69

11.4.1 基本抠像

基本抠像的工作流程一般是先设置Screen Colour（屏幕色）参数，然后设置要抠出的颜色。如果蒙版的边缘有抠出颜色的溢出，此时就需要调节Despill Bias（反溢出偏差）参数，为前景选择一个合适的表面颜色。如果前景颜色被抠出或背景颜色没有被完全抠出，这时就需要适当调节Screen Matte（屏幕蒙版）选项组下的Clip Black（剪切黑色）和Clip White（剪切白色）参数。

执行"效果> Keying> Keylight（1.2）"菜单命令，在"效果控件"面板中展开"Keylight（1.2）"效果的参数，如图11-70所示。

图11-70

● View（视图）

View（视图）用来设置查看最终效果的方式，其下拉菜单中提供了11种查看方式，如图11-71所示。下面将介绍View（视图）下拉列表中的几个常用选项。

```
Source
Source Alpha
Corrected Source
Colour Correction Edges
Screen Matte
Inside Mask
Outside Mask
Combined Matte
Status
Intermediate Result
● Final Result
```

图11-71

> **技巧与提示**
>
> 在设置Screen Colour（屏幕色）时，不能将View（视图）设置为"Final Result"（最终结果）。这是因为在进行第1次取色时，被选择抠出的颜色大部分都被消除了。

View（视图）的参数介绍

Screen Matte（屏幕蒙版）：在设置Clip Black（剪切黑色）和Clip White（剪切白色）时，可以将"视图"方式设置为Screen Matte（屏幕蒙版），这样可以将屏幕中本来应该是完全透明的部分调整为黑色，将完全不透明的部分调整为白色，将半透明的部分调整为合适的灰色，如图11-72所示。

图11-72

> **技巧与提示**
>
> 在设置Clip Black（剪切黑色）和Clip White（剪切白色）参数时，最好将View（视图）方式设置为Screen Matte（屏幕蒙版），这样可以更方便地查看蒙版效果。

Status（状态）：对蒙版效果进行夸张、放大渲染，这样即便是很小的问题，也将在屏幕上被放大显示，如图11-73所示。

图11-73

> **技巧与提示**
>
> Status（状态）视图中显示了黑、白、灰3种颜色。黑色区域在最终效果中处于完全透明状态，也就是颜色被完全抠出的区域，这个区域可以使用其他背景来代替。白色区域在最终效果中显示为前景画面，这个区域的颜色将被完全保留下来。灰色区域表示颜色没有被完全抠出，显示的是前景和背景叠加的效果。在画面前景的边缘，需要保留灰色像素以达到一种完美的前景边缘过渡与处理效果。

Final Result（最终结果）：显示当前抠像的最终效果。

Despill Bias（反溢出偏差）：在设置Screen Colour（屏幕色）时，虽然Keylight（1.2）效果会自动抑制前景的边缘溢出色，但在前景的边缘处往往还是会残留一些抠出色，该选项就是用来控制残留的抠出色。

> **技巧与提示**
>
> 一般情况下，Despill Bias（反溢出偏差）参数和Alpha Bias（Alpha偏差）参数是相关联的，不管调节其中哪一个参数，另一个参数都会随之发生相应的改变。

● Screen Colour（屏幕色）

Screen Colour（屏幕色）用来设置需要被抠出的屏幕色，可以使用该选项后面的"吸管工具" 在"合成"面板中吸取相应的屏幕色，这样就会自动创建一个Screen Matte（屏幕蒙版），并且这个蒙版会自动抑制蒙版边缘溢出的抠出色。

实战 使用Keylight（1.2）效果快速抠像

本案例的前后对比效果如图11-74所示。

图11-74

01 使用After Effects 2022打开实例文件中的"实战：使用

196

Keylight（1.2）效果快速抠像"文件，如图11-75所示。

02 选中"抠像素材05.mp4"图层，执行"效果> Keying> Keylight（1.2）"菜单命令，为其添加Keylight（1.2）效果。使用Screen Colour（屏幕色）选项后面的"吸管工具" 在"合成"面板中吸取绿色的幕布，如图11-76所示。

图11-75

图11-76

03 在Keylight（1.2）"效果控件"面板中，修改Screen Pre-blur（屏幕预模糊）值为1；展开Screen Matte（屏幕蒙版）参数组，修改Clip Black（剪切黑色）值为26，Clip White（剪切白色）值为27，如图11-77所示。

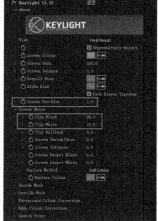

图11-77

画面的最终预览效果如图11-78所示。

图11-78

11.4.2 高级抠像

Screen Colour（屏幕色）

无论基本抠像还是高级抠像，Screen Colour（屏幕色）都是必须设置的一个参数。使用Keylight（1.2）效果进行抠像的第1步，就是使用Screen Colour（屏幕色）后面的"吸管工具" 在屏幕上对抠出的颜色进行取样，取样的范围包括主要色调（如蓝色和绿色）与颜色饱和度。

一旦指定了Screen Colour（屏幕色），Keylight（1.2）效果就会在整个画面中分析所有的像素，并且比较这些像素的颜色和取样的颜色在色调和饱和度上的差异，然后根据比较的结果，设定画面的透明区域，并相应地对前景画面的边缘颜色进行修改。

技术专题 22 图像像素与Screen Colour（屏幕色）的关系

背景像素：如果图像中像素的色相与Screen Colour（屏幕色）的色相类似，并且饱和度与设置的抠出颜色的饱和度一致或更高，那么这些像素就会被认为是图像的背景像素，因此将会被全部抠出，变成完全透明的效果，如图11-79所示。

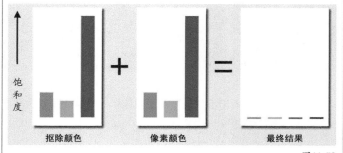

图11-79

边界像素：如果图像中像素的色相与Screen Colour（屏幕色）的色相类似，但是饱和度低于屏幕色的饱和度，那么这些像素就会被认为是前景的边界像素，像素颜色就会减去屏幕色的加权值，从而使这些像素变成半透明效果，并且会对它的溢出颜色进行适当抑制，如图11-80所示。

前景像素：如果图像中像素的色相与Screen Colour（屏幕色）的色相不一致，例如在图11-81中，像素的色相为绿色，Screen Colour（屏幕色）的色相为蓝色，这样Keylight（1.2）效果经过比较后，就会将绿色像素当作前景颜色，因此绿色将被完全保留。

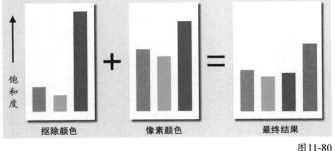

图11-80

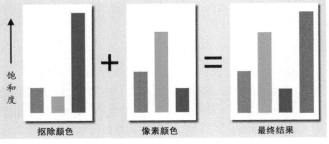

图11-81

Despill Bias（反溢出偏差）

Despill Bias（反溢出偏差）参数可以用来设置Screen Colour（屏幕色）的反溢出效果。比如在图11-82（左）中，直接对素材应用Screen Colour（屏幕色），然后设置抠出颜色为蓝色后的抠像效果并不理想，如图11-82（右）所示。此时，Despill Bias（反溢出偏差）参数为默认值。

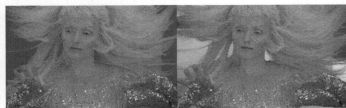

图11-82

从图11-82（右）中不难看出，头发边缘还有蓝色像素没有被完全抠出，这时就需要设置Despill Bias（反溢出偏差）的颜色为前景边缘像素的颜色，也就是头发的颜色，这样抠出来的图像效果就会得到很大改善，如图11-83所示。

图11-83

Alpha Bias（Alpha偏差）

在一般情况下，不需要单独调节Alpha Bias（Alpha偏差）参数，但是在绿屏中的红色信息多于绿色信息，并且前景的"红色"通道信息也比较多的情况下，就需要单独调节Alpha Bias（Alpha偏差）参数，否则很难抠出图像，如图11-84所示。

图11-84

技巧与提示

选取Alpha Bias（Alpha偏差）颜色时，一般会选择与图像中的背景颜色具有相同色相的颜色，并且这些颜色的亮度要比较高才行。

Screen Gain（屏幕增益）

Screen Gain（屏幕增益）参数主要用来设置Screen Colour（屏幕色）被抠出的程度，其值越大，被抠出的颜色越多，如图11-85所示。

图11-85

技巧与提示

在调节Screen Gain（屏幕增益）参数时，其数值既不能太小，也不能太大。一般情况下，使用Clip Black（剪切黑色）和Clip White（剪切白色）两个参数来优化Screen Matte（屏幕蒙版）的效果比使用Screen Gain（屏幕增益）的效果要好。

Screen Balance（屏幕平衡）

通过在RGB颜色值中对主要颜色的饱和度与其他两个颜色通道的饱和度的加权平均值进行比较，所得出的结果就是Screen Balance（屏幕平衡）的参数值。例如，Screen Balance（屏幕平衡）为100%时，Screen Colour（屏幕色）的饱和度占绝对优势，而其他两种颜色的饱和度几乎为0。

根据素材的不同，需要设置的Screen Balance（屏幕平衡）值也有所差异。一般情况下，蓝屏素材设置为95%左右即可，而绿屏素材设置为50%左右即可。

● Screen Pre-blur（屏幕预模糊）

Screen Pre-blur（屏幕预模糊）参数可以在对素材进行蒙版操作前，首先对画面进行轻微的模糊处理。这种预模糊处理方式可以减弱画面的噪点效果。

● Screen Matte（屏幕蒙版）

Screen Matte（屏幕蒙版）参数组主要用来微调蒙版效果，这样可以更加精确地控制前景和背景的界线。展开Screen Matte（屏幕蒙版）参数组的相关参数，如图11-86所示。

图11-86

Screen Matte（屏幕蒙版）的参数介绍

Clip Black（剪切黑色）：设置蒙版中黑色像素的起点值。如果在背景像素的区域出现了前景像素，那么此时就可以适当增大Clip Black（剪切黑色）的数值，以抠出所有的背景像素，如图11-87所示。

图11-87

Clip White（剪切白色）：设置蒙版中白色像素的起点值。如果在前景像素的区域出现了背景像素，那么此时就可以适当降低Clip White（剪切白色）的数值，以达到满意的效果，如图11-88所示。

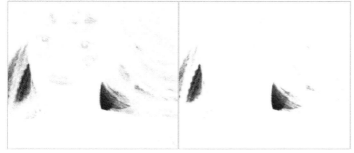

图11-88

Clip Rollback（剪切削减）：在调节Clip Black（剪切黑色）和Clip White（剪切白色）参数时，有时会对前景边缘像素产生破坏，如图11-89（左）所示。此时，就可以适当调整Clip Rollback（剪切削减）的数值，从而对前景的边缘像素进行一定程度的补偿，如图11-89（右）所示。

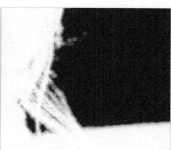

图11-89

Screen Shrink/Grow（屏幕收缩/扩张）：用来收缩或扩大蒙版的范围。

Screen Softness（屏幕柔化）：对整个蒙版进行模糊处理。注意，该参数只影响蒙版的模糊程度，不会影响前景和背景。

Screen Despot Black（屏幕独占黑色）：让黑点与周围像素进行加权运算，增大其值可以消除白色区域内的黑点，如图11-90所示。

图11-90

Screen Despot White（屏幕独占白色）：让白点与周围像素进行加权运算，增大其值可以消除黑色区域内的白点，如图11-91所示。

图11-91

Replace Colour（替换颜色）：根据设置的颜色对Alpha通道的溢出区域进行补救。

Replace Method（替换方式）：设置替换Alpha通道溢出区域颜色的方式，共有以下4种。

None（无）：不进行任何处理。

Source（源）：使用原始素材的像素进行相应的补救。

Hard Colour（硬度色）：对任何增加的Alpha通道区域直接使用

Replace Colour（替换颜色）进行补救，如图11-92所示（为了便于观察，这里故意将替换颜色设置为红色）。

图11-92

Soft Colour（柔和色）：对增加的Alpha通道区域进行Replace Colour（替换颜色）补救时，根据原始素材像素的亮度进行相应的柔化处理，如图11-93所示。

图11-93

 Inside Mask /Outside Mask（内部/外部键）------------------

使用Inside Mask（内部键）可以将前景内容隔离出来，使其不参与抠像处理。例如，前景中的主角身上穿有淡蓝色的衣服，但是这位主角又是站在蓝色的背景下进行拍摄的，那么就可以使用Inside Mask（内部键）隔离前景颜色。使用Outside Mask（外部键）可以指定背景像素，不管遮罩内是何种内容，一律视为背景像素进行抠出，这对于处理背景颜色不均匀的素材非常实用。

展开Inside Mask /Outside Mask（内部/外部键）参数组的参数，如图11-94所示。

图11-194

Inside Mask /Outside Mask（内部/外部键）的参数介绍

Inside Mask /Outside Mask（内部/外部键）：选择内部或外部的蒙版。

Inside Mask Softness /Outside Mask Softness（内部/外部键柔化）：设置内部/外部键的柔化程度。

Invert（反转）：反转遮罩的方向。

Replace Method（替换方式）：与Screen Matte（屏幕蒙版）参数组中的Replace Method（替换方式）相同。

Replace Colour（替换颜色）：与Screen Matte（屏幕蒙版）参数组中的Replace Colour（替换颜色）相同。

Source Alpha（源Alpha）：该参数决定了Keylight（1.2）效果如何处理原图像中本来就有的Alpha通道信息。

 Foreground Colour Correction（前景颜色校正）----------

Foreground Colour Correction（前景颜色校正）参数用来校正前景颜色，可以调整的参数包括Saturation（饱和度）、Contrast（对比度）、Brightness（亮度）、Colour Suppression（颜色抑制）和Colour Balancing（色彩平衡）。

Edge Colour Correction（边缘颜色校正）--------------------

Edge Colour Correction（边缘颜色校正）参数与Foreground Colour Correction（前景颜色校正）参数相似，主要用来校正蒙版边缘的颜色，可以在View（视图）下拉列表中选择Colour Correction Edges（边缘颜色校正）查看边缘像素的范围。

Source Crops（源裁剪）-------------------------------

Source Crops（源裁剪）参数组中的参数可以使用水平或垂直的方式裁切源素材的画面，这样可以将图像边缘的非前景区域直接设置为透明效果。

实战 使用Keylight（1.2）效果抠取颜色接近的镜头

本案例的前后对比效果如图11-95所示。

图11-95

01 使用After Effects 2022打开实例文件中的"实战：使用Keylight（1.2）效果抠取颜色接近的镜头"素材文件，如图11-96所示。

图11-96

02 选中"抠像素材14.png"图层，执行"效果> Keying> Keylight（1.2）"菜单命令，为其添加Keylight（1.2）效果。使用

200

Screen Colour（屏幕色）选项后面的"吸管工具" 在"合成"面板中吸取颜色，如图11-97所示。此时，抠出后的画面效果如图11-98所示。

图11-97

图11-98

03 修改View（视图）方式为Source（源），使用Alpha Bias（Alpha偏差）选项后面的"吸管工具" 在人物的VR头盔处对棕色进行取样，设置View（视图）方式为Final Result（最终结果），如图11-99所示。

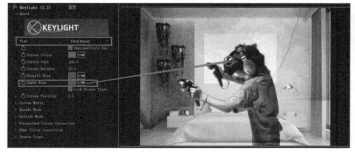

图11-99

04 设置View（视图）方式为Screen Matte（屏幕蒙版），效果如图11-100所示。从图中可以观察到，人物身体和手部充满了灰色像素，而这些区域本来应该全部是白色不透明的像素。在Screen Matte（屏幕蒙版）参数组下设置Clip Black（剪切黑色）

值为45，Clip White（剪切白色）值为60，Clip Rollback（剪切削减）值为1，Screen Shrink/Grow（屏幕收缩/扩张）值为5，Screen Softness（屏幕柔化）值为8。设置Screen Despot Black（屏幕独占黑色）和Screen Despot White（屏幕独占白色）值为2，如图11-101所示。

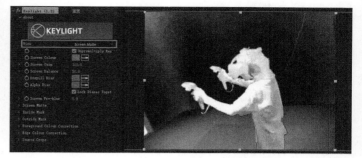

图11-100

图11-101

05 修改View（视图）方式为Final Result（最终结果），画面的最终效果如图11-102所示。

图11-102

> **技巧与提示**
>
> 在选择素材时，要尽可能选择质量比较好的素材，并且尽量不要对素材进行压缩，因为有的压缩算法会损失素材背景的细节，这样会影响抠像效果。
>
> 对于一些质量不是很好的素材，可以在抠像之前对其进行轻微的模糊处理，这样可以有效抑制图像中的噪点。
>
> 另外，在使用抠像效果之后，可以使用"通道模糊"效果对素材的"Alpha"通道进行细微的模糊处理，这样可以让前景图像和背景图像更加完美地融合在一起。

11.5 综合实战：虚拟演播室

本案例主要讲解镜头的蓝屏抠像、图像边缘处理和场景色匹配等抠像技术的应用，案例的前后对比效果如图11-103所示。

图11-103

11.5.1 蓝屏抠像与边缘处理

01 使用After Effects 2022打开实例文件中的"综合实战：虚拟演播室.aep"素材文件，如图11-104所示。

图11-104

02 选中"抠像素材6.mp4"图层，执行"效果>Keying>Keylight（1.2）"菜单命令，为其添加Keylight（1.2）效果。使用

Screen Colour（屏幕色）选项后面的"吸管工具" ━━ 在"合成"面板中吸取颜色，如图11-105所示。抠出后的画面效果如图11-106所示。

03 设置View（视图）方式为Screen Matte（屏幕蒙版），效果如图11-107所示。从图中可以观察到，主持人衣服的局部有灰色像素，而主持人衣服的区域本来应该全部是白色不透明的像素，背景区域应该是黑色透明的像素。

图11-105

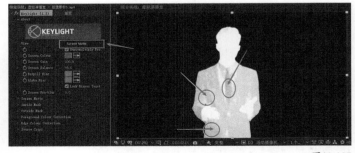

图11-106

图11-107

04 修改Screen Gain（屏幕增益）值为110，Screen Balance（屏幕平衡）值为0。在Screen Matte（屏幕蒙版）参数组下设置Clip White（剪切白色）值为80，Screen Shrink/Grow（屏幕收缩/扩张）值为-1.5，Screen Softness（屏幕柔化）值为0.5，如图11-108所示。

05 修改View（视图）方式为Final Result（最终结果），此时画面的预览效果如图11-109所示。

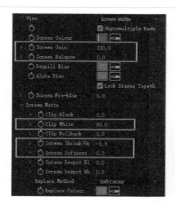

图11-108

图11-109

11.5.2 场景色调匹配

01 执行"文件>导入>文件"菜单命令,导入实例文件中的"演播室.mov"素材文件,如图11-110所示。

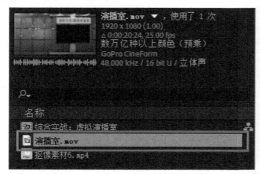

图11-110

02 在"项目"面板中选中该素材,并按快捷键Ctrl+/,将其添加到"时间轴"面板中。将其移动到"抠像素材6.mp4"图层的下面,画面效果如图11-111所示。

03 执行"文件>导入>文件"菜单命令,导入实例文件中的"抠像替换视频素材01.mp4"素材文件。在"项目"面板中,选中该素材并按快捷键Ctrl+/,将其添加到"时间轴"面板中。将其移动到"演播室.mov"图层的下面,画面效果如图11-112所示。

04 选中"抠像替换视频素材01.mp4"图层,执行"效果>扭曲>边角定位"菜单命令,为其添加"边角定位"效果。修改"左上"值为(1144,304.9),"右上"值为(1902.1,304.9),"左下"值为(1139.8,724.2),"右下"值为(1902.1,717.9),如图11-113所示。画面效果如图11-114所示。

图11-111

图11-112

203

图11-113

图11-114

05 选中"抠像素材6.mp4"图层，按快捷键P，设置"位置"值为（462，540），如图11-115所示。画面预览效果如图11-116所示。

图11-115

图11-116

11.5.3 镜头细化处理

01 选中"抠像替换视频素材01.mp4"和"演播室.mov"图层，

按快捷键Ctrl+Shift+C合并图层，将新的合成命名为"背景合成"，如图11-117所示。

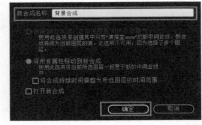

图11-117

02 设置"抠像素材6.mp4"图层的"位置"值为（462，608），"缩放"值为（90%，90%），如图11-118所示。

图11-118

 技巧与提示

这里修改"抠像素材6.mp4"图层的"位置"和"缩放"属性，主要是为了调整人物与虚拟演播室背景图之间的比例关系。

03 按快捷键Ctrl+Y，创建一个黑色的纯色图层，设置其"宽度"为1920像素、"高度"为1080像素、名称为"遮幅"，如图11-119所示。

图11-119

04 选中"遮幅"图层，在"工具"面板双击"矩形工具"■，根据该图层的大小创建一个蒙版，调节蒙版的大小，如图11-120所示。展开"蒙版"属性，选中"反转"选项，如图11-121所示。

05 至此，整个案例制作完毕，画面的预览效果如图11-122所示。按快捷键Ctrl+M进行视频输出，执行项目的打包设置即可。

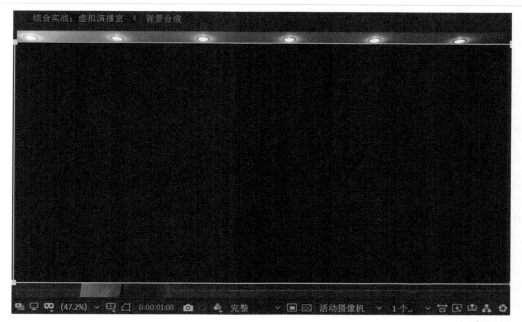

图11-120

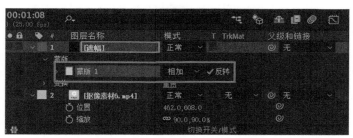

图11-121

图11-122

第12章

镜头稳定、跟踪
运动与镜头反求

Learning Objectives
学习要点

206页
镜头稳定的概念

206页
跟踪运动的概念

206页
镜头反求的概念

208页
镜头稳定技术

212页
跟踪运动技术

215页
跟踪摄像机

12.1 概述

12.1.1 基本概念

 镜头稳定

在前期拍摄中，由于一些不可避免的因素，常常会得到一些画面抖动的镜头素材。而在后期处理中，这些素材又需要被添加至整个影片项目，因此需要在After Effects中做必要的后期处理，以消除画面抖动。以上处理的过程与技术，可以称为"镜头稳定"的应用。

"镜头稳定"不但可以将一些貌似废弃、无法使用的镜头"变废为宝"、为我所用，还可以省去重新拍摄的工作，达到节约成本的目的。

 跟踪运动

所谓"跟踪运动"，是对动态镜头中的某个或多个指定的像素点进行跟踪分析，并自动创建关键帧，最后将跟踪的运动数据应用于其他图层或效果中，让其他图层元素或效果与原始镜头中的运动对象进行同步匹配。因此，"跟踪运动"的基本原理可以理解为"相对运动，即为静止"。

"跟踪运动"典型的应用就是在镜头画面中替换或添加元素。图12-1所示为替换墙壁上的海报。

Before   After

图12-1

 镜头反求

"镜头反求"（又称为运动匹配或摄影机轨迹反求）是将CG元素（也称虚拟元素或三维场景）的运动与实拍素材画面的运动相匹配，它是一切CG特效成功的基础。图12-2所示是一个应用"镜头反求"的案例。

Before   After

图12-2

12.1.2 "跟踪器"面板的参数

无论"镜头稳定""跟踪运动",还是"镜头反求",都可以在"跟踪器"面板中进行相关的设置和应用。执行"窗口>跟踪器"菜单命令,打开"跟踪器"面板,如图12-3所示。

图12-3

"跟踪器"面板的参数介绍

跟踪摄像机: 用来完成画面的3D跟踪解算。

变形稳定器: 用来自动解算完成画面的稳定设置。

跟踪运动: 用来完成画面的2D跟踪解算。

稳定运动: 用来控制画面的稳定设置。

运动源: 设置被解算的图层,只对素材和合成有效。

当前跟踪: 选择被激活的解算器。

跟踪类型: 设置使用的跟踪解算模式。不同的跟踪解算模式可以设置不同的跟踪点,将不同跟踪模式的跟踪数据应用到目标图层或目标效果的方式也不一样,共有5种,如图12-4所示。

图12-4

稳定: 通过跟踪"位置""旋转""缩放"的值对原图层进行反向补偿,从而起到稳定原图层的作用。当跟踪"位置"时,该模式会创建一个跟踪点,经过跟踪后会为原图层生成一个"锚点"关键帧;当跟踪"旋转"时,该模式会创建两个跟踪点,经过跟踪后会为原图层生成一个"旋转"关键帧;当跟踪"缩放"时,该模式会创建两个跟踪点,经过跟踪后会为原图层生成一个"缩放"关键帧。

变换: 通过跟踪"位置""旋转""缩放"的值,将跟踪数据应用到其他图层中。当跟踪"位置"时,该模式会创建一个跟踪点,经过跟踪后会为其他图层创建一个"位置"跟踪关键帧数据;当跟踪"旋转"时,该模式会创建两个跟踪点,经过跟踪后会为其他图层创建一个"旋转"跟踪关键帧数据;当跟踪"缩放"时,该模式会创建两个跟踪点,经过跟踪后会为其他图层创建一个"缩放"跟踪关键帧数据。

平行边角定位: 该模式只跟踪原图层的倾斜和旋转变化,不具备跟踪透视变化的功能。在该模式中,平行线在跟踪过程中始终是平行的,并且跟踪点之间的相对距离也会被保存下来。该模式使用3个跟踪点,然后根据3个跟踪点的位置计算出第4个点的位置,接着根据跟踪的数据为目标图层的"边角定位"效果的4个角点应用跟踪的关键帧数据。

透视边角定位: 该模式可以跟踪原图层的倾斜、旋转和透视变化。该模式使用4个跟踪点进行跟踪,然后将跟踪到的数据应用到目

标图层的"边角定位"效果的4个角点上。

原始: 该模式只能跟踪原图层的"位置"变化,通过跟踪产生的跟踪数据虽然不能直接通过使用"应用"按钮应用到其他图层中,但是可以通过复制、粘贴或是表达式的形式连接到其他动画属性上。

运动目标: 设置跟踪数据被应用的图层或效果控制点。After Effects 2022通过对目标图层或效果增加属性关键帧,稳定图层或跟踪原图层的运动。

编辑目标: 设置运动数据要应用到的目标对象。

选项: 设置跟踪器的相关选项参数,单击该按钮可以打开"动态跟踪器选项"对话框,如图12-5所示。

图12-5

轨道名称: 设置跟踪器的名称,也可以在"时间轴"面板中修改跟踪器的名称。

跟踪器增效工具: 选择跟踪器插件,系统默认的是After Effects内置的跟踪器。

通道: 设置在特征区域内比较图像数据的通道。如果特征区域内的跟踪目标有比较明显的颜色区别,选择"RGB"通道;如果特征区域内的跟踪目标与周围图像区域有比较明显的亮度差异,则选择使用"明亮度"通道;如果特征区域内的跟踪目标与周围区域有比较明显的颜色饱和度差异,则选择"饱和度"通道。

匹配前增强: 为了增强跟踪效果,可以使用该选项模糊图像,减少图像的噪点。

跟踪场: 对隔行扫描的视频进行逐帧插值,以便进行跟踪。

子像素定位: 将特征区域像素进行细分处理,可以得到更精确的跟踪效果,但是会耗费更多的运算时间。

每帧上的自适应特性: 根据前一帧的特征区域决定当前帧的特征区域,而不是最开始设置的特征区域。这样可以提高跟踪精度,但同时也会耗费更多的运算时间。

如果置信度低于: 当跟踪分析的特征匹配率低于设置的百分比时,该选项用来设置相应的跟踪处理方式,包含"继续跟踪""停止跟踪""自适应特性""预测运动"4种方式。

分析: 在原图层中逐帧分析跟踪点。

向后分析1帧◁|: 分析当前帧,并且将当前时间指示滑块往前移动一帧。

向后分析◁: 从当前时间指示滑块处往前分析跟踪点。

向前分析▷: 从当前时间指示滑块处往后分析跟踪点。

向前分析1帧|▷: 分析当前帧,并且将当前时间指示滑块往后移

动一帧。

重置：恢复默认状态下的特征区域、搜索区域和附着点，并且从当前选择的跟踪轨道中删除所有的跟踪数据，但已经应用到其他目标图层的跟踪控制数据保持不变。

应用：以关键帧的形式将当前的跟踪解算数据应用到目标图层或效果控制上。

12.1.3 "时间轴"面板的跟踪参数

在"跟踪器"面板中，单击"跟踪运动"按钮或"稳定运动"按钮，"时间轴"面板中的原图层会自动创建一个新的"跟踪器"。每个"跟踪器"都可以包括一个或多个"跟踪点"，当执行"跟踪分析"命令后，每个"跟踪点"的属性选项组都会根据跟踪情况保存跟踪数据，同时产生相应的跟踪关键帧，如图12-6所示。

图12-6

"时间轴"面板的跟踪参数介绍

功能中心：设置功能区域的中心位置。

功能大小：设置功能区域的宽度和高度。

搜索位移：设置搜索区域中心相对于功能区域中心的位置。

搜索大小：设置搜索区域的宽度和高度。

可信度：该参数是After Effects在进行跟踪时生成的每个帧的跟踪匹配程度，一般情况下不要自行设置该参数，因为After Effects会自动生成。

附加点：设置目标图层或效果控制点的位置。

附加点位移：设置目标图层或效果控制中心相对于功能区域中心的位置。

12.2 镜头稳定

在"镜头稳定"的应用中，主要包含"稳定运动"和"变形稳定器"两个功能。

12.2.1 稳定运动

使用"稳定运动"功能稳定画面，当手动指定素材画面中的某个或多个像素点后，After Effects会进行相应的解算并将画面中目标物体的运动数据作为补偿画面运动的依据，从而达到稳定画面的作用。

下面介绍"稳定运动"功能的一般操作步骤。

第1步：在"时间轴"面板中选中需要进行稳定运动的图层。

第2步：在"跟踪器"面板中单击"稳定运动"按钮，接着单击"选项"按钮，打开"动态跟踪器选项"对话框进行细化设置。

第3步：按照需求，对"位置""旋转""缩放"3个选项进行组合选择。

第4步：将当前时间滑块拖曳到开始跟踪的第1帧处，在"图层"窗口中自定义稳定的跟踪点，使用"选择工具"▶调节每个跟踪点的特征区域、搜索区域和附着点。

第5步：在"跟踪器"面板中单击"向前分析"按钮▶开始解算。如果跟踪错误，可以单击"停止分析"按钮■，手动修正跟踪解算数据。

第6步：解算结束后，单击"应用"按钮，确定解算的最终数据，并应用到该图层中。

第7步：完成画面细节的最终优化处理。

技术专题 23 "稳定运动"的跟踪点

"稳定运动"会在"图层"预览窗口中的指定区域设置跟踪点，每个跟踪点都包含特征区域、搜索区域和附着点，如图12-7所示。其中，A显示的是搜索区域，B显示的是特征区域，C显示的是附着点（或称为特征点）。

图12-7

在使用"稳定运动"功能时，需要调节跟踪点的特征区域、搜索区域和附着点，这时既可以使用"选择工具"对它们进行单独调节，也可以进行整体调节。为了便于跟踪特征区域，当移动特征区域时，特征区域内的图像将被放大到原来的4倍。在图12-8中，显示了使用"选择工具"调节跟踪点的各种显示状态。

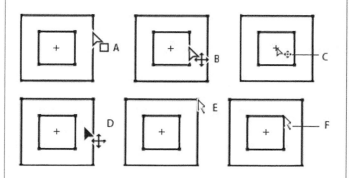

图12-8

A：单独移动搜索区域的位置。
B：整体移动搜索区域和特征区域的位置，附着点位置不发生变动。
C：移动附着点（或称为特征点）。
D：整体移动跟踪器的位置。
E：调整搜索区域的大小。
F：调整特征区域的大小。

下面简单介绍特征区域、搜索区域和附着点的概念。

特征区域：特征区域定义了图层被跟踪的区域，包含一个明显的视觉元素，这个区域应该在整个跟踪阶段都能被清晰辨认。

搜索区域：搜索区域定义了After Effects搜索特征区域的范围，为运动物体在帧与帧之间的位置变化预留搜索空间。搜索区域设置的范围越小，越节省跟踪时间，但是会增大失去跟踪目标的概率。

附着点：指定跟踪结果的最终附着点。

实战 镜头稳定1

本案例的前后对比效果如图12-9所示。

图12-9

01 使用After Effects 2022打开"实战：镜头稳定1.aep"素材文件，如图12-10所示。

02 在"时间轴"面板中选择"实拍素材1"图层，执行"窗口>跟踪器"菜单命令，打开"跟踪器"面板。在"跟踪器"面板中单击"稳定运动"按钮，选中"位置"选项，如图12-11所示。

图12-10

图12-11

03 在"时间轴"面板中将当前时间滑块拖曳到第0帧，使用"选择工具"在"图层"预览窗口中自定义跟踪点，如图12-12所示。

图12-12

技巧与提示

在画面中，作为自定义跟踪点的目标对象主要有以下特征。
（1）与周围区域形成强烈对比的颜色、亮度或饱和度。
（2）整个特征区域有清晰的边缘。
（3）在整个视频持续时间内都可以被辨识。
（4）跟踪目标在各个方向上都相似。

04 在"跟踪器"面板中，单击"向前分析"按钮开始解算，解算后的数据如图12-13所示。

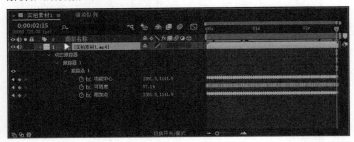

图12-13

05 在"跟踪器"面板中单击"应用"按钮，在弹出的"动态跟踪器应用选项"对话框中单击"确定"按钮，如图12-14所示。

图12-14

06 预览画面，镜头中出现了图12-15所示的"穿帮"现象。

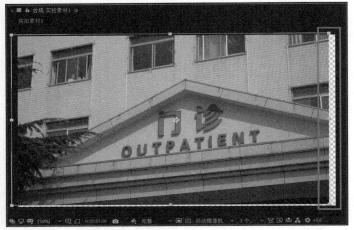

图12-15

07 选中"实拍素材1"图层，修改其"位置"值为（1001，546），"缩放"值为（56%，56%），如图12-16所示。

图12-16

08 选中"实拍素材1"图层，按快捷键Ctrl+D复制图层，将复制生成的新图层的"模式"修改为"柔光"，将"不透明度"值修改为80%，如图12-17所示。

图12-17

制作完成之后的画面效果如图12-18所示。

图12-18

12.2.2 变形稳定器

使用"变形稳定器"功能稳定画面，在对稳定器进行必要的设置后，系统将自动分两步完成画面的分析（即分析和修正）。其中，在分析的时候，画面中会出现蓝色的条；在修正的时候，画面中会出现橙色的条。此外，"变形稳定器"在画面最终的裁剪和比例缩放方面也有比较好的控制。

执行"变形稳定器"命令有以下3种方法。

第一种：在"跟踪器"面板中单击"变形稳定器"按钮。

第二种：执行"动画>变形稳定器"菜单命令。

第三种：执行"效果>扭曲> 变形稳定器"菜单命令。

不管用哪种方法，在执行完该命令之后，被解算的图层上都会自动添加"变形稳定器"效果，如图12-19所示。

图12-19

实战 镜头稳定2

本案例的前后对比效果如图12-20所示。

图12-20

01 使用After Effects 2022打开"实战：镜头稳定2.aep"素材文件，如图12-21所示。

图12-21

02 在"时间轴"面板中选中"实拍素材1"图层，执行"效果>扭曲>变形稳定器"菜单命令，为其添加"变形稳定器"效果。在"效果控件"面板中，单击"取消"按钮，在"高级"属性中选中"详细分析"选项，如图12-22所示。

图12-22

技巧与提示

添加"变形稳定器"效果之后，系统会自动进行分析。如果想要自定义"变形稳定器"的相关属性，则可以在"效果控件"面板中单击"取消"按钮，终止自动分析。

03 在"合成"面板中，单击蓝色条部分或者在"效果控件"面板中单击"分析"按钮进行解算，如图12-23所示。

图12-23

04 "变形稳定器"开始第一步分析处理，如图12-24和图12-25所示。

图12-24

05 完成第一步分析解算后，系统自动开始修正稳定的处理，如图12-26所示。

图12-25

图12-26

06 画面解算完成，这次镜头中没有出现"穿帮"现象，如图12-27所示。

图12-27

07 选中"实拍素材1"图层，按快捷键Ctrl+D复制图层，将复制生成的新图层的"模式"修改为"柔光"模式，将"不透明度"值修改为80%，如图12-28所示。

图12-28

制作完成的画面效果如图12-29所示。

图12-29

12.3 跟踪运动

在After Effects 2022中，"跟踪运动"功能也被称为"2D跟踪解算"。下面讲解"跟踪运动"的基本流程。

12.3.1 镜头设置

为了让"跟踪运动"的效果更加平滑，选择的跟踪目标必须具备明显的、与众不同的特征，这就要求在前期拍摄时，有意识地为后期跟踪做准备。

12.3.2 添加合适的跟踪点

在"跟踪器"面板中设置了不同的跟踪类型后，After Effects会根据不同的跟踪类型在"图层"预览窗口中设置合适数量的跟踪点。

12.3.3 选择跟踪目标与设定跟踪特征区域

进行"跟踪运动"之前，首先要观察整段影片，找出最佳的跟踪目标。在影片中因为灯光影响而若隐若现的素材，以及在运动过程中因为角度不同而在形状上呈较大差异的素材，不适合作为跟踪目标。虽然After Effects 2022会自动推断目标的运动，但是如果选择了最合适的跟踪目标，则跟踪成功的概率会大大提高。

一个好的跟踪目标应该具备以下特征。

（1）在整段影片中都可见。

（2）在搜索区域中，跟踪目标与周围的颜色具有强烈的对比。

（3）在搜索区域内具有清晰的边缘形状。

（4）在整段影片中的形状和颜色均保持一致。

12.3.4 设置"附着点"偏移

"附着点"是目标图层或效果控制点的放置，默认的附着点是特征区域的中心，如图12-30所示。

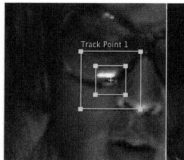

图12-30

12.3.5 调节特征区域和搜索区域

特征区域：要让特征区域完全包括跟踪目标，并且特征区域应尽可能小一些。

搜索区域：搜索区域的位置和大小取决于跟踪目标的运动方式。搜索区域要适应跟踪目标的运动方式，只要能够匹配帧与帧之间的运动方式即可，无须匹配整段素材的运动。如果跟踪目标的帧与帧之间的运动是连续的，并且运动速度比较慢，那么只需要让搜索区域略大于特征区域即可。如果跟踪目标的运动速度比较快，那么搜索区域应该具备能够在帧与帧之间包含跟踪目标的最大位置或方向的改变范围。

12.3.6 分析

在"跟踪器"面板中单击"分析"按钮，执行"跟踪运动"解算。

12.3.7 优化

在进行"跟踪运动"分析时，往往会因为各种原因而不能得到最佳的跟踪效果，这时就需要重新调整搜索区域和特征区域，重新进行分析。

另外，在跟踪过程中，如果跟踪目标丢失或跟踪错误，可以返回跟踪正确的帧，重复第5步和第6步，重新进行调整并分析。

12.3.8 应用跟踪数据

在确保跟踪数据正确的前提下，可以在"跟踪器"面板中单击"应用"按钮，应用跟踪数据，将"跟踪类型"设置为"原始"时除外。对于"原始"跟踪类型，可以将其跟踪数据复制到其他动画属性中，或使用表达式将其关联到其他动画属性上。

实战 添加光晕

本案例的前后对比效果如图12-31所示。

图12-31

01 使用After Effects 2022打开"实战：添加光晕.aep"素材文件，如图12-32所示。

02 在"时间轴"面板中选中"飞机"图层，执行"窗口>跟踪器"菜单命令，打开"跟踪器"面板。在"跟踪器"面板中，单击"跟踪运动"按钮，选中"位置"和"旋转"选项，如图12-33所示。

03 在"时间轴"面板中将当前时间滑块拖曳到第0帧，使用"选择工具"▶ 在"图层"窗口中自定义跟踪点,如图12-34所示。

图12-32

图12-33

图12-34

04· 在"跟踪器"面板中,单击"向前分析"按钮▶开始解算,解算后的数据如图12-35所示。

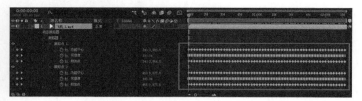

图12-35

05· 在"跟踪器"面板中单击"编辑目标"按钮,在打开的"运动目标"对话框的"图层"栏中选择"1.光晕.png",单击"确定"按钮,如图12-36所示。

图12-36

06· 在"跟踪器"面板中单击"应用"按钮,在弹出的对话框中单击"确定"按钮,如图12-37所示。

图12-37

07· 开启"光晕.png"图层的显示,将图层的"模式"修改为"点光",修改"锚点"值为(826,893),"位置"值为(237.6,564.3),"缩放"值为(7%,7%),如图12-38所示。此时的画面预览效果如图12-39所示。

图12-38

图12-39

08· 将"项目"面板中的"光晕.png"素材再次拖曳到合成里,并将其命名为"光晕2",双击"飞机"图层,激活"跟踪器"面板。在"跟踪器"面板中单击"编辑目标"按钮,在打开的"运动目标"对话框的"图层"栏中选择"1.光晕2.png"选项,单击"确定"按钮,如图12-40所示。

图12-40

09· 在"跟踪器"面板中单击"应用"按钮,在弹出的对话框中单击"确定"按钮,如图12-41所示。

214

图12-41

10 开启"光晕2.png"图层的显示，将图层的"模式"修改为
"点光"，修改"锚点"值为（-2507，962），"缩放"值为
（7%，7%），如图12-42所示。

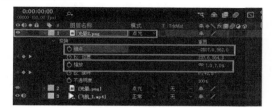

图12-42

制作完成之后的画面终预览效果如图12-43所示。

图12-43

12.4 跟踪摄像机

以前处理镜头的反求时，往往需要借助专业的反求软件（如
Boujou、Matchmover等），如图12-44所示。但是现在，After
Effects 2022不但提供了这样的功能，以满足用户的一些常规镜头
跟踪的需求，其跟踪的数据还可以输出给三维软件使用。在After
Effects 2022中，"跟踪摄像机"功能被称为"3D跟踪解算"。

图12-44

使用"跟踪摄像机"的"反求"功能有以下3种方法。

第1种：在"跟踪器"面板中单击"跟踪摄像机"按钮。

第2种：执行"动画>跟踪摄像机"菜单命令。

第3种：执行"效果>透视>3D摄像机跟踪器"菜单命令。

不管用哪种方法，在执行完该命令之后，被解算的图层上都
会自动添加"3D摄像机跟踪器"效果，如图12-45所示。

图12-45

"3D摄像机跟踪器"效果的参数介绍

分析：单击该按钮，系统将会自动执行解算。

取消：单击该按钮，系统将会停止解算。

拍摄类型：用来选择"摄像机"拍摄画面时的运动方式，有3个
选项，如图12-46所示。

图12-46

视图的固定角度："摄像机"以固定机位的方式拍摄。

变量缩放："摄像机"以缩放镜头的方式拍摄。

指定视角："摄像机"以指定的视角进行拍摄。

水平视角：用来设置水平视角的值，只有当使用"指定视角"方
式的时候，才可以激活该设置。

显示轨迹点：用来设置跟踪点的显示方式，有"2D源"和"3D
已解析"两种方式。

渲染跟踪点：用来设置是否开启渲染跟踪点。

跟踪点大小：用来设置跟踪点大小的百分比。

目标大小：用来设置目标点大小的百分比。

高级：主要用来设置跟踪解算方式的高级控制。在解决方法
中，主要有"自动检测""典型""最平场景""三脚架全景"4个
选项。

详细分析：用来控制是否详细显示解算信息。

跨时间自动删除点：用来删除多余时间的跟踪点。

隐藏警告横幅：用来控制是否隐藏警告条。

> **技巧与提示**
>
> "跟踪摄像机"的一般流程是：分析、反求、定义平面、添加文
> 字和摄像机。

实战 跟踪摄像机

本案例的前后对比效果如图12-47所示。

图12-47

使用After Effects 2022打开"实战：跟踪摄像机.aep"素材文件，如图12-48所示。

图12-48

在"时间轴"面板中选中"街景素材_1.mp4"图层，执行"效果>透视>3D摄像机跟踪器"菜单命令，为其添加"3D摄像机跟踪器"效果，系统将自动进行分析，如图12-49所示。

分析完成后，系统将自动进行"反求"解算，如图12-50所示。

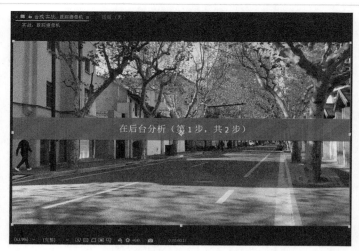

图12-49

图12-50

"反求"完成后，场景中将会生成大量的解算点，如图12-51所示。

图12-51

在场景中选择一个解算点，单击鼠标右键，在弹出的菜单中执行"创建文本和摄像机"命令，如图12-52所示。

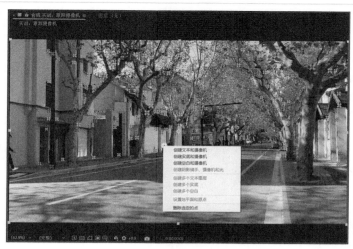

图12-52

06 此时，在"时间轴"面板中会自动创建一个"文本"图层和一个"3D跟踪器摄像机"图层，如图12-53所示。

图12-53

07 使用"文字工具"修改文字的内容，将"文本"修改为"垃圾桶"，设置文字的大小为290像素，调整文字颜色为（R:136，G:219，B:155），如图12-54所示。

08 为了更好地匹配画面，展开文字图层的"旋转"属性，修改"X轴旋转"值为（0×-3°），"Y轴旋转"值为（0×-69°），"Z轴旋转"值为（0×+2°），如图12-55所示。

图12-54

图12-55

最终的画面预览效果如图12-56所示。

图12-56

第13章

表达式的应用

Learning Objectives
学习要点↙

218页
表达式的概念

218页
表达式的创建

219页
保存与调用表达式

219页
表达式的基本语法

223页
表达式数据库

232页
表达式的综合运用

13.1 表达式的基础知识

13.1.1 表达式的概念

表达式是由数字、运算符、分组符号（括号）、自由变量和约束变量等组成的。

在After Effects中，表达式基于JavaScript和ECMA-Script规范，具备从简单到复杂的多种动画功能，甚至可以使用强大的函数功能控制动画效果。与传统的关键帧动画相比，"表达式"动画具有更强的灵活性，既可以独立控制单个动画属性，又可以同时控制多个动画属性。

13.1.2 表达式的创建

 使用菜单命令

在"时间轴"面板中，选择需要添加表达式的图层的属性，然后执行"动画>添加表达式"菜单命令，系统会添加一个默认的表达式，如图13-1所示。在输入或编辑表达式后，单击表达式输入框以外的区域，完成表达式的创建工作。

图13-1

> **技巧与提示**
>
> 选择需要添加表达式的图层属性后，可以按快捷键Alt+Shift+=（添加表达式），激活表达式的输入框。
>
> 此外，还可以在选择需要添加表达式的图层属性后，按住Alt键，同时单击该动画属性前面的"码表"按钮，也可以激活表达式的输入框。

 表达式关联器

使用"表达式关联器"可以将一个图层的属性关联到另一个图层的属性中。可以将"表达式关联器"按钮拖曳到其他动画属性的名字或数值上来关联动画属性，如图13-2和图13-3所示。

图13-2

图13-3

在"时间轴"面板中,被赋予了表达式的图层会增加一些表达式的特定属性,如图13-4所示。

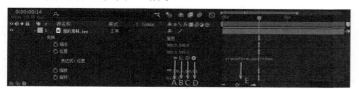

图13-4

表达式的相关功能介绍

A: 表达式开关,凹陷时处于开启状态,凸出时处于关闭状态。

B: 是否在曲线编辑模式下显示表达式的动画曲线。

C: 表达式关联器。

D: 表达式语言菜单,可以在其中查找一些常用的表达式命令。

E: 表达式的输入框或编辑区。

技巧与提示

以上内容讲解了如何创建表达式,这里简单解释一下如何删除表达式。

第1种:选择需要移除表达式的图层属性,执行"动画>移除表达式"菜单命令。

第2种:选择需要移除表达式的图层属性,按快捷键Alt+Shift+=。

第3种:选择需要移除表达式的图层属性,在按住Alt键的同时,单击该动画属性前面的"码表"按钮。

另外,如果要临时关闭表达式功能,可以单击"表达式开关"■,使其处于关闭状态 ■。

13.1.3 保存与调用表达式

动画预设

在After Effects 2022中,可以将含有表达式的动画保存为动画预设,这样就能在其他工程文件中直接调用这些动画预设。

在保存的动画预设中,如果动画属性仅包含表达式,而没有任何关键帧,那么动画预设只保存表达式的信息。如果动画属性中包含一个或多个关键帧,那么动画预设将同时保存关键帧和表达式的信息。

复制表达式和关键帧

在同一个合成项目中,可以复制动画属性的关键帧和表达式,将其粘贴到其他的动画属性中,当然也可以只复制动画属性中的表达式。

如果要将一个动画属性中的表达式连同关键帧一起复制到其他的一个或多个动画属性中,可以在"时间轴"面板中选择"源动画"属性并进行复制,然后将其粘贴到其他的动画属性中。

仅复制表达式

如果只想将一个动画属性中的表达式(不包括关键帧)复制到其他的一个或多个动画属性中,可以在"时间轴"面板中选择"源动画"属性,执行"编辑>仅复制表达式"菜单命令,将其粘贴到选择的目标动画属性中即可。

技巧与提示

如果制作了一个比较复杂的表达式,并且在以后的工作中有可能调用这个表达式,这时就可以为这个表达式添加文字注释,以便辨识表达式。

为表达式添加注释的方法主要有以下两种。

第1种:在注释语句的前面添加"//"符号。在同一行表达式中,任何处于"//"符号后面的语句都会被认为是表达式注释语句,在程序运行时这些语句不会被编译运行,如下所示。

    // 这是一条注释语句

第2种:在注释语句首尾添加"/*"和"*/"符号。在进行程序编译时,处于"/*"和"*/"之间的语句都不会运行,如下所示。

    /* 这是一条多行注释语句*/

13.2 表达式的基本语法

13.2.1 表达式的语言

After Effects 2022使用的是JavaScript的标准内核语言,其中内嵌诸如图层、合成、素材和摄像机之类的扩展对象,这样表达式就可以访问After Effects项目中的绝大多数属性值。

疑难问答

问:在创建表达式的时候,有什么需要注意的吗?

答:在创建表达式的时候,需要注意以下3点。

第1点:在编写表达式时,一定要注意区分大小写,因为JavaScript脚本语言区分大小写。

第2点:After Effects表达式需要使用分号作为一条语句的结束标记。

第3点:语句中多余的空格将被忽略(字符串中的空格除外)。

另外，在After Effects 2022中，如果图层的属性中带有arguments（陈述）参数，则应称该属性为methods（方法）；如果图层的属性中不带有arguments参数，则应称该属性为attributes（属性）。

13.2.2 访问对象的属性和方法

使用表达式可以获取图层属性中的attributes和methods。After Effects表达式的语法规定全局对象与次级对象之间必须以点号进行分隔，以说明物体之间的层级关系。同样，目标与"属性"和"方法"之间也使用点号进行分隔，如图13-5所示。

全局对象　　　　次级对象　　　　属性

```
this_comp.layer("Solid 1").rotation
```

分隔物体层级关系的点号

图13-5

对于图层以下的级别（如效果、蒙版和文字动画组等），可以使用圆括号进行分级。比如，要将"图层A"中的"不透明度"属性使用表达式链接到"图层B"中的"高斯模糊"效果的"模糊度"属性中，可以在"图层A"的"不透明度"属性中编写如下所示的表达式。

thisComp.layer("layer B").effect("Gaussian Blur")("Blurriness")

在After Effects 2022中，如果使用的对象属性是自身，那么可以在表达式中忽略对象层级，不进行书写，因为After Effects默认将当前图层属性设置为表达式中的对象属性。例如，在图层的"位置"属性中使用wiggle()方法，可以使用以下两种编写方式。

wiggle(5, 10)

position.wiggle(5, 10)

在After Effects中，如果当前图层属性的表达式将其他图层或属性作为调用的对象属性，那么在表达式中就一定要书写对象信息及属性信息。例如，为"图层B"中的"不透明度"属性制作表达式，将"图层A"中的"旋转"属性作为链接的对象属性，这时可以编写如下所示的表达式。

thisComp.layer("layer A").rotation

13.2.3 数组与维数

数组是一种按顺序存储一系列参数的特殊对象，它使用","分隔多个参数列表，并且使用"[ ]"将参数列表的首尾包括起来，如下所示。

[10, 23]

在实际工作中，为了方便，也可以为数组赋予一个变量，以便以后调用，如下所示。

myArray = [10, 23]

在After Effects 2022中，数组中的"数组维数"就是该数组中所包含的参数个数。例如，上面提到的myArray数组就是二维数组。

在After Effects 2022中，如果某属性含有一个以上的变量，那么该属性就可以称为数组。After Effects 2022中不同的属性都具有各自的数组维数，表13-1所示为一些常见的属性及其维数。

表13-1　数组维数参考表

维数	属性
一维	Rotation ° Opacity %
二维	Scale [x=width, y=height] Position [x, y] Anchor Point [x, y]
三维	Scale [width, height, depth] Position [x, y, z] Anchor Point [x, y, z]
四维	Color [red, green, blue, alpha]

数组中的某个具体属性可以通过索引数进行调用。数组中的索引数是从0开始的，例如，在上面的myArray = [10, 23]表达式中，myArray[0]表示的是数字10，myArray[1]表示的是数字23。

在数组中也可以调用数组的值，因此，如下所示的两个表达式的写法所代表的意思是一样的。

[myArray[0], 5]

[10, 5]

在三维图层的"位置"属性中，通过索引数可以调用某个具体轴向的数据。

Position[0]： 表示x轴信息。

Position[1]： 表示y轴信息。

Position[2]： 表示z轴信息。

"颜色"属性是一个四维的数组[red, green, blue, alpha]。对于一个8bit颜色深度或者16bit颜色深度的项目来说，在"颜色"数组中的每个值的范围都为0~1，其中0表示黑色，1表示白色，所以[0,0,0,0]表示黑色，并且是完全不透明，而[1,1,1,1]表示白色，并且是完全透明。在32bit颜色深度的项目中，"颜色"数组中值的取值范围既可以低于0，也可以高于1。

 技巧与提示

如果索引数超过了数组本身的维数，那么After Effects 2022将会弹出错误提示。

在引用某些属性和方法时，After Effects 2022会自动以数组的方式返回其参数值。例如，下列表达式会自动返回一个二维或三维的数组，具体要看这个图层是二维图层还是三维图层。

```
thisLayer.position
```

对于某个位置属性的数组，需要固定其中一个数值，让另外一个数值随其他属性进行变动，这时可以将表达式书写成如下形式。

```
y = thisComp.layer("layer A").Position[1]
[58,y]
```

如果要分别与几个图层绑定属性，并且要将当前图层的x轴"位置"属性与图层A的x轴"位置"属性建立关联关系，还要将当前图层的y轴与图层B的y轴"位置"属性建立关联关系，这时可以使用如下表达式。

```
x = thisComp.layer("layer A").position[0];
y = thisComp.layer("layer B").position[1];
[x,y]
```

如果当前图层属性只有一个数值，而与之建立关联关系的属性是一个二维或三维的数组，那么在默认情况下只与第1个数值建立关联关系。例如，将图层A的"旋转"属性与图层B的"缩放"属性建立关联关系，则默认的表达式如下所示。

```
thisComp.layer("layer B").scale[0]
```

如果需要与第2个数值建立关联关系，可以将"表达式关联器"从图层A的"旋转"属性直接拖曳到图层B的"缩放"属性的第2个数值上（注意不是拖曳到"缩放"属性的名字上）。此时，在表达式输入框中显示的表达式如下所示。

```
thisComp.layer("layer B").scale[1]
```

反之，如果要将图层B的"缩放"属性与图层A的"旋转"属性建立关联关系，则"缩放"属性的表达式将自动创建一个临时变量，将图层A的"旋转"属性的一维数值赋予这个变量，然后将这个变量同时赋予图层B的"缩放"属性的两个值。此时，表达式输入框中的表达式如下所示。

```
temp = thisComp.layer(1).transform.rotation;
[temp, temp]
```

13.2.4 向量与索引

向量是带有方向性的变量或是描述空间中的点的变量。在After Effects 2022中，很多属性和方法都是向量数据，例如常用的"位置"属性值就是一个向量。

当然，并不是拥有两个以上值的数组就一定是向量。例如，audioLevels虽然也是一个二维数组，返回两个数值（左声道和右声道强度值），但它并不能被称为向量，因为这两个值并不带有任何运动方向性，也不代表某个空间的位置。

在After Effects 2022中，有很多方法都与向量有关，它们被归纳到Vector Math（向量数学）表达式语言菜单中。例如lookAt(fromPoint,atPoint)，其中fromPoint和atPoint就是两个向量。通过lookAt(fromPoint,atPoint)方法，可以轻松地让摄像机或灯光盯紧某个图层的动画。

技巧与提示

在After Effects 2022中，图层、滤镜和遮罩对象的索引都从数字1开始（例如"时间轴"面板中的第1个图层使用layer(1)引用），而数组值的索引则是从数字0开始。

通常情况下，在编写表达式时最好使用图层名称、滤镜名称或遮罩名称进行引用，这样比使用数字序号引用方便很多，并且可以避免混乱和错误。因为一旦图层、滤镜或遮罩被移动了位置，表达式原来使用的数字序号就会发生改变，此时就会导致表达式的引用发生错误，如下所示。

```
effect("Colorama").param("Get Phase From")  //例句1
effect(1).param(2)                           //例句2
```

从上面两个例句中可以观察到，无论是表达式语言的可阅读性还是重复使用性，例句1都要强于例句2。

13.2.5 表达式时间

表达式中使用的时间是指合成的时间，而不是图层时间，其单位是秒。默认的表达式时间是当前合成的时间，它是一种绝对时间。如下所示的两个合成都是使用默认的合成时间，并且返回一样的时间值。

```
thisComp.layer(1).position
thisComp.layer(1).position.valueAtTime(time)
```

如果要使用相对时间，只需要在当前的时间参数上增加一个时间增量。例如，要使时间比当前时间提前5秒，可以使用如下表达式。

```
thisComp.layer(1).position.valueAtTime(time-5)
```

合成中的时间在经过嵌套后，表达式中还是默认使用之前的合成时间，而不是被嵌套后的合成时间。注意，当在新的合成中把被嵌套合成图层作为原图层时，获得的时间值为当前合成的时间。例如，如果原图层是一个被嵌套的合成，并且在当前合成中，这个原图层已经被剪辑过，则用户可以使用表达式获取被嵌

套合成的位置的时间值，其时间值为被嵌套合成的默认时间值，表达式如下所示。

    comp("nested composition").layer(1).position

如果直接将原图层作为获取时间的依据，则最终获取的时间为当前合成的时间，表达式如下所示。

    thisComp.layer("nested composition").source.layer(1).position

实战　模拟镜头抖动

本案例制作的模拟镜头抖动的效果如图13-6所示。

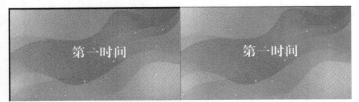

图13-6

01 使用After Effects 2022打开"实战：模拟镜头抖动.aep"素材文件，如图13-7所示。

图13-7

02 执行"图层>新建>空对象"菜单命令，创建一个虚拟图层。展开其图层的属性，在"位置"属性中添加一个表达式，具体如下。

    wiggle(5,10);

该表达式用来控制"位置"的"随机抖动"效果，如图13-8所示。

图13-8

技巧与提示

在wiggle(A,B)表达式中，A代表的是抖动的频率，B代表的是抖动的强度。

03 把"摄像机1"图层设置为"空1"图层的子图层，如图13-9所示。

图13-9

04 预览动画，镜头将会以5个单位的频率、10个单位的强度进行随机抖动。

实战　时针动画

本案例的时针动画效果如图13-10所示。

图13-10

01 使用After Effects 2022打开"实战：时针动画.aep"素材文件，如图13-11所示。

图13-11

02 双击"时钟"图层，进入"时钟"合成。设置"时针"图层的动画关键帧，在第0秒，设置"旋转"值为（0×+0°）；在第

9秒24帧，设置"旋转"值为（1×+0°），如图13-12所示。

图13-12

03° 选中"分针"图层，展开图层的属性，在按住Alt键的同时，单击"旋转"属性前面的"码表"按钮，将"表达式关联器"按钮拖曳到"时针"图层的"旋转"属性名称上，如图13-13所示。

图13-13

04° 拖动时间指针，预览动画。此时，"分针"与"时针"的旋转速度保持一致，这是与客观现实相违背的。展开"分针"图层的表达式并修改其属性，在表达式的最后输入"*12"，使分针的旋转速度为时针的12倍，如图13-14所示。

图13-14

制作完成之后，最终的动画预览效果如图13-15所示。

图13-15

如果输入的表达式不能被系统执行，这时After Effects会自动报告错误，并且会自动终止表达式的运行，显示一个"警告标志"，单击该警告标志会再次弹出报错对话框，如图13-16所示。

图13-16

一些表达式在运行时会调用图层的名称或图层属性的名称，如果修改了表达式调用的图层的名称或图层属性的名称，After Effects会自动尝试在表达式中更新这些名称。但在一些情况下，After Effects会因为更新失败而出现报错信息，这时就需要手动更新这些名称。注意，使用"预合成"也会出现表达式更新报错的问题，因此在有表达式的工程文件中进行预合成时，一定要谨慎。

13.3 表达式数据库

After Effects 2022为用户提供了一个表达式数据库，用户可以直接调用里面的表达式，而不用自己输入。单击动画属性下面的按钮，或按住Alt键、单击"码表"按钮，即可打开表达式数据库的菜单，如图13-17所示。

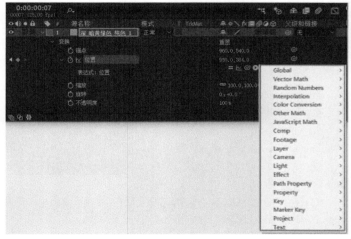

图13-17

13.3.1 Global（全局）

Global（全局）表达式用于指定表达式的全局设置，如图13-18所示。

图13-18

Global（全局）表达式介绍

comp(name)：为合成进行重命名。

footage(name)：为脚本标志进行重命名。

thisComp：描述合成内容的表达式。例如，thisComp.layer(3),thisLayer是对图层本身的描述，它是一个默认的对象，相当于当前图层。

time：描述合成的时间，单位为秒。

colorDepth：返回8bit或16bit的颜色深度位数值。

posterizeTime(framesPerSecond)：framesPerSecond是一个数值，该表达式可以返回或改变帧速率，允许用这个表达式设置比合成低的帧速率。

13.3.2 Vector Math（向量数学）

Vector Math（向量数学）表达式包含一些矢量运算的数学函数，如图13-19所示。

```
add(vec1, vec2)
sub(vec1, vec2)
mul(vec, amount)
div(vec, amount)
clamp(value, limit1, limit2)
dot(vec1, vec2)
cross(vec1, vec2)
normalize(vec)
length(vec)
length(point1, point2)
lookAt(fromPoint, atPoint)
```

图13-19

Vector Math（向量数学）表达式介绍

add(vec1,vec2)：(vec1,vec2)是数组，用于将两个向量进行相加，返回的值为数组。

sub(vec1,vec2)：(vec1,vec2)是数组，用于将两个向量进行相减，返回的值为数组。

mul(vec,amount)：vec是数组，amount是数，表示向量的每个元素被amount相乘，返回的值为数组。

div(vec,amount)：vec是数组，amount是数，表示向量的每个元素被amount相除，返回的值为数组。

clamp(value,limit1,limit2)：将value中每个元素的值限制在limit1~limit2范围内。

dot(vec1,vec2)：(vec1,vec2)是数组，用于返回点的乘积，结果为两个向量相乘。

cross(vec1,vec2)：(vec1,vec2)是数组，用于返回向量的交集。

normalize(vec)：vec是数组，用于格式化一个向量。

length(vec)：vec是数组，用于返回向量的长度。

length(point1,point2)：(point1,point2)是数组，用于返回两点间的距离。

LookAt(fromPoint,atPoint)：fromPoint的值为观察点的位置，atPoint为想要指向的点的位置，这两个参数都是数组。返回值为三维数组，用于表示方向的属性，可以用在摄像机和灯光的方向属性上。

13.3.3 Random Numbers（随机数）

Random Numbers（随机数）函数表达式主要用于生成随机数值，如图13-20所示。

```
seedRandom(seed, timeless = false)
random()
random(maxValOrArray)
random(minValOrArray, maxValOrArray)
gaussRandom()
gaussRandom(maxValOrArray)
gaussRandom(minValOrArray, maxValOrArray)
noise(valOrArray)
```

图13-20

Random Numbers（随机数）表达式介绍

seedRandom(seed,timeless=false)：seed是一个数，timeless默认为false，取现有seed增量的一个随机值，这个随机值依赖图层的index(number)和stream(property)。但也有特殊情况，例如，seedRandom(n,true)通过给第2个参数赋值true，而seedRandom获取一个0~1的随机数。

random：返回0~1的随机数。

random(maxValOrArray)：maxValOrArray是一个数或数组，返回一个0~maxVal的数，维度与maxVal相同，或者返回与maxArray相同维度的数组，数组的每个元素都在0~maxArray。

random(minValOrArray,maxValOrArray)：minValOrArray和maxValOrArray是一个数或数组，返回一个minVal~maxVal的数，或返回一个与minArray和maxArray有相同维度的数组，其每个元素的范围都为minArray~maxArray。例如，random([100,200],[300,400])返回数组的第1个值在100~300，第2个值在200~400，如果两个数组的维度不同，较短的一个后面会自动用0补齐。

gaussRandom：返回一个0~1的随机数，结果为钟形分布，大约90%的结果在0~1，剩余10%的结果在边缘。

gaussRandom(maxValOrArray)：maxValOrArray是一个数或数组，当使用maxVal时，返回一个0~maxVal的随机数，结果为钟形分布，大约90%的结果在0~maxVal，剩余10%的结果在边缘；当使用maxArray时，返回一个与maxArray相同维度的数组，结果为钟形分布，大约90%的结果在0~maxArray，剩余10%的结果在边缘。

gaussRandom(minValOrArray,maxValOrArray)：minValOrArray和maxValOrArray是一个数或数组，当使用minVal和maxVal时，返回一个minVal~maxVal的随机数，结果为钟形分布，大约90%的结果在minVal~maxVal，剩余10%的结果在边缘；当使用minArray和maxArray时，返回一个与minArray和maxArray相同维度的数组，结果为钟形分布，大约90%的结果在minArray~maxArray，剩余10%的结果在边缘。

noise(valOrArray)：valOrArray是一个数或数组[2or3]，返回一个0~1的噪波数，例如add(position,noise(position)*40)。

13.3.4 Interpolation（插值）

展开Interpolation（插值）表达式的子菜单，如图13-21所示。

```
linear(t, value1, value2)
linear(t, tMin, tMax, value1, value2)
ease(t, value1, value2)
ease(t, tMin, tMax, value1, value2)
easeIn(t, value1, value2)
easeIn(t, tMin, tMax, value1, value2)
easeOut(t, value1, value2)
easeOut(t, tMin, tMax, value1, value2)
```

图13-21

Interpolation（插值）表达式介绍

linear(t,value1,value2)：t是一个数，value1和value2是一个数或数组；当t的范围为0~1时，返回一个value1~value2的线性插值；当t≤0时，返回value1；当t≠1时，返回value2。

linear(t,tMin,tMax,value1,value2)：t,tMin和tMax是数，value1和value2是数或数组；当t≤tmin时，返回value1；当t≠tMax时，返回

value2；当tMin<t<tMax时，返回value1和value2的线性联合。

ease(t,value1,value2)：t是一个数，value1和value2是数或数组，返回值与linear相似，但在开始和结束点的速率都为0，使用这种方法产生的动画效果非常平滑。

ease(t,tMin,tMax,value1,value2)：t,tMin和tMax是数，value1和value2是数或数组，返回值与linear相似，但在开始和结束点的速率都为0，使用这种方法产生的动画效果非常平滑。

easeIn(t,value1,value2)：t是一个数，value1和value2是数或数组，返回值与ease相似，但只在切入点value1的速率为0，靠近value2的一边是线性的。

easeIn(t,tMin,tMax,value1,value2)：t,tMin和tMax是一个数，value1和value2是数或数组，返回值与ease相似，但只在切入点tMin的速率为0，靠近tMax的一边是线性的。

ease Out(t,value1,value2)：t是一个数，value1和value2是数或数组，返回值与ease相似，但只在切入点value2的速率为0，靠近value1的一边是线性的。

ease Out(t,tMin,tMax,value1,value2)：t,tMin和tMax是数，value1和value2是数或数组，返回值与ease相似，但只在切入点tMax的速率为0，靠近tMin的一边是线性的。

13.3.5 Color Conversion（颜色转换）

展开Color Conversion（颜色转换）表达式的子菜单，如图13-22所示。

rgbToHsl(rgbaArray)
hslToRgb(hslaArray)
hexToRgb(hexString)

图13-22

Color Conversion（颜色转换）表达式介绍

rgbToHsl(rgbaArray)：rgbaArray是数组[4]，可以将RGBA色彩空间转换到HSLA色彩空间，输入数组指定红、绿、蓝及透明的值，范围都为0~1，产生的结果是一个指定色调、饱和度、亮度和透明度的数组，范围也都为0~1。例如，rgbToHsl.effect("Change Color")("Color To Change")，返回的值为四维数组。

hslToRgb(hslaArray)：hslaArray是数组[4]，可以将HSLA色彩空间转换到RGBA色彩空间，其操作与rgbToHsl相反，返回的值为四维数组。

hexToRgb（hexString）：hexString是数组[4]，可以将颜色的三个二位十六进制数组合转换为RGB，或将四个二位十六进制数组合转换为RGBA色彩空间。对于三个二位十六进制数组合，其Alpha值默认为1.0。

13.3.6 Other Math（其他数学）

展开Other Math（其他数学）表达式的子菜单，如图13-23所示。

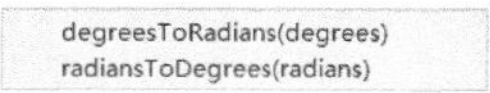

degreesToRadians(degrees)
radiansToDegrees(radians)

图13-23

Other Math（其他数学）表达式介绍

degreesToRadians(degrees)：将角度转换到弧度。

radiansToDegrees(radians)：将弧度转换到角度。

13.3.7 JavaScript Math（脚本方法）

展开JavaScript Math（脚本方法）表达式的子菜单，如图13-24所示。

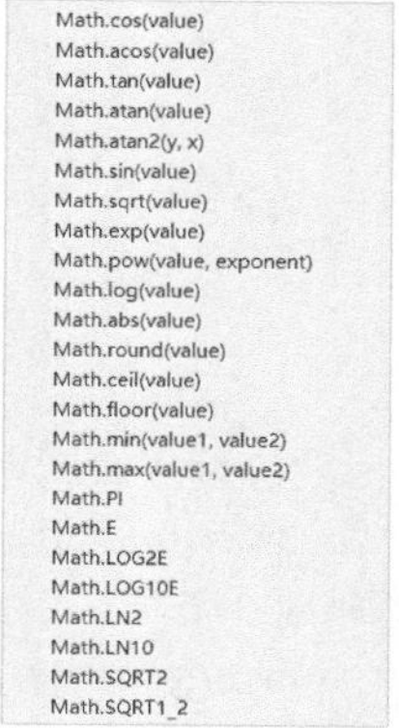

Math.cos(value)
Math.acos(value)
Math.tan(value)
Math.atan(value)
Math.atan2(y, x)
Math.sin(value)
Math.sqrt(value)
Math.exp(value)
Math.pow(value, exponent)
Math.log(value)
Math.abs(value)
Math.round(value)
Math.ceil(value)
Math.floor(value)
Math.min(value1, value2)
Math.max(value1, value2)
Math.PI
Math.E
Math.LOG2E
Math.LOG10E
Math.LN2
Math.LN10
Math.SQRT2
Math.SQRT1_2

图13-24

JavaScript Math（脚本方法）表达式介绍

Math.cos(value)：value为一个数值，可以计算value的余弦值。

Math.acos(value)：计算value的反余弦值。

Math.tan(value)：计算value的正切值。

Math.atan(value)：计算value的反正切值。

Math.atan2(y,x)：根据y、x的值计算反正切值。

Math.sin(value)：返回value值的正弦值。

Math.sqrt(value)：返回value值的平方根值。

Math.exp(value)：返回e的value次方值。

Math.pow(value,exponent)：返回value的exponent次方值。

Math.log(value)：返回value值的自然对数。

Math.abs(value)：返回value值的绝对值。

Math.round(value)：将value值四舍五入。

Math.ceil(value)：将value值向上取整数。

Math.floor(value)：将value值向下取整数。

Math.min(value1, value2)：返回value1和value2这两个数值中最小的那个数值。

Math.max(value1, value2)：返回value1和value2这两个数值中最大的那个数值。

Math.PI：返回PI的值。

Math.E：返回自然对数的底数。

Math.LOG2E：返回以2为底的对数。

Math.LOG10E：返回以10为底的对数。

Math.LN2：返回以2为底的自然对数。

Math.LN10：返回以10为底的自然对数。

Math.SQRT2：返回2的平方根。

Math.SQRT1_2：返回10的平方根。

13.3.8 Comp（合成）

展开Comp（合成）表达式的子菜单，如图13-25所示。

225

图13-25

Comp（合成）表达式介绍

layer(index)：index是一个数，得到图层的序号（在"时间轴"面板中的顺序），例如，thisComp.layer(4)或thisComp. Light(2)。

layer(name)：name是一个字符串，返回图层的名称。指定的名称与图层名称会进行匹配操作，或在没有图层名时与原名进行匹配；如果存在重名，After Effects 2022将返回"时间轴"面板中的第1个图层，例如thisComp.layer(Solid 1)。

layer(otherLayer,relIndex)：otherLayer是一个图层，relIndex是一个数，返回otherLayer（图层名）上面或下面relIndex（数）的一个图层。

marker：markerNum是一个数值，得到合成中一个标记点的时间，可以用它来降低标记点的透明度，例如markTime=thisComp.marker(1)；linear(time,markTime-5,markTime,100,0)。

numLayers：返回合成中图层的数量。

activeCamera：从当前帧中的着色合成所经过的摄像机中获取数值，返回摄像机的数值。

width：返回合成的宽度，单位为像素。

height：返回合成的高度，单位为像素。

duration：返回合成的持续时间值，单位为秒。

ntscDropFrame:返回合成的布尔值，如果时间码是丢帧格式，则返回正确帧。

displayStartime：返回显示的开始时间。

frameDuration：返回画面的持续时间。

shutterAngle：返回合成中快门角度的度数。

shutterPhase：返回合成中快门相位的度数。

bgColor：返回合成背景的颜色。

pixelAspect：返回合成中用width/height表示的像素长宽比。

name：返回合成的名称。

13.3.9 Footage（素材）

展开Footage（素材）表达式的子菜单，如图13-26所示。

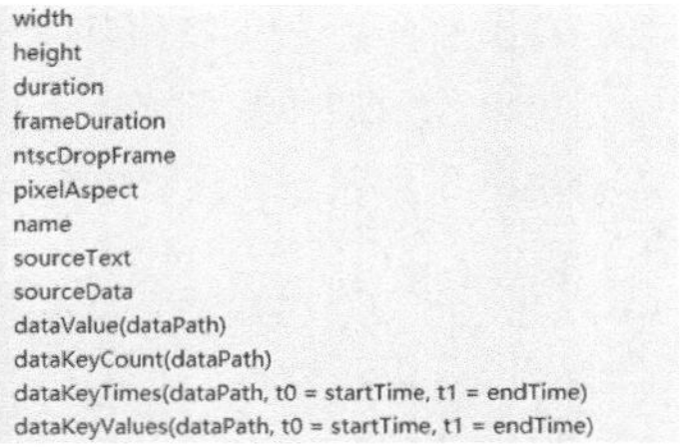

图13-26

Footage（素材）表达式介绍

width：返回素材的宽度，单位为像素。

height：返回素材的高度，单位为像素。

duration：返回素材的持续时间，单位为秒。

frameDuration：返回画面的持续时间，单位为秒。

pixelAspect：返回素材的像素长宽比。

name：返回素材的名称，返回值为字符串。

13.3.10 Layer>Sub-objects（图层子对象）

展开Layer>Sub-objects（图层子对象）表达式的子菜单，如图13-27所示。

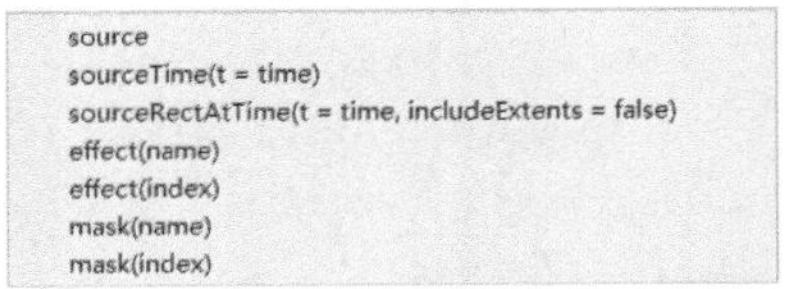

图13-27

Layer>Sub-objects（图层子对象）表达式介绍

source：返回图层的源Comp（合成）或源Footage（素材）对象，默认时间是在这个"源合成"或"源素材"中调节的时间，例如source.layer(1).position。

effect(name)：name是一个字符串，返回Effect（特效）对象。After Effects可以在"滤镜控制"面板中用这个名称查找对应的滤镜。

effect(index)：index是一个数，返回Effect（特效）对象。After Effects可以在"滤镜控制"面板中用这个序号查找对应的滤镜。

mask(name)：name是一个字符串，返回图层的Mask（遮罩）对象。

mask(index)：index是一个数，返回图层的Mask（遮罩）对象。在"时间轴"面板中用这个序号查找对应的遮罩。

13.3.11 Layer>General（普通图层）

展开Layer>General（普通图层）表达式的子菜单，如图13-28所示。

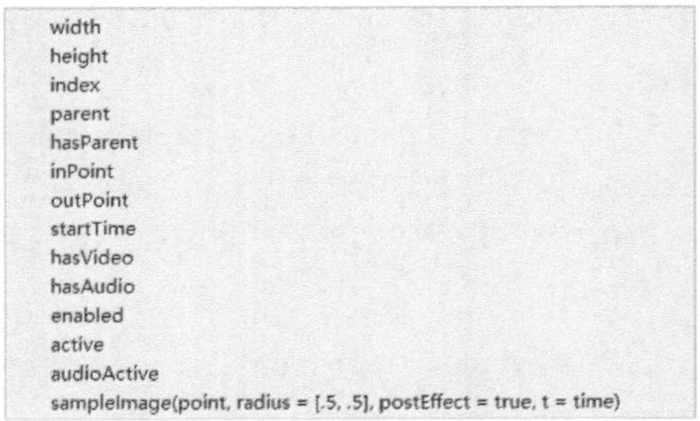

图13-28

Layer >General（普通图层）表达式介绍

width：返回以像素为单位的图层宽度，与source.width相同。

height：返回以像素为单位的图层高度，与source.height相同。

index：返回合成中的图层数。

parent：返回图层的父图层对象，例如position[0]+parent.width。

hasParent: 如果有父图层，则返回true；如果没有父图层，则返回false。

inPoint: 返回图层的入点，单位为秒。

outPoint: 返回图层的出点，单位为秒。

startTime: 返回图层的开始时间，单位为秒。

hasVideo: 如果有video（视频），则返回true；如果没有video（视频），则返回false。

hasAudio: 如果有audio（音频），则返回true；如果没有audio（音频），则返回false。

active: 如果图层的视频开关（眼睛）处于开启状态，则返回true；如果图层的视频开关（眼睛）处于关闭状态，则返回false。

audioActive: 如果图层的音频开关（喇叭）处于开启状态，则返回true；如果图层的音频开关（喇叭）处于关闭状态，则返回false。

13.3.12 Layer>Properties（图层特征）

展开Layer>Properties（图层特征）表达式的子菜单，如图13-29所示。

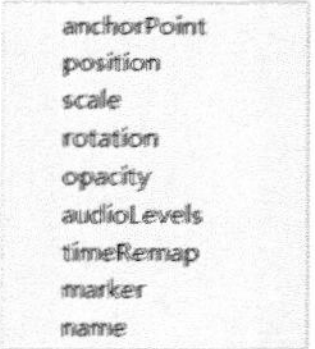

图13-29

Layer>Properties（图层特征）表达式介绍

anchorPoint: 返回图层空间内层的轴心点值。

position: 如果一个图层没有父图层，则返回本图层在世界空间的"位置"值；如果有父图层，则返回本图层在父图层空间的"位置"值。

scale: 返回图层的缩放值，表示为百分数。

rotation: 返回图层的旋转度数。对于3D图层，则返回z轴旋转度数。

opacity: 返回图层的透明值，表示为百分数。

audioLevels: 返回图层的音量属性值，单位为分贝。这是一个二维值，第1个值表示左声道的音量，第2个值表示右声道的音量，这个值不是原声音的幅度，而是音量属性关键帧的值。

timeRemap: 当时间重测图被激活时，则返回重测图属性的时间值，单位为秒。

Marker: 返回图层的标记数属性值。

name: 返回图层的名称。

13.3.13 Layer>3D（3D图层）

展开Layer>3D（3D图层）表达式的子菜单，如图13-30所示。

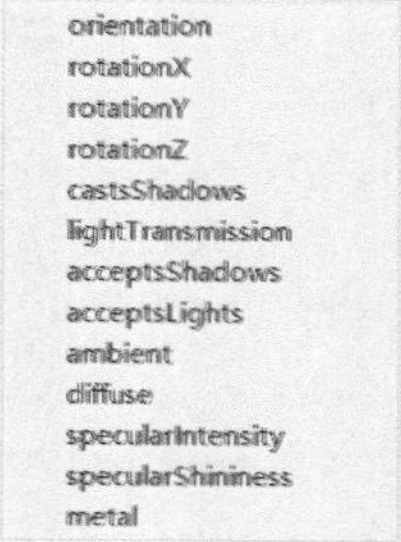

图13-30

Layer 3D（3D图层）表达式介绍

orientation: 针对3D图层，返回3D方向的度数。

rotationX: 针对3D图层，返回x轴旋转值的度数。

rotationY: 针对3D图层，返回y轴旋转值的度数。

rotationZ: 针对3D图层，返回z轴旋转值的度数。

castsShadows: 如果图层投射阴影，则返回1。

lightTransmission: 针对3D图层，返回光的传导属性值。

acceptsShadows: 如果图层接受阴影，则返回1。

acceptsLights: 如果图层接受灯光，则返回1。

ambient: 返回环境因素的百分数值。

diffuse: 返回漫反射因素的百分数值。

specularIntensity: 返回镜面因素的百分数值。

specularshininess: 返回发光因素的百分数值。

metal: 返回材质因素的百分数值。

13.3.14 Layer>Space Transforms（图层空间变换）

展开Layer>Space Transforms（图层空间变换）表达式的子菜单，如图13-31所示。

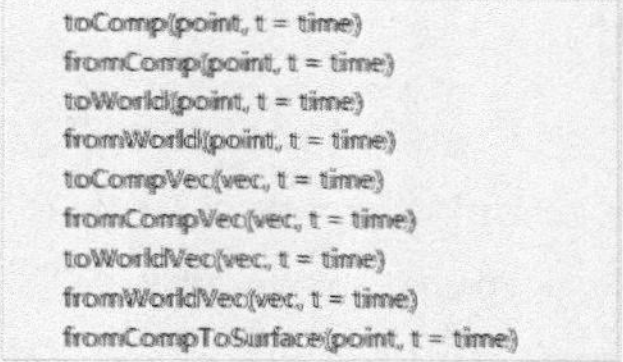

图13-31

Layer>Space Transforms（图层空间变换）表达式介绍

toComp(point,t=time): point是一个数组，t是一个数，从图层空间转换一个点到合成空间。例如，toComp(anchorPoint)。

fromComp(point,t=time): point是一个数组，t是一个数，从合成空间转换一个点到图层空间，得到的结果在3D图层可能是一个非0值。例如，(2D layer),fromComp(thisComp.layer(2).position)。

toWorld(point,t=time): point是一个数组，t是一个数，从图层空间转换一个点到视点独立的世界空间。例如，toWorld.effect("Bulge")("Bulge Center")。

fromWorld(point,t=time): point是一个数组，t是一个数，从世界空间转换一个点到图层空间。例如，fromWorld(thisComp.layer(2).position）。

toCompVec(vec,t=time): vec是一个数组，t是一个数，从图层空间转换一个向量到合成空间。例如，toCompVec([1,0])。

fromCompVec(vec,t=time)：vec是一个数组，t是一个数，从合成空间转换一个向量到图层空间。例如，(2D layer),dir=sub(position,thisComp.layer(2).position);fromCompVec(dir)。

toWorldVec(vec,t=time)：vec是一个数组，t是一个数，从图层空间转换一个向量到世界空间。例如，p1=effect("Eye Bulge 1")("Bulge Center");p2=effect("Eye Bulge 2")("Bulge Center"),toWorld(sub(p1,p2))。

fromWorldVec(vec,t=time)：vec是一个数组，t是一个数，从世界空间转换一个向量到图层空间。例如，fromWorld(thisComp.layer(2).position)。

fromCompToSurface(point,t=time)：point是一个数组，t是一个数，在合成空间中，在从激活的摄像机观察到的图层表面的位置（*z*值为0）定位一个点，这对于设置效果控制点非常有用，但仅用于3D图层。

13.3.15 Camera（摄像机）

展开Camera（摄像机）表达式的子菜单，如图13-32所示。

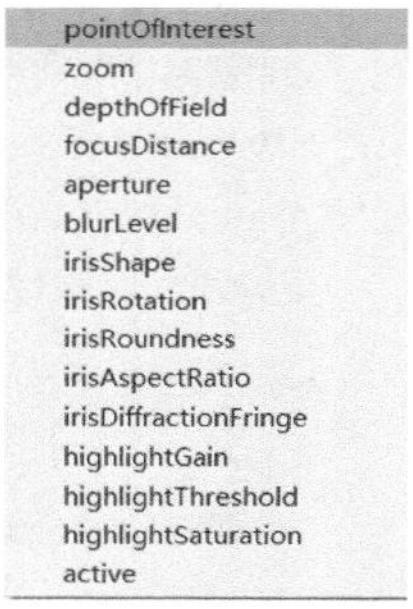

图13-32

Camera（摄像机）表达式介绍

pointOfInterest：返回在世界空间中摄像机兴趣点的值。

zoom：返回摄像机的缩放值，单位为像素。

depthOfField：如果开启了摄像机的景深功能，则返回1，否则返回0。

focusDistance：返回摄像机的焦距值，单位为像素。

aperture：返回摄像机的光圈值，单位为像素。

blurLevel：返回摄像机的模糊级别的百分数。

active：如果摄像机的视频开关处于开启状态，则当前时间在摄像机的出入点之间，并且是“时间轴”面板中列出的第1个摄像机，返回true；若以上条件有一个不满足，则返回false。

13.3.16 Light（灯光）

展开Light（灯光）表达式的子菜单，如图13-33所示。

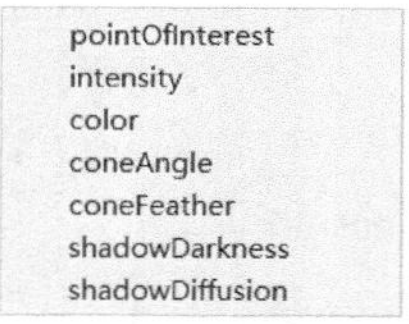

图13-33

Light（灯光）表达式介绍

pointOfInterest：返回灯光在合成中的兴趣点。

intensity：返回灯光亮度的百分数。

color：返回灯光的颜色值。

coneAngle：返回灯光光锥角度的度数。

coneFeather：返回灯光光锥的羽化百分数。

shadowDarkness：返回灯光阴影暗值的百分数。

shadowDiffusion：返回灯光阴影扩散的像素值。

13.3.17 Effect（效果）

展开Effect（效果）表达式的子菜单，如图13-34所示。

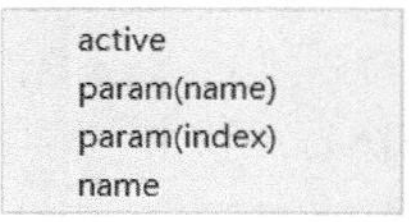

图13-34

Effect（效果）表达式介绍

active：如果特效滤镜在“时间轴”面板和“滤镜控制”面板中都处于开启状态，则返回true；如果在任意一个窗口或面板中关闭了滤镜，则返回false。

param(name)：name是一个字符串，返回特效滤镜里面的属性，返回值为数值。例如，effect(Bulge)(Bulge Height)。

param(index)：index是一个数值，返回特效滤镜里面的属性。例如，effect(Bulge)(4)。

name：返回特效滤镜的名字。

13.3.18 Property（特征）

展开Property（特征）表达式的子菜单，如图13-35所示。

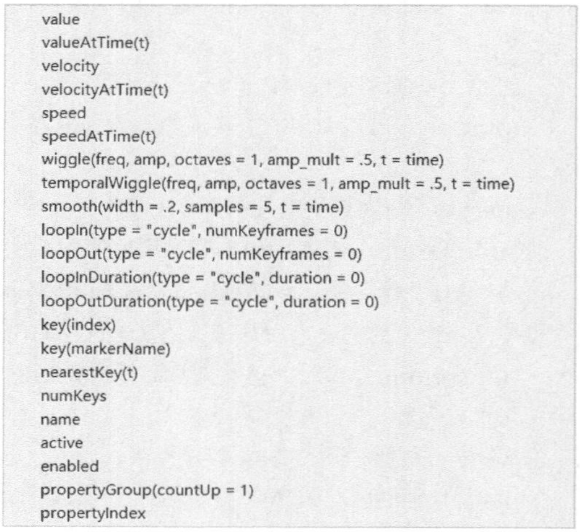

图13-35

Property（特征）表达式介绍

value：返回当前时间的属性值。

valueAtTime(t)：*t*是一个数，返回指定时间（单位为秒）的属性值。

velocity：返回当前时间的即时速率。对于空间属性，例如位置，它返回切向量值，结果与属性有相同的维度。

velocityAtTime(t)：t是一个数，返回指定时间的即时速率。

speed：返回1D量，正的速度值等于在默认时间属性的改变量，该元素仅用于空间属性。

speedAtTime(t)：t是一个数，返回在指定时间的空间速度。

wiggle(freq,amp,octaves=1,amp_Mult=5,t=time)：freq、amp、octaves、ampMult和t是数值，可以使属性值随机摆动；freq计算每秒摆动的次数；octaves是加到一起的噪声的倍频数，即ampMult与amp相乘的倍数；t是基于开始时间，例如，position.wiggle(5,16,4)。

temporalWiggle(freq,amp,octaves=1,amp_Mult=5,t=time)：freq、amp、octaves、ampMult和t是数值，主要用来取样摆动时的属性值；freq计算每秒摆动的次数；octaves是加到一起的噪声的倍频数，即ampMult与amp相乘的倍数；t是基于开始时间。

smooth(width=.2,samples=5,t=time)：width、samples和t是数，应用一个箱形滤波器到指定时间的属性值，并且使结果随着时间的变化而变得平滑；width是经过滤波器平均时间的范围；samples等于离散样本的平均间隔数。

loopIn(type="cycle",numKeyframe=0)：在图层中，从入点到第1个关键帧之间循环一个指定时间段的内容。

loopOut(type="cycle",numKeyframe=0)：在图层中，从最后一个关键帧到图层的出点之间循环一个指定时间段的内容。

loopInDuration(type="cycle",duration=0)：在图层中，从入点到第1个关键帧之间循环一个指定时间段的内容。

loopOutDuration(type="cycle",duration=0)：在图层中，从最后一个关键帧到图层的出点之间循环一个指定时间段的内容。

key(index)：用数字返回key对象。

key(markerName)：用名称返回标记的key对象，仅用于标记属性。

nearestKey(t)：返回离指定时间最近的关键帧对象。

numKeys：返回在一个属性中关键帧的总数。

13.3.19 Key（关键帧）

展开Key（关键帧）表达式的子菜单，如图13-36所示。

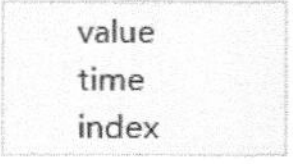

value
time
index

图13-36

Key（关键帧）表达式介绍

value：返回关键帧的值。

time：返回关键帧的时间。

index：返回关键帧的序号。

本案例的蝴蝶动画效果如图13-37所示。

图13-37

01 使用After Effects 2022打开"实战：蝴蝶动画.aep"素材文件，如图13-38所示。

图13-38

02 双击开启"蝴蝶组"图层，进入"蝴蝶组"合成，使用"锚点工具"将"翅膀-左"图层的轴心点移动到图13-39所示的位置。

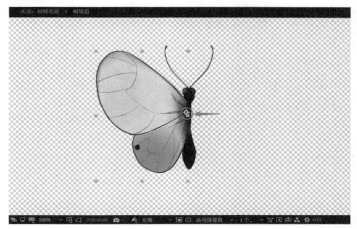

图13-39

03 开启"身子"和"翅膀-左"图层的三维开关,设置"翅膀-左"图层为"身子"图层的子图层,如图13-40所示。

图13-40

04 展开"翅膀-左"图层的属性,在y轴的"旋转"属性中添加如下所示的表达式。

Math.sin(time*10)*wiggle(25,30)+50

此时的"时间轴"面板如图13-41所示。

图13-41

上述表达式中的Math.sin(time*10)是一个数学正弦公式,wiggle(25,30)是正弦的振动幅度,Math.sin(time*10)*wiggle(25,30)是连起来的意思,即让数值在−30~30来回振动,但最大幅度值会发生变化,变化范围为25~30。Math.sin(time*10)*wiggle(25,30)+50是让数值以50为轴点发生数值震荡,总的数值变化范围为20~80,即蝴蝶翅膀的旋转幅度是20° ~80° 。

05 选中"翅膀-左"图层,按快捷键Ctrl+D复制图层,将复制得到的新图层重命名为"翅膀-右",将其"Y轴旋转"属性的表达式修改成如下所示的表达式。

180-thisComp.layer("翅膀-左.png").transform.yRotation

此时的"时间轴"面板如图13-42所示。

图13-42

技巧与提示

thisComp.layer("翅膀-左.png").transform.yRotation的意思是将蝴蝶翅膀的旋转数值关联到图层"翅膀-左"的"Y轴旋转"数值上。

180-thisComp.layer("翅膀-左.png").transform.yRotation的意思是将蝴蝶翅膀的旋转方向进行反转,这样蝴蝶的翅膀就变成了对称效果,如图13-43所示。

图13-43

06 开启"翅膀-左"和"翅膀-右"图层的"运动模糊"开关，如图13-44所示。

图13-44

07 返回"蝴蝶动画"合成，开启"蝴蝶组"图层的"三维开关"和"栅格化"开关，如图13-45所示。

图13-45

08 修改"蝴蝶组"图层中"方向"值为（155°，0°，150°），设置"位置"和"Z轴旋转"属性的动画关键帧。在第0帧，设置"位置"值为（158，870，10）；在第5秒，设置"位置"值为（827.8，430.5，10）；在第8秒，设置"位置"值为（1247.6，348.1，9.5）；在第9秒24帧，设置"位置"值为（1690.5，230.7，9.5）。在第0秒，设置"Z轴旋转"值为（0×+20°）；在第5秒，设置"Z轴旋转"值为（0×-43°）；在第8秒，设置"Z轴旋转"值为（0×-9.4°）；在第9秒24帧，设置"Z轴旋转"值为（0×-17°）。第9秒24帧的参数设置如图13-46所示。

图13-46

09 按空格键或小键盘上的数字键0，预览最终效果，如图13-47所示。

图13-47

13.4 综合实战：缤纷生活

本案例所用的技术实用性较强，技术核心是轴心点动画和表达式的编写使用，案例效果如图13-48所示。

图13-48

13.4.1 创建条合成

01 执行"合成>新建合成"菜单命令，创建一个"预设"为"HDTV 1080 25"的合成，设置"持续时间"为5秒，并将其命名为"条"，如图13-49所示。

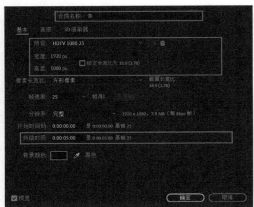

图13-49

02 按快捷键Ctrl + Y，新建一个固态图层，将其命名为"紫色纯色1"，设置其"宽度"为50像素、"高度"为185像素，调整其"颜色"为紫色，如图13-50所示。

图13-50

03 展开"紫色 纯色1"图层的属性，设置"锚点"值为（25，300），如图13-51所示，预览效果如图13-52所示。

图13-51

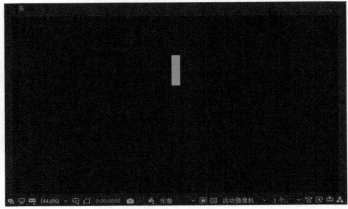

图13-52

13.4.2 编写表达式

01 选中"紫色 纯色1"图层，按快捷键Ctrl+D复制图层，选中原图层并按R键，展开"旋转"属性，打开"旋转"表达式并编辑设置，在表达式输入框中输入如下所示的表达式。

```
(index-1)*30
```

此时的"时间轴"面板如图13-53所示。

图13-53

技巧与提示

上述表达式的含义为当前图层的旋转角度比上一个图层增加30°。

02 选中上一步添加表达式的"紫色 纯色1"图层，连续按快捷键Ctrl+D复制图层，总计复制10次，如图13-54所示。预览效果如图13-55所示。

图13-54

图13-55

03 将所有的图层转化成三维图层，如图13-56所示。

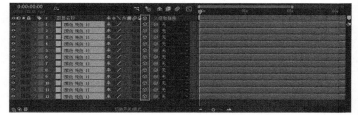

图13-56

04 设置图层的动画关键帧，将所有分散的条汇聚成一个条。在第0帧，设置所有图层"锚点"值为（25，1420，0），如图13-57所示；在第1秒，设置所有图层"锚点"值为（25，300，0），如图13-58所示。

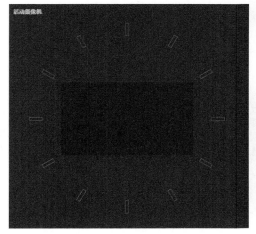

图13-57

图13-58

05 新建一个"空"对象，并将其拖曳到图层最下方，如图13-59所示。

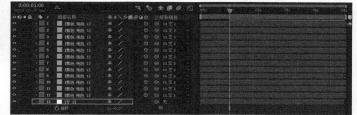

图13-59

06 选中除"空"图层外的其他所有图层，将图层的父级设置为"空"对象，按快捷键R。在第1秒设置"旋转"值为（0×+0°），在第5秒设置"旋转"值为（1×+0°）。相关设置如图13-60所示。

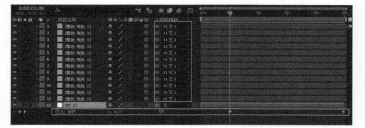

图13-60

07 选中所有的图层，打开其"运动模糊"开关，如图13-61所示。

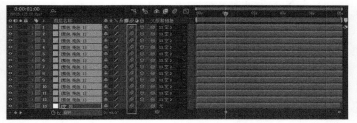

图13-61

13.4.3 细化动画

01 执行"合成>新建合成"菜单命令，创建一个"预设"为"HDTV 1080 25"的合成，设置"持续时间"为5秒，并将其命名为"缤纷生活"，如图13-62所示。

02 将"条"合成拖曳到"缤纷生活"合成中，选中"条"图层，执行"效果>过渡>百叶窗"菜单命令，为其添加"百叶窗"效果。在"效果控件"面板中，设置其"宽度"值为10，如图13-63所示。

03 设置"过渡完成"的动画关键帧。在第2秒，设置"过渡完成"值为0%，如图13-64所示；在第3秒4帧，设置"过渡完成"值为50%。

图13-62

图13-63

图13-64

04 选中"条"图层，执行"效果>颜色校正>色相/饱和度"菜单命令，为其添加"色相/饱和度"效果，设置"通道范围"的动画关键帧。在第0帧，设置"主色相"值为（0×+0°）；在第5秒，设置"主色相"值为（1×+0°），如图13-65所示。

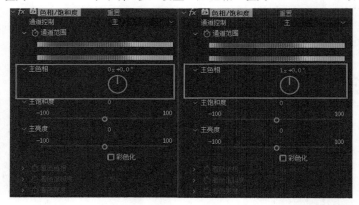

图13-65

05 继续选中"条"图层，设置该图层"位置"的动画关键帧。在第2秒，设置"位置"值为（960，540）；在第3秒，设置"位置"值为（500，540）。设置该图层"缩放"的动画关键帧，在第2秒，设置"缩放"值为（100%，100%）；在第3秒，设置"缩放"值为（33%，33%）。第3秒的参数设置如图13-66所示。

图13-66

13.4.4 添加文字并输出视频

01 使用"文字工具"创建文字图层，设置字体为"方正小标宋简体"，设置文字大小为143像素，设置文字行距为74像素，设置文字

234

间距为100，如图13-67所示。

图13-67

02 将"缤纷生活"图层的入点时间设置在第2秒15帧，设置该图层的"位置"和"不透明度"的动画关键帧。在第2秒15帧，设置"位置"值为（1368，596）；在第3秒5帧，设置"位置"值为（995.2，596）。在第2秒15帧，设置"不透明度"值为0%；在第3秒5帧，设置"不透明度"值为100%。第2秒15帧的参数设置如图13-68所示。

图13-68

03 执行"文件>导入>文件"菜单命令，导入学习资源中的"BG3.png"素材文件，将该素材添加到"时间轴"面板中，并将其移动到"缤纷生活"图层的下面，如图13-69所示。

图13-69

04 至此，整个案例制作完毕，按空格键或小键盘上的数字键0预览最终效果，如图13-70所示。按快捷键Ctrl+M进行视频输出后，对整个项目工程进行打包即可。

图13-70

第14章
仿真粒子特效

Learning Objectives
学习要点↙

236页
仿真粒子特效概述

236页
"碎片"效果

241页
"粒子运动场"效果

246页
粒子特效的综合运用

14.1　仿真粒子特效概述

　　仿真粒子特效在影视后期制作中的应用越来越广泛，也越来越重要，这标志着后期软件的功能越来越强大。由于粒子系统的参数设置项较多，操作相对复杂，因此往往被认为比较难学。其实，只要理清基本的操作思路，具备一定的物理学、力学基础，粒子系统还是很容易掌握的。图14-1所示就是使用After Effects 2022的"粒子"效果制作的粒子特效，非常漂亮。

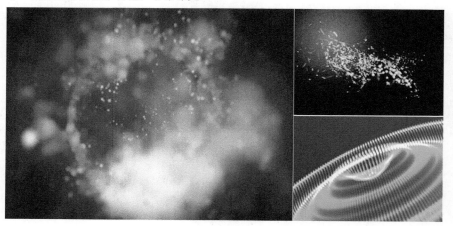

图14-1

14.2　模拟效果

14.2.1　"碎片"效果

　　"碎片"效果不但可以对图像进行"粉碎"和"爆炸"处理，还可以对爆炸的位置、力度和半径等进行控制。另外，该效果还可以自定义爆炸时产生的碎片的形状，如图14-2所示。

图14-2

　　执行"效果>模拟>碎片"菜单命令，在"效果控件"面板中展开"碎片"效果的参数，如图14-3所示。

图14-3

"碎片"效果的参数介绍

 **视图与渲染**

视图：指定"爆炸"效果的显示方式。

渲染：指定显示的目标对象。

全部：显示所有对象。

图层：显示未爆炸的图层。

块：显示已爆炸的碎块。

形状

形状：可以对爆炸产生的"碎片"状态进行设置，其属性控制如图14-4所示。

图14-4

图案：其下拉菜单中提供了多种系统预制的碎片外形。

自定义碎片图：当在"图案"中选择了"自定义"后，可以在该选项的下拉菜单中选择一个目标图层，该图层将影响爆炸碎片的形状。

白色拼贴已修复：可以开启白色拼贴的修复功能。

重复：指定碎片的重复数量，较大的数值可以分解出更多的碎片。

方向：设置碎片产生时的方向。

源点：指定碎片的初始位置。

凸出深度：指定碎片的厚度。数值越大，碎片越厚。

作用力1/2

作用力1/2：用于指定爆炸产生的两个力场的爆炸范围，默认仅使用一个力，如图14-5所示。其属性控制如图14-6所示。

图14-5

图14-6

位置：指定力产生的位置。

深度：控制力的深度。

半径：指定力的半径。数值越大，半径越大，受力范围也越广；半径为0时，不会产生变化。

强度：指定产生力的强度。其值越高，强度越大，产生的碎片飞散的距离也越远；其值为负值时，飞散方向与正值方向相反。

 渐变

渐变：可以在该属性中指定一个图层，利用指定图层影响爆炸效果，其属性控制如图14-7所示。

图14-7

碎片阈值：指定碎片的容差值。

渐变图层：指定合成图像中的一个图层作为爆炸渐变图层。

反转渐变：反转渐变图层。

 **物理学**

物理学：该属性控制爆炸的物理属性，其属性控制如图14-8所示。

图14-8

旋转速度：指定爆炸产生的碎片的旋转速度。其值为0时不会产生旋转。

倾覆轴：指定爆炸产生的碎片如何翻转，既可以将翻转锁定在某个坐标轴上，也可以选择自由翻转。

随机性：用于控制碎片飞散的随机值。

粘度：控制碎片的粘度。

大规模方差：控制爆炸碎片集中的百分比。

重力：为爆炸施加一个重力，如同自然界中的重力一样，爆炸产生的碎片会因受重力影响而坠落或上升。

重力方向：指定重力的方向。

重力倾向：为重力设置一个倾斜度。

纹理

纹理：该属性可以对碎片进行纹理颜色的设置，其属性控制如图14-9所示。

图14-9

颜色： 指定碎片的颜色，默认情况下使用当前图层作为碎片颜色。

不透明度： 设置碎片的不透明度。

正面模式： 设置碎片正面材质贴图的方式。

正面图层： 在其下拉菜单中指定一个图层作为碎片正面材质的贴图。

侧面模式： 设置碎片侧面材质贴图的方式。

侧面图层： 在其下拉菜单中指定一个图层作为碎片侧面材质的贴图。

背面模式： 设置碎片背面材质贴图的方式。

背面图层： 在其下拉菜单中指定一个图层作为碎片背面材质的贴图。

 摄像机系统

摄像机系统： 控制爆炸特效的"摄像机系统"，在其下拉菜单中选择不同的"摄像机系统"，产生的效果也不同，如图14-10所示。

图14-10

摄像机位置： 选择"摄像机位置"选项，可通过下方的"摄像机位置"参数控制摄像机。

边角定位： 选择"边角定位"选项，将由"边角定位"参数控制摄像机。

合成摄像机： 选择"合成摄像机"选项，则通过合成图像中的"摄像机"控制其效果，当特效图层为"3D图层"时比较适用。

摄像机位置： 当选择"摄像机位置"作为"摄像机系统"时，可以激活其相关属性，如图14-11所示。

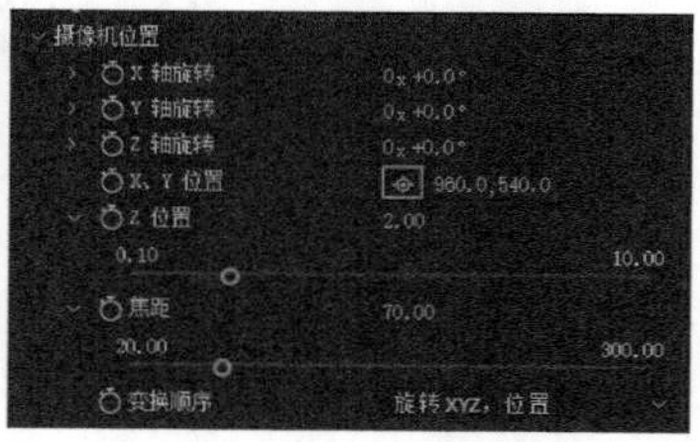

图14-11

X/Y/Z轴旋转： 控制"摄像机"在x轴、y轴、z轴上的旋转角度。

X、Y位置： 控制"摄像机"在三维空间的位置属性，既可以通过参数控制摄像机的位置，也可以通过在合成图像移动控制点确定其位置。

Z位置： 控制摄像机的z轴位置。

焦距： 控制摄像机焦距。

变换顺序： 指定摄像机的变换顺序。

边角定位： 当选择"边角定位"作为"摄像机系统"时，可以激活其相关属性，如图14-12所示。

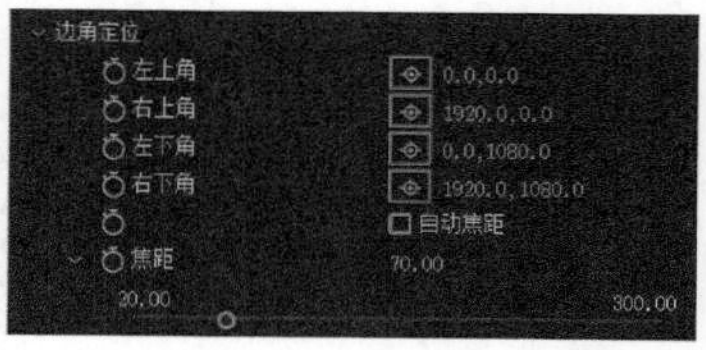

图14-12

左上角/右上角/左下角/右下角： 既可以通过这4个定位点调整"摄像机"的位置，也可以直接在"合成"面板中拖动控制点改变

位置。

自动焦距： 选中该选项后，将会指定设置"摄像机"的自动焦距。

焦距： 通过参数控制焦距。

 灯光

灯光： 对特效中的"灯光"属性进行控制，其属性控制如图14-13所示。

图14-13

灯光类型： 指定特效使用"灯光"的方式。"点光源"表示使用"点光源"照明方式，"远光源"表示使用"远光源"照明方式，"首选合成灯光"表示使用合成图像中的第一盏灯作为照明方式。使用"首选合成灯光"照明方式时，必须确认合成图像中已经建立了"灯光"。

灯光强度： 控制"灯光"照明强度。

灯光颜色： 指定"灯光"的颜色。

灯光位置： 指定"灯光"光源在空间中x轴、y轴上的位置，默认在图层中心位置，可以通过改变其参数或拖动控制点改变"灯光"光源的位置。

灯光深度： 控制"灯光"在z轴上的位置。

环境光： 指定"灯光"在图层中的环境光强度。

 **材质**

材质： 指定特效中的材质属性，其属性控制如图14-14所示。

图14-14

漫反射： 控制漫反射强度。

镜面反射： 控制镜面反射强度。

高光锐化： 控制高光锐化强度。

实战　爆破特效

本案例的爆破特效如图14-15所示。

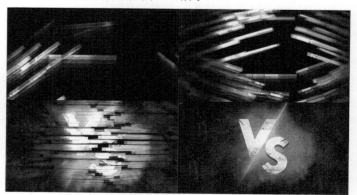

图14-15

01 执行"合成>新建合成"菜单命令,创建一个"预设"为"HDTV 1080 25"的合成,设置"持续时间"为3秒,并将其命名为"爆破特效",如图14-16所示。

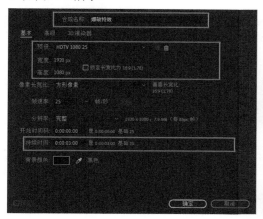

图14-16

02 执行"文件>导入>文件"菜单命令,打开学习资源中的"爆破素材1"文件,将其拖曳到"时间轴"面板中,如图14-17所示。

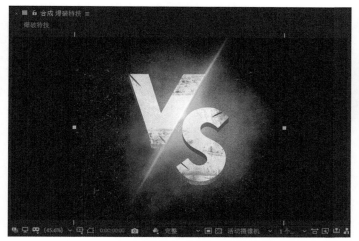

图14-17

03 选中"爆破素材1"图层,执行"效果>模拟>碎片"菜单命令,为其添加"碎片"效果。设置"视图"为"已渲染","图案"为"厚木板","重复"值为13,"凸出深度"值为0.25,如图14-18所示。

图14-18

04 展开"作用力2"参数项,设置"位置"值为(724,288),如图14-19所示。

图14-19

05 展开"作用力1"参数项,在第0帧设置"半径"值为0,在第15帧设置"半径"值为0.6,如图14-20所示。

图14-20

06 选择"半径"属性中的两个关键帧,设置关键帧的属性为"切换定格关键帧",如图14-21所示。

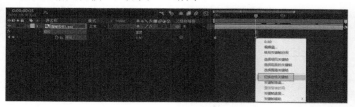

图14-21

07 选中"爆破素材1"图层,按快捷键Ctrl+Alt+R,反转素材,如图14-22所示。

图14-22

08 继续选中"爆破素材1"图层,按快捷键Ctrl+Shift+C,预合成图层,如图14-23所示。

图14-23

09 选中预合成之后的图层,执行"效果>时间>残影"菜单命令,为其添加"残影"效果。在第2秒10帧,设置"残影数量"为5;在第2秒24帧,设置"残影数量"为0。在第2秒10帧,设置"衰减"值为0.5;在第2秒24帧,设置"衰减"值为0。第2秒24帧的参数设置如图14-24所示。

图14-24

10 按小键盘上的数字键0，预览动画效果，如图14-25所示。

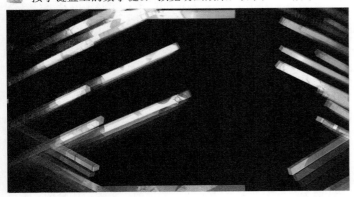

图14-25

实战 落叶特效

本案例的落叶特效如图14-26所示。

图14-26

01 使用After Effects 2022打开学习资源中的"实战：落叶特效.aep"素材文件，如图14-27所示。

图14-27

02 选中"叶子"图层，执行"效果>模拟>碎片"菜单命令，为其添加"碎片"效果。设置"视图"为"已渲染"，"图案"为"自定义"，"自定义碎片图"为"3.叶子蒙版"，"重复"值为1，"源点"值为（2079.2，930），"凸出深度"值为0，如图14-28所示。

图14-28

03 展开"作用力1"参数项，设置"深度"值为0.3，"半径"值为0.83，如图14-29所示。

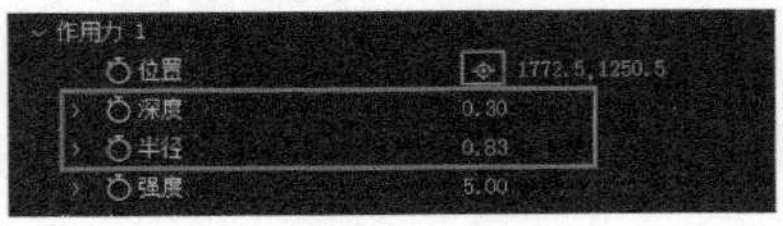

图14-29

04 继续选中"叶子"图层，执行"效果>颜色校正>曲线"菜单命令，为其添加"曲线"效果，在"红色"通道中调整曲线，如图14-30所示。

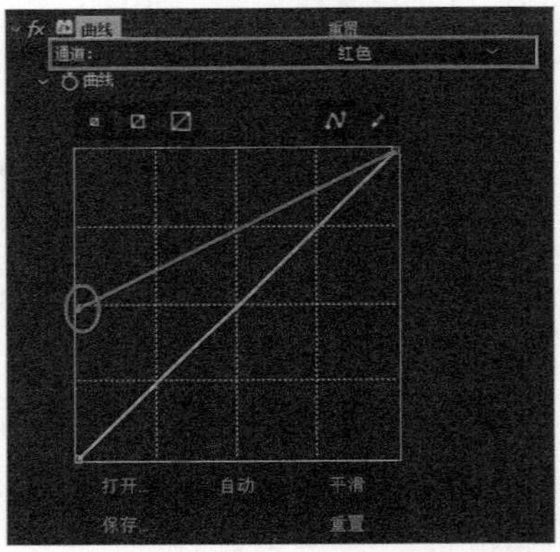

图14-30

05 执行"图层>新建>摄像机"菜单命令，创建一台名为"摄像机1"的"摄像机"。设置"缩放"值为164.58毫米，选中"启用景深"选项，设置"焦距"值为1897.16毫米，取消选中"锁定到缩放"选项，修改"光圈"为40毫米，设置"光圈大小"值为0.2，如图14-31所示。

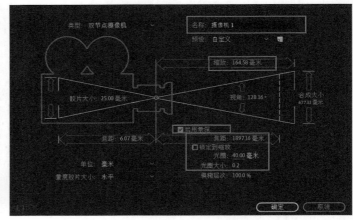

图14-31

06 选中"叶子"图层，在"碎片"效果中修改"摄像机系统"为"合成摄像机"，设置"灯光位置"值为（4.5，35），"灯光深度"值为8.5，"环境光"值为0.37。修改"摄像机"的"目标点"值为（958，534，-22），"位置"值为（970，532，-397.5），如图14-32所示。

图14-32

07 继续选中"叶子"图层，执行"效果>模糊和锐化>定向模糊"菜单命令，为其添加"定向模糊"效果，修改"方向"值为（0×+25°），"模糊长度"值为2，如图14-33所示。

图14-33

08 按小键盘上的数字键0，预览动画效果，如图14-34所示。

图14-34

14.2.2 "粒子运动场"效果

"粒子运动场"效果可以从物理学和数学的角度对各类自然效果进行描述，从而模拟各种符合自然规律的粒子运动效果，如图14-35所示。

图14-35

执行"效果>模拟>粒子运动场"菜单命令，在"效果控件"面板中展开"粒子运动场"效果的参数，如图14-36所示。

图14-36

"粒子运动场"效果的参数介绍

发射

发射：根据指定的方向和速度发射粒子。缺省状态下，以每秒100粒的速度朝框架的顶部发射红色的粒子，其属性控制如图14-37所示。

图14-37

位置： 指定粒子发射点的位置。

圆筒半径： 控制粒子活动的半径。

每秒粒子数： 指定粒子每秒钟发射的数量。

方向： 指定粒子发射的方向。

随机扩散方向： 指定粒子发射方向的随机偏移方向。

速率： 控制粒子发射的初始速度。

随机扩散速率： 指定粒子发射速度随机变化。

颜色： 指定粒子的颜色。

粒子半径： 指定粒子的半径大小。

网格

网格：可以从一组网格交叉点产生一个连续的粒子面，可以设置在一组网格的交叉点处生成一个连续的粒子面，其中的粒子运动只受重力、排斥力、墙和映射的影响，其属性控制如图14-38所示。

图14-38

位置： 指定网格中心的x、y坐标。

宽度/高度： 以像素为单位确定网格的边框尺寸。

粒子交叉/下降： 分别指定网格区域中水平和垂直方向上分布的粒子数，仅当该值大于1时产生粒子。

颜色： 指定圆点或文本字符的颜色，当用一个已存在的图层作为粒子源时，该特效无效。

粒子半径：用来控制粒子的半径大小。

图层爆炸--

图层爆炸：可以分裂一个图层作为粒子，用来模拟"爆炸"效果，其属性控制如图14-39所示。

图14-39

引爆图层：指定要爆炸的图层。

新粒子的半径：指定爆炸所产生的新粒子的半径，该值必须小于原始图层和原始粒子的半径值。

分散速度：以像素为单位，决定了所产生粒子速度变化范围的最大值，较大的值产生更为分散的爆炸效果，而较小的值则使粒子聚集在一起。

粒子爆炸--

粒子爆炸：可以把一个粒子分裂成为很多新的粒子，以迅速增加粒子数量，方便模拟"爆炸""烟火"等特效，其属性控制如图14-40所示。

图14-40

新粒子的半径：指定新粒子半径，该值必须小于原始图层和原始粒子的半径值。

分散速度：以像素为单位，决定了所产生粒子速度变化范围的最大值，较大的值产生更为分散的爆炸效果，较小的值则使粒子聚集在一起。

影响：指定哪些粒子受选项影响。

粒子来源：可以在其下拉菜单中选择"粒子发生器"，或选择其粒子受当时选项影响的"粒子发射器"组合。

选区映射：在其下拉菜单中指定一个映射图层，决定在当前选项下影响哪些粒子，选择是根据图层中的每个像素的亮度决定的，粒子穿过不同亮度的映射图层所受的影响不同。

字符：在其下拉菜单中可以指定受当前选项影响的字符的文本区域，只有将文本字符作为粒子使用时才有效。

更老/更年轻，相：指定粒子的年龄阈值，正值影响较老的粒子，负值影响较年轻的粒子。

年限羽化：以秒为单位指定一个时间范围，该范围内所有老的和年轻的粒子都会被羽化或柔和，产生一个逐渐而非突然的变化效果。

图层映射--

图层映射：在该属性中，可以指定合成图像中任意图层作为粒子的贴图来替换圆点粒子。例如，将一只飞舞的蝴蝶素材作为粒子的贴图，那么此时系统将会用这只蝴蝶替换所有圆点粒子，

产生蝴蝶群飞舞的效果，并且可以将贴图指定为动态的视频，产生更为生动和丰富的变化，其属性控制如图14-41所示。

图14-41

使用图层：用于指定作为映射的图层。

时间偏移类型：指定时间位移类型。

时间偏移：控制时间位移效果参数。

技术专题 24 时间偏移类型的参数说明

选择"相对"选项时，由设定的时间位移决定从哪里开始播放动画，即粒子的贴图与动画中粒子当前帧的时间保持一致。

选择"绝对"选项时，根据设定的时间位移显示贴图层中的一帧而忽略当前的时间。

选择"相对随机"选项时，每一个粒子都从贴图层中的一个随机的帧开始，其随机范围为从粒子运动场的当前时间到所设定的随机时间的最大值。

选择"绝对随机"选项时，每一个粒子都从贴图层中0到所设置的随机时间的最大值之间的任一随机的帧开始。

重力--

重力：该属性用于设置重力场，可以模拟现实世界中的重力现象，其属性控制如图14-42所示。

图14-42

力：较大的值增大重力影响，正值沿重力方向影响粒子，负值沿重力反方向影响粒子。

随机扩散力：当其值为0时，所有的粒子以相同的速率下落；当其值较大时，粒子以不同的速率下落。

方向：默认180°，重力向下。

排斥--

排斥：该属性可以设置粒子间的斥力，控制粒子的相互排斥或相互吸引，其属性控制如图14-43所示。

图14-43

力：控制斥力的大小（即斥力影响程度）。其值越大，斥力越大。正值排斥，负值吸引。

力半径：指定粒子受到排斥或者吸引的范围。

排斥物：指定哪些粒子作为一个粒子子集的排斥源或者吸引源。

墙

墙： 该属性可以为粒子设置"墙"属性。所谓"墙"属性，就是用屏蔽工具建立一个封闭的区域，并约束粒子在指定的区域活动，其属性控制如图14-44所示。

图14-44

边界： 从其下拉菜单中指定一个封闭区域作为边界墙。

 永久属性映射器

永久属性映射器： 该属性用于指定持久性的属性映射器，在另一种影响力或运算出现之前，持续改变粒子的属性，其属性控制如图14-45所示。

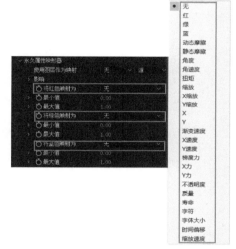

图14-45

使用图层作为映射： 指定一个图层作为影响粒子的图层映射。

影响： 指定哪些粒子受选项影响，在"将红色映射为"/"将绿色映射为"/"将蓝色映射为"中，可以通过选择下拉菜单中指定图层映射的"RGB"通道控制粒子的属性。当设置其中一个选项作为指定属性时，粒子运动场将从图层映射中拷贝该值，并将其应用到粒子。

无： 不改变粒子。

红/绿/蓝： 拷贝粒子的"R""G""B"通道的值。

动态摩擦： 拷贝运动物体的阻力值，增大该值可以减慢或停止运动的粒子。

静态摩擦： 拷贝粒子不动的惯性值。

角度： 拷贝粒子移动方向的一个值。

角速度： 拷贝粒子旋转的速度，该值决定了粒子绕自身旋转的速度有多快。

扭矩： 拷贝粒子旋转的力度。

缩放： 拷贝粒子沿着x轴、y轴缩放的值。

X/Y缩放： 拷贝粒子沿x轴或y轴缩放的值。

X/Y： 拷贝粒子沿着x轴或y轴的位置。

渐变速度： 拷贝基于图层映射在x轴或者y轴运动面上的区域的速

度调节。

X/Y速度： 拷贝粒子在x轴向或y轴向的速度，即水平方向的速度或垂直方向的速度。

梯度力： 拷贝基于图层映射在x轴或者y轴运动区域的力度调节。

X/Y力： 拷贝沿x轴或者y轴运动的强制力。

不透明度： 拷贝粒子的透明度，其值为0时全透明，其值为1时不透明，可以通过调节该值使粒子产生淡入或淡出效果。

质量： 拷贝粒子聚集，通过所有粒子相互作用调节张力。

寿命： 拷贝粒子的生存期，默认的生存期是无限的。

字符： 拷贝对应于ASCII文本字符的值，通过在图层映射上涂抹或画灰色阴影指定要哪些文本字符显现，其值为0时不产生字符；对于U.S English字符，使用值从32~127，仅当用文本字符作为粒子时可以这样使用。

字体大小： 拷贝字符的点大小，当用文本字符作为粒子时才可以使用。

时间偏移： 拷贝图层映射属性用的时间位移值。

缩放速度： 拷贝粒子沿着x轴、y轴缩放的速度，正值扩张粒子，负值收缩粒子。

最小/最大值： 当图层映射的亮度值范围太宽或太窄时，拉伸、压缩或移动图层映射产生的范围。

 短暂属性映射器

短暂属性映射器： 该选项用于指定短暂性的属性映射器，可以指定一种算术运算扩大、减弱或限制结果值，其属性控制如图14-46所示。由于该属性与"永久属性映射器"调节参数基本相同，因此相同的参数请参考"永久属性映射器"的参数解释。

图14-46

相加： 使用粒子属性与相对应的图层映射像素值的合计值。

差值： 使用粒子属性与相对应的图层映射像素亮度值的差的绝对值。

相减： 以粒子属性的值减去对应的图层映射像素的亮度值。

相乘： 使用粒子属性值和相对应的图层映射像素值相乘的值。

最小值： 取粒子属性值与相对应的图层映射像素亮度值中较小的值。

最大值： 取粒子属性值与相对应的图层映射像素亮度值中较大的值。

 实战 数字粒子流

本案例的"数字粒子流"效果如图14-47所示。

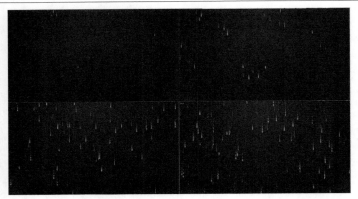

图14-47

01▶ 执行"合成>新建合成"菜单命令,创建一个"预设"为"HDTV 1080 25"的合成,设置"持续时间"为10秒,并将其命名为"数字粒子流",如图14-48所示。

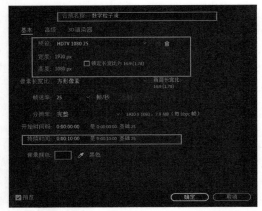

图14-48

02▶ 按快捷键Ctrl+Y,创建一个"纯色"层,将其命名为"数字",设置大小为1920像素×1080像素,调整其"颜色"为黑色,如图14-49所示。

图14-49

03▶ 选中"数字"图层,执行"效果>模拟>粒子运动场"菜单命令,为其添加"粒子运动场"效果。单击"粒子运动场"参数面板的"选项"选项,在弹出的对话框中单击"编辑发射文字"按钮,在弹出的"编辑发射文字"对话框中选中"顺序"选项组中的"随机"选项,在下面的输入框中输入"1234567890",如

图14-50所示。

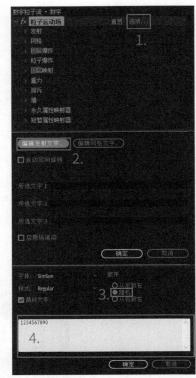

图14-50

04▶ 展开"发射"参数项,设置"位置"值为(960,–300),"圆筒半径"值为1000,"每秒粒子数"值为20,"方向"值为(0×+180°),"随机扩散方向"值为0,"速率"值为100,"随机扩散速率"值为60,"颜色"为绿色,"字体大小"为25,如图14-51所示。

图14-51

05▶ 在"重力"属性栏中设置"力"值为60,"方向"值为(0×+180º),如图14-52所示。

图14-52

06▶ 选中"数字"图层,按快捷键Ctrl+D,复制一个新图层。设置复制得到的新图层的"位置"值为(900,–300),"每秒粒子数"值为15,"颜色"为深绿色,"字体大小"为32,如图14-53所示。

07▶ 选中所有的图层,按快捷键Ctrl+Shift+C合并图层,将新的合成命名为"数字",如图14-54所示。

图14-53

图14-54

08 选中合并后的"数字"图层，执行"效果>时间>残影"菜单命令，为其添加"残影"效果。设置"残影时间（秒）"为-0.08，"残影数量"为6，"衰减"为0.5。设置"残影运算符"为"最大值"，如图14-55所示。

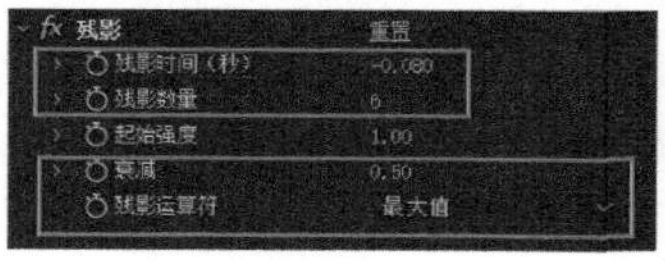

图14-55

09 继续选中"数字"图层，按快捷键Ctrl+D复制一个新图层，将新图层重命名为"数字_Blur"。执行"效果>模糊和锐化>定向模糊"菜单命令，为"数字_Blur"图层添加"定向模糊"效果，设置"模糊长度"值为20，如图14-56所示。

图14-56

10 将"数字_Blur"图层拖曳到"数字"图层下面，设置"数字"图层的"模式"为"相加"，如图14-57，预览效果如图14-58所示。

图14-57

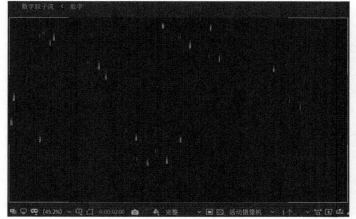

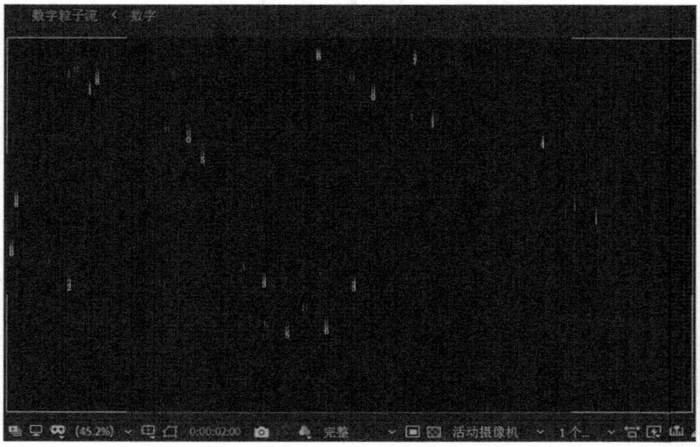

图14-58

11 按快捷键Ctrl+Y创建一个"纯色"图层，将其命名为"bg"，设置其"宽度"为1920像素、"高度"为1080像素、"颜色"为黑色，如图14-59所示。

图14-59

12 执行"效果>生成>梯度渐变"菜单命令，为其添加"梯度渐变"效果。设置"渐变起点"为（960，0），"渐变终点"为（978，1518），"起始颜色"为深绿色，"结束颜色"为黑色，"渐变形状"为"径向渐变"，如图14-60所示。预览效果如图14-61所示。

图14-60

图14-61

13 将"bg"图层移动到所有图层的最下面，按小键盘上的数字键0，预览动画效果，如图14-62所示。

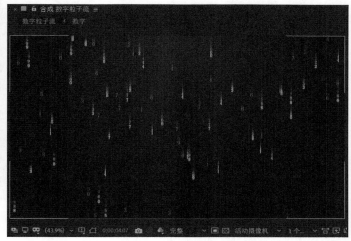

图14-62

245

本例的流光粒子动画效果如图14-63所示。

图14-63

01 执行"合成>新建合成"菜单命令,创建一个"预设"为"HDTV 1080 25"
的合成,然后设置"持续时间"为10秒,并将其命名为"流光粒子动画",如图
14-64所示。

02 执行"文件>导入>文件"菜单命令,导入"BG.mp4"素材文件,并将
其拖入"时间轴"面板。选中"Mask"图层,使用"钢笔工具" 绘制如
图14-65所示的遮罩。

图14-64

图14-65

03 执行"图层>新建>纯色"菜单命令，新建一个纯色图层，然后命名为"流光粒子"，单击"确定"按钮，如图14-66所示；选择"流光粒子"图层，执行"效果>模拟>粒子运动场"菜单命令，为其添加"粒子运动场"效果。设置"圆筒半径"为920，"每秒粒子数"为150，"随机扩散方向"为360，"速率"为20，"颜色"为白色，如图14-67所示。

图14-66   图14-67

04 继续选择"流光粒子"图层，执行"效果>扭曲>变换"菜单命令，为其添加"变换"效果，取消选中"统一缩放"选项，设置"缩放高度"为6000，"缩放宽度"为100，如图14-68所示。

图14-68

05 选中"流光粒子"图层，执行"效果>过时>高斯模糊（旧版）"菜单命令，为其添加"高斯模糊（旧版）"效果。设置"模糊度"为300，设置"模糊方向"为垂直，如图14-69所示。

图14-69

06 选中"流光粒子"图层，执行"效果>风格化>发光"菜单命令，为其添加"发光"效果。设置"发光基于"为Alpha通道，设置"发光阈值"为15，设置"发光半径"为50，设置"发光强度"为2，设置"颜色B"为浅蓝色，如图14-70所示。

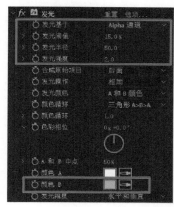

图14-70

07 为了让流光粒子在视觉效果上更和谐，在时间轴面板中，选择"流光粒子"图层，设置图层模式为"相加"，并将图层的运动模糊开关打开，如图14-71所示。

图14-71

制作完成后，预览效果如图14-72所示。

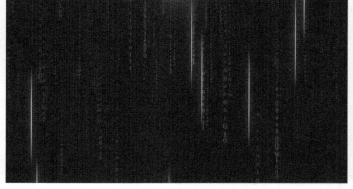

图14-72

247

第15章

视觉光效系列

Learning Objectives
学习要点

248页
光效的作用

248页
"Knoll Light Factory"（灯光工厂）效果

253页
"Optical Flares"（光学耀斑）效果

255页
"Shine"（扫光）效果

257页
"Starglow"（星光闪耀）效果

259页
"3D Stroke"（3D描边）效果

15.1 光效的作用

在很多影视效果及电视包装作品中，都能看到光效的应用，尤其是一些炫彩的光线效果。不少设计师把光效看作画面的一种点缀、一种能吸引观众眼球的表现手段，这种观念反映出这些设计师对光效的认识深度相对较浅。

在笔者看来，光其实是有生命、有灵性的。从创意层面来讲，光常用来表现传递、连接、激情、速度、时间（光）、空间、科技等概念。因此，在不同风格的影片中，光也代表了不同的概念。同时，光效的制作和表现也是影视后期合成中永恒的主题，光效在烘托镜头气氛、丰富画面细节等方面起着非常重要的作用。

15.2 "Knoll Light Factory"（灯光工厂）效果

"Knoll Light Factory"（灯光工厂）效果是一种非常强大的灯光效果制作功能，各种常见的镜头耀斑、眩光、晕光、日光、舞台光、线条光等都可以使用"Knoll Light Factory"（灯光工厂）效果制作，其商业应用效果如图15-1所示。

图15-1

"Knoll Light Factory"（灯光工厂）效果是一款非常经典的灯光插件，曾一度作为After Effects内置插件"Lens Flare"（镜头光晕）效果的加强版。从2.5版本（界面如图15-2所示）到2.7版本（界面如图15-3所示），再到目前最新的3.1.2版本（界面如图15-4所示），"Knoll Light Factory"（灯光工厂）效果已集成到"Red Giant VFX Suite"（红巨人视觉效果合成插件集）里。

图15-2

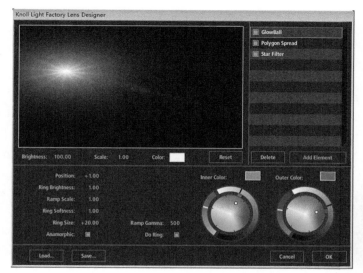

图15-3

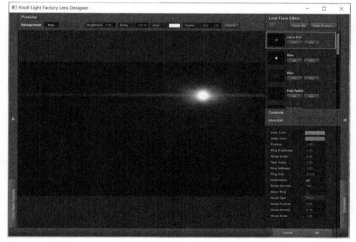

图15-4

执行"效果> RG VFX> Knoll Light Factory（灯光工厂）"菜单命令，在"效果控件"面板中展开"Knoll Light Factory"（灯光工厂）效果的参数，如图15-5所示。

图15-5

"Knoll Light Factory"（灯光工厂）效果的参数介绍

Licensing（许可）：用来激活和升级插件的信息。

Location（位置）：用来设置"灯光"的位置。

Light Source Location（光源的位置）：用来设置"灯光"的位置。

Use Lights（使用灯光）：选中该选项后，将会启用合成中的"灯光"进行照射或发光。

Light Source Naming（灯光的名称）：用来指定合成中参与照射的"灯光"，如图15-6所示。

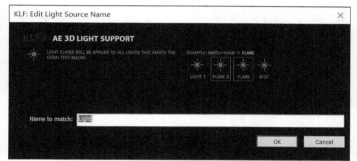

图15-6

Location Layer（发光图层）：用来指定某一个图层发光。

Obscuration（屏蔽设置）：如果光源是从某个物体后面发射出来的，该选项很有用。

Obscuration Type（屏蔽类型）：在其下拉菜单中可以选择不同的屏蔽类型。

Obscuration Layer（屏蔽图层）：用来指定屏蔽的图层。

Source Size（光源大小）：可以设置光源的大小变化。

Threshold（容差）：用来设置光源的容差值。值越小，光的颜色越接近于屏蔽图层的颜色；值越大，光的颜色越接近于光自身初始的颜色。

Lens（镜头）：设置镜头的相关属性。

Brightness（亮度）：用来设置"灯光"的亮度值。

Use Light Intensity（灯光强度）：使用合成中"灯光"的强度控制"灯光"的亮度。

Scale（大小）：可以设置光源的大小变化。

Color（颜色）：用来设置光源的颜色。

Angle（角度）：设置"灯光"照射的角度。

Behavior（行为）：用来设置"灯光"的行为方式。

Edge Reaction（边缘控制）：用来设置"灯光"边缘的属性。

Rendering（渲染）：用来设置是否将合成背景透明化。

单击"Designer"（设计）参数，进入"Knoll Light Factory Lens Designer"（镜头光效元素设计）窗口，如图15-7所示。

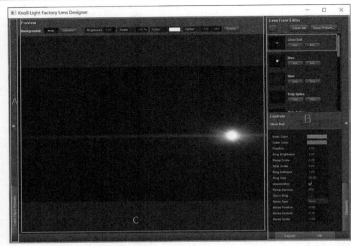

图15-7

简洁可视化的工作界面，分工明确的预设区、元素区，以及强大的参数控制功能，可以完美支持"3D摄像机"和"灯光控制"，并提供了超过100个精美的"预设"，这些都是"Knoll Light Factory"（灯光工厂）3.1.2版本的亮点。图15-8所示是"Lens Flare Presets"（镜头光晕预设）区域（也就是图15-7中标示的A部分），在这里可以选择系统预设的各式各样的镜头光晕。

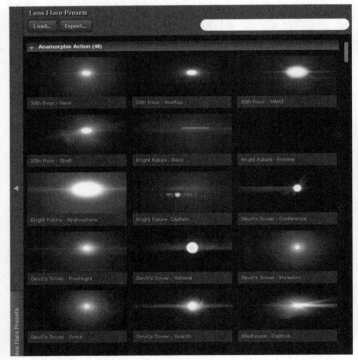

图15-8

图15-9所示是"Lens Flare Editor"（镜头光晕编辑）区域（也就是图15-7中标示的B部分），在这里可以对选择好的"灯光"进行自定义设置，包括"添加""删除""隐藏""大小""颜色""角度""长度"等。

图15-9

图15-10所示是"Preview"（预览）区域（也就是图15-7中标示的C部分），在这里可以观看自定义设置后的"灯光"效果。

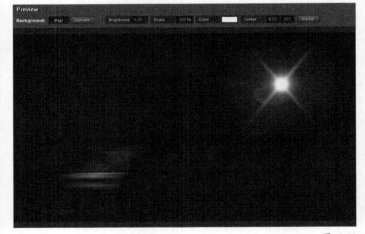

图15-10

实战 产品表现

本案例的前后对比效果如图15-11所示。

图15-11

01 使用After Effects 2022打开学习资源中的"实战：产品表现.aep"素材文件，如图15-12所示。

图15-12

02 按快捷键Ctrl+Y，创建一个黑色的"纯色"图层，设置其"宽度"为1920像素、"高度"为1080像素，设置其"名称"为"光效01"，如图15-13所示。

图15-13

03 选中"光效01"图层，执行"效果> RG VFX> Knoll Light Factory（灯光工厂）"菜单命令，为其添加"Knoll Light Factory"（灯光工厂）效果。在"Knoll Light Factory"（灯光工厂）效果的"效果控件"面板中，单击"Designer"（设计）参数，进入"Knoll Light Factory Lens Designer"（镜头光效元素设计）窗口。在"Lens Flare Presets"（镜头光晕预设）区域中，选择"Desert Digital"（数码预设）选项，如图15-14所示。

04 在"Lens Flare Editor"（镜头光晕编辑）区域中，选择"镜头光晕"元素为"Glow Ball"（光晕球体），在"Controls"（控制）面板中修改"Ramp Scale"（渐变缩放）值为0.55，"Total Scale"（整体）值为1.25，单击"OK"按钮，如图15-15所示。

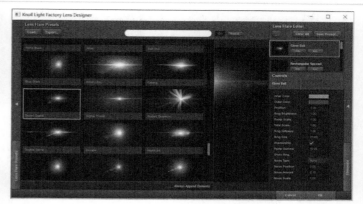

图15-14

图15-15

05 将"光效01"图层的"模式"修改为"相加"，设置"Light Source Location"（光源的位置）的动画关键帧。在第0帧，设置"Light Source Location"（光源的位置）值为（1640，280），如图15-16所示；在第5秒，设置"Light Source Location"（光源的位置）值为（696，280）。此时，画面预览效果如图15-17所示。

06 按快捷键Ctrl+Y，创建一个"纯色"图层，设置其"宽度"为1920像素、"高度"为1080像素，设置其"名称"为"发光"，如图15-18所示。

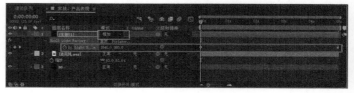

图15-16

图15-17

图15-18

07 选中"发光"图层，执行"效果>RG VFX> Knoll Light Factory（灯光工厂）"菜单命令，为其添加"Knoll Light Factory"（灯光工厂）效果。在"Knoll Light Factory"（灯光工厂）效果的"效果控件"面板中，单击"Designer"（设计）参数进入"Knoll Light Factory Lens Designer"（镜头光效元素设计）窗口。在"Lens Flare Presets"（镜头光晕预设）区域中，选择"Sunset"（日光）选项，单击"OK"按钮，如图15-19所示。

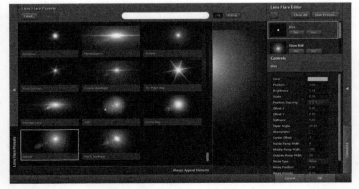

图15-19

08 将"发光"图层的"模式"修改为"相加"，设置"Light Source Location"（光源的位置）的动画关键帧。在第0帧，设置

"Light Source Location"（光源的位置）值为（1656，279），如图15-20所示；在第5秒，设置"Light Source Location"（光源的位置）值为（696，273）。在"Lens"（镜头）参数栏中，设置"Brightness"（亮度）值为110，"Scale"（大小）值为2，"Color"（颜色）为（R:250，G:220，B:125）。选中"发光"图层，将"不透明度"设置为46%。

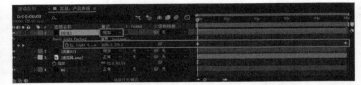

图15-20

09 按快捷键Ctrl+Y，创建一个"纯色"图层，设置其"宽度"为720像素、"高度"为576像素，设置其"名称"为"遮幅"。选中"遮幅"图层，选择"矩形工具"，系统根据该图层的大小，会自动匹配创建一个蒙版，调节蒙版的大小如图15-21所示。

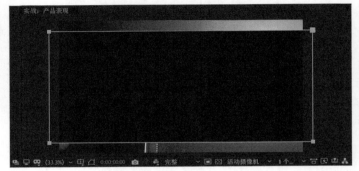

图15-21

10 展开"遮幅"图层的"蒙版"属性，选中"反转"选项，如图15-22所示。

图15-22

制作完成后，最终预览效果如图15-23所示。

图15-23

15.3 "Optical Flares"（光学耀斑）效果

"Optical Flares"（光学耀斑）是Video Copilot开发的一款镜头光晕插件。"Optical Flares"（光学耀斑）效果在控制性能、界面友好度及表现效果等方面都非常出彩，其应用案例效果如图15-24所示。

图15-24

执行"效果>Video Copilot（视频控制）>Optical Flares（光学耀斑）"菜单命令，在启动效果的过程中，会先加载版本信息，如图15-25所示。

图15-25

在"效果控件"面板中展开"Optical Flares"（光学耀斑）效果的参数，如图15-26所示。

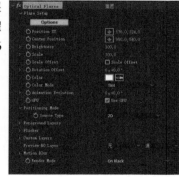

图15-26

"Optical Flares"（光学耀斑）效果的参数介绍

Position XY（x轴和y轴上的位置）：用来设置灯光在x轴、y轴的位置。

Center Position（中心位置）：用来设置光的中心位置。

Brightness（亮度）：用来设置光效的亮度。

Scale（缩放）：用来设置光效的缩放。

Scale Offset（缩放偏移）：用来设置光效自身的缩放偏移。

Rotation Offset（旋转偏移）：用来设置光效自身的旋转偏移。

Color（颜色）：对光进行染色控制。

Color Mode（颜色模式）：用来设置染色的颜色模式。

Animation Evolution（动画演变）：用来设置光效自身的动画演变。

Positioning Mode（位移模式）：用来设置光效的位置状态。

Foreground Layers（前景图层）：用来设置前景图层。

Flicker（过滤）：用来设置光效过滤效果。

Custom Layers（自定义图层）：用来自定义背景及发光图层。

Motion Blur（运动模糊）：用来设置"运动模糊"效果。

Render Mode（渲染模式）：用来设置光效的渲染叠加模式。

单击"Options"（选项）参数，用户可以选择和自定义光效，如图15-27所示。"Optical Flares"（光学耀斑）效果的属性控制面板主要包含4大板块，分别是"Preview"（预览）、"Stack"（元素库）、"Editor"（属性编辑）和"Browser"（光效数据库）。

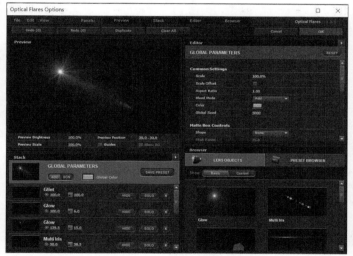

图15-27

在"Preview"（预览）窗口中，可以预览光效的最终效果，如图15-28所示。

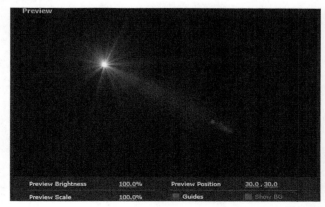

图15-28

在"Stack"
（元素库）窗口
中，可以设置每
个光效元素的
"亮度""缩
放""显示"和
"隐藏"属性，
如图15-29所示。

图15-29

在"Editor"
（属性编辑）窗
口中，可以更加
精细地调整和控
制每个光效元素的
属性，如图15-30
所示。

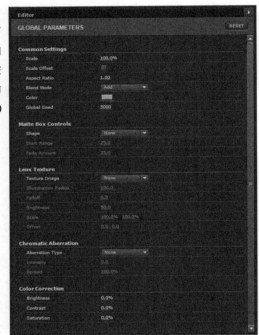

图15-30

"Browser"
（光效数据库）
窗口分为"Lens
Objects"（镜头
对象）和"Preset
Browser"（浏览光
效预设）两部分。
在"Lens Objects"
（镜头对象）窗口
中，可以添加单
一光效元素，如
图15-31所示。

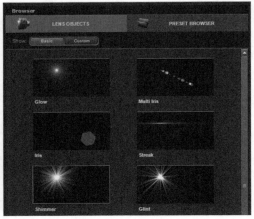

图15-31

在"Preset
Browser"（浏
览光效预设）窗
口中，可以选择
系统中预设好的
"Lens Flares"
（镜头光晕）效
果，如图15-32
所示。

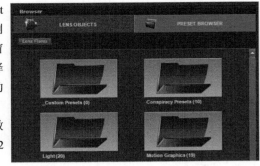

图15-32

实战　模拟日照

本案例的前后对比效果如图15-33所示。

图15-33

01 使用After Effects 2022打开学习资源中的"实战：模拟日照
.aep"素材文件，如图15-34所示。

图15-34

02 按快捷键Ctrl+Y，创建
一个"纯色"图层，设置其
"宽度"为1920像素、"高
度"为1080像素，设置"名
称"为"日光01"，如图15-35
所示。

图15-35

03 选中"日光01"图层,执行"效果>Video Copilot(视频控制)>Optical Flares(光学耀斑)"菜单命令,为其添加"Optical Flares"(光学耀斑)效果,如图15-36所示。

图15-36

04 在"Optical Flares"(光学耀斑)效果参数面板中,单击"Options"(选项)参数,进入该效果的属性控制面板,选择"Preset Browser"(浏览光效预设)选项。选择系统中预设好的"Blue Spark"(蓝色的光线)选项。选择完成后,单击光效参数控制区域的"OK"按钮,保存设置并退出属性控制面板,如图15-37所示。

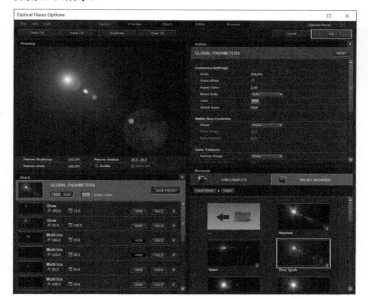

图15-37

05 设置光线的"Position XY"(x轴和y轴上的位置)的动画关键帧。在第0帧,设置"Position XY"(x轴和y轴上的位置)值为(21,80);在第1秒24帧,设置"Position XY"(x轴和y轴上的位置)值为(21,10),如图15-38所示。

图15-38

制作完成后,最终预览效果如图15-39所示。

图15-39

15.4 "Shine"(扫光)效果

"Shine"(扫光)效果是Trapcode公司为After Effects开发的快速扫光插件,它的问世为用户制作片头和效果提供了极大的便利。图15-40所示是应用该效果后的图像效果。

图15-40

> **知识链接**
> 关于"Shine"(扫光)效果、"Starglow"(星光闪耀)效果和"3D Stroke"(3D描边)效果的安装方法,请参阅本书第2章中关于插件的安装方法。

执行"效果>RG Trapcode>Shine(扫光)"菜单命令,在"效果控件"面板中展开"Shine"(扫光)效果的参数,如图15-41所示。

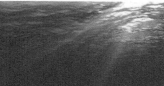

图15-41

> **技巧与提示**
> 本节使用的"Shine"(扫光)效果的版本号为V2.0.7(64位)。

"Shine"(扫光)效果的参数介绍

Pre-Process(预处理):在应用"Shine"(扫光)效果之前,需要设置相应的功能参数,如图15-42所示。

图15-42

Threshold（阈值）：分离"Shine"（扫光）作用的区域，不同的"Threshold"（阈值）可以产生不同的光束效果。

Use Mask（使用蒙版）：设置是否使用"遮罩"效果。选中"Use Mask"（使用蒙版）选项以后，它下面的"Mask Radius"（蒙版半径）和"Mask Feather"（蒙版羽化）参数才会被激活。

Source Point（发光点）：发光的基点，产生的光线以此为中心向四周发射，既可以通过更改它的坐标数值改变中心点的位置，也可以在"合成"面板的预览窗口中用鼠标移动中心点的位置。

Ray Length（光线发射长度）：用来设置光线的长短。数值越大，光线长度越长；数值越小，光线长度越短。

Shimmer（微光）：该选项组中的参数主要用来设置光效的细节，具体参数如图15-43所示。

图15-43

Amount（数量）：微光的影响程度。

Detail（细节）：微光的细节。

Source Point affects（光束影响）：光束中心对微光是否发生作用。

Radius（半径）：微光受中心影响的半径。

Reduce flickering（减少闪烁）：减少闪烁。

Phase（相位）：可以在这里调节微光的相位。

Use Loop（循环）：控制是否循环。

Revolutions in Loop（循环中旋转）：控制在循环中旋转的圈数。

Boost Light（光线亮度）：用来设置光线的高亮程度。

Colorize（颜色）：用来调节光线的颜色，不但可以选择预置的各种不同颜色，还可以对不同的颜色进行组合，如图15-44所示。

图15-44

Base On：决定输入通道，共有7种模式，分别是"Lightness"（明度），使用"明度"值；"Luminance"（亮度），使用"亮度"值；"Alpha"（通道），使用"Alpha"通道；"Alpha Edges"（Alpha通道边缘），使用"Alpha"通道的边缘；"Red"（红色），使用"红色"通道；"Green"（绿色），使用"绿色"通道；"Blue"（蓝色），使用"蓝色"通道。

Highlights（高光）/Mid High（中间高光）/Midtones（中间调）/Mid Low（中间阴影）/Shadows（阴影）：分别用来自定义"高光""中间高光""中间调""中间阴影"和"阴影"的颜色。

Edge Thickness（边缘厚度）：用来控制光线边缘的厚度。

Source Opacity（源素材不透明度）：用来调节源素材的不透明度。

Blend Mode（叠加模式）：使用方法和图层的叠加方式类似。

实战 云层光线

本案例的前后对比效果如图15-45所示。

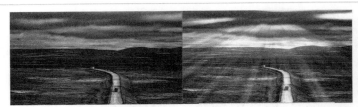

图15-45

01 使用After Effects 2022打开学习资源中的"实战：云层光线.aep"素材文件，如图15-46所示。

图15-46

02 选中"云层.jpg"图层，执行"效果>RG Trapcode>Shine（扫光）"菜单命令，为其添加"Shine"（扫光）效果。展开"Colorize"（颜色）参数组，设置"Colorize"（颜色模式）为"None"（无），将"Blend Mode"（叠加模式）设置为"Add"（叠加），如图15-47所示。

03 展开"Pre-Process"（预处理）参数组，设置"Threshold"（阈值）为100，"Source Point"（发光点）为（1046，186）。展开"Shimmer"（微光）参数组，设置"Amount"（数量）为300，"Detail"（细节）为30，如图15-48所示。

图15-47

图15-48

04 设置"Threshold"（阈值）和"Source Point"（发光点）属性的动画关键帧。在第0帧，设置"Threshold"（阈值）为255，"Source Point"（发光点）为（1046，412）；在第4秒24帧，设

置“Threshold”（阈值）为120，“Source Point”（发光点）为（1036，52），如图15-49所示。

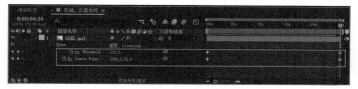

图15-49

制作完成后，最终预览效果如图15-50所示。

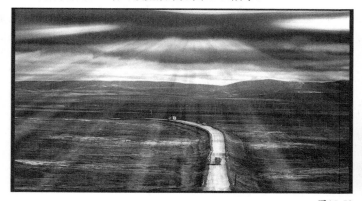

图15-50

15.5 “Starglow”（星光闪耀）效果

“Starglow”（星光闪耀）是Trapcode公司为After Effects提供的插件，它是一个根据源图像的高光部分建立“星光闪耀”效果的插件，类似于在实际拍摄时，使用漫射镜头得到的星光耀斑效果。其应用案例效果如图15-51所示。

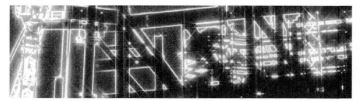

图15-51

执行“效果>RG Trapcode>Starglow（星光闪耀）”菜单命令，在“效果控件”面板中展开“Starglow”（星光闪耀）效果的参数，如图15-52所示。

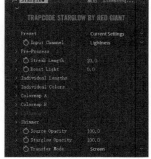

图15-52

> **技巧与提示**
>
> 本节使用的“Starglow”（星光闪耀）效果的版本号为V1.7.7（64位）。

“Starglow”（星光闪耀）效果的参数介绍

Preset（预设）：该效果预设了29种不同的“星光闪耀”效果，按照类型的不同可将其划分为4组。

第1组是“Red”（红色）、“Green”（绿色）、“Blue”（蓝色），该组的效果是最简单的“星光”效果，并且仅使用一种颜色的贴图，效果如图15-53所示。

第2组是一组白色的“星光”效果，每个效果的星形是不同的，如图15-54所示。

第3组是一组五彩的“星光”效果，每个效果都具有不同的星形，效果如图15-55所示。

第4组是不同色调的“星光”效果，有暖色调和冷色调，以及其他色调，效果如图15-56所示。

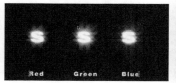

图15-53

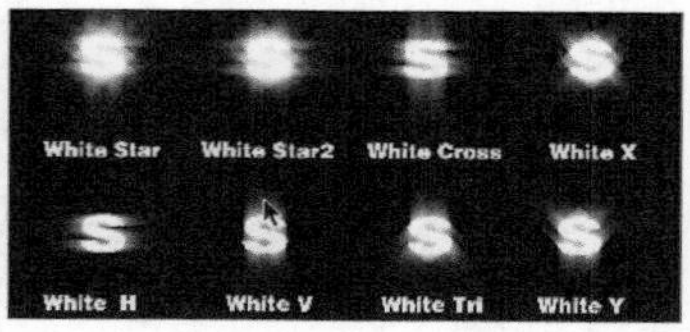

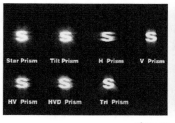

图15-54

图15-55

图15-56

Input Channel（输入通道）：选择效果基于的通道，包括“Lightness”（明度）、“Luminance”（亮度）、“Red”（红色）、“Green”（绿色）、“Blue”（蓝色）、“Alpha”等通道类型。

Pre-Process（预处理）：在应用“Starglow”（星光闪耀）效果之前，需要设置一些功能参数，如图15-57所示。

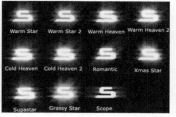

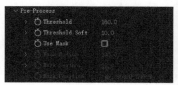

图15-57

Threshold（阈值）：用来定义产生“星光”效果的最小亮度值。其值越小，画面上产生的“星光闪耀”效果就越多；其值越大，产生“星光闪耀”效果的区域的亮度要求就越高。

Threshold Soft（区域柔化）：用来柔和高亮和低亮区域之间的边缘。

Use Mask（使用遮罩）：选中该选项可以使用一个内置的圆形遮罩。

Mask Radius（蒙版半径）：用来设置蒙版的半径。

Mask Feather（蒙版羽化）：用来设置蒙版的边缘羽化程度。

Mask Position（蒙版位置）：用来设置蒙版的具体位置。

Streak Length（光线长度）：用来调整整个星光的散射长度。

Boost Light（星光亮度）：用来调整星光的强度（亮度）。

Individual Lengths（单独光线长度）：调整每个方向的"Glow"（光晕）大小，如图15-58和15-59所示。

Individual Colors（单独光线颜色）：用来设置每个方向的颜色贴图，最多有A、B、C 3种颜色的贴图可供选择，如图15-60所示。

图15-58

图15-59

图15-60

Shimmer（微光）：用来控制"星光"效果的细节部分，包括以下参数，如图15-61所示。

图15-61

Amount（数量）：设置微光的数量。

Detail（细节）：设置微光的细节。

Phase（位置）：设置微光的当前相位，给这个参数添加关键帧，就可以得到一个具有动画效果的微光。

Use Loop（使用循环）：选中该选项可以使微光产生一个无缝的循环。

Revolutions in Loop（循环旋转）：在循环的情况下，设置相位旋转的总体数量。

Source Opacity（源素材不透明度）：用来设置源素材的不透明度。

Starglow Opacity（星光效果不透明度）：用来设置星光效果的不透明度。

Transfer Mode（叠加模式）：用来设置"星光闪耀"效果和源素材的画面叠加方式。

"Starglow"（星光闪耀）的基本功能就是依据图像的高光部分建立一个"星光闪耀"效果，该效果包含8个方向（上、下、左、右，以及4个对角线），每个方向都可以单独调整强度和颜色贴图，一次最多可以使用3种不同的颜色贴图。

本案例的前后对比效果如图15-62所示。

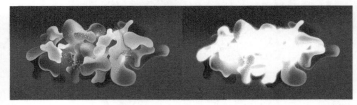

图15-62

01 使用After Effects 2022打开学习资源中的"实战：炫彩星光.aep"素材文件，如图15-63所示。

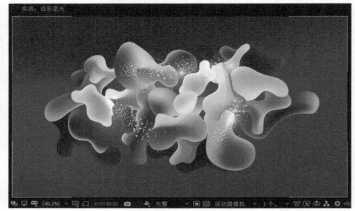

图15-63

02 选中"炫彩.jpg"图层，执行"效果>RG Trapcode> Starglow（星光闪耀）"菜单命令，为其添加"Starglow"（星光闪耀）效果。在"Input Channel"（输入通道）选项中，选择"Red"（红色）通道；展开"Pre-Process"（预处理）参数组，设置"Threshold"（阈值）为200，"Threshold Soft"（区域柔化）值为100，如图15-64所示。

03 设置"Streak Length"（光线长度）值为25，"Boost Light"（星光亮度）值为0.3。将"Transfer Mode"（叠加模式）设置为"Add"（叠加），如图15-65所示。

图15-64   图15-65

04 设置"Starglow Opacity"（星光效果不透明度）属性的动画关键帧。在第0帧，设置"Starglow Opacity"（星光效果不透明度）值为0，如图15-66所示；在第1秒，设置"Starglow Opacity"（星光效果不透明度）值为100；在第4秒，设置"Starglow Opacity"（星光效果不透明度）值为100；在第5秒，设置"Starglow Opacity"（星光效果不透明度）值为0。

图15-66

05 设置图层的"不透明度"属性的动画关键帧。在第4秒，设置"不透明度"值为100%；在第5秒，设置"不透明度"值为0%，如图15-67所示。

图15-67

制作完成后，最终预览效果如图15-68所示。

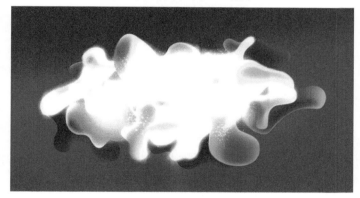

图15-68

15.6 "3D Stroke"（3D描边）效果

使用"3D Stroke"（3D描边）效果可以将图层中的一个或多个遮罩转换为线条或光线。在三维空间中，可以自由地移动或旋转这些光线，还可以为这些光线制作各种动画效果，效果如图15-69所示。

图15-69

执行"效果>RGTrapcode>3D Stroke（3D描边）"菜单命令，在"效果控件"面板中展开"3D Stroke"（3D描边）效果的参数，如图15-70所示。

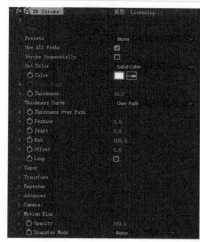

图15-70

技巧与提示

本节使用的"3D Stroke"（3D描边）效果版本号为V2.7.4（64位）。

"3D Stroke"（3D描边）效果的参数介绍

Path（路径）：指定绘制的遮罩作为"描边路径"。

Presets（预设）：使用效果内置的描边效果。

Use All Paths（使用所有路径）：将所有绘制的遮罩作为"描边路径"。

Stroke Sequentially（描边顺序）：使所有的遮罩路径按照顺序进行描边。

Set Color（设置颜色）：设置"颜色"的方式。

Color（颜色）：设置"描边路径"的颜色。

Thickness（厚度）：设置"描边路径"的厚度。

Thickness Curve（厚度曲线）：设置厚度的曲线方式。

Thickness Over Path（路径厚度）："路径厚度"的调整。

Feather（羽化）：设置"描边路径"边缘的羽化程度。

Start（开始）：设置"描边路径"的起始点。

End（结束）：设置"描边路径"的结束点。

Offset（偏移）：设置"描边路径"的偏移值。

Loop（循环）：控制"描边路径"是否循环连续。

Taper（锥化）：设置"描边路径"两端的"锥化"效果，如图15-71所示。

图15-71

Enable（开启）：选中该选项后，可以启用"锥化"设置。

Compress to fit（适度压缩）：压缩合适的"锥化"方式。

Start Thickness（开始的厚度）：用来设置描边开始部分的厚度。

End Thickness（结束的厚度）：用来设置描边结束部分的厚度。

Taper Start（锥化开始）：用来设置描边"锥化开始"的位置。

Taper End（锥化结束）：用来设置描边"锥化结束"的位置。

Start Shape（起始大小）：用来设置整个路径的开始。

End Shape（结束大小）：用来设置整个路径的结束。

Step Adjust Method（调整方式）：用来设置"锥化"效果的调整方式，有两种方式可供选择。一是"None"（无），即不做调整；二是"Dynamic"（动态），即做动态的调整。

Transform（变换）：
设置"描边路径"的"位置""旋转"和"弯曲"等属性，如图15-72所示。

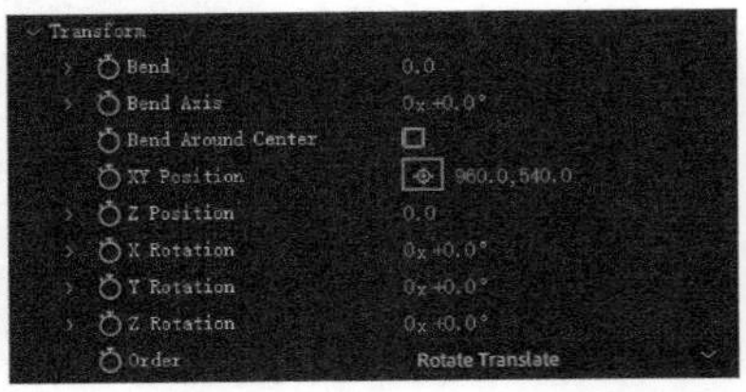

图15-72

Bend（弯曲）：控制"描边路径"弯曲的程度。

Bend Axis（弯曲角度）：控制"描边路径"弯曲的角度。

Bend Around Center（围绕中心弯曲）：控制是否弯曲到环绕的中心位置。

XY Position（x轴和y轴上的位置）/Z Position（z轴上的位置）：设置"描边路径"的位置。

X Rotation（x轴上的旋转角度）/Y Rotation（y轴上的旋转角度）/Z Rotation（z轴上的旋转角度）：设置"描边路径"的旋转。

Order（顺序）：设置"描边路径"的"位置"和"旋转"的顺序，有两种方式可供选择。一是"Rotate Translate"（旋转，位移），即先旋转后位移；二是"Translate Rotate"（位移，旋转），即先位移后旋转。

Repeater（重复）：设置"描边路径"的"重复偏移量"，通过该参数组中的参数，可以有规律地复制一条路径，如图15-73所示。

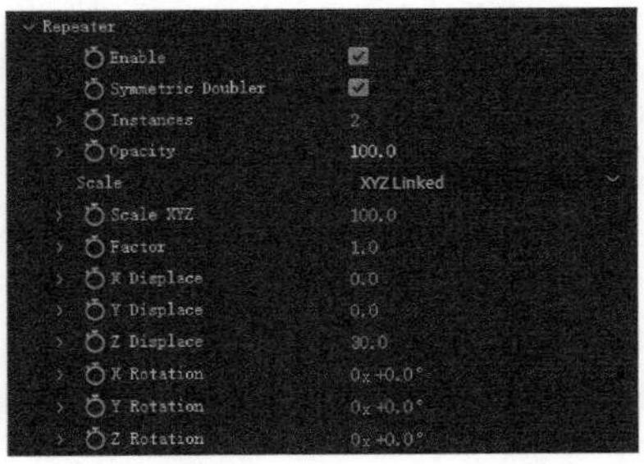

图15-73

Enable（开启）：选中该选项后可以开启"描边路径"的重复。

Symmetric Doubler（对称复制）：用来设置"描边路径"是否要对称复制。

Instances（重复）：用来设置"描边路径"的数量。

Opacity（不透明度）：用来设置"描边路径"的"不透明度"。

Scale（缩放）：用来设置"描边路径"的"缩放"效果。

Factor（因数）：用来设置"描边路径"的"伸展"因数。

X Displace（x轴上的偏移量）/Y Displace（y轴上的偏移量）/Z Displace（z轴上的偏移量）：分别用来设置在x轴、y轴和z轴的"偏移"效果。

X Rotation（x轴上的旋转角度）/Y Rotation（y轴上的旋转角度）

/Z Rotation（z轴上的旋转角度）：分别用来设置在x轴、y轴和z轴的"旋转"效果。

Advanced（高级）：用来设置"描边路径"的高级属性，如图15-74所示。

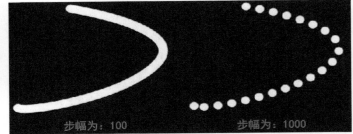

图15-74

Adjust Step（调节步幅）：用来调节步幅。其数值越大，"描边路径"上的线条显示为圆点且圆点间的距离越大，如图15-75所示。

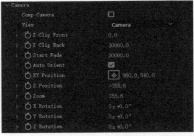

图15-75

Exact Step Match（精确匹配）：用来设置是否精确匹配步幅。

Internal Opacity（内部的不透明度）：用来设置"描边路径"的线条内部的"不透明度"。

Low Alpha Sat Boot（Alpha饱和度）：用来设置"描边路径"的线条的"Alpha饱和度"。

Low Alpha Hue Rotation（Alpha色调旋转）：用来设置"描边路径"的线条的"Alpha色调旋转"。

Hi Alpha Bright Boost（Alpha亮度）：用来设置"描边路径"的线条的"Alpha亮度"。

Animated Path（全局时间）：用来设置是否使用"全局时间"。

Path Time（路径时间）：用来设置路径的时间。

Camera（摄像机）：设置"摄像机"的观察视角或使用合成中的"摄像机"，如图15-76所示。

图15-76

Comp Camera（合成中的摄像机）：用来设置是否使用合成中的"摄像机"。

View（视图）：选择"视图"的显示状态。

Z Clip Front（前面的剪切平面）/Z Clip Back（后面的剪切平面）：用来设置"摄像机"在z轴深度的剪切平面。

Start Fade（淡出）：用来设置剪辑平面的"淡出"。

Auto Orient（自动定位）：控制是否开启"摄像机"的"自动定位"。

XY Position（x轴、y轴上的位置）/Z Position（z轴上的位置）：用来设置"摄像机"在x轴、y轴和z轴的"位置"。

Zoom（缩放）：用来设置"摄像机"的"推拉"。

X Rotation（x轴上的旋转角度）/Y Rotation（y轴上的旋转角度）/Z Rotation（z轴上的旋转角度）：分别用来设置"摄像机"在x轴、y轴和z轴的"旋转"。

Motion Blur（运动模糊）：设置"运动模糊"效果，既可以单独进行设置，也可以继承当前合成的"运动模糊"参数，如图15-77所示。

图15-77

Motion Blur（运动模糊）：用来设置"运动模糊"是否开启或使用合成中的"运动模糊"设置。

Shutter Angle（快门的角度）：用来设置快门的角度。

Shutter Phase（快门的相位）：用来设置快门的相位。

Levels（平衡）：用来设置快门的平衡。

Opacity（不透明度）：设置"描边路径"的"不透明度"。

Transfer Mode（叠加模式）：设置"描边路径"与当前图层的叠加模式。

实战 飞舞光线

本案例的动画效果如图15-78所示。

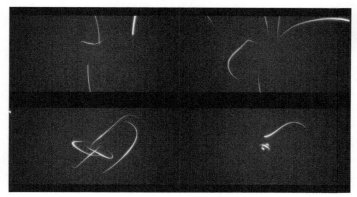

图15-78

01 使用After Effects 2022打开学习资源中的"实战：飞舞光线.aep"素材文件，如图15-79所示。

图15-79

02 按快捷键Ctrl+Y，创建一个"纯色"图层，设置其"宽度"为1920像素、"高度"为1080像素，设置其"名称"为"光线"，如图15-80所示。

图15-80

03 使用"钢笔工具"绘制一个图15-81所示的遮罩。

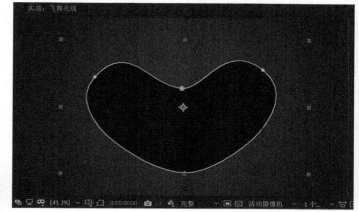

图15-81

04 选中"光线"图层，执行"效果>RG Trapcode>3D Stroke（3D描边）"菜单命令，为其添加"3D Stroke"（3D描边）效果。设置"Thickness"（厚度）值为5，"Offset"（偏移）值为-80；展开"Taper"（锥化）参数组，选中"Enable"（开启）选项，设置"Start Shape"（起始大小）值和"End Shape"（结束大小）值均为5，如图15-82所示。

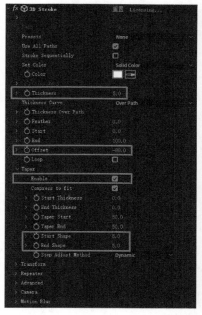

图15-82

05 展开"Transform"（变换）参数组，设置"Bend"（弯曲）值为2，"Bend Axis"（弯曲角度）值为（0×+45°），"Z Rotation"（z轴上的旋转角度）值为（0×+45°），如图15-83所示。

261

图15-83

06 展开"Repeater"（重复）参数组，选中"Enable"（开启）选项和"Symmetric Double"（对称复制）选项。设置"ScaleXYZ"（缩放）值为180，"X Rotation"（x轴上的旋转角度）为（0×+60°），"Y Rotation"（y轴上的旋转角度）为（0×-60°），"Z Rotation"（z轴上的旋转角度）为（0×+90°），如图15-84所示。

图15-84

07 将"光线"图层移动到"遮罩"图层下面，设置光线的动画关键帧。在第0秒，设置"3D Stroke"（3D描边）中的"Offset"（偏移）值为-80，"Bend"（弯曲）值为2，"Z Rotation"（z轴上的旋转角度）值为（0×+45°），"ScaleXYZ"（缩放）值为180；在第2秒24帧，设置"3D Stroke"（3D描边）中的"Offset"（偏移）值为77.9，"Bend"（弯曲）值为0，"Z Rotation"（z轴上的旋转角度）值为（0×+0°），"ScaleXYZ"（缩放）值为3.4，如图15-85所示。

图15-85

08 选中"光线"图层，执行"效果>RGTrapcode>Starglow（星光闪耀）"菜单命令，为其添加"Starglow"（星光闪耀）效果。设置"Preset"（预设）选项为"Blue"（蓝色），"Streak Length"（光线长度）为10，如图15-86所示。

图15-86

制作完成后，最终预览效果如图15-87所示。

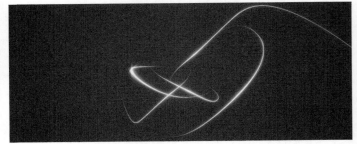

图15-87

15.7 综合实战：光闪效果

本案例主要讲解如何通过"线性擦除"、"Form"（形状）和"Optical Flares"（光学耀斑）效果的配合，完成光闪特效的制作。"Form"（形状）效果中"Fractal Strength"（分形强度）、"Disperse and Twist"（分散与扭曲）和"Fractal Field"（分形场）等属性的设置是本案例的重点，案例效果如图15-88所示。

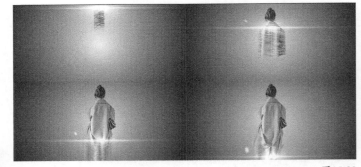

图15-88

15.7.1 渐显动画

01 使用After Effects 2022打开学习资源中的"综合实战：光闪效果.aep"素材文件，如图15-89所示。

图15-89

02 选中"人物"图层，执行"效果>过渡>线性擦除"菜单命令，为其添加"线性擦除"效果。设置"擦除角度"值为（0×+0°），"羽化"值为100，如图15-90所示。

图15-90

03 设置"过渡完成"的动画关键帧。在第0帧，设置"过渡完成"值为85%，如图15-91所示；在第2秒15帧，设置"Transition Completion"（擦除百分比）值为5%。此时，画面的预览效果如图15-92所示。

图15-91

图15-92

04 执行"合成>新建合成"菜单命令，创建一个"宽度"为1920像素、"高度"为1080像素的合成，设置"持续时间"为3秒1帧，将其命名为"Ramp"，如图15-93所示。

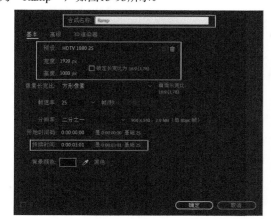

图15-93

05 按快捷键Ctrl+Y，创建一个"纯色"图层，设置其"宽度"为1920像素、"高度"为1080像素，设置其"名称"为"Ramp"，如图15-94所示。

图15-94

06 选中"Ramp"图层，选择"矩形工具" ，系统会根据该图层的大小，自动匹配创建一个蒙版，设置"蒙版羽化"值为（50像素，50像素），如图15-95所示。

图15-95

07 设置"蒙版路径"属性的动画关键帧。在第0帧，"蒙版路径"如图15-96（上）所示；在第2秒11帧，"蒙版路径"如图15-96（下）所示。

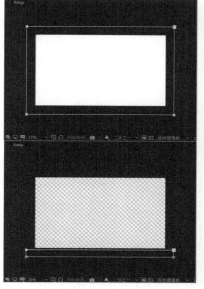

图15-96

15.7.2 制作闪光

01 执行"合成>新建合成"菜单命令，创建一个"宽度"为1920像素、"高度"为1080像素的合成，设置"持续时间"为3秒1帧，并将其命名为"End"，如图15-97所示。

02 将"人物"和"Ramp"合成添加到"End"合成中，执行

"锁定并隐藏"的操作，如图15-98所示。

图15-97

图15-98

03 按快捷键Ctrl+Y，创建一个"纯色"图层，设置其"宽度"为1920像素、"高度"为1080像素，设置其"名称"为"Form"，如图15-99所示。

04 选中"Form"图层，执行"效果>RG Trapcode>Form（形状）"菜单命令，为其添加"Form"（形状）效果。展开"Form"（形状）参数组，在"Base Form"（基础形态）参数的右边选择"Box-Strings"（串状立方体）选项，设置"Size X"（X大小）值为1920，"Size Y"（Y大小）值为1080，"Size Z"（Z大小）值为40；设置"Strings in Y"（y轴上的线条数）值为1080，"Strings in Z"（z轴上的线条数）值为1，设置"Density"（密度）值为25，如图15-100所示。

05 展开"Layer Maps（Master）"（图层贴图）参数栏，在"Color and Alpha"（颜色和通道）参数项下设置"Layer"（图层）为"2.人物渐显"选项，设置"Functionality"（功能）为"RGBA to RGBA"（颜色和通道到颜色和通道），设置"Map Over"（贴图覆盖）为"XY"，如图15-101所示。

06 在"Fractal Strength"（分形强度）参数组中设置"Layer"（图层）为"3.Ramp"选项，"Map Over"（贴图覆盖）为"XY"。在"Disperse"（分散）参数组中设置"Layer"（图层）为"3.Ramp"选项，"Map Over"（贴图覆盖）为"XY"，如图15-102所示。

图15-101   图15-102

07 展开"Disperse and Twist（Master）"（分散与扭曲）参数组，设置"Disperse"（分散）为100，"Twist"（扭曲）为5。展开"Fractal Field（Master）"（分形场）参数组，设置"Affect Size"（影响大小）为5，"Displace"（置换强度）为500，"Flow X"（x轴上的流量）为-200，"Flow Y"（y轴上的流量）为-50，"Flow Z"（z轴上的流量）为100，如图15-103所示。

08 展开"Particle（Master）"（粒子）参数组，设置"Sphere Feather"（粒子羽化）为0，"Size"（大小）为2，"Opacity Over"（不透明度）为"Radial"（径向），"Blend Mode"（传输模式）为"Normal"（正常），如图15-104所示。此时的画面预览效果如图15-105所示。

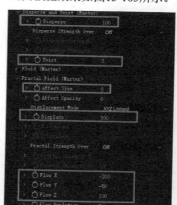
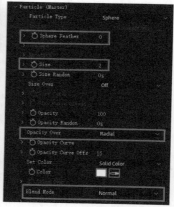

图15-103   图15-104

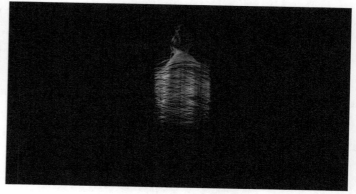

图15-99   图15-100

图15-105

15.7.3 制作背景

01 按快捷键Ctrl+Y，创建一个"纯色"图层，设置其"宽度"为1920像素、"高度"为1080像素，设置其"名称"为"BG"，如图15-106所示。

图15-106

02 选中"BG"图层，执行"效果>生成>梯度渐变"菜单命令，为其添加"梯度渐变"效果。设置"渐变起点"为（966，535），"起始颜色"为（R:234，G:234，B:234），"渐变终点"为（1920，1080），"结束颜色"为（R:25，G:39，B:48），"渐变形状"为"径向渐变"如图15-107所示。

03 继续选中"BG"图层，执行"效果>颜色校正>色相/饱和度"菜单命令，为其添加"色相/饱和度"效果。设置效果的"主饱和度"值为60，如图15-108所示。此时的画面预览效果如图15-109所示。

图15-107

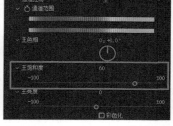

图15-108

图15-109

15.7.4 制作光线

01 按快捷键Ctrl+Y，创建一个"纯色"图层，设置其"宽度"为1920像素、"高度"为1080像素，设置其"名称"为"光

线"。选中"光线"图层，执行"效果>Video Copilot（视频控制）>Optical Flares（光学耀斑）"菜单命令，为其添加"Optical Flares"（光学耀斑）效果，如图15-110所示。

图15-110

02 单击"Optical Flares"（光学耀斑）效果中的"Options"（选项）参数，打开该效果的属性控制面板，选择"PRESET BROWSER"（浏览光效预设）选项，双击"Network Presets（0）"文件夹，选择"cold heart"光效，如图15-111和图15-112所示。

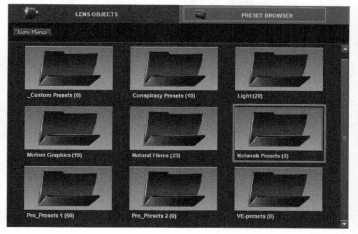

图15-111

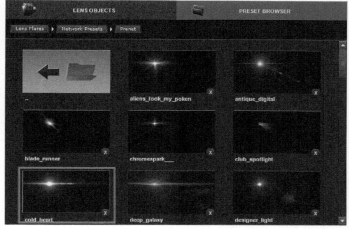

图15-112

03 在"Stack"（元素库）窗口中，设置"Glow"（光晕）元素的"缩放"值为10%，如图15-113所示。此时，光效的预览效果如图15-114所示。单击"OK"按钮确认，完成光效的自定义调节工作。

图15-113

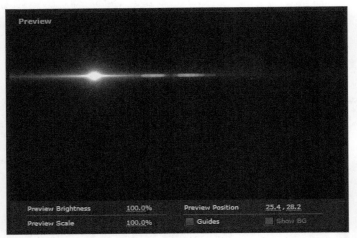

图15-114

04 在"Optical Flares"（光学耀斑）效果中，设置"Brightness"（亮度）、"Scale"（缩放）和"Position XY"（x轴、y轴上的位置）属性的动画关键帧。在第2帧，设置"Brightness"（亮度）值为0、"Scale"（缩放）值为0；在第6帧，设置"Brightness"（亮度）值为120、"Scale"（缩放）值为60；在第10帧，设置"Brightness"（亮度）值为100、"Scale"（缩放）值为30；在第2秒6帧，设置"Brightness"（亮度）值为100、"Scale"（缩放）值为30；在第2秒9帧，设置"Brightness"（亮度）值为120、"Scale"（缩放）值为100；在第2秒11帧，设置"Brightness"（亮度）值为0、"Scale"（缩放）值为0。在第6帧，设置"Position XY"（x轴、y轴上的位置）值为（971，98）；在第10帧，设置"Position XY"（x轴、y轴上的位置）值为（971，117）；在第16帧，设置"Position XY"（x轴、y轴上的位置）值为（971，197）；在第1秒，设置"Position XY"（x轴、y轴上的位置）值为（971，357）；在

第2秒，设置"Position XY"（x轴、y轴上的位置）值为（971，846）；在第2秒6帧，设置"Position XY"（x轴、y轴上的位置）值为（971，965）。第2秒6帧的参数设置如图15-115所示。

图15-115

05 将"光线"图层的"模式"修改为"相加"，如图15-116所示。修改"Optical Flares"（光学耀斑）效果中的"Render Mode"（渲染方式）为"On Transparent"（透明），如图15-117所示。

06 选中"光线"图层，执行"效果>颜色校正>色相/饱和度"菜单命令，为其添加"色相/饱和度"效果，修改"主色相"值为（0×-30°），如图15-118所示。

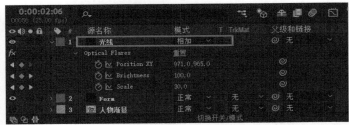

图15-116

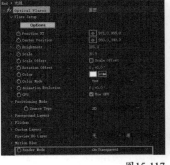

图15-117 　　　　　　　　图15-118

07 继续选中"光线"图层，按快捷键S，调出"缩放"参数，将其设置为（135%，100%），如图15-119所示。此时，画面的预览效果如图15-120所示。

图15-119

图15-120

15.7.5 优化输出

01 按快捷键Ctrl+Alt+Y，创建一个"调整图层"，使用"椭圆工具"创建一个"蒙版"，如图15-121所示。

图15-121

02 展开"调整图层1"的"蒙版"属性，选中"反转"选项，修改"蒙版羽化"值为（100像素，100像素），如图15-122示。

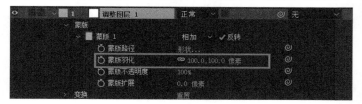

图15-122

03 选中"调整图层1"，执行"效果>模糊和锐化>高斯模糊"菜单命令，为其添加"高斯模糊"效果。设置"模糊度"值为5，同时选中"重复边缘像素"选项，如图15-123所示。

图15-123

04 按快捷键Ctrl+Y，创建一个"纯色"图层，设置其"宽度"为1920像素、"高度"为1080像素，设置其"名称"为"遮罩"，如图15-124所示。

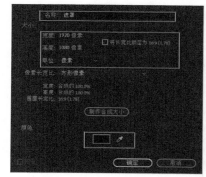

图15-124

05 选中"遮罩"图层，选择"矩形工具"，根据该图层的大小，自动匹配创建一个"蒙版"，调节"蒙版"的大小，如图15-125所示。展开"遮罩"图层的"蒙版"属性，选中"反转"选项，如图15-126所示。

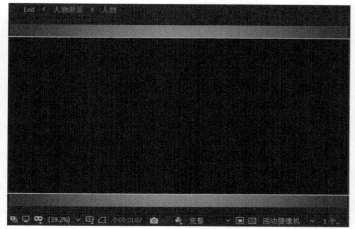

图15-125

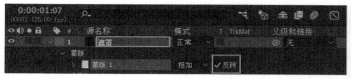

图15-126

至此，本案例的光闪效果就制作完毕了，最终预览效果如图15-127所示。

图15-127

267

Learning Objectives
学习要点↙

268页
视频特效合成概述

268页
FSN镜头特效合成

276页
网络单车镜头特效合成

16.1 概述

通过三维软件（比如3ds Max、Maya、Cinema 4D等）渲染的镜头，并不能直接作为最终的影片，而是需要通过后期合成软件（比如After Effects、Nuke、Digital Fusion等）对渲染的镜头进行润色处理（比如色彩色调优化、运动模糊控制、动画节奏处理、添加部分特效元素等），如图16-1和图16-2所示。

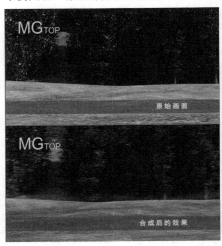

图16-1

图16-2

本章所选的"FSN镜头特效合成"和"网络单车镜头特效合成"两个商业案例具有较强的代表性。通过对这两个案例的具体讲解，可以让大家更好地掌握特效合成的基本流程和常规技巧。

16.2 FSN镜头特效合成

本节把Maya渲染的分层镜头素材导入After Effects 2022中进行优化合成，其中背景元素的创建与优化、主体元素的优化、辅助元素的处理是制作的重点，案例完成效果如图16-3所示。

图16-3

16.2.1 背景元素

01 执行"合成>新建合成"菜单命令，创建一个"预设"为"HDTV 1080 25"的合成，设置"持续时间"为1秒5帧，并将其命名为"FSN_Comp"，如图16-4所示。

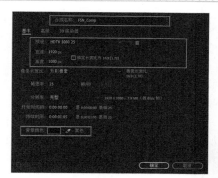

图16-4

02 按快捷键Ctrl+Y，创建一个"纯色"图层，设置其"宽度"为1920像素、"高度"为1080像素，设置其"名称"为"BG"，如图16-5所示。

03 选中"BG"图层，执行"效果>生成>四色渐变"菜单命令，为其添加"四色渐变"效果。设置"点1"值为（260，130），"颜色1"为（R:0，G:14，B:23）。设置"点2"值为（1186，18），"颜色2"为（R:1，G:21，B:33）。设置"点3"值为（430，1646），"颜色3"为（R:0，G:31，B:71）。设置"点4"值为（2088，1200），"颜色4"为（R:0，G:36，B:65），如图16-6所示。此时的画面效果如图16-7所示。

图16-5

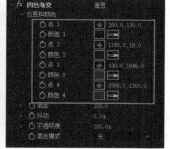

图16-6

图16-7

技巧与提示

这里使用"四色渐变"效果可以很方便地完成对背景颜色的控制。

04 执行"文件>导入>文件"菜单命令，导入学习资源中的"元素01.mov"素材，将其添加到"时间轴"面板中，将该图层的"模式"修改为"相加"，如图16-8所示。

图16-8

05 选中"元素01.mov"图层，按快捷键Ctrl+D复制图层。选中复制生成的新图层，执行"效果>颜色校正>色相/饱和度"菜单命令，为其添加"色相/饱和度"效果。选中"彩色化"选项，设置"着色色相"为（0×+40°），"着色饱和度"为60，如图16-9所示。

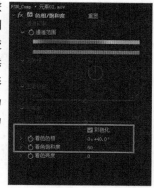

图16-9

06 继续选中复制的新图层，执行"效果>模糊和锐化>高斯模糊"菜单命令，为其添加"高斯模糊"效果。设置"模糊度"值为3，并选中"重复边缘像素"选项，如图16-10所示。

图16-10

07 继续选中复制的新图层，执行"效果>风格化>发光"菜单命令，为其添加"发光"效果。设置"发光阈值"为80%，"发光半径"为30，"发光强度"为2，"颜色循环"为1.8，"颜色A"为（R:255，G:132，B:0），如图16-11所示。

图16-11

08 将复制的新图层的"不透明度"值修改为35%，设置原始图层的"不透明度"值为30%，如图16-12所示。此时的画面效果如

图16-13所示。

图16-12

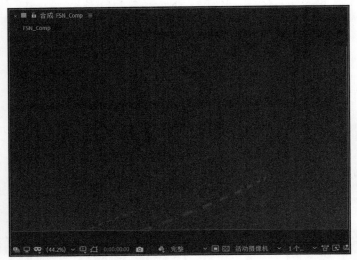

图16-13

09 执行"文件>导入>文件"菜单命令,导入学习资源中的"元素02.mov"素材,将其添加到"时间轴"面板中,将该图层的"模式"修改为"相加",如图16-14所示。

图16-14

10 选中"元素02.mov"图层,按快捷键Ctrl+D复制图层。选中复制生成的新图层,执行"效果>颜色校正>色相/饱和度"菜单命令,为其添加"色相/饱和度"效果。选中"彩色化"选项,设置"着色色相"为(0×+40°),"着色饱和度"为70,如图16-15所示。

图16-15

11 继续选中复制的新图层,执行"效果>模糊和锐化>高斯模糊"菜单命令,为其添加"高斯模糊"效果。设置"模糊度"值为5,并选中"重复边缘像素"选项,如图16-16所示。

图16-16

12 继续选中复制的新图层,执行"效果>风格化>发光"菜单命令,为其添加"发光"效果。设置"发光阈值"为80%,"发光半径"为30,"发光强度"为3,"颜色A"为(R:255,G:132,B:0),如图16-17所示。

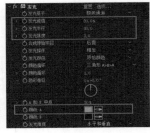

图16-17

13 将复制的新图层的"不透明度"值修改为35%,设置原始图层的"不透明度"值为35%,如图16-18所示。此时的画面效果如图16-19所示。

图16-18

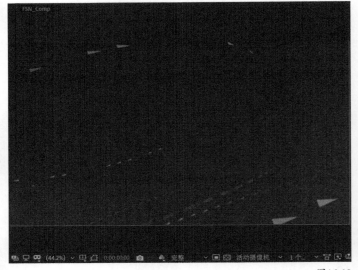

图16-19

14 按快捷键Ctrl+Y,创建一个黑色的"纯色"图层,设置其"宽度"为1920像素、"高度"为1080像素,设置其"名称"为"光",如图16-20所示。

图16-20

15 选中"光"图层，执行"效果>Video Copilot（视频控制）>Optical Flares（光学耀斑）"菜单命令，为其添加"Optical Flares"（光学耀斑）效果。在"Optical Flares"（光学耀斑）效果的参数面板中单击"Options"（选项）参数（如图16-21所示），进入"Optical Flares"（光学耀斑）效果的属性控制面板。

图16-21

16 在"Browser"（光效数据库）窗口中选择"PRESET BROWSER"（浏览光效预设）文件夹，双击"Light（20）"文件夹，如图16-22所示。选择系统中预设好的"Beam"（激光）效果，如图16-23所示。

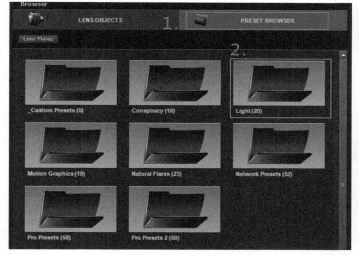

图16-22

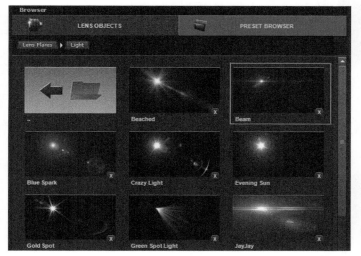

图16-23

17 在"Stack"（元素库）窗口中，保留3个"Glow"（辉光）、1个"Iris"（虹膜）、1个"Glint"（闪光）、1个"Sparkle"（光亮）和1个"Streak"（条纹）元素。修改"G1"的"亮度"值为129.5，"G2"的"亮度"值为33.5、"缩放"值为321，"G3"的"缩放"值为2，"Iris"（虹膜）的"缩放"值为53.5，"Glint"（闪光）的"缩放"值为305，如图16-24所示。

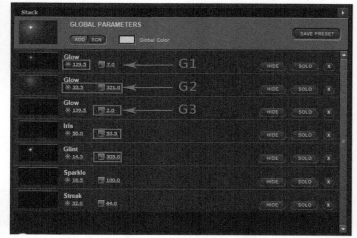

图16-24

18 此时，光效的预览效果如图16-25所示。至此，光效的自定义调节工作完成。单击"光效"参数控制区域的"OK"按钮，保存设置并退出属性控制面板。

图16-25

19 设置"Optical Flares"（光学耀斑）效果中"Brightness"（亮度）属性的动画关键帧。在第0帧，设置"Brightness"（亮度）值为160，如图16-26所示；在第3帧，设置"Brightness"（亮度）值为40；在第4帧，设置"Brightness"（亮度）值为30。

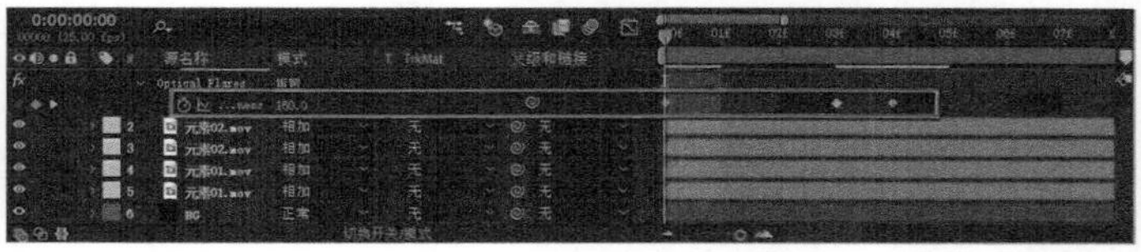

图16-26

20 在"Optical Flares"(光学耀斑)效果中修改"Position XY"(x轴、y轴上的位置)值为(960,540),"Scale"(缩放)值为190,设置"Render Mode"(渲染模式)为"On Transparent"(透明的),如图16-27所示。

图16-27

16.2.2 主体元素

01 执行"文件>导入>文件"菜单命令,导入学习资源中的"FSN.mov"素材,将其添加到"时间轴"面板中,如图16-28所示。

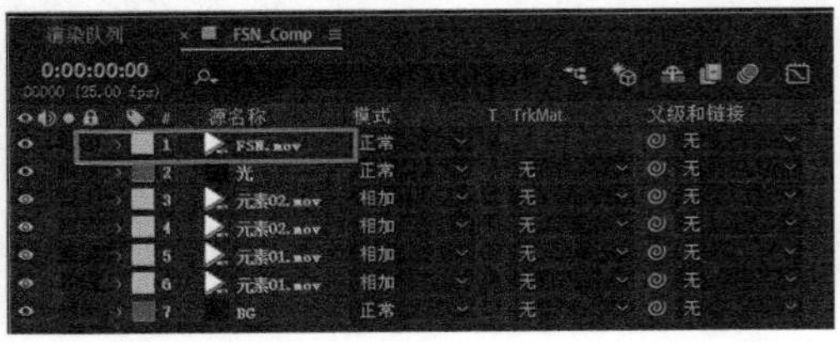

图16-28

02 选中"FSN.mov"图层,按快捷键Ctrl+D复制图层,如图16-29所示。

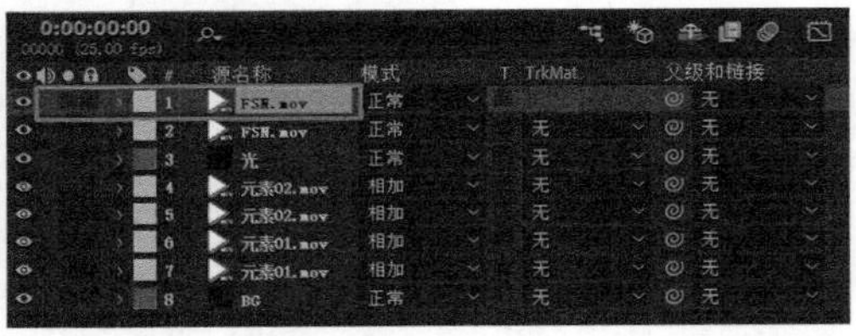

图16-29

03 选中原始"FSN.mov"图层,执行"效果>风格化>发光"菜单命令,为其添加"发光"效果。设置"发光阈值"为7%,"发光半径"为50,"发光颜色"为"A和B颜色","颜色B"为白色,如图16-30所示。

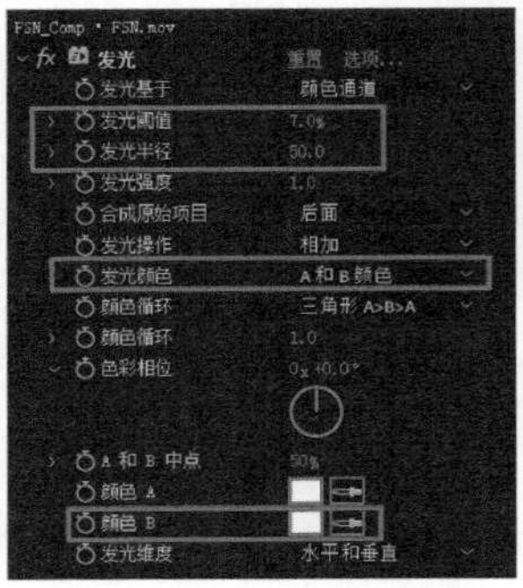

图16-30

04 继续选中原始"FSN.mov"图层,执行"效果>模糊和锐化>高斯模糊"菜单命令,为其添加"高斯模糊"效果。设置"模糊度"值为100,并选中"重复边缘像素"选项,如图16-31所示。

图16-31

05 将原始"FSN.mov"图层的"不透明度"值修改为50%,如

图16-32所示。此时,画面的效果如图16-33所示。

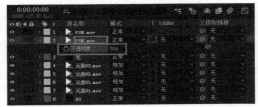

图16-32

图16-33

16.2.3 辅助元素

01 执行"文件>导入>文件"菜单命令,导入学习资源中的"光元素.mov"素材,将其添加到"时间轴"面板中。设置该素材的入点时间在第5帧处,选择图层的"模式"为"屏幕",修改图层的"缩放"值为(100%,90%),"旋转"值为(0×-6°),如图16-34所示。

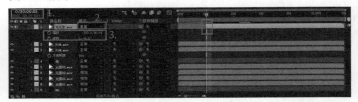

图16-34

02 为配合主体元素"FSN"的动画,这里需要设置"光元素"位置的动画关键帧,同时还要修改"光元素"的大小。在第5帧,设置"位置"值为(960,540);在第20帧,设置"位置"值为(960,789);在第1秒4帧,设置"位置"值为(478,1053),修改"缩放"值为(100%,90%),如图16-35所示。

图16-35

03 将时间指针移动到第12帧，选中"光元素.mov"图层，使用"钢笔工具" 创建一个"蒙版"，如图16-36所示。

图16-36

04 在第12帧和第13帧，分别设置"蒙版路径"属性的关键帧，如图16-37所示。

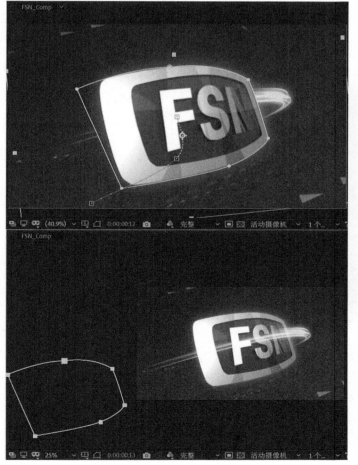

图16-37

05 将遮罩的"模式"修改为"相减"，设置"蒙版羽化"值为（70像素，70像素），如图16-38所示。

图16-38

06 选中"光元素.mov"图层，执行"效果>颜色校正>色相/饱和度"菜单命令，为其添加"色相/饱和度"效果。修改"主色相"为（0×+10º），如图16-39所示，此时的画面效果如图16-40所示。

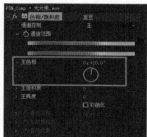

图16-39

图16-40

07 选中"光元素.mov"图层，按快捷键Ctrl+D复制图层，将复制生成的新图层重新命名为"光元素_D"，将时间指针移到第12帧，修改该图层中的蒙版的形状，如图16-41所示。

08 修改"光元素_D"图层中的"位置"和"缩放"的属性，设置"缩放"值为（100%，120%）。在第5帧，设置"位置"值为（1021，676）；在第20帧，设置"位置"值为（942，1032）；在第1秒4帧，设置"位置"值为（478，1053），如图16-42所示。

图16-41

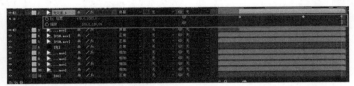

图16-42

09 选中"光元素_D"图层，按快捷键Ctrl+D复制图层，将复制生成的新图层重新命名为"光元素_T"，将时间指针移到第12帧，修改该图层中的蒙版的形状，如图16-43所示。

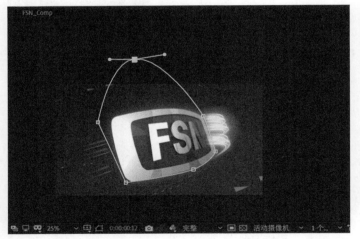

图16-43

10 修改"光元素_T"图层中的"位置"属性。在第5帧，设置"位置"值为（915，454）；在第20帧，设置"位置"值为（928，620）；在第1秒4帧，设置"位置"值为（469，950），如图16-44所示。此时的画面预览效果如图16-45所示。

图16-44

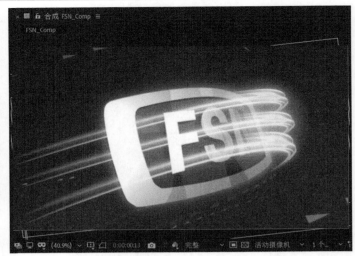

图16-45

16.2.4 细节优化

01 在预览画面时，发现"光元素_T""光元素_D"图层均出现了"穿帮"现象，如图16-46所示。下面对其进行修改。

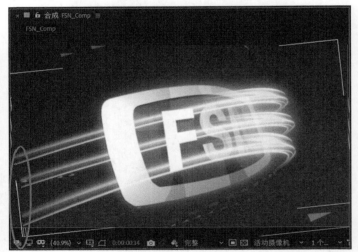

图16-46

02 选中"光元素_T"图层，执行"效果>风格化>动态拼贴"菜单命令，为其添加"动态拼贴"效果。修改"输出宽度"值为103，选中"镜像边缘"选项，如图16-47所示。选择"动态拼贴"效果，复制并粘贴到"光元素_D"和"光元素.mov"图层，画面的修正效果如图16-48所示。

图16-47

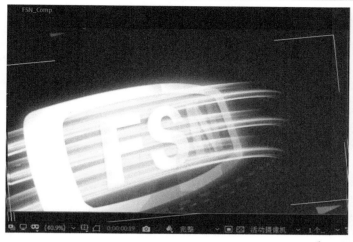

图16-48

03 选中"光"图层，按快捷键Ctrl+D复制图层，将复制生成的新图层的名称修改为"光_End"，将图层移动到所有图层的最上面，将其图层"模式"修改为"相加"，入点时间在第20帧处，如图16-49所示。

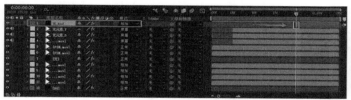

图16-49

04 设置"光_End"图层中"Optical Flares"（光学耀斑）效果的相关参数的动画关键帧。在第20帧，设置"Position XY"（x轴、y轴上的位置）值为（783，654）；在第1秒1帧，设置"Position XY"（x轴、y轴上的位置）值为（18，1125）。在第20帧，设置"亮度"值为20；在第1秒1帧，设置"亮度"值为200。第20帧的参数设置如图16-50所示。

图16-50

05 选中"光_End"图层，执行"效果>颜色校正>色相/饱和度"菜单命令，为其添加"色相/饱和度"效果。修改"主色相"为（0×-10°），"主饱和度"为-50，如图16-51所示。此时的画面效果如图16-52所示。

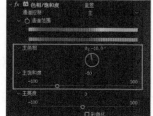

图16-51

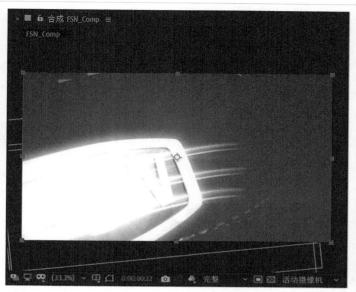

图16-52

06 按快捷键Ctrl+Alt+Y，新建一个"调整图层"，选中该"调整图层"，使用"椭圆遮罩工具"创建一个"蒙版"，如图16-53所示。

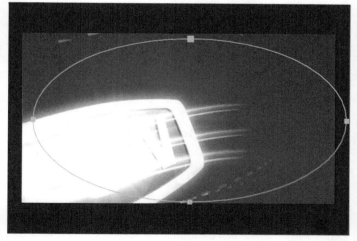

图16-53

07 继续选中"调整图层"，执行"效果>模糊和锐化>高斯模糊"菜单命令，为其添加"高斯模糊"效果。设置"模糊度"值为5，选中"重复边缘像素"选项，如图16-54所示。

图16-54

08 继续选中"调整图层"，展开"蒙版1"的属性，选中"反转"选项，设置"蒙版羽化"值为（100像素，100像素），如图16-55所示。

图16-55

275

09 按快捷键Ctrl+Y，创建一个"纯色"图层，设置"宽度"为1920像素、"高度"为1080像素，设置其"名称"为"遮幅"，如图16-56所示。

图16-56

10 选中"遮幅"图层，双击"工具"面板中的"矩形工具" ，系统会根据该图层的大小自动匹配创建一个"蒙版"，调节"蒙版"的大小，如图16-57所示。展开"遮幅"图层的"蒙版"属性，选中"反转"选项，如图16-58所示。

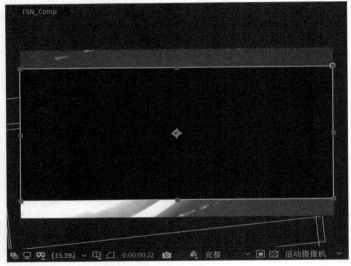

图16-57

图16-58

至此，整个案例制作完毕，画面的最终预览效果如图16-59所示。

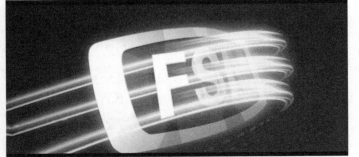

图16-59

16.3 网络单车镜头特效合成

本节将3ds Max渲染的素材导入After Effects 2022中进行优化合成。其中，开场动画的制作和画面色调的处理是本案例的重点，案例前后对比效果如图16-60所示。

图16-60

16.3.1 开场动画

01 执行"合成>新建合成"菜单命令，创建一个名为"标识"的合成，设置其"宽度"为1920像素、"高度"为1080像素，设置其"像素长宽比"为"方形像素"，"持续时间"为11秒，如图16-61所示。

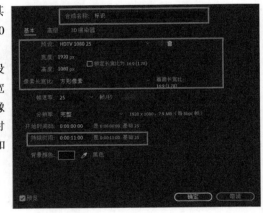

图16-61

02 执行"文件>导入>文件"菜单命令，导入学习资源中的"Clip_A.mov"和"Clip_C.mov"素材文件，将这两段素材添加到"时间轴"面板中，如图16-62所示。

图16-62

03 将"Clip_A.mov"图层作为"Clip_C.mov"图层的"Alpha反转遮罩'Clip_A.mov'"轨道蒙版，如图16-63所示。画面的预览效果如图16-64所示。

图16-63

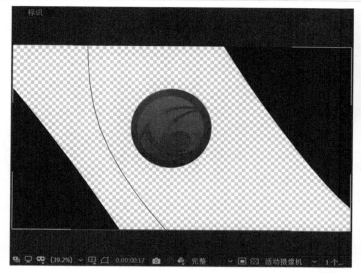

图16-64

素材"Clip_A.mov"带有"通道"信息，而素材"Clip_C.mov"仅带有"颜色"信息，没有"通道"信息。

04 根据镜头的要求，在开场动画中只需要出现"标识"。选中"Clip_C.mov"图层，使用"工具"面板中的"椭圆遮罩工具" █ 绘制"遮罩"，这里绘制的"遮罩"比"标识"本身稍微大一些，如图16-65所示。

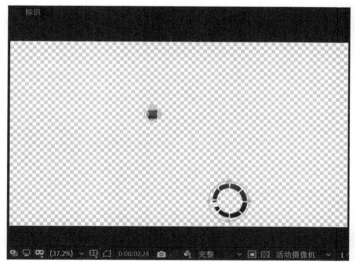

16-65

05 由于该镜头处于非静止状态，并且为了避免"标识"出现"穿帮"现象，这里需要设置"蒙版"的动画关键帧。如需调整"蒙版"大小，可使用快捷键Ctrl+T进行缩放操作。如果需要等比例缩放，则需同时按住Shift键，如图16-66所示。处理完成之后的画面效果如图16-67所示。

06 选中所有的图层，按快捷键Ctrl+Shift+C合并图层，将新的合

成命名为"标识提亮"，如图16-68所示。

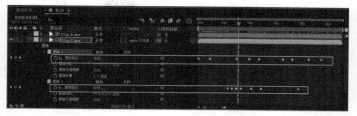

图16-66

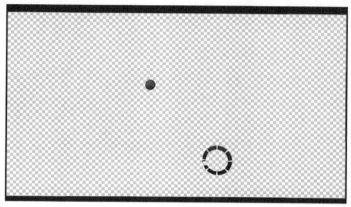

图16-67

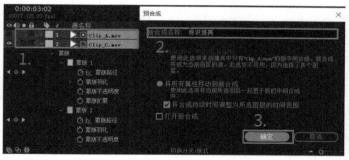

图16-68

07 选中"标识提亮"图层，按快捷键Ctrl+D复制两层图层，将新图层的"模式"修改为"相加"。设置最上层的新图层的"不透明度"值为50%，如图16-69所示。此时，画面的效果如图16-70所示。

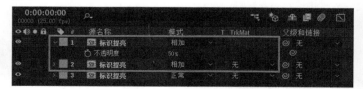

图16-69

图16-70

277

为了避免"标识"过曝,这里降低了新图层的"不透明度"值。

08 执行"合成>新建合成"菜单命令,创建一个名为"特效合成"的合成,设置其"宽度"为1920像素、"高度"为1080像素,设置其"像素长宽比"为"方形像素",设置"持续时间"为11秒,如图16-71所示。

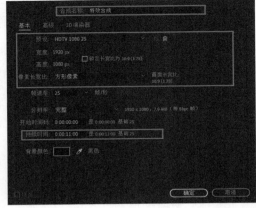

图16-71

09 将"标识"合成添加到"特效合成"中,选中"标识"图层,执行"图层>时间>启用时间重映射"菜单命令,将入点处的关键帧移动到第1秒8帧。设置图层的"不透明度"属性的动画关键帧。在第24帧,设置"不透明度"值为0%;在第1秒8帧,设置"不透明度"值为100%,如图16-72所示。

图16-72

这里启用"时间重映射"的目的是配合后续光线动画的制作。在第1秒8帧之前,标识保持静止的状态。

10 选中"标识"图层,执行"效果>风格化>发光"菜单命令,为其添加"发光"效果。设置"发光"效果的动画关键帧,在第24帧,设置"发光阈值"为25%,"发光半径"为155,"发光强度"为1,如图16-73所示;在第1秒13帧,设置"发光阈值"为0%,"发光半径"为0,"发光强度"为0。

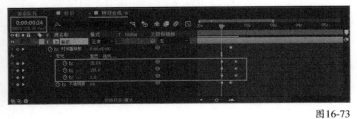

图16-73

11 按快捷键Ctrl+Y,创建一个黑色的"纯色"图层,设置"宽度"为1920像素、"高度"为1080像素,设置其"名称"为"glow",如图16-74所示。

图16-74

12 选中"glow"图层,使用"工具"面板中的"椭圆工具" 创建"蒙版",如图16-75所示。

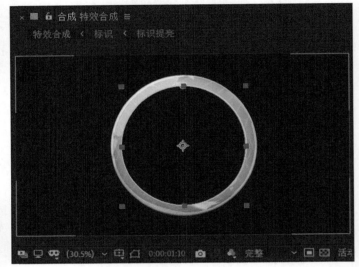

图16-75

13 选中"glow"图层,执行"效果>RG Trapcode>3D Stroke(3D描边)"菜单命令,为其添加"3D Stroke"(3D描边)效果。设置"Color"(颜色)为(R:126,G:196,B:255),"Thickness"(厚度)值为2,"Start"(开始)值为5,"End"(结束)值为30。选中"Loop"(循环)选项,在"Taper"(锐化)属性栏中,选中"Enable"(开启)选项,如图16-76所示。

图16-76

14 设置"3D Stroke"(3D描边)效果的动画关键帧。在第

0帧，设置"Offset"（偏移）值为-40；在第1秒13帧，设置"Offset"（偏移）值为8。设置"Opacity"（不透明度）属性的动画关键帧，在第0帧，设置"Opacity"（不透明度）值为0%；在第3帧，设置"Opacity"（不透明度）值为100%；在第1秒7帧，设置"Opacity"（不透明度）值为100%；在第1秒13帧，设置"Opacity"（不透明度）值为0%。第0帧的参数设置如图16-77所示。

图16-77

15 此时，画面的预览效果如图16-78所示。使用同样的方法完成另一条光线的制作，如图16-79所示。

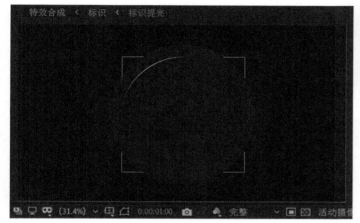

图16-78

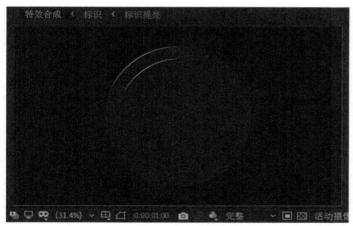

图16-79

16 将"Clip_A.mov"素材添加到"时间轴"面板中，选中该图层并执行"图层>时间>启用时间重映射"菜单命令，将入点处的关键帧移动到第1秒8帧处。设置图层的"不透明度"属性的动画关键帧。在第3秒6帧，设置"不透明度"值为0%；在第4秒10帧，设置"不透明度"值为100%，如图16-80所示。

图16-80

画面的预览效果如图16-81所示。

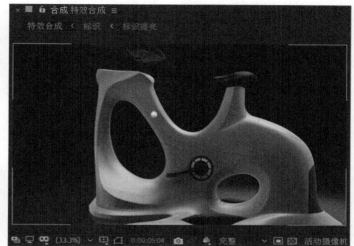

图16-81

16.3.2 制作背景

01 按快捷键Ctrl+Y，创建一个黑色的"纯色"图层，设置其"宽度"为1920像素、"高度"为1080像素，设置其"名称"为"bg"，如图16-82所示。

图16-82

02 选中"bg"图层，执行"效果>生成>梯度渐变"菜单命令，为其添加"梯度渐变"效果。设置效果的"渐变起点"值为（963，0），"起始颜色"为白色，"渐变终点"值为（960，1080），"结束颜色"为（R:121，G:121，B:121），如图16-83所示。

图16-83

03 设置"bg"图层的入点时间在第5秒6帧。在第4秒10帧，设置图层的"不透明度"值为0%；在第5秒20帧，设置图层的"不透明度"值为100%，如图16-84所示。

图16-84

04 按快捷键Ctrl+Alt+Y，新建一个"调整图层"，将其重命名为"颜色校正"，把图层移到"bg"图层的上一层，设置其入点时间在第4秒10帧。在第4秒10帧，设置"不透明度"值为0%；在第5秒20帧，设置"不透明度"值为35%，如图16-85所示。

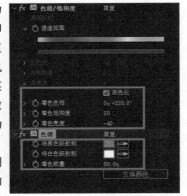

图16-85

05 选中"颜色校正"图层，执行"效果>颜色校正>色相/饱和度"菜单命令，为其添加"色相/饱和度"效果。选中"彩色化"选项，设置"着色色相"值为（0×+220°），"着色饱和度"值为50，"着色亮度"值为-40。继续选中该图层，执行"效果>颜色校正>色调"菜单命令，为其添加"色调"效果。设置"将黑色映射到"为（R:140，G:140，B:140），"将白色映射到"为白色，调整"着色数量"值为80%，如图16-86所示。

画面的预览效果如图16-87所示。

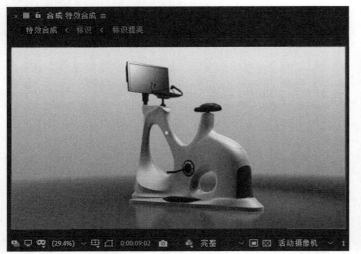

图16-87

图16-86

16.3.3 画面校色

01 按快捷键Ctrl+Alt+Y，新建一个"调整图层"，将其重命名为"颜色校正2"。选中该图层，执行"效果>颜色校正>色阶"菜单命令，为其添加"色阶"效果，设置"灰度系数"值为1.1，如图16-88所示。

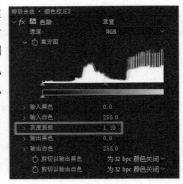

图16-88

技巧与提示

添加"色阶"效果的目的是提升画面的整体亮度。

02 继续选中该"调整图层"，执行"效果>颜色校正>色调"菜单命令，为其添加"色调"效果，设置"着色数量"值为60%，如图16-89所示。

图16-89

技巧与提示

添加"色调"效果后，可以过滤画面中很多杂色，同时为后续的画面整体色调做准备。

03 继续选中该"调整图层"，执行"效果>颜色校正>色阶"菜单命令，为其添加"色阶"效果。在"RGB"通道中，修改"输入黑色"值为35，"灰度系数"值为0.9；在"红色"通道中，修改"红色输入黑色"值为30，"红色输入白色"值为225；在"绿色"通道中，修改"绿色输入黑色"值为10；在"蓝色"通道中，修改"蓝色输入白色"值为290，"蓝色灰色系数"值为2.5，如图16-90所示。

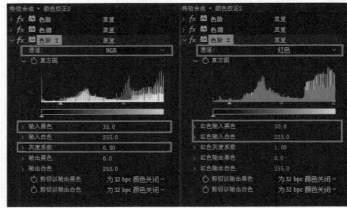

图16-90

280

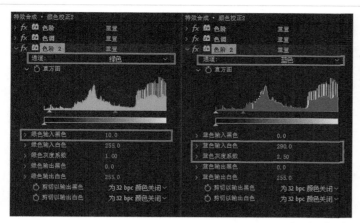

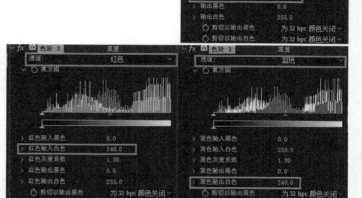

单命令，为其添加"色阶"效果。在"RGB"通道中，修改"输入黑色"值为40，"输入白色"值为235，"灰度系数"值为1.35；在"红色"通道中，修改"红色输入白色"值为240；在"蓝色"通道中，修改"蓝色输出白色"值为240，如图16-93所示。

图16-90（续）

此时画面的预览效果如图16-91所示。

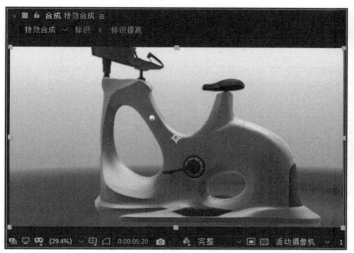

图16-91

图16-93

添加"色阶"效果是为了控制画面的整体亮度和对比度。

添加"色阶"效果的目的是控制画面的整体调性。

06· 选中该"调整图层"，执行"效果>颜色校正>色调"菜单命令，为其添加"色调"效果，设置"着色数量"值为60%，如图16-94所示。

04· 继续选中该"调整图层"，执行"效果>颜色校正>色调"菜单命令，为其添加"色调"效果，设置"将黑色映射到"为（R:9，G:27，B:55），"将白色映射到"为白色，"着色数量"值为80%，如图16-92所示。

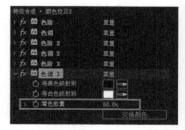

图16-92

图16-94

添加"色调"效果是为了过滤画面中的过渡色，原来画面中的暗部加入了蓝色混合。

添加"色调"效果是为了去掉杂色，让画面更加纯净。

05· 继续选中该"调整图层"，执行"效果>颜色校正>色阶"菜

07· 设置图层的"不透明度"属性的动画关键帧。在第3秒7帧，设置"不透明度"值为0%；在第4秒10帧，设置"不透明度"值为35%，如图16-95所示。

图16-95

设置"调整图层"的"不透明度"的目的是减少对画面整体颜色的影响。

调色之后的画面效果如图16-96所示。

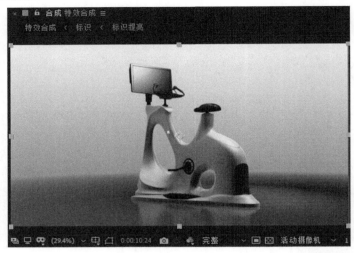

图16-96

16.3.4 细节优化

01 按快捷键Ctrl+Y，创建一个黑色的"纯色"图层，设置其"宽度"为1920像素、"高度"为1080像素，设置其"名称"为"Mask"，如图16-97所示。

02 选中"Mask"图层，使用"工具"面板中的"椭圆工具" ⬭创建"蒙版"，如图16-98所示。

图16-97

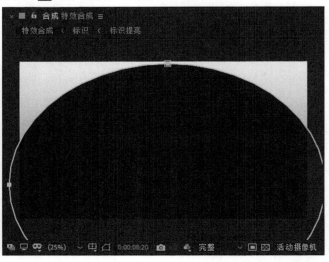

图16-98

03 将"Mask"图层移动到"颜色校正2"图层下面，设置其入点时间在第4秒10帧，将"蒙版"的"模式"修改为"相减"，设置"蒙版羽化"值为（300像素，300像素），"蒙版不透明度"值为50%。设置图层的"不透明度"属性的动画关键帧。在第4秒10帧，设置"不透明度"值为0%；在第5秒20帧，设置"不透明度"值为35%。相关设置如图16-99所示。

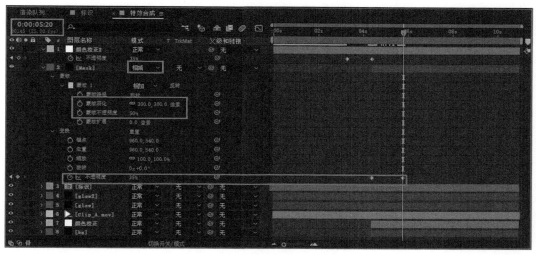

图16-99

04 执行"文件>导入>文件"菜单命令，导入学习资源中的"Audio.mp3"素材，将其添加到"时间轴"面板中，如图16-100所示。

图16-100

至此，整个案例制作完毕，画面的最终预览效果如图16-101所示。

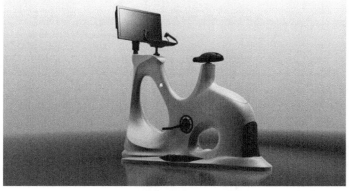

图16-101

284页
实拍与后期的流程

284页
运动的光线

291页
电视人物信号

17.1 实拍与后期的流程

实拍与后期合成是影视特效制作的表现方式（或手法）之一，可以将拍摄的素材导入After Effects 2022中，根据镜头的表现需求完成特效的制作，如图17-1所示。下面将通过对"运动的光线"和"电视人物信号"这两个案例的讲解，让大家了解并掌握实拍与后期合成的流程和方法。

拍摄镜头

导入素材

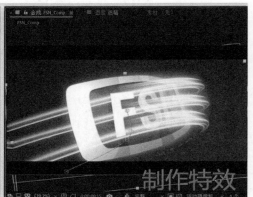

制作特效

图17-1

17.2 运动的光线

本案例讲解如何在实拍镜头中添加虚拟的运动光线。其中，画面动作的匹配处理是本案例的技术重点，案例的前后对比效果如图17-2所示。

图17-2

17.2.1 素材的色彩校正与动作匹配

01 使用After Effects 2022打开学习资源中的"运动的光线.aep"素材文件，如图17-3所示。

02 当前的画面调子太平淡，没有色彩倾向，不能够很好地突出氛围。选中"C01.mov"图层，执行"效果>颜色校正>Lumetri 颜色"菜单命令，为其添加"Lumetri 颜色"效果。修改"色温"值为-46，"曝光度"为0.5，"高光"值为13，"饱和度"值为126，如图17-4所示。

图17-3　　　　　图17-4

> **技巧与提示**
>
> 现代大片经常使用一种微妙的色彩效果表现演员肤色、背景和阴影。而颜色校正最强大的地方就是它能够在数秒钟内将人物的肤色和环境分离，其"全浮点渲染"和快速的渲染速度是进行色彩校正的绝佳工具。

03 继续选中"C01.mov"图层，执行"效果>颜色校正>曲线"菜单命令，为其添加"曲线"效果。在"RGB"通道中调节曲线，如图17-5所示。此时，画面的预览效果如图17-6所示。

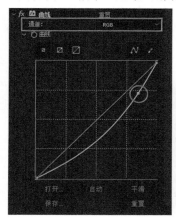

图17-5　　　　　图17-6

04 下面完成动作的匹配设置。按快捷键Ctrl+Y，创建一个"纯色"图层，设置"宽度"为640像素、"高度"为480像素，设置其"名称"为"划线"，如图17-7所示。

图17-7

05 双击"C01.mov"图层，打开该图层的"合成"面板，如图17-8所示。执行"窗口>跟踪器"菜单命令，在打开的"跟踪器"面板中单击"跟踪运动"按钮，并选中"位置"选项，如图17-9所示。

图17-8

06 将时间指针移动到第1帧，将"跟踪器"拖曳到图17-10所示的位置。执行"向前分析"操作，如图17-11所示。

图17-9

07 分析完毕后，单击"编辑目标"按钮，在"将运动应用于"对话框中选择"1.划线"选项，单击"确定"按钮进行确认。单击"应用"按钮，在弹出的对话框中选择"X和Y"选项，单击"确定"按钮即可，如图17-12所示。

08 跟踪完成后，画面会自动进入"合成"面板，如图17-13所示。在"被跟踪"和"跟踪"的图层上，会自动生成相应的关键帧，如图17-14所示。

285

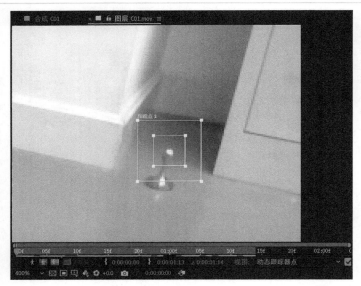

图17-10

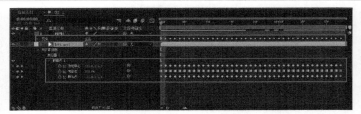

图17-14

17.2.2 制作"运动光线"与"粒子"

01▶ 将"划线"图层的"锚点"值修改为（591，240），如图17-15所示。使用"工具"面板中的"椭圆工具" ⬭ 创建"蒙版"，如图17-16所示。

图17-15

图17-11   图17-12

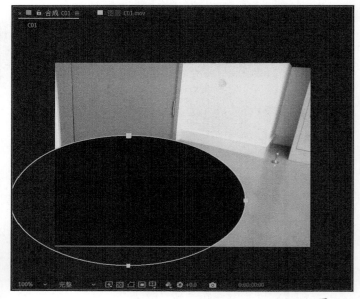

图17-16

技巧与提示

　　由于"划线"图层的"位置"属性上已经有了关键帧，因此在移动该图层时，只能修改其"锚点"属性。

02▶ 选中"划线"图层，执行"效果>RG Trapcode>3D Stroke（3D描边）"菜单命令，为其添加"3D Stroke"（3D描边）效果。设置"Color"（颜色）为（R:0，G:132，B:255），"Thickness"（厚度）值为0.5，"End"（结束）值为90，如图17-17所示。

03▶ 在"Taper"（锐化）属性栏中，选中"Enable"（开启）选

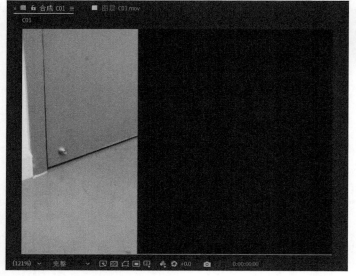

图17-13

项；在"Transform"（变换）属性栏中，设置"XY Position"（x轴、y轴上的位置）值为（452，347），"Z Position"（z轴上的位置）值为-30，"X Rotation"（x轴上的旋转角度）值为（0×+100°），如图17-18所示。

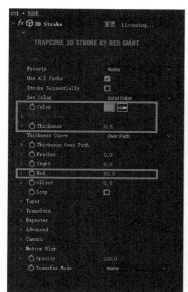

图17-17   图17-18

04 为配合门的打开动作，需要设置"3D Stroke"（3D描边）效果的动画关键帧。在第12帧，设置"Start"（开始）值为70；在第22帧，设置"Start"（开始）值为60；在第1秒13帧，设置"Start"（开始）值为46，参数根据实际情况调整，如图17-19所示。此时，画面的预览效果如图17-20所示。

图17-19

图17-20

05 选中"划线"图层，执行"效果>风格化>发光"菜单命令，为其添加"发光"效果。设置"发光阈值"为35%，"发光半径"为5，"发光强度"为0.2，如图17-21所示。

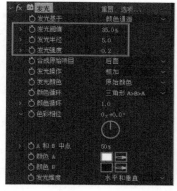

图17-21

 技巧与提示

添加"发光"效果可以提升光线的亮度，产生一定的"光晕"效果。

06 继续选中"划线"图层，执行"效果>生成>梯度渐变"菜单命令，为其添加"梯度渐变"效果。修改"渐变起点"值为（335，291），"起始颜色"为（R:251，G:224，B:0），"渐变终点"值为（225，500），"结束颜色"为（R:251，G:224，B:0），如图17-22所示。此时，画面的预览效果如图17-23所示。

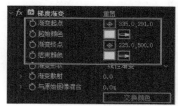

图17-22

图17-23

07 下面开始制作跟随运动的粒子。执行"图层>新建>空对象"菜单命令，创建一个"空对象"图层，并将创建的"空对象"转化为3D图层。根据画面中光线的动画，调整"空对象"的"位置"的动画关键帧，如图17-24和图17-25所示。

图17-24

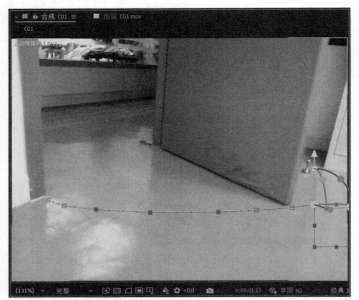

图17-25

技巧与提示

在设置"空对象"的"位置"属性的动画关键帧的时候，可以参照光线的运动路径。

08 执行"图层>新建>灯光"菜单命令，创建一盏名为"点光1"的灯光，设置"灯光类型"为"点"，"颜色"为白色，"强度"为100%，如图17-26所示。

09 设置"灯光"与"空对象"初始位置的同步。将时间指针移动到第13帧，展开"空1"图层的"位置"属性，单击选中"位置"属性并按快捷键Ctrl+C进行复制；然后展开"点光1"的"位置"属性，选中"位置"并按快捷键Ctrl+V进行粘贴。这样，"点光1"图层就完全匹配了"空1"图层位置的运动属性，如图17-27所示。

10 为了方便"点光1"与"空1"图层动作的

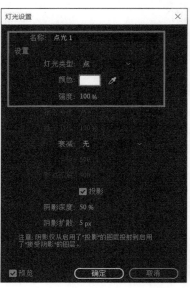

图17-26

即时同步匹配，在第13帧，删除"点光1"图层的"位置"动画关键帧，将"点光1"图层作为"空1"图层的子图层。这样，调整"空1"图层的"位置"属性时，"点光1"图层就可以完成即时同步，如图17-28所示。

图17-27

图17-28

11 按快捷键Ctrl+Y，创建一个"纯色"图层，设置"宽度"为640像素、"高度"为480像素，设置其"名称"为"PA"。选中该图层，执行"效果>RG Trapcode> Particular（粒子）"菜单命令，为其添加"Particular"（粒子）效果。设置"Emitter Type"（发射器类型）为"Light(s)"［灯光（S）］，在"Emitter"（发射器）参数项中设置"Particles/sec"（每秒发射粒子数）为50。将"Velocity"（初始速度）设置为10，"Velocity Random"（随机速度）设置为0%，"Velocity Distribution"（速度分布）设置为0.5，"Velocity form Emitter Motion"（运动速度）设置为20。将"Emitter Size"（发射器尺寸）设置为"XYZ Individual"，将"Emitter Size X"（x轴上的发射器尺寸）设置为27，"Emitter Size Y"（y轴上的发射器尺寸）设置为25，"Emitter Size Z"（z轴上的发射器尺寸）设置为0，如图17-29所示。

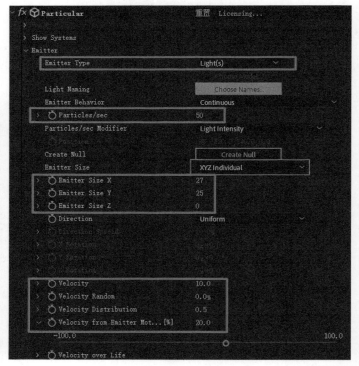

图17-29

12 在"Particular"（粒子）效果的"Light Naming"设置中，设置"Light Emitter Name Starts With"（灯光名称）为合成中创建的"灯光"的名称"灯光1"，单击"OK"按钮，如图17-30所示。

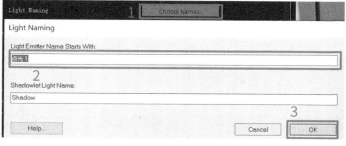

图17-30

技巧与提示

这里操作的目的是让粒子能够读取灯光上的信息。如有必要，可将"灯光"图层的名称直接复制粘贴到"Light Emitter Name Starts With"栏下，这一点非常重要，是能否完成光线制作的关键。

13 展开"Particle"（粒子）参数栏，设置"Life（seconds）"（生命周期）为1，"Life Random"（生命周期的随机性）为100%，"Particle Type"（粒子类型）为"Glow Sphere（No DOF）"（发光球体），"Sphere Feather"（球体羽化）值为100。设置"Size"（大小）为2，"Size Random"（大小随机值）为100%，"Size over Life"（粒子消亡后的大小）为"衰减过渡"，"Opacity"（不透明度）值为100，"Opacity Random"（随机不透明度）为0%，"Opacity over Life"（粒子消亡后的不透明度）的属性为"衰减过渡"。修改"Color"（颜色）为（R:251，G:224，B:0），如图17-31所示。

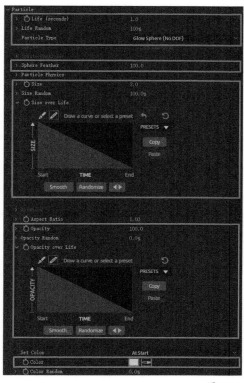

图17-31

14 将"PA"图层的"模式"修改为"相加"，如图17-32所示。此时画面的预览效果如图17-33所示。

图17-32

图17-33

17.2.3 优化镜头细节

01 按快捷键Ctrl+Y，创建一个"纯色"图层，设置"宽度"为640像素、"高度"为480像素，设置其"名称"为"视觉中心"，使用"椭圆工具"创建蒙版，如图17-34所示。

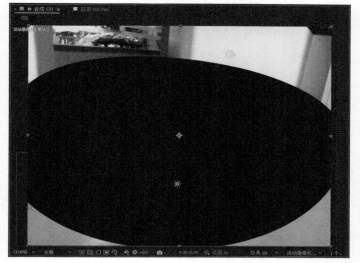

图17-34

02 选中"视觉中心"图层，执行"效果>模糊和锐化>高斯模糊"菜单命令，为其添加"高斯模糊"效果。设置"模糊度"值为4，选中"重复边缘像素"选项，如图17-35所示。

图17-35

03 将"视觉中心"图层转换成"调整图层"。展开"蒙版"属性,选中"反转"选项,设置"蒙版羽化"值为(150像素,150像素),"蒙版不透明度"值为88%,如图17-36所示。此时的画面预览效果如图17-37所示。

图17-36

图17-37

04 按快捷键Ctrl+Y,创建一个"纯色"图层,设置其"宽度"为640像素、"高度"为480像素,设置其"名称"为"压脚",使用"椭圆工具" ⬭ 创建蒙版,如图17-38所示。展开"蒙版"属性,选中"反转"选项,设置"蒙版羽化"值为(150像素,150像素),如图17-39所示。

图17-38

图17-39

05 按快捷键Ctrl+Y,再创建一个"纯色"图层,设置其"宽度"为640像素、"高度"为480像素,设置其"名称"为"遮幅",选择"矩形工具" ▭ 并双击,系统会根据该图层的大小自动匹配创建一个蒙版,调节蒙版的大小如图17-40所示。展开"蒙版"属性,选中"反转"选项,如图17-41所示。

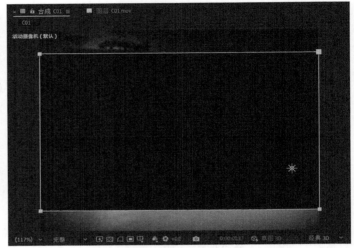

图17-40

图17-41

"C01.mov"图层的镜头的整体预览效果如图17-42所示。

图17-42

17.3 电视人物信号

本案例讲解对非蓝绿屏抠像、烟雾效果、电视干扰信号的模拟，以及人物无缝闪入等技术。其中，干扰信号模拟和人物无缝闪入技术是本案例的重点，案例效果如图17-43所示。

图17-45

图17-46

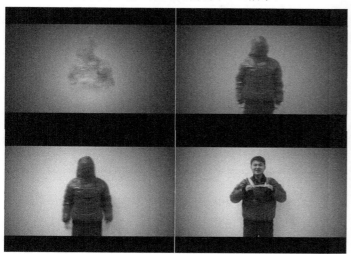

图17-43

17.3.1 抠像

 移动图层的位置，其目的是让画面构图更加饱满。虽然画面下方出现了"穿帮"现象，不过在最后，不但可以添加"遮幅"处理，还可以很好地模拟16∶9的画面。

01 使用After Effects 2022打开学习资源中的"电视人物信号.aep"素材文件，如图17-44所示。

03 双击"TV_people_01"图层，进入"TV_people_01"图层预览窗口，使用"逐帧笔刷工具"沿着人物的轮廓进行绘制，如图17-47所示。

图17-44

02 修改"TV_people_01"图层的"位置"值为（320，182），如图17-45所示。画面的预览效果如图17-46所示。

图17-47

04 绘制完成后，系统会自动在该图层上添加"Roto 笔刷和调整边缘"效果，如图17-48所示。画面的预览效果如图17-49所示。

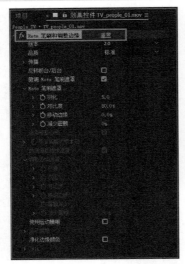

图17-48

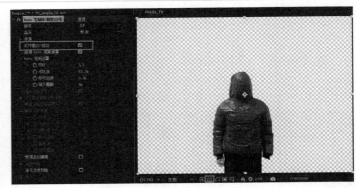

图17-50

17-51

图17-52

17.3.2 制作烟雾效果

01 执行"合成>新建合成"菜单命令，创建一个"宽度"为640像素、"高度"为480像素的合成，设置"持续时间"为3秒1帧，并将其命名为"C01"，如图17-53所示。

图17-53

02 按快捷键Ctrl+Y，创建一个"纯色"图层，设置其"宽度"为640像素、"高度"为480像素，设置其"名称"为"Magic"。选中"Magic"图层，执行"效果>杂色和颗粒>分形杂色"菜单命令，为其添加"分形杂色"效果，如图17-54所示。

图17-49

技巧与提示

"Roto 笔刷和调整边缘"效果会根据人物的动作自动解算，但不排除由于人物在运动过程中，运动幅度过大或过急而导致解算产生误差。若出现误差，就需要逐帧修正绘制的轮廓。

05 在"效果控件"面板中，选中"反转前台/后台"选项，返回"People_TV"合成中检查抠像结果。为了便于观察，可以在预览窗口中单击"背景透明"按钮，隐藏背景颜色，如图17-50所示。

06 进一步完善抠像效果。选中"TV_people_01"图层，执行"效果>遮罩>简单阻塞工具"菜单命令，为其添加"简单阻塞工具"效果。设置效果的"阻塞遮罩"值为1，如图17-51所示。完善之后的效果如图17-52所示。

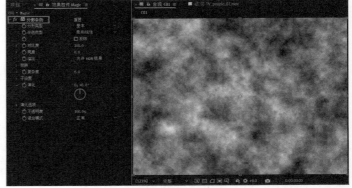

图17-54

03 设置"分形杂色"的相关参数，设置"分形类型"为"动态扭转"，设置"杂色类型"为"样条"，设置"对比度"值为152，如图17-55所示。

04 展开"变换"属性栏，设置"旋转"值为（0×+90°），取消选中"统一缩放"选项，设置"缩放宽度"值为80，"缩放高度"值为45，"偏移（湍流）"值为（317，416）。修改"复杂度"值为10，如图17-56所示。画面预览效果如图17-57所示。

图17-58

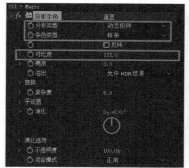

图17-55　　　　　　　　图17-56

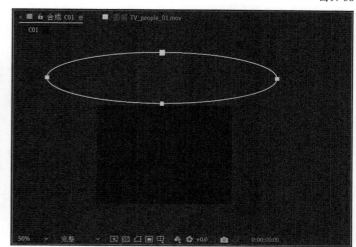

图17-59

07 设置"蒙版羽化"值为（50像素，50像素）。在第0帧，设置"蒙版扩展"值为180像素。在第1秒15帧，设置"蒙版扩展"值为411像素，如图17-60所示。

图17-60

最终的动画预览效果如图17-61所示。

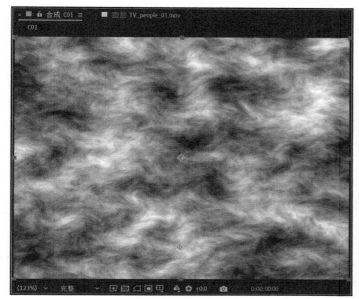

图17-57

05 设置"分形杂色"效果的动画关键帧。在第0帧，设置"亮度"值为-100，"旋转"值为（0×+0°），"偏移（湍流）"值为（317，106），"演化"值为（0×+0°），如图17-58所示。在第1秒15帧，设置"亮度"值为100，"旋转"值为（0×+90°），"偏移（湍流）"值为（317，416），"演化"值为（0×+100°）。

06 选中"Magic"图层，用"工具"面板中的"椭圆工具" ⬤ 创建蒙版，如图17-59所示。

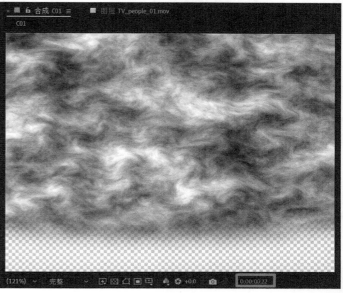

图17-61

01 将"People_TV"合成添加到"C01"合成中，并将其放到"Magic"图层的下面，关闭"Magic"图层的显示，如图17-62所示。

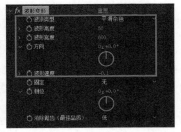

图17-62

02 选中"People_TV"图层，执行"效果>扭曲>波形变形"菜单命令，为其添加"波形变形"效果。设置"波浪类型"为"平滑杂色"，"波形高度"值为50，"波形宽度"值为600，"方向"值为（0×+0°），"波形速度"值为-0.1，如图17-63所示。画面的预览效果如图17-64所示。

图17-63

图17-64

03 设置"波形高度"和"波形宽度"属性的动画关键帧。在第0帧，设置"波形高度"值为50，"波形宽度"值为600；在第2秒，设置"波形高度"值为1，"波形宽度"值为1，如图17-65所示。

图17-65

技巧与提示

"波形变形"效果可以用来设置自然的飘动或波浪效果。虽然不设置关键帧就可以产生运动效果，但是如果对波动速度等属性设置关键帧，改变固有的变化频率，可以产生更加生动的效果。

04 处理画面的饱和度。选中"People_TV"图层，执行"效果>颜色校正>色相/饱和度"菜单命令，为其添加"色相/饱和度"效果，设置效果的"主饱和度"值为25，如图17-66所示。画面的预览效果如图17-67所示。

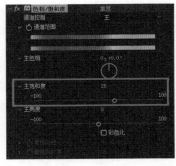

图17-66

图17-67

05 选中"People_TV"图层，执行"效果>模糊和锐化>定向模糊"菜单命令，为其添加"定向模糊"效果，设置效果的"方向"值为（0×+90°），"模糊长度"值为6，如图17-68所示。画面的预览效果如图17-69所示。

图17-68

图17-69

06 模拟电视画面的颗粒感效果。选中"People_TV"图层，执行"效果>杂色和颗粒>杂色"菜单命令，为其添加"杂色"效果，设置效果的"杂色数量"值为15%，如图17-70所示。画面的预览效果如图17-71所示。

07 设置"杂色"的动画关键帧。在第1秒1帧，设置"杂色数量"值为15%；在第2秒，设置"杂色数量"值为2%，如图17-72所示。

图17-70

图17-71

图17-72

08 模拟电视场的效果。选中"People_TV"图层,执行"效果>过渡>百叶窗"菜单命令,为其添加"百叶窗"效果,设置效果的"过渡完成"值为25%,"方向"值为(0×+90°),"宽度"值为5,"羽化"值为1,如图17-73所示。画面的预览效果如图17-74所示。

图17-73

图17-74

09 设置"百叶窗"效果的动画关键帧。在第1秒1帧,设置"过渡完成"值为25%;在第2秒,设置"过渡完成"值为2%,如图17-75所示。

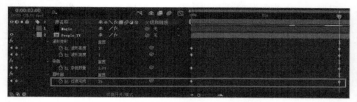

图17-75

10 模拟电视画面信号不佳的效果。选中"People_TV"图层,执行"效果>Video Copilot(视频控制)>Twitch(跳闪)"菜单命令,为其添加"Twitch"(跳闪)效果。设置效果的"Amount"(强度)值为100,"speed"(速度)值为4。在"Enable"(开启)参数栏中,选中"Color"(颜色)选项,"Light"(灯光)选项和"Slide"(滑动)选项。在"Operator Controls"(操作控制)参数栏中,展开"Color"(颜色)组,修改"Color Amount"(颜色量)值为1010。展开"Light"(灯光)组,修改"Light Amount"(灯光强度)值为58。展开"Slide"(滑动)组,修改"Slide Amount"(滑动强度)值为10,"Slide Direction"(滑动方向)值为(0×+90°),设置滑块的"Slide Motion Blur"(运动模糊)值为63,如图17-76所示。

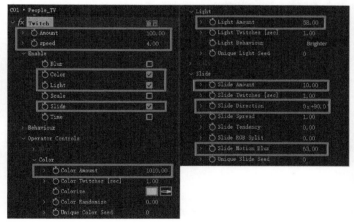

图17-76

11 设置"Twitch"(跳闪)效果的动画关键帧。在第1秒1帧,设置"Amount"值为100,"speed"值为4;在第2秒,设置"Amount"值为0,"speed"值为0,如图17-77所示。画面的预览效果如图17-78所示。

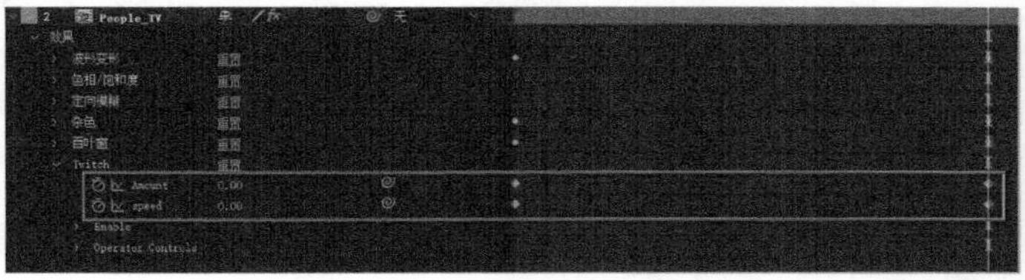

图17-77

图17-78

"Twitch"（跳闪）效果主要用来同步随机产生画面混乱的视觉效果，在"Video Copilot"（视频控制）效果包中还包括"Optical Flares"（光学耀斑）和"VC Reflect"（反射倒影）效果。

17.3.4 人物闪入与画面优化

01 将"Magic"图层作为"People_TV"图层的"亮度遮罩'Magic'"，如图17-79所示。

图17-79

02 按快捷键Ctrl+Y，创建一个"纯色"图层，设置其"宽度"为640像素、"高度"为480像素，设置其"名称"为"bg01"。选中该"纯色"图层，执行"效果>生成>梯度渐变"菜单命令，为其添加"梯度渐变"效果。修改效果的"渐变起点"为（320，240），"起始颜色"为（R:184，G:209，B:255），"渐变终点"为（640，480），"结束颜色"为（R:5，G:18，B:41），将"渐变形状"设置为"径向渐变"，如图17-80所示。

图17-80

03 将"bg01"图层移动到所有图层的最下面，画面的预览效果如图17-81所示。

04 选中"bg01"图层，在"工具"面板中选择"椭圆工具" ，

创建一个蒙版，调整蒙版的大小和位置如图17-82所示。

图17-81

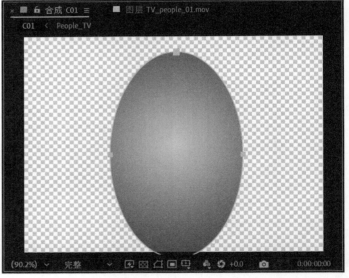

图17-82

05 修改蒙版的属性并设置动画关键帧。选中"反转"选项，修改"蒙版羽化"值为（500像素，500像素），如图17-83所示。在第1秒，设置"蒙版不透明度"值为100%；在第2秒，设置"蒙版不透明度"值为30%；在第1秒13帧，设置"蒙版扩展"值为-200像素；在第2秒13帧，设置"蒙版扩展"值为200像素。

图17-83

06 将"TV_people_01.mov"素材添加到"C01"合成中，将其移动到所有图层的最下面，并重新命名为"bg02"，修改

"bg02"图层的"位置"值为（320，182），如图17-84所示。

图17-84

07 选中"bg02"图层，执行"效果>模糊和锐化>高斯模糊"菜单命令，为其添加"高斯模糊"效果。设置效果的"模糊度"值为200，选中"重复边缘像素"选项，如图17-85和图17-86所示。

完成之后的画面预览效果如图17-87所示。

图17-85

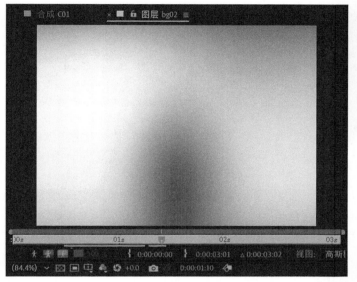

图17-86

图17-87

17.3.5 镜头过渡、优化与输出

01 执行"合成>新建合成"菜单命令，创建一个"宽度"为640像素、"高度"为480像素的合成，设置"持续时间"为4秒13帧，将其命名为"TV"，如图17-88所示。

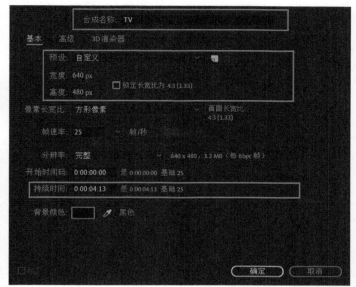

图17-88

02 执行"文件>导入>文件"菜单命令，导入素材中的"TV_people_02.mov"文件，把"C01"合成和"TV_people_02.mov"添加到"TV"合成中，将"TV_people_02.mov"图层的入点移动到第2秒18帧，修改其"位置"值为（320，182），如图17-89所示。

图17-89

03 选中"TV_people_02.mov"图层，执行"效果>颜色校正>色相/饱和度"菜单命令，为其添加"色相/饱和度"效果，设置效果的"主饱和度"值为25，如图17-90所示。

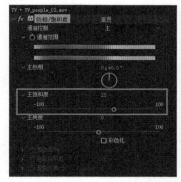

图17-90

04 继续选中"TV_people_02.mov"图层，执行"效果>模糊

和锐化>定向模糊"菜单命令，为其添加"定向模糊"效果，设置效果的"方向"值为（0×+90°），"模糊长度"值为6，如图17-91所示。

图17-91

05 设置"模糊长度"属性的动画关键帧。在第3秒，设置"模糊长度"值为6；在第4秒，设置"模糊长度"值为1，如图17-92所示。

图17-92

06 选中"TV_people_02.mov"图层，执行"效果>杂色和颗粒>杂色"菜单命令，为其添加"杂色"效果，设置效果的"杂色数量"值为2%，如图17-93所示。

图17-93

07 继续选中"TV_people_02.mov"图层，执行"效果>过渡>百叶窗"菜单命令，为其添加"百叶窗"效果。设置效果的"过渡完成"值为2%，"方向"值为（0×+90°），"宽度"值为5，"羽化"值为1，如图17-94所示。此时，画面的预览效果如图17-95所示。

图17-94

图17-95

08 设置"TV_people_02.mov"图层与"C01"图层的过渡。在第2秒18帧，设置"People_TV_02.mov"图层的"不透明度"值为0%；在第3秒1帧，设置"不透明度"值为100%，如图17-96所示。

图17-96

09 按快捷键Ctrl+Y创建一个"纯色"图层，设置其"宽度"为640像素、"高度"为480像素，设置"名称"为"Ramp"。选中该"纯色"图层，执行"效果>生成>梯度渐变"菜单命令，为其添加"梯度渐变"效果。修改效果的"渐变起点"为（320，240），"起始颜色"为（R:184，G:209，B:255），"渐变终点"为（640，480），"结束颜色"为（R:5，G:18，B:41），将"渐变形状"设置为"径向渐变"，如图17-97所示。

图17-97

10 选中"Ramp"图层，在"工具"面板中选择"椭圆工具"，创建一个蒙版，调整蒙版的大小和位置如图17-98所示。

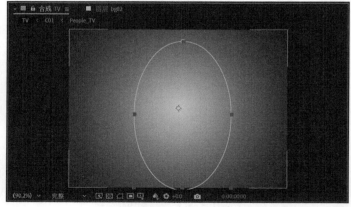

图17-98

11 展开"蒙版"属性，选中"反转"选项，设置"蒙版羽化"值为（300像素，300像素），"蒙版不透明度"值为80%，"蒙版扩展"值为60像素，如图17-99所示。画面预览效果如图17-100所示。

12 按快捷键Ctrl+Y，创建一个"纯色"图层，设置其"宽度"为640像素、"高度"为480像素，设置"名称"为"遮幅"。选中该"纯色"图层，在"工具"面板中选择"矩形工具"，双击自动匹配创建一个蒙版，调节蒙版的大小如图17-101所示。展开蒙版的属性，选中"反转"选项，如图17-102所示。

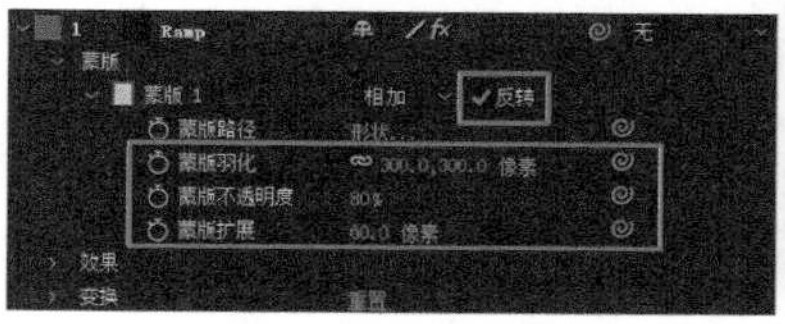

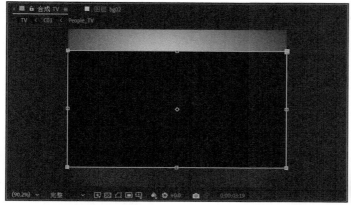

图17-99

图17-100

图17-101

图17-102

至此，整个项目制作完毕，镜头的预览效果如图17-103所示。

图17-103

第18章
综合影视特效与栏目包装

Learning Objectives
学习要点 ↙

300页
制作镜头光晕

302页
制作粒子特效

314页
制作融合文字动画

320页
制作炫彩文字动画

18.1 镜头光晕

本案例制作的镜头光晕效果前后对比效果如图18-1所示。

图18-1

01 使用After Effects 2022打开学习资源中的"镜头光晕.aep"文件，如图18-2所示。

图18-2

02 按快捷键Ctrl+Alt+Shift+Y，创建一个"空对象"图层，将该图层重命名为"摆动控制"，如图18-3所示。

图18-3

03 在"时间轴"面板中选中"Animation.mov"图层，执行"窗口>跟踪器"菜单命令，打开"跟踪器"面板。在"跟踪器"面板中单击"跟踪运动"按钮，选中"位置"选项，如图18-4所示。

04 将时间指针移动到第0帧，把跟踪器拖曳到图18-5所示的位置，执行"向前分析"操作，如图18-6所示。

图18-4

图18-5

图18-6

05 解算完毕后，发现最后几帧出现了跟踪错误的情况，如图18-7所示。使用"选择工具" 逐帧进行手动修正，修正后的画面效果如图18-8所示。

图18-7

图18-8

06 修正完毕后，单击"编辑目标"按钮，在弹出的对话框中选择"1.摆动控制"选项，单击"确定"按钮，如图18-9所示。

图18-9

07 在"跟踪器"面板中单击"应用"按钮，在弹出的对话框中单击"确定"按钮，如图18-10所示。

图18-10

08 按快捷键Ctrl+Y，创建一个黑色的"纯色"图层，设置其"宽度"为720像素、"高度"为576像素，设置其"名称"为"Lens"，如图18-11所示。

图18-11

09 选中"Lens"图层，执行"效果>生成>镜头光晕"菜单命令，为其添加"镜头光晕"效果。修改"光晕中心"值为（222，420），设置"光晕亮度"值为90%，修改"镜头类型"为"105毫米定焦"，如图18-12所示。

图18-12

10 将"Lens"图层的"模式"修改为"屏幕"，将其设置为"摆动控制"的子图层，如图18-13所示。

图18-13

11 在预览画面时，发现光晕出现了"穿帮"现象，如图18-14所示。选中"Lens"图层，执行"效果>风格化>动态拼贴"菜单命令，为其添加"动态拼贴"效果。修改"输出宽度"和"输出高度"值均为120，选中"镜像边缘"选项，如图18-15所示。

图18-14

图18-15

12 执行"文件>导入>文件"菜单命令，导入学习资源中的"遮幅.mov"素材，将其添加到"时间轴"面板中，如图18-16所示。画面的最终预览效果如图18-17所示。

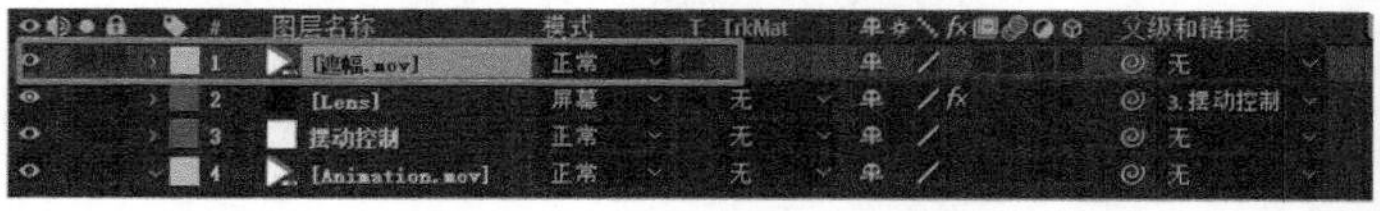

图18-16

图18-17

18.2 飞散的粒子

本案例制作完成的飞散粒子特效如图18-18所示。

图18-18

01 执行"合成>新建合成"菜单命令,创建一个"预设"为"HDTV 1080 25"的合成,设置"持续时间"为3秒,并将其命名为"Particle",如图18-19所示。

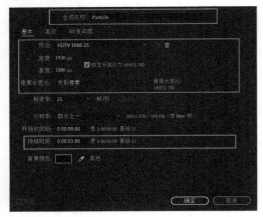

图18-19

02 执行"文件>导入>文件"菜单命令,导入学习资源中的"动态背景.mov"素材,将其添加到"时间轴"面板中,如图18-20所示。

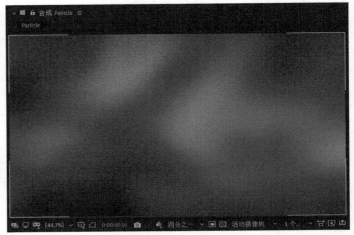

图18-20

03 使用"横排文字工具" T,在"合成"面板中输入文字"Particle System"。在"字符"面板中,设置字体为"思源黑体CN",文字的大小为120像素,颜色为白色,文字的间距值为30,如图18-21所示。

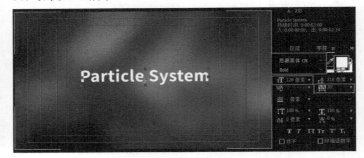

图18-21

04 展开文字图层的"文本"属性,开启"动画>启用逐字3D化"功能,如图18-22所示。

05 在"动画"中添加"位置"属性,如图18-23所示。

图18-22

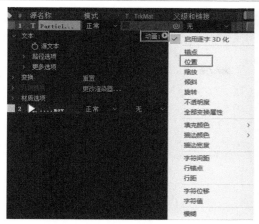

图18-23

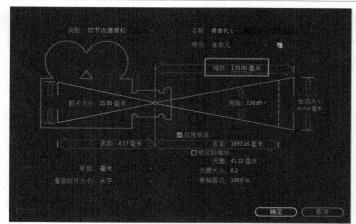

图18-26

06 在"动画制作工具1"中执行"添加>属性>旋转"命令,添加"旋转"属性,如图18-24所示。

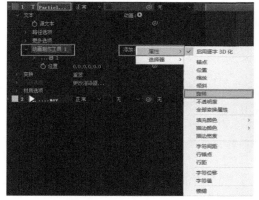

图18-24

07 在"动画制作工具1"中,修改"位置"值为(0,0,-1000),"X轴旋转"值为(0×+90°),"Y轴旋转"值为(0×-76°),"Z轴旋转"值为(0×+0°)。展开"范围选择器1",设置"偏移"属性的动画关键帧,在第0帧设置"偏移"值为-30%,在第2秒设置"偏移"值为100%。在"高级"中将"形状"修改为"上斜坡"。相关设置如图18-25所示。

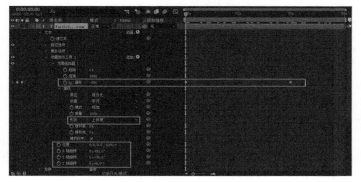

图18-25

08 执行"图层>新建>摄像机"菜单命令,创建一个"摄像机",修改其"缩放"值为170毫米,如图18-26所示。

09 设置"摄像机1"的"目标点"和"位置"属性的动画关键帧。在第0帧,设置"目标点"值为(1018,556,-25),"位置"值为(1120,540,-428.9),如图18-27所示;在第3秒,设置"目标点"值为(330,280,39),"位置"值为(960,540,-481.9)。

图18-27

10 按快捷键Ctrl+Y,创建一个"纯色"图层,设置其"宽度"为1920像素、"高度"为1080像素、"颜色"为白色,设置其"名称"为"PA",如图18-28所示。

图18-28

11 选中"PA"图层,执行"效果>模拟> CC Particle World"菜单命令,为其添加"CC Particle World"效果。展开"Physics"(物理)参数项,设置"Velocity"(速度)值为1.3,"Inherit Velocity"(速度继承)值为45,"Gravity"(重力)值为0.4,如图18-29所示。

12 展开"Particle"(粒子)参数项,设置"Particle Type"(粒子类型)为"Lens Convex"(凸透镜)。修改"Birth Size"(粒子出生大小)值为0.04,调整"Death Size"(粒子消亡大小)值为0.12,如图18-30所示。

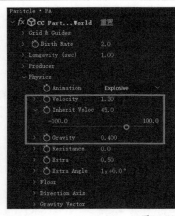

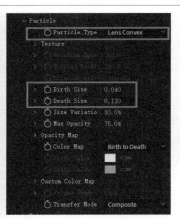

图18-29　　　　　　　　　　　图18-30

13 设置"Birth Rate"（速率）属性的动画关键帧。在第11帧，设置"Birth Rate"（速率）值为0；在第12帧，设置"Birth Rate"（速率）值为3，如图18-31所示；在第2秒23帧，设置"Birth Rate"（速率）值为1.5；在第2秒24帧，设置"Birth Rate"（速率）值为0。

图18-31

14 为了配合文字动画和摄像机动画的需要，设置"Producer"（生产）参数项中"Position X"（x轴上的位置）的动画关键帧。在第11帧，设置"Position X"（x轴上的位置）值为-0.24；在第2秒，设置"Position X"（x轴上的位置）值为0.4；在第2秒24帧，设置"Position X"（x轴上的位置）值为3，如图18-32所示。

图18-32

15 单击"PA"图层和"Particle System"图层的"运动模糊"按钮及"运动模糊"总按钮，如图18-33所示。最终制作完成的特效如图18-34所示。

图18-33

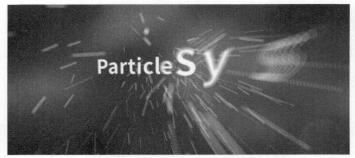

图18-34

18.3 定版粒子动画

本案例制作完成的定版粒子动画效果如图18-35所示。

图18-35

01 使用After Effects 2022打开学习资源中的"定版粒子动画.aep"文件，如图18-36所示。

图18-36

304

02 按快捷键Ctrl+Y，创建一个"纯色"图层，设置其"宽度"为1920像素、"高度"为1080像素、"颜色"为白色，设置其"名称"为"PA"，如图18-37所示。

图18-37

03 将"PA"图层移动到"遮幅"图层的下面，选中"PA"图层，执行"效果>RG Trapcode> Particular"菜单命令，为其添加"Particular"效果。展开"Emitter（Master）"（发射器）参数项，设置"Emitter Type"（发射类型）为"Box"（立方体），"Velocity"（初始速度）值为20，"Emitter Size X"（发射器在x轴上的大小）值为320，"Emitter Size Y"（发射器在y轴上的大小）值为370，"Emitter Size Z"（发射器在z轴上的大小）值为2000，如图18-38所示。此时画面预览效果如图18-39所示。

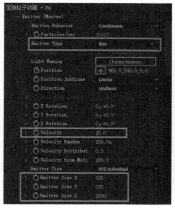

图18-38

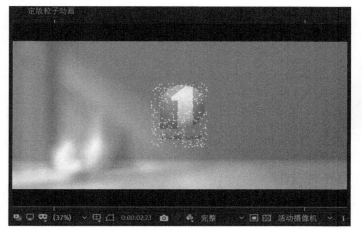

图18-39

技巧与提示

设置"Emitter Size X"（发射器在x轴的大小）和"Emitter Size Y"（发射器在y轴的大小）参数是为了让粒子正好覆盖住Logo。

04 开启"Logo"图层的"三维开关"，按P键，展开该图层的"位置"属性。选中"PA"图层，为"Particular"效果中的

"Position"（位置）参数添加表达式。按住Alt键的同时，单击"位置"参数前的"码表"按钮，将该参数中的表达式关联器拖曳到"Logo"图层的"位置"属性上。这样一来，"PA"图层中产生的粒子就会随着"Logo"图层的运动而运动，如图18-40所示。

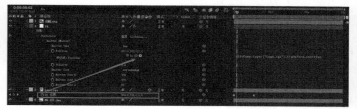

图18-40

05 注意，选中"PA"图层的"Particular"效果中的"Position"（位置）选项，不是"PA"图层中的"Position"（位置）属性，如图18-41所示。

图18-41

06 或者在"效果控件"面板中，选择"Position"（位置）属性，单击秒表K帧，选中"PA"图层，按快捷键U即可调出图层下的"Position"（位置）属性，随后删除关键帧即可，如图18-42所示。

图18-42

07 为"Particular"效果中的"粒子数量/秒"参数添加表达式。按住Alt键的同时，单击"粒子数量/秒"属性，输入以下的表达式内容。

```
S=thisComp.layer("Logo.tga").transform.
position.speed;
if(S>200){
S*35;
}else{
0;
}
```

该表达式在参数面板中的显示效果如图18-43所示。

图18-43

技巧与提示

该表达式的意思是，当"Logo"图层中粒子运动的速度值大于200时，每秒发射粒子的数量为速度值乘以35，否则每秒发射粒子的数量为0。

08 选中"Logo"图层，按P键，展开图层的"位置"属性，为其添加"抖动"表达式。按住Alt键的同时，单击"位置"属性，输入以下的表达式内容。

```
wiggle(5,50);
```

该表达式在参数面板中的显示效果如图18-44所示。

图18-44

技巧与提示

在wiggle表达式中，第一个数字代表的是抖动的频率值，第二个数字代表的是抖动的强度值。

09 执行"图层>新建>空对象"菜单命令，创建一个"空1"图层。执行"效果>表达式控制>滑块控制"菜单命令，为其添加"滑块控制"效果，如图18-45所示。

图18-45

10 修改"Logo"图层的"位置"属性中的"抖动"表达式，将"wiggle（5，50）"中的"50"关联到"空1"中的"滑块控制"效果中的"滑块"参数上，如图18-46和图18-47所示。

图18-46

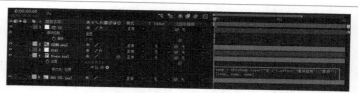

图18-47

11 设置"滑块"参数的动画关键帧。在第0帧，设置"滑块"值为0；在第2帧，设置"滑块"值为50；在第15帧，设置"滑块"值为0；在第1秒5帧，设置"滑块"值为0；在第1秒7帧，设置"滑块"值为50；在第1秒20帧，设置"滑块"值为0，如图18-48所示。

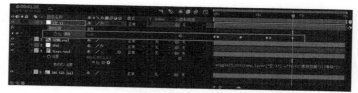

图18-48

12 修改"PA"图层中粒子的基本属性。在"Emitter（Master）"（发射器）参数项，修改"Velocity"（初始速度）值为20，"Velocity Random"（随机速度）值为100%，"Velocity from Motion[%]"（速度继承）值为200，如图18-49所示。

图18-49

13 展开"Particle（Master）"属性栏，设置"Life[sec]"（生命周期）值为1.5，"Size"（大小）值为3，"Opacity over Life"（粒子消亡后的不透明度）为"线性衰减"，"Color"（颜色）为（R:120，G:213，B:230），修改"Blend Mode"（合成模式）为"Screen"（屏幕），如图18-50所示。画面的预览效果如图18-51所示。

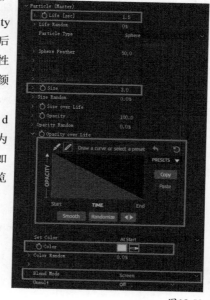

图18-50

图18-51

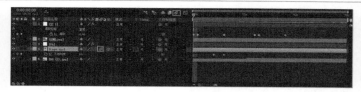

图18-55

14 展开"Turbulence Field"(扰动/扰乱场)属性栏,设置"Affect Position"(影响位置)值为950,如图18-52所示。

15 展开"Rendering"(渲染)属性栏中的"Motion Blur"(运动模糊)属性,设置"Motion Blur"(运动模糊)为"On"(打开),"Shutter Phase"(快门相位)值为180,如图18-53所示。

18 制作完成后的预览效果如图18-56所示。

18-56

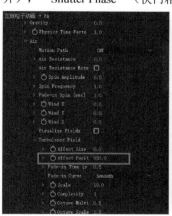

图18-52　　　　　　　　　　　　图18-53

18.4 风吹粒子动画

本案例制作的风吹粒子动画效果如图18-57所示。

图18-57

16 选中"PA"图层,执行"效果>风格化>发光"菜单命令,为其添加"发光"效果。修改"发光阈值"为40%,"发光半径"值为20,"发光强度"值为1.5,如图18-54所示。

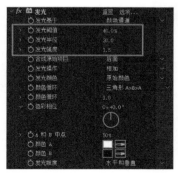

图18-54

17 为了能够更好地配合粒子运动的效果,这里需要设置"Logo"图层的"不透明度"属性的动画关键帧。在第10帧,设置"不透明度"值为0%;在第15帧,设置"不透明度"值为100%,最后开启"运动模糊"开关,如图18-55所示。

01 执行"合成>新建合成"菜单命令,创建一个"预设"为"HDTV 1080 25"的合成,设置"持续时间"为3秒,并将其命名为"风吹粒子动画",如图18-58所示。

图18-58

02 按快捷键Ctrl+Y，创建一个"纯色"图层，将其命名为"BG_01"，设置其"宽度"为1920像素、"高度"为1080像素，调整其"颜色"为紫色（R:70，G:30，B:90），如图18-59所示。

03 按快捷键Ctrl+Y，创建一个"纯色"图层，将其命名为"BG_02"，设置其"宽度"为1920像素、"高度"为1080像素，调整其"颜色"为蓝色（R:20，G:60，B:100），如图18-60所示。

图18-59   图18-60

04 使用"工具"面板中的"椭圆工具" ⬭，分别为"BG_01"和"BG_02"图层添加蒙版。在"BG_02"图层中，修改"蒙版羽化"值为（800像素，800像素），"蒙版扩展"值为-50像素；在"BG_01"图层中，修改"蒙版羽化"值为（800像素，800像素），"蒙版扩展"值为-50像素，如图18-61和图18-62所示。

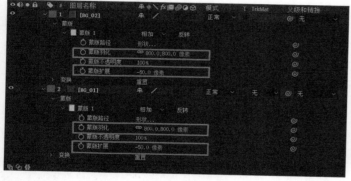

图18-61

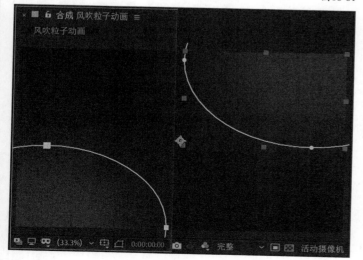

图18-62

05 执行"文件>导入>文件"菜单命令，导入学习资源中的"Logo.tga"素材，将其添加到"时间轴"面板中，如图18-63所示。

图18-63

06 选中"Logo.tga"图层，按快捷键Ctrl+Shift+C合并图层，将"Logo.tga合成1"图层转换成三维图层，如图18-64所示。画面预览效果如图18-65所示。

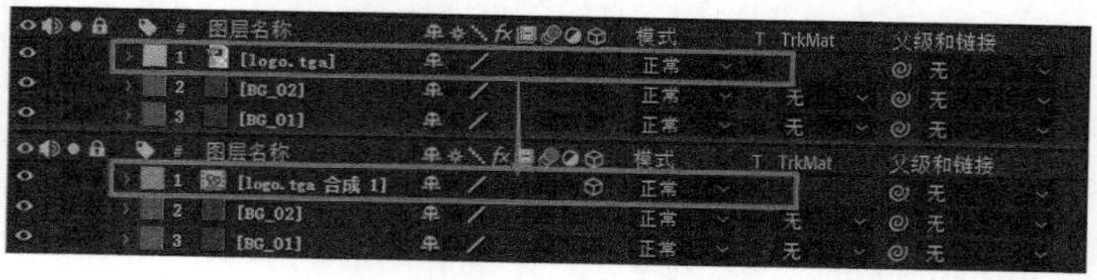

图18-64

图18-65

07 按快捷键Ctrl+Y，创建一个"纯色"层，设置其"宽度"为1920像素、"高度"为1080像素、"颜色"为白色，设置其"名称"为"Pa"，如图18-66所示。

08 选中"Pa"图层，执行"效果>RG Trapcode>Particular"菜单命令，为其添加"Particular"效果。展开"Emitter（Master）"（发射器）参数项，修改"Particles/sec"（粒子数量/秒）值为30000，"Emitter Type"（发射类型）为"Layer"（图

图18-66

层），"Velocity"（初始速度）值为1000，"Velocity Random"（随机速度）值为100%，"Velocity Distribution"（速度分布）值为5，"Velocity from Motion[%]"（速度继承）值为10。展开"Layer Emitter"（图层发射器）参数项，设置"Layer"（图层）为"3.logo.tga合成1"，"Layer Sampling"（图层采样）为"Particle Birth Time"（粒子出生的时间），"Layer RGB Usage"（图层颜色的使用）为"RGB-Particle Color"（粒子的颜色），如图18-67所示。

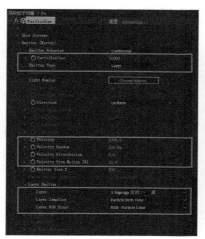

图18-67

09 展开"Particle（Master）"（粒子）属性栏，修改"Life Random"（生命周期的随机性）值为50%，"Size"（大小）值为3，"Size Random"（大小随机值）值为100%，"Size over Life"（粒子消亡后的大小）为"线性衰减"，"Opacity Random"（随机不透明度）值为50%，"Opacity over Life"（粒子消亡后的不透明度）为"线性衰减"。修改"Blend Mode"（合成模式）为"Add"（增加），如图18-68所示。

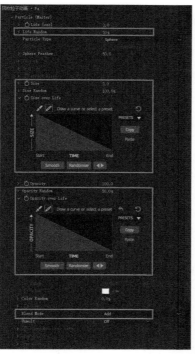

图18-68

10 展开"Physics（Master）"（物理性）参数项，修改"Air Resistance"（空气阻力）值为1000，"Spin Amplitude"（旋转幅度）值为200，"Wind X"（X风向）值为580，"Wind Y"（Y风向）值为-300，如图18-69所示。

11 展开"Turbulence Field"（扰动/扰乱场）参数项，修改"Affect Size"（影响尺寸）值为40，"Affect Position"（影响位置）值为1000，"Evolution Speed"（演变速度）值为100，如图18-70所示。

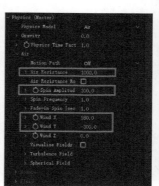

图18-69

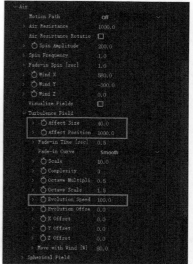

图18-70

12 展开"Rendering"（渲染）属性栏中的"Motion Blur"（运动模糊）属性，设置"Motion Blur"（运动模糊）为"On"（打开），如图18-71所示。

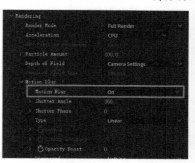

图18-71

13 设置"Particular"（粒子）效果中相关属性的动画关键帧。在第0帧，设置"Particles/sec"（粒子数量/秒）值为30000，"Spin Amplitude"（旋转幅度）值为200，"Wind X"（x轴上的风向）值为580，"Wind Y"（y轴上的风向）值为-300，"Affect Size"（影响大小）值为40，"Affect Position"（影响位置）值为1000，如图18-72所示。在第2秒24帧，设置"Particles/sec"（粒子数量/秒）值为0，"Spin Amplitude"（旋转幅度）值为0，"Wind X"（x轴上的风向）值为0，"Wind Y"（y轴上的风向）值为0，"Affect Size"（影响大小）值为0，"Affect Position"（影响位置）值为0。画面预览效果如图18-73所示。

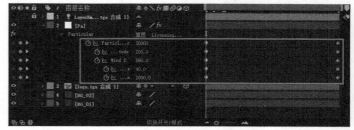

图18-72

图18-73

14 选中"Pa"图层，执行"效果>过渡>线性擦除"菜单命令，为其添加"线性擦除"效果，展开"线性擦除"属性栏，修改"羽化"值为25，如图18-74所示。

图18-74

15 设置"线性擦除"效果中相关属性的动画关键帧。在第1秒20帧，设置"过渡完成"值为30%；在第2秒24帧，设置"过渡完成"值为78%，如图18-75所示。

图18-75

16 选中"Logo.tga合成1"图层，执行"效果>过渡>线性擦除"菜单命令，为其添加"线性擦除"效果。修改"擦除角度"值为（0×-90°），"羽化"值为160，如图18-76所示。设置"过渡完成"属性的动画关键帧。在第1秒20帧，设置"过渡完成"值为50%；在第2秒24帧，设置"过渡完成"值为35%。

图18-76

动画的最终预览效果如图18-77所示。

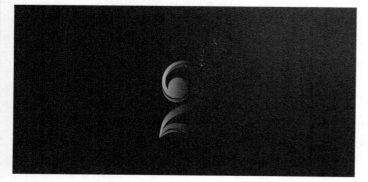

图18-77

18.5 超炫粒子动画

本案例制作的超炫粒子动画效果如图18-78所示。

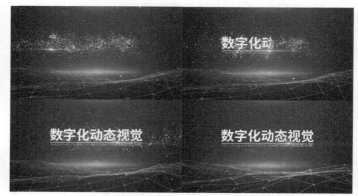

图18-78

01 使用After Effects 2022打开学习资源中的"超炫粒子动画.aep"文件，如图18-79所示。

图18-79

02 执行"合成>新建合成"菜单命令，创建一个"预设"为"HDTV 1080 25"的合成，设置"持续时间"为6秒，将其命名为"PA_01"，如图18-80所示。

图18-80

03 将"项目"面板中的"Text.png"素材添加到"时间轴"面板中，开启其"三维开关"，锁定并关闭该图层的显示，如图18-81所示。

图18-81

04 按快捷键Ctrl+Y，创建一个"纯色"图层，设置其"宽度"为1920像素、"高度"为1080像素、"颜色"为白色，设置其"名称"为"PA"，如图18-82所示。

图18-82

05 选中"PA"图层，执行"效果>RG Trapcode>Particular"菜单命令，为其添加"Particular"效果。展开"Emitter（Master）"参数项，修改"Particles/sec"（粒子数量/秒）值为200000，"Emitter Type"（发射类型）为"Layer"（图层），"Direction"（方向）为"Bi-Directional"（双流向），"Velocity"（初始速度）值为1000，"Velocity Random"（随机速度）值为10%，"Velocity from Motion"（速度继承）值为10。展开"Layer Emitter"（图层发射器）参数项，设置"Layer"（图层）为"3.Text.png"，"Layer Sampling"（图层采样）为"Particle Birth Time"（粒子出生的时间），如图18-83所示。

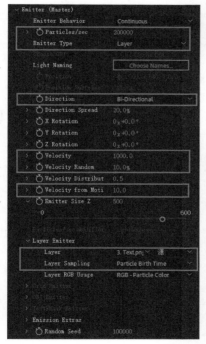

图18-83

06 展开"Particle（Master）"属性栏，设置"Life[sec]"（生命周期）值为3.0，"Life Random"（生命周期的随机性）值为50%，"Size"（大小）值为2，"Size Random"（大小随机值）值为50%，"Size over Life"（粒子消亡后的大小）为"线性衰减"，"Opacity"（不透明度）值为100，"Opacity Random"（随机不透明度）值为0%，"Opacity over Life"（粒子消亡后的不透明度）为"线性衰减"，如图18-84所示。

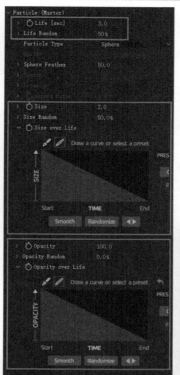

图18-84

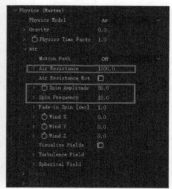

图18-85

07 展开"Physics（Master）"（物理性）参数项，修改"Air Resistance"（空气阻力）值为1000，"Spin Amplitude"（旋转幅度）值为30，"Spin Frequency"（旋转频率）值为10，如图18-85所示。

08 展开"Turbulence Field"（扰动/扰乱场）参数项，修改"Affect Size"（影响尺寸）值为40，"Affect Position"（影响位置）值为1000，"Evolution Speed"（演变速度）值为50，"Move with Wind[%]"（随风运动）值为0，如图18-86所示。

09 展开"Rendering"（渲染）属性栏中的"Motion Blur"（运动模糊）属性，设置"Motion Blur"（运动模糊）为"On"（打开），如图18-87所示。

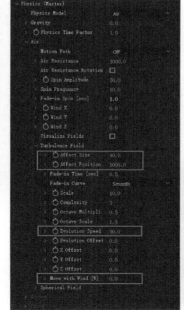

图18-86

图18-87

10 设置"Particular"（粒子）效果中相关属性的动画关键帧。

311

在第0帧，设置"Particles/sec"（粒子数量/秒）值为200000，"Spin Amplitude"（旋转幅度）值为30，"Affect Size"（影响大小）值为40，"Affect Position"（影响位置）值为1000。在第4秒，设置"Particles/sec"（粒子数量/秒）值为0，"Spin Amplitude"（旋转幅度）值为10，"Affect Size"（影响大小）值为5，"Affect Position"（影响位置）值为5，如图18-88所示。画面预览效果如图18-89所示。

图18-88

图18-89

11. 执行"合成>新建合成"菜单命令，创建一个"预设"为"HDTV 1080 25"的合成，设置"持续时间"为5秒，将其命名为"PA_02"，如图18-90所示。

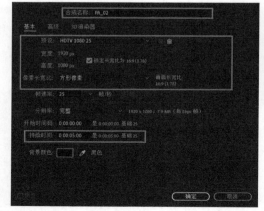

图18-90

12. 按快捷键Ctrl+Y，创建一个"纯色"图层，设置其"宽度"为1920像素、"高度"为1080像素、"颜色"为白色，设置其"名称"为"PA"，如图18-91所示。

13. 选中"PA"图层，执行"效果>RG Trapcode>Particular"菜单命令，为其添加"Particular"效果。展开"Emitter（Master）"（发射器）参数项，修改"Particles/sec"（粒子数量/秒）值为5000，"Emitter Type"（发射类型）为"Sphere"（球体），"Position"（粒子在x轴、y轴、z轴上的位置）值为（0，540，0），"Velocity"（初始速度）值为500，"Velocity Random"（随机速度）值为80%，"Velocity from Motion"（速度继承）值为10。修改"Emitter Size X"（发射器在x轴的大小）值为100，"Emitter Size Z"（发射器在z轴的大小）值为100，如图18-92所示。画面预览效果如图18-93所示。

图18-91

图18-92

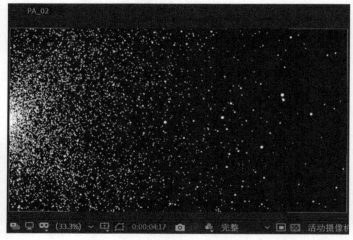

图18-93

14. 展开"Particle（Master）"属性栏，修改"Life[sec]"（生命周期）值为2，"Life Random"（生命周期的随机性）值为100%，"Size"（大小）值为3，"Size Random"（大小随机值）值为100%，设置"Size over Life"（粒子消亡后的大小）为"线性衰减"，"Opacity Random"（随机不透明度）值为100%，"Opacity over Life"（粒子消亡后的不透明度）为"线性衰减"，如图18-94所示。

15 展开"Physics（Master）"（物理性）参数项，修改"Gravity"（重力）值为-100，"Air Resistance"（空气阻力）值为4，"Spin Amplitude"（旋转幅度）值为50，"Spin Frequency"（旋转频率）值为2，"Fade-in Spin[sec]"（旋转淡入）值为0.2，"Wind X"（X风向）值为200，如图18-95所示。

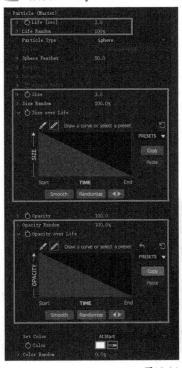

图18-94

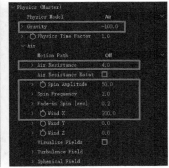

图18-95

16 展开"Turbulence Field"（扰动/扰乱场）参数项，修改"Affect Size"（影响尺寸）值为20，"Affect Position"（影响位置）值为50，"Fade-in Time[sec]"（时间淡入）值为0.2，"Evolution Speed"（演变速度）值为50，"Move with Wind[%]"（随风运动）值为0，如图18-96所示。

图18-96

17 展开"Rendering"（渲染）属性栏中的"Motion Blur"（运动模糊）属性，设置"Motion Blur"（运动模糊）为"On"（打开），如图18-97所示。

图18-97

18 设置"Particular"（粒子）效果中相关属性的动画关键帧。在第0帧，设置"Position"（粒子在x轴、y轴、z轴上位置）为（0，430，0）；在第1秒，设置"Position"（粒子在x轴、y轴、z轴上位置）为（2054，540，0），如图18-98所示。这样设置发射器从左到右的位移，从而使粒子产生从左往右运动的动画，如图18-99所示。

图18-98

图18-99

19 将"PA_01"和"PA_02"合成添加到"超炫粒子动画"合成中，将"PA_01"和"PA_02"图层的"模式"修改为"相加"，将"PA_02"图层的入点设置在第2秒10帧，如图18-100所示。

图18-100

20 设置"PA_01"和"PA_02"图层的"不透明度"属性的动画关键帧。在第4秒20帧，设置"PA_01"图层的"不透明度"为100%；在第5秒24帧，设置"PA_01"图层的"不透明度"为0%。在第5秒，设置"PA_02"图层的"不透明度"为100%；在第5秒24帧，设置"PA_02"图层的"不透明度"为0%。第5秒24帧的参数设置如图18-101所示。

图18-101

21 选中"Text"图层，使用"矩形工具" 创建一个蒙版，设置"蒙版"动画关键帧。在第2秒15帧，设置蒙版的形状如图18-102所示。在第3秒3帧，设置蒙版的形状如图18-103所示。修改蒙版的"蒙版羽化"值为（65像素，65像素），如图18-104所示。

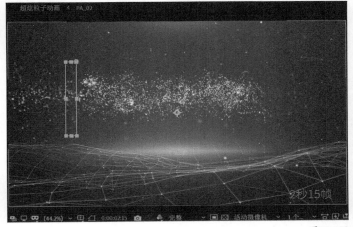

图18-102

图18-103

图18-104

22· 执行"文件>导入>文件"菜单命令,导入学习资源中的"闪光.mov"素材,将其添加到"时间轴"面板中,如图18-105所示。动画的最终预览效果如图18-106所示。

图18-105

图18-106

18.6 融合文字动画

本案例制作的融合文字动画效果如图18-107所示。

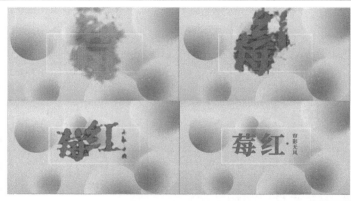

图18-107

01· 执行"合成>新建合成"菜单命令,创建一个"预设"为"HDTV 1080 25"的合成,设置"持续时间"为3秒,并将其命名为"融合文字动画",如图18-108所示。

图18-108

02· 执行"文件>导入>文件"菜单命令,导入学习资源中的"背景.jpg"素材,将其添加到"时间轴"面板中,如图18-109所示。

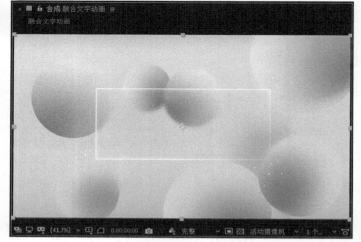

图18-109

03· 继续执行"文件>导入>文件"菜单命令,导入学习资源中的"文字.psd"素材,在"导入种类"中选择"合成-保持图层大小"选项,在"图层选项"中选择"可编辑的图层样式"选项,单击"确定"按钮,如图18-110所示。将其添加到"时间轴"面板中，如图18-111所示。

图18-110

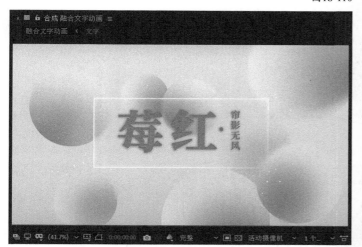

图18-111

04 双击"文字"图层，进入"文字"合成，如图18-112所示。使用"锚点工具" 将"莓""红""副标题"等文字图层的锚点都修改到画面的中心点处，如图18-113所示。

图18-112

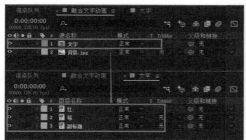

图18-113

05 设置"莓""红""副标题"文字图层中的"位置"属性的动画关键帧，在第2秒的参数设置如图18-114所示。在第0帧和第2秒的画面预览效果如图18-115所示。

图18-114

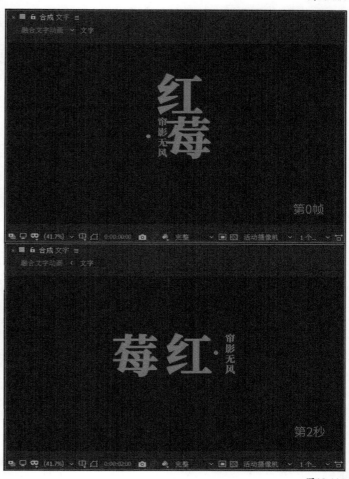

图18-115

06 按快捷键Ctrl+Alt+Y，创建一个"调整图层"，执行"效果>风格化>毛边"菜单命令，为其添加"毛边"效果。设置"毛边"效果的"边界"属性的动画关键帧。在第0秒，设置"边界"值为100；在第1秒，设置"边界"值为50；在第2秒，设置"边界"值为0，如图18-116所示。

07 继续选中"调整图层1"，执行"效果>模糊和锐化>CC Vector Blur（CC矢量模糊）"菜单命令，为其添加"CC Vector Blur"（CC矢量模糊）效果。设置"Type"（类型）为"Perpendicular"（垂直），设置"Property"（属性）为"Red"（红色），如图18-117所示。

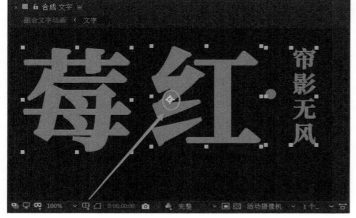

08 设置"CC Vector Blur"（CC矢量模糊）效果中"Amount"（数量）属性的动画关键帧。在第0秒，设置"Amount"（数量）值为50；在第1秒，设置"Amount"（数量）值为3；在第2秒，设置"Amount"（数量）值为0，如图18-118所示。

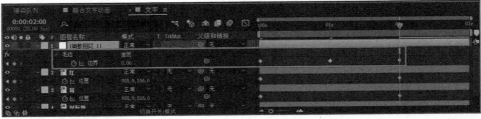

图18-116

图18-117

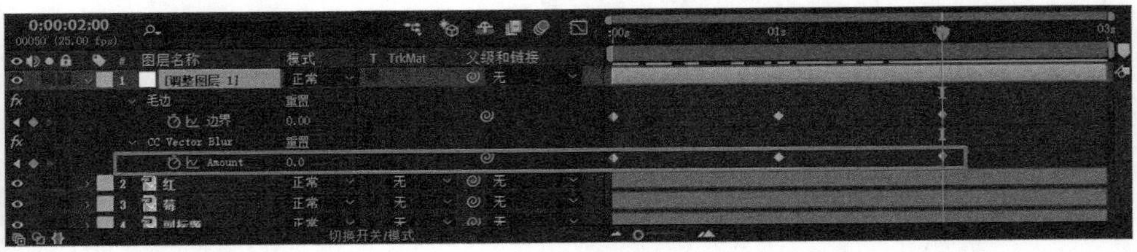

图18-118

09 返回"融合文字动画"合成，设置"文字"图层的动画关键帧。在第0秒，设置"缩放"值为（300%，300%）；在第2秒，设置"缩放"值为（105%，105%）。在第0秒，设置"不透明度"值为0%；在第2秒，设置"不透明度"值为100%。第2秒的参数设置如图18-119所示。

图18-119

10 选中"背景.jpg"图层，在第0帧，设置"缩放"值为（105%，105%）；在第2秒，设置"缩放"值为（100%，100%），如图18-120所示。

图18-120

制作完成后的动画预览效果如图18-121所示。

图18-121

18.7 弹跳文字动画

本案例制作的弹跳文字动画效果如图18-122所示。

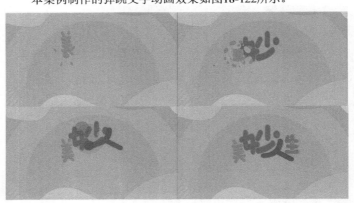

图18-122

316

01 使用After Effects 2022打开学习资源中的"弹跳文字动画.aep"文件，如图18-123所示。

图18-123

02 选中"美"图层，执行"图层>预合成"菜单命令，并将其命名为"美 合成1"，如图18-124和图18-125所示。

图18-124

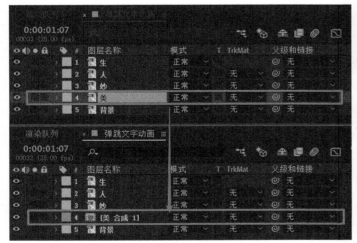

图18-125

03 使用"锚点工具" 将"美 合成1"图层的锚点调整到"美"字的中心点处，如图18-126和图18-127所示。

04 继续使用上述方法，完成"妙""人""生"图层的合并，以及锚点的调整操作，如图18-128和图18-129所示。

图18-126

图18-127

图18-128

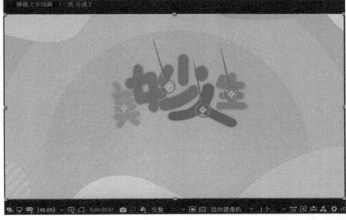

图18-129

05 选中"美 合成1"图层,按P键调出"位置"属性,在按住Alt键的同时,单击"位置"左侧的"码表"按钮,打开表达式输入框,输入下列的表达式内容。

该表达式在参数面板中的显示效果如图18-130所示。

```
p=10;
f=50
m=2;
t=0.25;
tantiao=f*Math.cos(p*time);
dijian=1/Math.exp(m*Math.
log(time+t));
y=-Math.abs(tantiao*dijian);
position+[0,y]
```

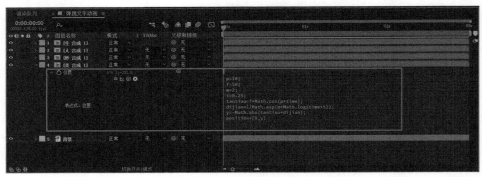

图18-130

技巧与提示

这里对上述表达式做简要分析。

p代表的是频率的倍数,用来控制文字图层弹跳的频率。

f代表的是幅度的倍数,用来控制文字图层弹跳的高和低的幅度。

m代表的是乘方,用来控制幂的数值的大小。

tantiao=f*Math.cos(p*time)代表的是一个循环变化的弹跳数值。

dijian=1/Math.exp(m*Math.log(time+t))代表文字图层的位置是按照次方递增值的倒数。

y=-Math.abs(tantiao*dijian)代表文字图层y轴的位置可以得到一个递减的数值。abs代表的是绝对值,(tantiao*dijian)得到的数值添加一个绝对值,即正数。然后又添加一个负号,这样的结果就是文字从屏幕上方掉下来的时候保持在画面中心且偏上的位置。

position+[0,y]代表的是文字图层在保持x轴向不变的情况下,y轴加上-Math.abs(tantiao*dijian)的数值,使文字产生弹跳效果。

06 继续选中"美 合成1"图层,按S键调出"缩放"属性,在按住Alt键的同时,单击"缩放"左侧的"码表"按钮,打开表达式输入框,输入下列的表达式内容。

该表达式在参数面板中的显示效果如图18-131所示。

```
p=8;
f=20;
m=2;
t=1;
tantiao=f*Math.cos(p*time);
dijian=1/Math.exp(m*Math.
log(time+t));
y=Math.abs(tantiao*dijian);
scale+[-y,y]
```

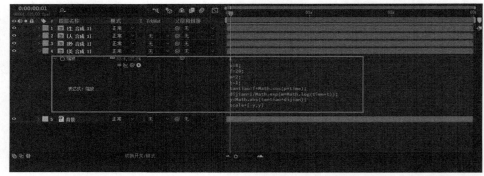

图18-131

07 使用上述方法,完成"妙""人""生"图层的"位置"和"缩放"属性的表达式编写工作,如图18-132所示。

08 为实现文字逐一落下的效果,需要对"美""妙""人""生"图层进行预合成处理。选中"美 合成1"图层,执行"图层>预合成"菜单命令,并将其命名为"美",如图18-133所示。使用同样的方法,完成"妙 合成1""人 合成1""生 合成1"图层的预合成处理。

09 设置"妙""人""生"图层的入点。设置"妙"图层的入点在第10帧,设置"人"图层的入点在第20帧,设置"生"图层的入点在第1秒5帧,如图18-134所示。

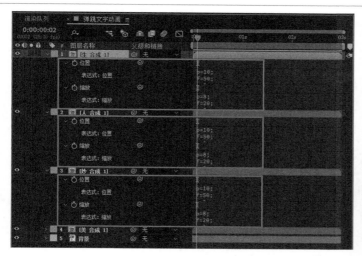

图18-132

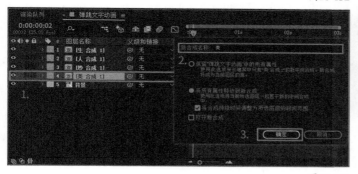

图18-133

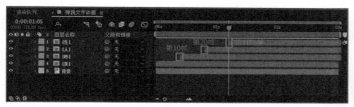

图18-134

10 执行"文件>导入>文件"菜单命令,导入学习资源中的"炸开1.mov""炸开2.mov""炸开3.mov""炸开4.mov"素材,并将其拖曳到"时间轴"面板中,如图18-135所示。

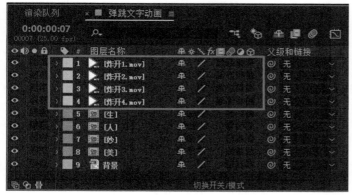

图18-135

11 选中"炸开1.mov"图层,按P键调出"位置"属性,设置"位置"值为(644,529)。选中"炸开2.mov"图层,按P键调出"位置"属性,设置"位置"值为(930,366)。选中"炸开3.mov"图层,按P键调出"位置"属性,设置"位置"值为(1104,480)。按S键调出"缩放"属性,设置"缩放"值为(60%,60%)。选中"炸开4.mov"图层,按P键调出"位置"属性,设置"位置"值为(1286,418)。按S键调出"缩放"属性,设置"缩放"值为(21%,21%),如图18-136所示。

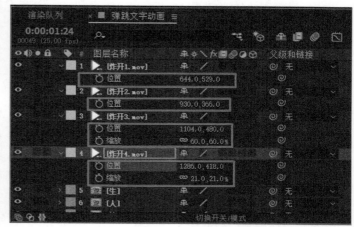

图18-136

12 修改"炸开1.mov"图层的入点在第5帧,"炸开2.mov"图层的入点在第14帧,"炸开3.mov"图层的入点在第24帧,"炸开4.mov"图层的入点在第1秒10帧,如图18-137所示。

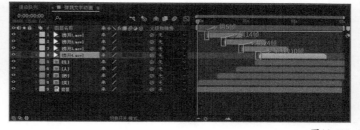

图18-137

制作完成后的动画预览效果如图18-138所示。

图18-138

319

18.8 炫彩文字动画

本案例制作的炫彩文字动画效果如图18-139所示。

图18-139

01. 使用After Effects 2022打开学习资源中的"炫彩文字动画.aep"文件,如图18-140所示。

图18-140

02. 选中文字所在图层,执行"图层>自动追踪"菜单命令,修改"容差"值为1px,"阈值"为50%,如图18-141所示。

图18-141

03. 关闭"文字"图层的显示,如图18-142所示。选择"自动追踪的 文字"图层,执行"效果>RG Trapcode>3D Stroke(3D描边)"菜单命令,为其添加"3D Stroke"(3D描边)效果,修改"Thickness"(厚度)值为1.2,如图18-143所示。

04. 展开"Taper"(锥化)参数项,选中"Enable"(开启)选项。展开"Advanced"(高级)参数项,修改"Adjust Step"(调节步幅)值为3500,如图18-144所示。画面预览效果如图18-145所示。

图18-142

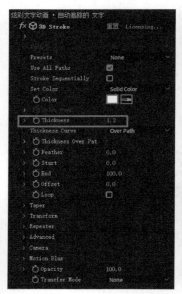

图18-143

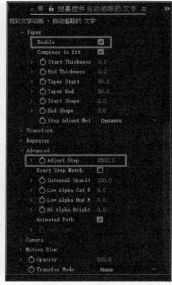

图18-144

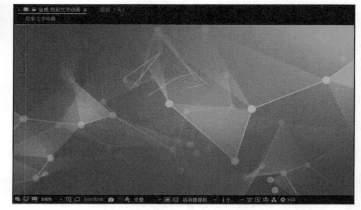

图18-145

05 展开"Repeater"（重复）参数项，选中"Enable"（开启）选项，修改"Factor"（因数）值为0.1，如图18-146所示。画面预览效果如图18-147所示。

图18-146　　　　　　　　　　　　　　　　图18-147

06 设置"3D Stroke"（3D描边）效果中"Factor"（因数）和"Adjust Step"（调节步幅）属性的动画关键帧。在第0帧，设置"Factor"（因数）值为0.1；在第1秒和第2秒，设置"Factor"（因数）值为1.2；第3秒24帧，设置"Factor"（因数）值为0.1。在第0帧，设置"Adjust Step"（调节步幅）值为3500；在第3秒24帧，设置"Adjust Step"（调节步幅）值为1000。第3秒24帧的参数设置如图18-148所示。

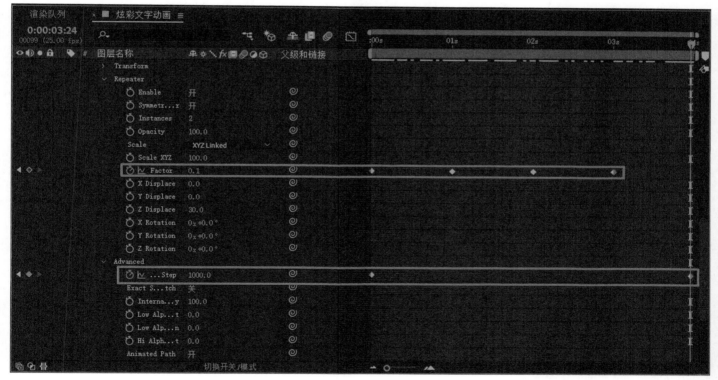

图18-148

07 继续选中"自动追踪的 文字"图层，执行"效果>RG Trapcode> Starglow（星光闪耀）"菜单命令，为其添加"Starglow"（星光闪耀）效果。在"Preset"（预设）中选择"Cold Heaven 2"，在"Pre-Process"（预处理）中修改"Threshold"（阈值）为180，修改"Threshold Soft"（区域柔化）值为100。修改"Streak Length"（光线长度）值为10，如图18-149所示。画面预览效果如图18-150所示。

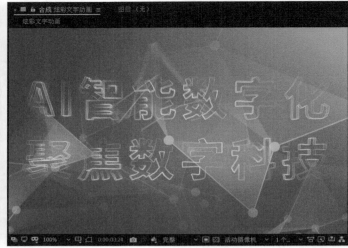

图18-149

图18-150

08 继续选中"自动追踪的 文字"图层。执行"效果>风格化>发光"菜单命令，为其添加"发光"效果。设置"发光阈值"为85%，"发光强度"值为2，"发光颜色"为"A和B颜色"，如图18-151所示。

制作完成后的动画预览效果如图18-152所示。

图18-151

图18-152